基金项目支持：
教育部人文社会科学重点研究基地重大项目
"当代生命伦理学研究"（14JJD720008）
负责人：邱仁宗

国家社科基金重大项目
"大数据时代生物样本库的哲学研究"（19ZDA039）
负责人：雷瑞鹏

生命伦理学·科学技术伦理学丛书
邱仁宗◎主编

当代生命伦理学研究 | 上卷

雷瑞鹏 王福玲 邱仁宗◎编著

中国社会科学出版社

图书在版编目（CIP）数据

当代生命伦理学研究：上下卷 / 雷瑞鹏, 王福玲, 邱仁宗编著. —北京：中国社会科学出版社, 2022.12
（生命伦理学·科学技术伦理学丛书 / 邱仁宗主编）
ISBN 978-7-5227-0605-4

Ⅰ.①当… Ⅱ.①雷… ②王… ③邱… Ⅲ.①生命伦理学—研究 Ⅳ.①B82-059

中国版本图书馆 CIP 数据核字（2022）第 137159 号

出 版 人	赵剑英
责任编辑	冯春凤
责任校对	张　婷
责任印制	张雪娇

出　　版	中国社会科学出版社
社　　址	北京鼓楼西大街甲 158 号
邮　　编	100720
网　　址	http://www.csspw.cn
发 行 部	010-84083685
门 市 部	010-84029450
经　　销	新华书店及其他书店
印　　刷	北京君升印刷有限公司
装　　订	廊坊市广阳区广增装订厂
版　　次	2022 年 12 月第 1 版
印　　次	2022 年 12 月第 1 次印刷
开　　本	710×1000　1/16
印　　张	54.25
插　　页	2
字　　数	830 千字
定　　价	278.00 元（上下卷）

凡购买中国社会科学出版社图书，如有质量问题请与本社营销中心联系调换
电话：010-84083683
版权所有　侵权必究

序

编著本书的目的是为在大学或学院开设生命伦理学课的老师以及生命伦理学专业研究人员提供一本反映最新进展的教学和研究参考书。在本书收录的数十篇论文中，一部分是没有发表过的，一部分是本项目的阶段性研究成果，其中有些被国内期刊选中发表；有少数收集在本书的论文是对我国生命伦理学的发展具有独特性、代表性、历史性，甚至具有里程碑意义的。所有这些论文可显示生命伦理学在我国走过的道路以及具有独特特点的学术成就。

生命伦理学曾被称为"显学"，许多其他学科和专业人员努力进入生命伦理学领域，这是一个值得欢迎的现象。然而，其中一些人并不了解生命伦理学是一门独特的学科，觉得似乎无需学习生命伦理学的范式，就可以沿袭在中国从事哲学研究的方法，尤其是受到"哲学就是哲学史"以及"所有问题都可以通过从一个体系中演绎得到解决"这两个教条的影响，来解决临床、研究和公共卫生实践中产生的伦理问题，结果适得其反，他们所得出的结论往往不能解决实践中的伦理问题。

生命伦理学在我国一开始就与临床医学、生物医学研究和公共卫生实践紧密结合，并且摸索出一条理论与实践相结合的路径。这条路径与恩格斯在《反杜林论》和毛主席在《改造我们的学习》《矛盾论》等著作中的思想是一致的。例如，恩格斯在《反杜林论》说，原则不是研究的出发点，而是它的最终结果；这一原则不是被应用于自然界和人类历史，而是从它们中抽象出来的；不是自然界和人类适应原则，而是原则只有适合于自然界和历史的情况下才是正确的。这一思想与我们的哲学家企图先验设定若干哲学前提然后强加于科技发展实践的思路截然相反。毛主席多次强调，我们要理论联系实际，"有的放矢"，具体情况

◇ 序

具体分析等这对生命伦理学的研究特别重要。上面所说的两个教条正好与这些思想背道而驰。

我们编辑的这本书前面四编是生命伦理学各主要领域的伦理学，最后一编是"政策建议编"，正好借此展示生命伦理学在我国是遵循理论与实践相结合的径路发展的。

本书分上下两卷。上卷包括总论、研究伦理学新兴科技伦理学，下卷包括临床伦理学、公共卫生伦理学和政策建议。

我们想要指出的是，本书所收文章的作者都是表达自己的观点，并不代表他们工作的单位或机构。我们对曾发表我们阶段性研究成果或其他论文的出版物表示衷心的感谢。另外，我们在整理文献时得到华中科技大学哲学学院张毅和廖铂华同学的帮助，特此表示感谢。最后我们对一贯支持生命伦理学事业的中国社会科学出版社的冯春凤编审表示由衷的感谢！

雷瑞鹏

王福玲

邱仁宗

2020年9月15日

上卷目录

第一编 总论

一 生命伦理学：一门新学科 …………………………………（3）
二 生命伦理学的使命 ……………………………………………（9）
三 生命伦理学在中国的发展 ……………………………………（25）
四 "人是目的"的限度
　——生命伦理学视域的考察 ………………………………（53）
五 效用原则在临床决策中的批判性应用 ………………………（64）
六 生命伦理学的若干概念 ………………………………………（72）
七 论"扮演上帝角色"的论证 …………………………………（166）

第二编 研究伦理学

八 对 Benjamin Freedman "均势"概念的解读 ………………（187）
九 知情同意与社群同意 …………………………………………（198）
十 与健康相关的研究符合伦理的基准 …………………………（212）
十一 临床研究风险—受益评估方法研究 ………………………（229）
十二 人类头颅移植不可克服障碍：科学的、伦理学的
　　和法律的层面 ………………………………………………（240）
十三 有关药物依赖的科学和伦理学 ……………………………（255）
十四 非人灵长类动物实验的伦理问题 …………………………（268）
十五 临床研究案例分析 …………………………………………（282）

第三编　新兴科技伦理学

- 十六　对精确医学批评的辨析 …………………………………（299）
- 十七　对优生学和优生实践的批判性分析 ……………………（313）
- 十八　我们对未来世代负有义务吗：反对和支持的论证
  ——从生殖系基因组编辑说起 …………………………（326）
- 十九　合成生物学的伦理和治理问题 …………………………（339）
- 二十　神经伦理学的主要议题 …………………………………（354）
- 二十一　纳米伦理学概述 ………………………………………（384）
- 二十二　机器人是道德行动者吗？ ……………………………（409）
- 二十三　机器人学科技的伦理治理问题探讨 …………………（421）
- 二十四　新兴技术中的伦理和监管问题 ………………………（444）
- 二十五　科技伦理治理的基本原则 ……………………………（463）

第一编　总论

一　生命伦理学：一门新学科[①]

（一）　生命伦理学的产生

生命伦理学是20世纪60年代首先在美国随后在欧洲产生发展起来的一门新学科，也是迄今为止世界上发展最为迅速、最有生命力的交叉学科。生命伦理学的生命主要指人类生命，但有时也涉及动物生命和植物生命以至生态，而伦理学是对人类行为的规范性研究，因此，可以将生命伦理学界定为运用伦理学的理论和方法，在跨学科跨文化的情境中，对生命科学和医疗卫生的伦理学方面（涉及决定、行动、政策、法律）进行的系统研究。

生命伦理学产生后不仅获得迅速发展，在很短的时间内就受到医学家、生物学家、哲学家、社会学家、法学家、宗教界人士、新闻界人士、立法者、决策者和公众的关注，而且很快地体制化。一些国家建立了总统或政府的生命伦理学委员会，在包括我国在内的许多国家，很多医院或研究中心建立了专门审查人体研究方案的机构审查委员会（institutional review board）或提供咨询的伦理委员会（ethical committee）。我国医药管理局规定，为新药批准所进行的临床药理研究，必须建立机构审查委员会（名称为伦理委员会）审查研究方案。1989年9月我国卫生部成立了"医学伦理学专家委员会"，就重要医学伦理问题向卫生部提出咨询建议作为决策基础。

生命伦理学之所以产生于20世纪六七十年代，与第二次世界大战末期以及以后出现的三大事件密切相关。第一件事是1945年广岛的原

[①] 编者按：这是一篇具有里程碑意义的文章，作者邱仁宗，发表于权威性的《求是》杂志，该文在我国首次提出生命伦理学是一门新学科。

◇ 第一编　总论

子弹爆炸。制造原子弹本来是许多科学家向美国政府提出的建议，其中包括爱因斯坦、奥本海默等人。他们的本意是早日结束世界大战，以免旷日持久的战争给全世界人民带来无穷灾难。但是他们没有预料到原子弹的爆炸会造成那么大的杀伤力，而且引起的基因突变会世世代代遗传下去。数十万人死亡，许多受害人的家庭携带着突变基因挣扎着活下去，使许多当年建议制造原子弹的科学家改变了态度，投入了反战和平运动。第二件事是1945年反纳粹同盟国在德国纽伦堡对纳粹战犯的审判。接受审判的战犯中有一部分是科学家和医生，他们利用集中营的受害者，在根本没有取得受害者本人同意的情况下对他们进行惨无人道的人体实验，例如在冬天将受害者剥光衣服在露天冷冻，观察人体内因冷冻引起的变化。更令人气愤的是，侵华日军731部队所进行的实验，却由于美国政府急需细菌战人体实验资料而包庇下来，军国主义罪犯并没有被送上国际法庭。第三件事是在万物复苏的春天，人们突然看不到飞鸟在苍天游弋、鱼儿在江川腾越。1965年Rachel Carson的《寂静的春天》一书向科学家和人类敲响了环境恶化的警钟，世界范围的环境污染威胁人类在地球的生存以及地球本身的存在。当时揭露的主要是大量使用有机氯农药引起的严重后果，人们只考虑到有机氯农药急性毒性较低的优点，但忽略了它们的长期蓄积效应，结果使一些物种濒于灭绝，食物链中断，生态遭到破坏，人类也受到疾病的威胁。这三大事件迫使人们认识到，对于科学技术成果的应用以及科学研究行动本身需要有所规范，这推动了科学技术伦理学的产生和发展。

除了上述三大事件的大背景外，推动生命伦理学产生和发展的因素还有以下方面：

（1）生物医学技术的进步使人们不但能更有效地诊断、治疗和预防疾病，而且有可能操纵基因、精子或受精卵、胚胎以至人脑和人的行为。这种强大的力量可以被正确使用，也可以被滥用，对此如何进行有效的控制？而且这种力量的影响可能涉及这一代，也可能涉及下一代和未来世代（例如对生殖细胞的基因干预）。当这一代人的利益与子孙后代的利益发生冲突时怎么办？目前人们最担心的可能是对基因的操纵和对脑的操纵。这两方面的操纵可能都会导致对人的控制，以及对人的尊严和价值的侵犯。例如，是否允许人们通过改变基因来选择自己喜欢的性状,甚至为后代选择自己喜欢的性状?是否允许人们通过在脑内插入芯片来增强记忆和处理信息的能力?

(2)由于先进技术的发展和应用,人类干预了人的生老病死的自然安排,甚至有可能用人工安排代替自然安排,这将引起积极和消极的双重后果,导致价值的冲突和对人类命运的担心。比如,现代的生殖技术,一方面可用于避孕,另一方面也可以解决不育问题,那么,离异(单亲家庭)、不想结婚(同居者)、同性恋者以及过了生育期的男女是否可以利用辅助生殖技术?一个社会中如果大多数成员都是用辅助生殖技术产生,那会怎样?

(3)全世界蔓延的艾滋病向一些传统观念和现存的医疗卫生制度提出了严峻挑战。艾滋病在不少国家已经成为灾难,许多原来发病率较低的国家也很快进入快速增长期。全世界艾滋病感染者现在已经达4000万人,而妇女、儿童在艾滋病面前更为脆弱。在预防和治疗艾滋病的层面以及有关防治艾滋病政策层面,都存在着一系列伦理问题。国家是否有义务向艾滋病患者提供治疗?个人是否有义务改变自己的不安全行为?非感染者和社会是否有义务援助而不歧视艾滋病患者和感染者?对于许多妨碍艾滋病防治的行动和做法,是否应该用立法方式加以制止?

(4)医疗费用的大幅攀升导致卫生制度的改革。技术含量的提高以及市场化消极面的影响,促使医疗费用在全世界大幅攀升,严重冲击许多国家的公费医疗制度。各国都在改革卫生医疗制度,寻找使公民既负担得起又相对有效的医疗制度。但是这些改革提出了许多伦理问题,例如在改革过程中政府的卫生政策如何做到公正、公平?如何不致影响传统的互相信任的医患关系?医疗机构、医务人员与公司怎样协调关系才不致引起严重的利益冲突?医疗纠纷如何不致两败俱伤?

(5)丑闻的揭露和民权运动的高涨。在各国的医疗和研究工作中,违反伦理的事件总是存在的。对这些事件的揭露和思考,也推动了生命伦理学的发展。

(二)生命伦理学的性质和内容

生命伦理学是应用规范伦理学的一个分支学科。伦理学又称道德哲学，是对人的行动的社会规范的研究。人的行动规范具有社会性。道德或规范不是由个人制定的，它们体现在种种规定、准则、法典、公约、习俗之中，在我们学习它们以前就已经存在。人们成长的过程是一个社会化过程。我们通过学习社会规则知道了伦理规则。当然，社会规则并不等于伦理规则，比如审慎行事规则就不是伦理规范。仅当涉及应该做什么样的人或应该做什么样的事，而这种做人或做事会影响到他人利益时，我们才进入伦理领域。孔子说的"己所不欲，勿施于人"，就是伦理规则，因为在他看来这可以避免伤害他人。也可以说，伦理是要我们考虑他人利益的社会期望。伦理是社会的必需，因为人人只考虑自己利益的社会是没有凝聚力的，从而也是无法存在下去的。

普通规范伦理学试图提出一些原则或德性来支配人们做事或做人，并提供理由来证明为什么我们应该采取这些原则或培养这些德性。对理由的关心，说明伦理学是理性的活动，它是实践理性。应用规范伦理学（简称应用伦理学）是应用普通规范伦理学的原则解决特定领域的伦理问题。应用于生命科学技术和医疗卫生就是生命伦理学，应用于解决工程师面临的伦理问题就是工程伦理学，应用于解决律师、法官面临的伦理问题就是法律伦理学，应用于新闻界就是新闻伦理学，应用于企业就是企业伦理学。由于以上这些都是专业（profession）领域，不是一般的职业（occupation），所以又统称"专业伦理学"（professional ethics）。普通规范伦理学的原则可以跨专业应用。比如，解决医疗卫生服务分配、种族和性别歧视、奖励惩罚等问题必须援引公正原则；诚实或说真话原则可用于企业伦理中的虚假广告、新闻伦理中的真实报道、医学伦理中的向病人告知病情等。

生命伦理学是一门应用规范伦理学。其主要内容有六个层面：

（1）理论层面：例如，后果论与道义论这两种最基本的伦理学理论在解决生命科学和医疗卫生中的伦理问题时的相对优缺点如何，德性论、判例法和关怀论（尤其是女性主义关怀伦理学）的地位如何，伦理原则与伦理经验各起什么样的作用等等。

（2）临床层面：各临床科室的医务人员每天都会面对临床工作提出的伦理问题，尤其是与生死有关的问题，例如，人体器官移植、辅助生殖、避孕流产、产前诊断、遗传咨询、临终关怀等问题。

（3）研究层面：从事流行病学调查、临床药理试验、基因普查和分析、干预试验以及其他人体研究的科学家都会面临如何尊重和保护受试者及其亲属和相关群体的问题，同时也面临如何适当保护试验动物的问题。

（4）公共卫生层面：采取公共卫生干预措施预防疾病的传播，保护人群或公众的健康，其中的主要问题有关于健康的个人责任与社会责任、如何平衡保护公众健康与限制个人自由、如何达到健康的公平，及在控制传染病、防治物质使用障碍等方面的伦理问题。

（5）政策层面：应该做什么以及应该如何做的问题不仅发生在个人层面，也会发生在结构层面。医疗卫生改革、高新技术在生物医学中如何应用和管理都涉及政策、管理、法律问题，但其基础是对有关伦理问题的探讨。

（6）文化层面：任何个人、群体和社会都有一定的文化归属，文化影响哲学和伦理学，当然也会影响生命伦理学。如在某一文化环境中提出的伦理原则或规则是否适用于其他文化，是否存在普遍伦理学或全球生命伦理学，伦理学普遍主义或绝对主义以及伦理学相对主义是否能成立等等。

（三）生命伦理学的专业特点

作为一门应用规范伦理学，生命伦理学不谋求建立体系，而以问题为取向，其目的是如何更好地解决生命科学或医疗保健中提出的伦理问题。解决伦理问题需要伦理学理论，但实际的伦理问题往往是复杂的，很难用一种理论解决所有伦理问题。在解决伦理问题的过程中，伦理学理论本身也受到检验，有的理论没能经受住检验，有的理论即使通过了检验，也不可能在解决所有伦理问题时都拿到高分。因此，在解决问题时应该保持理论选择的开放性，而不拘泥于一定的理论。

既然以问题为取向，那么首先要鉴定伦理问题。伦理问题的出现可能有两种情况：一种情况是由于采用了新技术，出现了新的伦理问题。例如，人类基因组的研究可以预报一些带有疾病基因的人可能患有的迟发疾病；再如一位未婚少女如果带有BRCA1（乳腺癌易感基因），就有

85%的可能在未来患乳腺癌或卵巢癌，但也有15%的可能不得这些癌症，那么我们应该告诉她吗？应该建议她现在就切除双侧乳腺和双侧卵巢吗？另一种情况是，本来应该做什么是不成问题的，但由于新技术的应用，重新提出了应该做什么的问题。例如，医生抢救病人是义务，在由于脑死导致全身死亡，脑死情况下医生的抢救义务解除了，这本来不成问题。但由于有了生命维持技术，脑死病人的生命可以靠呼吸器和人工喂饲暂时维持，那么应该这样做吗？因为这种维持并不能挽救病人的生命，而占有的有限资源却使其他有可能治愈的病人失去希望，那么应该放弃对脑死病人的治疗吗？

鉴定伦理问题时需要注意区分医学或技术问题与伦理问题。医学问题或技术问题是"能做什么"的问题，而伦理问题是"该做什么"的问题。例如，疾病的诊断以及可能的治疗选项都是医学和科学技术问题，而应该做出何种选择以及应该由谁做出选择就是伦理问题。研究的设计如何能够获得可靠的结果是科学技术问题，但是否应该获得受试者的知情同意则是伦理问题。

对于伦理学来说，重要的是尝试为解决办法提供伦理辩护，这种辩护包括对每一种解决办法提供论证和反论证。在论证或反论证中，需要提出理由，而理由对办法的支持有的可能是归纳的，有的也可能是演绎的，因此就要讲究推理。但这里要注意的是，这种论证应该是伦理论证，非伦理论证不能支持所建议的解决办法。例如，有些人用"禁不住"来支持克隆人，但是"禁不住"不是一个伦理论证。许多不道德的事都"禁不住"，不能因此断言那些事就是应该做的。一个行动的伦理论证决定于：（1）行动本身是符合还是违反伦理原则？（2）行动后果会带来伤害还是好处？这就要我们援引伦理学理论以及伦理原则。生命伦理学的伦理原则有：尊重人、不伤害人、有益于人、公正对待人等等。

（邱仁宗，原载《求是》2004年第3期，文字略有修正。）

二 生命伦理学的使命[①]

自从我国第一本生命伦理学专著《生命伦理学》[②] 1987 年出版以来，不知不觉已经 30 余年了。在这 30 余年的发展中，对生命伦理学的研究和应用的实践和经验，也许可以给生命伦理学今后的发展提供一些启示。

（一）生命伦理学是一门学科

虽然我明确指出生命伦理学是一门新学科[③]，但一些人不认为生命伦理学是一门学科。首先看亚洲生命伦理学协会章程。亚洲生命伦理学协会是在由日本坂本百大和韩国的宋相庸教授以及我一起建立的东亚生命伦理学协会基础上建立的，但是被一个西方人长期操纵。他违背章程担任该协会秘书长达数十年之久，在他起草的章程中给生命伦理学下了这样一个定义："生命伦理学是从生物学科学和技术及其应用于人类社会和生物圈中提出的哲学的、伦理学的、社会的、经济的、治疗的、民族的、宗教的、法律、环境的和其他问题的跨学科研究。"[④]

按照这个定义，生命伦理学就不是一门学科，而是一个平台，对生命伦理学感兴趣的不同学科的学者可以利用这个平台对相关问题进行讨论。说得不好听一些，生命伦理学只是一碗杂碎汤。任何未经伦理学训练的人，都可以自称为"生命伦理学家"，都可以生命伦理学专家身份

[①] 这是本项目的阶段性研究成果。
[②] 邱仁宗：《生命伦理学》，上海人民出版社 1987 年版，第 1 页。
[③] 邱仁宗：《生命伦理学：一门新学科》，《求是》2004 年第 3 期。
[④] Eubios Ethics Institute, *The Constitution of Asian Bioethics Association*, http://www.eubios.info/abacon.htm.

第一编 总论

参加生命伦理学学术会议，甚至当选为领导人。在中国，有人就更加肆无忌惮了。我在一所大学的项目申请书中看到，该校的医学院院长就在项目书中堂而皇之自称为"生命伦理学家"，尽管他既没有受过任何伦理学的训练，也没有发表过任何生命伦理学的著作。而社科基金居然把这个项目批给他了。这说明评审委员会的委员们和社科基金领导人也不认为生命伦理学是一门学科：一个医学院院长，没有受过伦理学训练，也没有发表过生命伦理学方面的研究论文，自称为"生命伦理学家"，是可以的。如果我在一个项目申请书中自称为"内科学家"，不但申请的项目不会批准，还可能批评我"学历造假"。若认为生命伦理学不是一门学科，那就不存在学历造假问题。而其沉重的代价则是这些人所谓的"生命伦理学"学术质量低劣到惨不忍睹。另一种情况则是，名为讨论生命伦理学有关问题，实际上谈的是自然观、生态伦理学、环境保护、尼采的超人哲学等等，而这些并不是生命伦理学领域内的问题。

那么，生命伦理学是否有资格称为一门学科呢？按照库恩[①]的意见，一门学科应该有一套范式和一个共同体。我们撇开那些自称为生命伦理学家的人不谈，不管是在国际上还是在我国，都有一些严肃的著作体现了生命伦理学的范式，包括理论、原则、价值和方法。按照库恩的意见，范式既有认识功能，又有纲领功能[②]，即遵照范式去进行研究就可以帮助我们认识真实的世界，同时范式也提出了一系列问题，向研究者指引了研究方向。因此，没有范式的生命伦理学处于类似库恩所说的"前科学"阶段，他们的研究没有一定的方向，而是散在的，往往是彼此重复的，因此大大影响生命伦理学领域研究的丰度和深度，正如一些有志于研究生命伦理学问题但没有按照既定的范式去研究的人一样，他们的工作往往类似工作经验总结或者仅是一份并不严谨的调查报告，或者实际上谈的是某一哲学或伦理学理论的应用问题，而不是去解决实践中提出的伦理问题。我们有许多有关生命伦理学的论文和书籍，它们的作者是按照一定的范式在研究临床、研究、公共卫生实践中出现的伦理

---

① Kuhn, T., 1971, *The Structure of Scientific Revolution*, 2nd edition. Chicago: Chicago University Press, pp.10-51.

② 邱仁宗：《科学方法和科学动力学：现代科学哲学概述》，高等教育出版社2013年版，第126—134页。

问题以及随之而来的治理问题,同时他们已经形成了共同体,体现在中国自然辩证法研究会的生命伦理学专业委员会之中。他们的年会有论文审查委员会,将不属于生命伦理学的论文摘要拒之门外,这往往为人不理解,这种不理解就是因为不知道生命伦理学是一门学科。当然,在必要时我们要邀请其他学科的学者来发言,例如我们讨论基因编辑就要邀请遗传学家来发言,但他们不能因此而成为生命伦理学家,他们仍然是他们自己那个领域的专家。这里有一个误解是因名而起的。我们称"生命伦理学",这是一个约定俗成的术语。我们不能望文生义地认为,既然你们谈生命伦理学,那么我们只要对生命问题有见解,就可以来参加你们的年会发言。我们甚至看到有人把"生命第一"原则或"对生命的爱"作为医学伦理学的基本伦理原则。① 可是生命的形态和种类太多了!苍蝇、蚊子、臭虫也是生命,它们怎样第一,我们怎么爱它们?我们目前的生命伦理学主要还是人的生命,而且是一定范围内的人的生命,即临床的病人、研究的受试者、公共卫生的目标人群,在作为专业人员的医生、研究者的眼中和公共卫生工作中,他们的生命、健康应该置于第一位。

(二)生命伦理学是一门规范性实践伦理学

那么,作为一门学科,生命伦理学是一门怎样的学科呢?我拟先在这里简单地指出生命伦理学是一门规范性学科,不同于自然科学。自然科学解决世界是什么的问题,而生命伦理学解决我们应该做什么和应该如何做的问题。因此,说医学伦理学的方法是"观察""实验"② 的作者就是混淆了科学与伦理学是不同性质学科的问题。如果我们将人类的知识分为数学、自然科学、人文学科和社会科学四类,那么自然科学和社会科学都属于需要观察和实验检验的学科,而主要由文史哲构成的人文学科则是无法用观察和实验检验的学科,因为它们作为规范性学科负

---

① 佚名:《问题:"生命第一原则"是现代社会应建立的重要的安全观念》,https://www.asklib.com/view/da6b5d44fe52.html;Macer, D.《生命伦理学是对生命的爱》,《中国医学伦理学》2008年第1期。

② 王明旭主编:《医学伦理学》,人民卫生出版社2010年版,第11—12页。

第一编　总论

荷着价值，而科学则是价值中立的。规范性问题涉及应该、不应该问题，应该不应该就有一个标准问题，而这个标准与人的价值观有关。例如，反对用胚胎进行干细胞研究或基因编辑的人认为胚胎就是人，与人一样有完全的道德地位，用胚胎进行干细胞研究或基因编辑要毁掉胚胎，这样就等于杀了人，这是不应该做的。所以，我们一般称文史哲为人文学科（the humanities），不称它们为科学。

人文学科文史哲中的哲学简单地说是追求真善美的学问，其中追求善的学科或分支就是伦理学。伦理学有其非规范性分支即描述伦理学和元伦理学以及伦理学的规范性分支，后者被称为通用规范伦理学和应用规范伦理学。通用规范伦理学指的是各种伦理学理论，例如德性伦理学、后果论或效用论（以前译为功利主义）、义务论（以前译为道义论或康德主义伦理学）、自然律论、关怀伦理学、女性主义伦理学等；应用规范伦理学则可包括：生命伦理学、科学技术伦理学、工程伦理学、信息和通信伦理学、大数据伦理学、网络伦理学、人工智能伦理学、机器人伦理学、动物伦理学、生态（环境）伦理学、企业伦理学、新闻伦理学、出版伦理学、法律伦理学、司法伦理学、社会伦理学、经济伦理学、政治伦理学、战争伦理学、公务伦理学、政府伦理学、立法伦理学等，其中许多伦理学分支在我国有待发展。[①]

根据生命伦理学的经验，我建议将伦理学分为两类：理论伦理学和实践伦理学。理论伦理学包括元伦理学和通用规范伦理学，因为这两个分支一般与我们面临的实践中的伦理问题没有直接关系。实践伦理学则包括描述伦理学和应用规范伦理学，因为我们在解决实践中的伦理问题时需要了解公众的态度，例如公众对生殖系基因组编辑的态度。而"应用"一词具有误导性，以为伦理问题的解决是以某种伦理学理论作为前提演绎的结果，因此我建议改名为"实践伦理学"。在实践伦理学中规范性的实践伦理学是主体，非规范性的描述伦理学则是边缘部分，因此为行文方便，当我们说"实践伦理学"时主要指的是规范性的实践伦理学。那么，现在定位于实践伦理学的生命伦理学究竟是研究什么的呢？

---

① Beauchanp, T. & Walters, L., 1989, *Contemporary Issues in Bioethics*, Belmont, C.A.: Wadsworth, pp. 2-3.

二　生命伦理学的使命

对于规范性实践伦理学，我们可以下这样的定义：

规范性实践伦理学（normative practical ethics）是帮助掌握公权力和专业权力的人做出合适的决策。

这里掌握公权力的人指的是谁？就是指立法、行政和司法部门的决策者和执行者。上指国家领导人，中指各级政府的部长、高法和高检的负责法官与检察官，下指各级行政、执法、司法人员，包括公务员、法官、检察官、警官等。掌握专业权力的是拥有各种专业知识和技能为其工作对象服务的人，例如医生、科学家、公共卫生人员、教师、律师、工程师等。他们经过系统的专业知识训练（一般在大学内），与社会有一种契约关系，与普通的职业人员或一般的公民不同，对社会和国家负有某种特殊的义务和责任，是"国家兴亡，匹夫有责"中的"匹夫"；他们与工作对象存在一种信托关系。实践伦理学为他们做出合适的决策提供伦理学专业知识的帮助。例如，新闻伦理学为记者的决策提供帮助，法律伦理学为律师的决策提供帮助，司法伦理学为法官、检察官和警官的决策提供帮助。生命伦理学就是一门规范性实践伦理学学科。

（三）生命伦理学的使命：帮助医生、研究者和公共卫生人员做出合适的决策

生命伦理学帮助医生或护士、生物医学与健康研究者和公共卫生人员做出合适的决策。

然而，这一陈述并不是生命伦理学的定义，而是简单地指出生命伦理学的使命。这一陈述的含义有：（1）医生或护士、生物医学与健康研究者和公共卫生人员都掌握相关的专业知识和技能，他们与病人、受试者和目标人群之间处于不但在信息上而且在权力上不对称、不平等的关系。在某种意义上，他们对工作对象掌握着"生死予夺"的权力，因此他们做出一个合适的决策对工作对象非常重要。（2）这些专业人员的行动是救人于危难之中，具有道德意义，但任何行动之前都有一个决策：打算做什么和怎么做。（3）所谓"合适的决策"就是合乎伦理的决策，那么"合乎伦理"又是什么呢？根据什么标准说这个决策是合乎伦理的，因而是合适的呢？这里就涉及生命伦理学诞生的问题。

◇◇ 第一编 总论

生命伦理学与原来的医学伦理学之间有一个核心的差别是：到了生命伦理学阶段，医学的中心已经从医生转移到病人了。这种转移从《纽伦堡法典》① 宣布之日开始，生命伦理学也是由此诞生的。

《纽伦堡法典》（以下简称《法典》）是对纳粹医生进行审判的最后判决词的一部分，原来的标题是"可允许的医学实验"，后世称为《纽伦堡法典》。这个法典包含可允许的医学实验的10条原则。其中第2、3、4、5、6、7、8、10条讲的是，医学应根据动物实验结果设计；实验的进行应避免一切不必要的身体和精神上的痛苦和损伤；有先验的理由认为死亡或致残的损伤将发生，绝不应该进行实验；所受风险的程度绝不应该超过实验所要解决的问题的人道主义重要性所决定的程度；提供充分的设施来保护受试者免受损伤、残疾或死亡；实验应仅由科学上合格的人来进行；如果继续实验很可能引致受试者损伤、残疾或死亡，科学家必须准备在任何阶段结束实验；实验应对社会产生有益的结果。而第1、9条讲的是，人类受试者的自愿同意是绝对必要的；如果受试身体或精神状态不佳，应自由地退出实验。生命伦理学诞生于《法典》的10项原则宣布之时，这10点蕴含着世界医学史上的医学范式从医学家长主义到以作为一个活生生的个体的人的病人/受试者为中心的范式转换。自从那时以来，他们的自主性、自我决定、知情同意和隐私权利以及福利、利益和安康逐渐成为医患关系以及研究者与受试者之间关系的中心，并扩展到公共卫生领域对社会成员自主性和自由的重视，强调了在要求限制公民权利时限制个人自由的最小化和相称性。《法典》是新生事物，因此是不完善的，由后来的国际准则和各国准则补充、发展。参与纳粹罪行的医生发现，纳粹不关心受害者个人，只关心他属于哪个种族或民族，只要他属于"劣生"的"理该"被消灭的种族或民族，就该杀，或被送进焚尸炉，或利用他来做实验。他们的理论假定是：人只有外在的工具价值，没有内在价值。而作为《法典》基础的假定是，应该将任何个体受试者视为人、理性行动者、"万物之灵"或"天地之性，人为贵"（儒家），或目的本身（康德），其安全、健康和福祉理应受到保护，理应受到尊重。这种假定后来推广到临床实

---

① 陈元方、邱仁宗：《生物医学研究伦理学》，中国协和医科大学出版社2003年版，第309—310页。

践中，对病人也应如此：所有的病人不仅有外在的工具价值，而且有内在价值。所有临床、研究和公共卫生工作都有两个维度：技术的和人文的。《法典》的10项原则体现了医学的人文关怀：（1）对人的痛苦和苦难的敏感性或忍受度：第2—8、10项原则就体现这一方面。孔子说"仁者爱人"；孟子说"无伤，仁术也""不忍之心""恻隐之心""仁之端也"。（2）对人的尊严、自主性和内在价值的认可度：其中第1、9项原则就体现这一方面。荀子说"仁者，必敬人"。人文关怀这两个方面可用来衡量一个文化、社会或历史时期在其法律、制度、习俗和做法之中所展现出的道德有进步还是退步。纳粹是德国历史上的严重倒退，日本军国主义也是如此。我国"文化大革命"也是道德倒退。①

由此，我们可以知道判定我们的临床、研究和公共卫生决策合适性或合乎伦理的标准应该是：其一，不管你要采取的干预措施是临床的、研究的，还是公共卫生的，会给病人、受试者或目标人群带来哪些风险（risk）和受益（benefit，包括对其本人的受益和对社会的受益），其风险—受益比如何？是否能够接受？其二，根据你的决策采取的干预行动是否满足了尊重病人的要求，其中包括尊重病人自主性、知情同意（病人无行为能力时则是代理同意）的要求，保护隐私以及公正、公平等要求。

这里有人会提出两个责难。其一是二元论责难。你的两个标准，一个来自后果论，另一个来自义务论，这是二元论。我的回答是：后果论或其比较成熟的形式效果论以及义务论分别对行动的后果以及在行动中必须履行的义务作了非常深入的研究和分析，但将行动的后果以及义务作为评估行动的基本价值时，我们既不陷入后果论（不考虑义务），也不陷入义务论（不考虑后果），也就是说我们既非只考虑行动后果而不考虑义务后果论者，也非只考虑义务而不考虑后果的义务论者。如果二元论能更好地解决我们面临的伦理问题，为什么我们非要采取一种理论呢？其二是不一致责难。你用的两个理论不一致，还互相矛盾。我的回答是：第一，我们秉持例如后果和义务这些基本价值，并不秉持后果论

---

① Macklin, R., 1992, "Universality of Nuremberg Code", Annas, G. & Grodin, M. (eds.), *The Nazi Doctors and the Nuremberg Code*, New York: The Oxford University Press, pp. 237-239.

或义务论，我们旨在帮助专业人员做出合适的决策，任何伦理学理论能帮助我们做到这一点，我们都要运用，我们对它们持开放的态度：不管白猫黑猫，抓住耗子就是好猫。第二，我们不可能秉持一种理论（例如儒家理论）去解决世界上所有伦理问题，正如我们不能依靠一只猫去抓世界上所有耗子一样。所以，这说明提问者不了解实践伦理学和生命伦理学的使命。

（四）研究生命伦理学的模型

我们在讨论生命伦理学研究的模型时，多次提到两个模型，即"放风筝"模型和"骑单车"模型。如果你接受生命伦理学是帮助医生、研究者和公共卫生人员做出合适的决策，那么你必须从实际出发，即必须首先了解与干预有关的科学和技术的发展情况以及将这种发展提出的伦理问题作为我们研究的导向。许多想参加生命伦理学研究的人或哲学家不是从实际出发，不研究实践中的问题。我们这次年会上有一位报告人想用契约论来解决有关转基因的问题，他不从分析转基因的实际情况出发，而是从契约论出发，论述一番后，最后建议用"知情同意"解决转基因问题，可是知情同意概念与契约论并不是一回事，知情同意这个概念不是从任何理论推论出来，而是对实践中教训总结的结果。一些对中国问题感兴趣的境外学者往往采取这种方法。使用这种方法的学者不是意在解决实践中的伦理问题，而是借此机会阐发一下他们喜爱的理论，但无法帮助专业人员做出合适的决策。

我想举一个例子进一步说明这个问题。1988 年甘肃省常委会发布《禁止痴呆傻人生育的规定》，1990 年辽宁省发布《防止劣生条例》，而且还有些省去甘肃取经。对此可以有两种做法，一种是大量引用有关人人有生殖权利的理论来反对这些条例。但实践中的伦理问题不能简单地从人权原则演绎出解决办法，而且诸多不同人权之间还可能发生冲突。人们还可以用国情不同、我们有传统文化等理由解释。我们采取的做法是先去调查研究。我和有妇产科背景的顾瑗老师调查研究发现：（1）甘肃省有关人员将甘肃社会经济发展相对缓慢与智力低下者占比相对高的因果关系倒置了。他们认为社会经济发展相对缓慢是智力低下

二 生命伦理学的使命

者较高的结果而不是原因。(2) 我们走访了陇东的所谓"傻子村"(这是歧视性词汇,但为便于行文,我们暂且用之),发现疑似克汀病患者。克汀病是先天性疾病,但不是遗传病,这种病是孕妇食物中缺碘引起胎儿脑发育异常,当地医务人员也确认了是克汀病。(3) 对严重克汀病女患者实施绝育有合理的理由,因为当时农村将妇女视为生育机器,而且妻子是可买卖的商品,穷人买不起身体健康的妻子(需要上千元),而买一个患克汀病的女孩仅需 400 元。这些女孩生育时往往发生难产,有时因此死亡,即使生下来也因不会照料致使婴儿饿死、摔死。如不能生育,女孩就会被丈夫转卖,有的女孩被转卖三次,受尽折磨和痛苦。因此,绝育可减少她们的痛苦。既然是好事,那为什么要强制绝育,不对本人讲清楚道理,或至少要获得监护人知情同意呢?(4) 调查者发现当时甘肃遗传学专业人员严重缺乏,那怎么去判断智力低下是遗传引起的且足够严重呢?他们的回答是,不用作遗传学检查,三代人都是"傻子",那就是遗传原因引起。这使我们想起 Buck vs Bell[1] 一案中法官所说的"三代都是傻子就够了",必须实施强制绝育。但后来发现 Buck 一家根本不是"傻子",她绝育前生的女孩在学校读书成绩良好。在我们调查基础上,于 1991 年 11 月举行了全国首次生育限制和控制伦理及法律问题学术研讨会,会后通过卫生部将《纪要》发到各省市卫生厅局,才制止了其他省份效法甘肃的趋势。[2] 我用这个案例说明,如果单单知道伦理规则,而不了解具体情况,我们并不能知道合适的决策是什么。

因此,我提出,生命伦理学研究的逻辑出发点应该是临床、研究和公共卫生实践中的伦理问题,而不是伦理学理论,不管是多么好的理论,儒家理论也好,康德理论也好,都不能成为生命伦理学研究的出发点。我们要鉴定、分析和研究实践中的伦理问题,就必须了解这些问题产生的实际情况。我们唯有从实际出发,妥善解决实践中的伦理问题,才能帮助专业人员做出合适的决策。

---

[1] Lombardo, P., 2010, *Three Generations, No Imbeciles: Eugenics, the Supreme Court, and Buck v. Bell*, Baltimore: Johns Hopkins University Press, pp. 7-78.
[2] 邱仁宗:《全国首次生育限制和控制伦理及法律问题学术研讨会纪要》,《中国卫生法》1993 年第 5 期;雷瑞鹏、冯君妍、邱仁宗:《对优生学和优生实践的批判性分析》,《医学与哲学》2019 年第 1 期。

（五）对生命伦理学的误解

我们说生命伦理学是帮助专业人员做出合适的决策，这一陈述最为关键的是蕴含着：实践伦理学不单单是或者其目的不是"坐而论道"。哲学家开会往往都是"坐而论道"，议论一番，至多发表一些文章或出版一些书籍。在我看来，对于实践伦理学和生命伦理学，我们不能满足于此。

这一陈述也想澄清一下对伦理学的许多误解：

（1）伦理学不是修身养性的"心灵鸡汤"。"修身养性"很重要，但伦理学帮不了这个忙。我国从幼儿园到大学都有一套进行修身养性的教育制度，伦理学插不上手。从医学发展历史看，古代医生早就认识到医学知识"决人生死""不可不慎"，因此有了"医德"，引用名医的警句，帮助医生对医学知识的应用给予合适的控制，因此医德是权威主义的。于是就会出现这样的问题：权威的医生说的不完全一致，有些新出现的问题没有说到，有些技术有了新的发展或者情境不同，权威所说的不一定合适。于是产生了医学伦理学，医学方面的是非对错标准不能完全凭借权威，应该接受理性的检验。"伦理"的古汉字就是道理、原理的意思。因此发展到医学伦理学，我们的重点已经不在修身养性，而是在行动和决策的伦理标准是否合乎理性。由于现代医学立足于现代科学，尤其是现代生物学，而不是单凭医生个人的经验，一些新的疗法源自实验室的基础研究，因此伦理学探讨必须前置到实验室和动物实验的临床前阶段。同时人们发现人群健康的改善、寿命的延长主要不是靠临床阶段的努力，而是靠公共卫生，因此伦理学探讨又必须后延到人群健康阶段，于是医学伦理学进一步发展为生命伦理学。这样，伦理学的关注点就更不是"修身养性"了，而是这些专业人员将要采取的决策是否合适。

（2）伦理学不是道德说教。道德说教的臭名昭彰的例子莫过于"失节事大，饿死事小"了。可是类似的例子现在不也存在吗？"宁可病人病死，也不能违反规定""宁可病人跳楼，也不能破例进行剖宫产"，不也是不顾后果的道德说教吗？

二 生命伦理学的使命

（3）伦理学不是传统道德。有些人误以为伦理学就是各个社会或文化的传统道德，对传统道德要采取理性的分析方法，取其精华，去其糟粕。例如，有人将"修身养性齐家治国平天下"这句话奉为圭臬，殊不知"齐家"与"治国"之间不存在逻辑的必然性：治国必须是法治，必须建立制度，齐家则不一定。齐家好的人不一定能治国。又如"家和万事兴"这句话只适用于一些或大多数家庭，但不适用于处于系统贫困的家庭，三代没有摆脱贫困的家庭再"和"也"兴"不了，社会和政府必须给予救援，否则给人们的印象是，社会和政府试图推脱救援系统贫困的家庭的责任。

（4）这一陈述同时也是否定将伦理学或医学伦理学看作"意识形态"的错误看法。将医学伦理学看作一种意识形态，也就是否认它是一门学科。为保持意识形态的纯洁，只要被认为政治上可靠的人做医学伦理学就可以了。所谓"建立中国的生命伦理学话语体系"也是将生命伦理学看作意识形态的一种表现。生命伦理学在我国的发展已有30余年，从来不存在话语问题。所谓"重建中国生命伦理学"也类似。如果你认为生命伦理学是一门学科，那么怎么会有"中国生命伦理学"呢？这好像说我们要"重建中国生物学"一样荒唐。更为奇怪的是，香港一所大学花了近百万港元来支持在大陆"重建中国生命伦理学"，为什么他们不在香港"重建中国生命伦理学"呢？实在令人费解。这已经不是学术问题了。

（5）还有人一提到伦理学就联想到宗教的教规。殊不知这完全是两码事：伦理规范以理性为根据，教规以信仰为基础。信仰是对超自然力量的信奉和膜拜，在香港举行的一次"重建中国生命伦理学"的会议上，主讲人最后透露：相信上帝的存在是一切理论的基础。所以会有"基督教生命伦理学"产生。可是，这个术语本身是自我矛盾的：理性的伦理学怎么可以与信仰超自然力量的宗教共处呢？

（6）最后生命伦理学是独立的学科，不是某个哲学理论的"分销部"。生命伦理学比较"热"，被称为"显学"，有人利用这种情况推销他的理论，有关临床、研究或公共卫生中的伦理问题，只要运用他喜欢的理论，似乎一切就可迎刃而解。事实不然。例如，不顾具体情况，推销"家庭决策"，实际上是不尊重病人的自主性，损害了病人的利益，违背了国际伦理准则和我们国家的相关规定。

（六）生命伦理学如何帮助专业人员做出合适决策

临床、研究和公共卫生专业人员在做出决策时，往往会遇到伦理难题（ethical dilemma）。不同于一般的伦理问题（即应该做什么的实质性伦理问题和应该如何做的程序性伦理问题），伦理难题发生于专业人员感到两难之时：两项义务都应该尽到，在特定情况下你尽了这项义务，不能尽那项义务，处于左右为难的境地。这在临床上比较多见。例如，在我国不止一次发生过医生对病情危急的孕妇提出了剖宫产的建议而为病人家属拒绝的案例，这时医生面前有两个决策选项：

选项1：尊重病人或其家属的意愿，不予抢救。后果是病人死亡；

选项2：不顾病人或其家属的意愿，医生毅然决然对病人进行抢救。后果是病人（可能还有孩子）生命得到拯救（但也有较小的概率失败）。面临同样难题的医生做出了不同的决策选择：有的医院的决策是选择了选项1；另一些医院的决策是选择了选项2。生命伦理学提供了评价你准备做出的决策是否合适的标准，也提供了当这些标准发生冲突时合适的解决办法的标准。在专业人员做出决策时，往往涉及多个利益攸关者。例如，在临床情境下利益攸关者是病人、胎儿、家属、付费单位（医疗保险单位）等。那么在利益攸关者之间，排列有优先顺序，一般情况下，在所有利益攸关者中病人的利益、健康、生命第一。在病人生命无法挽救时，可考虑其他利益攸关者的利益。如孕妇和胎儿发生利益冲突，病人是孕妇，孕妇利益第一，绝不可为了有一个能继承家产的男性胎儿而牺牲本可救治的母亲生命（先救妈妈）；但孕妇处于临终时则可尽力避免胎儿死亡，生出一个活产婴儿（救不了妈妈，救孩子）。也有产妇及其家属因分娩疼痛难忍要求剖宫产，而坚持剖宫产适应证规范的医生则认为产妇不符合剖宫产适应证而加以拒绝，引致产妇坠楼死亡的案例。那么这时在医生面前的两个决策选项是：

选项1：尊重产妇及其家属的意愿，即使违反剖宫产规范，也进行剖宫产，后果是母子平安；

选项2：不顾产妇及其家属的意愿，坚持剖宫产规范，按顺产处

二 生命伦理学的使命

理,后果是产妇坠楼母子双亡。

当医生遇到伦理难题时,我们就应该采取"两害相权取其轻",即"风险或损失最小化"的原则(即对策论或博弈论智能中的 minimax 算法)。按照上述标准,坚持家属同意坐待病人母子死亡的决策是错误的,坚持实际上已经过时的剖宫产规范(新的规范已经将不能忍受分娩疼痛的产妇纳入剖宫产适应证内)的医生拒绝产妇要求导致产妇坠楼死亡的决策也是错误的。因为这些决策严重违反了病人利益第一的原则:病人有了生命,才能有病人所有其他的权利和利益。"健康是人的第一权利。"治病救人是医生的天职(内在的固有的义务),是医生的专业责任。如果明知病人生命可以抢救,却因为其他考虑而踌躇不前,犹豫不决,坐失救治病人的良机,而导致病人死亡,那就违反了医学专业精神,也丧失了执业资格,还应被追究侵权的法律责任。

这里可能会遇到另一个问题,即医生避免伤害病人或抢救病人生命的决策可能与已有规定不一致,例如上述产妇不符合我国目前规定的剖宫产适应征。我们必须认识到,不管是技术规范还是有关医疗的规章和法规,都可能是不完善的,并因科学技术的发展或社会价值观的变化而需要与时俱进。在第一个案例中,有的医院领导引用 1994 年国务院《医疗机构管理条例》①为其辩护,其中规定"无法取得患者意见时,应当取得家属或者关系人同意并签字",但这一条例还有第三条呢!第三条规定:"医疗机构以救死扶伤,防病治病,为公民的健康服务为宗旨",第三十三条还有这样的规定:"遇到其他特殊情况时,经治医师应当提出医疗处置方案,在取得医疗机构负责人或者被授权负责人员的批准后实施"。但的确该条例没有明确提出"当病情危急,医生的救治方案一时未能为病人或其家属理解,不抢救将危急病人生命时医师可在取得医疗机构负责人或者被授权负责人员的批准后实施"的文字,因此应该修改完善,但也确实存在医生和医院领导人对法律法规条文的理解问题。至于第二个产妇坠楼案例,英国皇家学会早在 2011 年就将不能

---

① 国务院:《医疗机构管理条例》,http://www.qyfy.com.cn/news/news2/2013-06-04/216.html。

◇ 第一编 总论

忍受分娩疼痛的产妇列入剖宫产适应证内了。[①]

"规定是死的，人是活的。"这里涉及临床规定文字与规定精神的关系问题。规定精神的初衷是更好地治病救人，怎么能死抠规定的文字而任凭病人死亡呢？这违背了规定的精神和初衷。伦理学有一个解决性命有关的道德判断与现行规定的矛盾的方法，即"反思平衡"[②]。对于特定的案例，尤其与新生物技术发展和应用有关的案例，人们会产生一个与现行规定相冲突的判断（例如脑死就是死亡），这个判断与现行规定处于不平衡之中。我们不能简单地因这个判断与现行规范有冲突而拒斥它，反之我们要反思，这个现行规定是否有待改善完善，甚至根本错误。有时要反复思考，坚持现行规范会怎样？不顾现行规范、坚持新的道德判断去做出决策会怎样？一般来说，新形成的道德判断往往扎根于实践，其可信度比较高；而现行规范往往是过去经验的总结，如果不能与时俱进，其可信度就比较差。在这种情况下，我们要根据新的道德判断来考虑修改完善现行规范。

我们这里强调生命伦理学帮助专业人员做出合适决策，其实我们也帮助掌握公权力的决策者做出合适的决策。下面我举两个例子。第1个例子：自从艾滋病在我国传播以来，约有数万人因输血或使用第8因子（具有凝血作用）制品感染艾滋病病毒，在身体、生活、精神方面备受折磨。他们多次向法院起诉，法院收集证据困难，予以拒绝。于是他们向各级政府上诉，继而采取静坐、绝食、示威的行动，与警察屡屡发生冲突。受害者进一步遭受折磨。可是我们那时没有解决这类问题的规定可循。但我们认为解决这一问题要依靠一项道德律令，因为第一，这些受害者长期遭受身体、精神和生活上的痛苦。第二，他们长期没有得到应有的补偿，这是社会的不公平。经研究，我们建议用"无过错"经路（即非诉讼方式）解决此问题，厘清了"无过错""补偿"（不同于赔偿）等概念，对这种方式进行了伦理论证。我们的论点是，过去重点放在惩罚有过错者（惩罚公正），而现在应该更重视补救、弥补受害者

[①] Royal College of Obstetricians and Gynecologists, *Caesarean Section*: *Clinical Guideline*: CG132 (2011-11), https://www.nice.org.uk/guidance/CG132/uptake.

[②] 罗会宇、邱仁宗、雷瑞鹏：《生命伦理学视域下反思平衡方法及其应用的研究》，《自然辩证法研究》2017年第2期。

二 生命伦理学的使命

(修复公正)。我们通过北京红丝带论坛这一平台,邀请政府各部代表和受害者代表几次反复征求意见,一致认为合理可行。此后许多地方按照这个办法解决,受害者得到补偿,也消除了社会不安定因素。我想这是生命伦理学帮助我们做出合适决策的成功范例。[①]

第2个例子:我们如何帮助决策者做出阻止意大利外科医生卡纳维罗和中国外科医生任晓平在2018年利用我国同胞进行头颅移植的决策。[②]

首先,我们帮助分析头颅移植这种干预的风险—受益比如何。我们可以按下列程序来帮助进行风险—受益比的评估:(1)头颅移植的干预会给病人带来什么样的风险?供体的头部脊髓与受体的颈部脊髓的连接是最为困难的,目前可以说是不可逾越的最大障碍,头颈部的脊髓拥有数百万根神经纤维,但目前就是一根神经纤维因损伤而断裂都无法接上,尽管进行了无数次的试验,神经的再生从未成功;手术必须在1小时内完成,因为一旦大脑和脊髓离开活体,失去了血液供给,就会因缺氧而死亡;在应用于人以前的所有动物实验没有一例是成功的。因此,头颅移植干预的结果很可能是受体死亡。(2)头颅移植干预可能的受益如何?与不存在身份问题的其他器官移植手术不同,头颅移植有一个身份问题尚待解决。假设头颅移植获得成功,那么谁是受益者?是受体甲,是供体乙,还是移植后那个由甲的头和乙的身体组成的人丙?按照主张神经还原论的哲学家[③]的意见,移植后的人是甲;按照强调身体身份(bodily identity)的哲学家的观点[④],移植后的人是供体乙;但按照心和自我是脑与身体以及环境相互作用的哲学家的观点[⑤],头颅移植成功以后新形成的人丙是受益者,所以受益者既不是甲也不是乙,而是一个非甲非乙的独立第三者。这一结论具有极为重要的伦理意义,即头颅

---

① Zhai, XM, 2014, "Can the no fault approach to compensation for HIV infection through blood transfusion be ethically justified?", *Asian Bioethics Review*, 6(2): 143-157.

② 雷瑞鹏、邱仁宗:《人类头颅移植不可服障碍:科学的、伦理学的和法律的层面》,《中国医学伦理学》2018年第5期。

③ Parfit, D., 1971, "Personal identity", *Philosophical Review*, 80: 3-27.

④ DeGrazia, D., 2005, *Human Identity and Bioethics*, Cambridge: Cambridge University Press, pp. 11-114.

⑤ Glannon, W., 2011, *Brain, Body, and Mind: Neuroethics with a Human Face*, Oxford: Oxford University Press, pp. 11-40.

移植即使成功，受益者不一定是病人甲，而可能是新形成的第三人丙。（3）因此，对头颅移植进行风险—受益评估的结果是：风险极大，甲不可避免要死亡，而受益至少是不确定的。

其次，在目前的头颅移植的科学技术情况下，不能做到有效的知情同意。我们直接告诉病人，移植后你很可能死亡，那么他们很可能不同意参加临床试验；如果你隐瞒这一事实，那就是欺骗，病人签了同意书也是无效的。头颅移植的科学技术知识有限，移植后的许多可能后果连移植医生也不知道，怎能做到向病人提供全面充分的信息？如果病人宁愿死也不愿拖着久病的身体继续苟延残喘，并且他愿意为科学献身，那么同意是否应该是有效的呢？然而，同意"做什么"是有限制的。例如，一个人同意做他人的奴隶、出卖器官以及为科学献身、同意被人杀死都是无效的。这里涉及知情同意辩护理由的根本问题：知情同意的辩护理由，一是保护表示同意的人免受伤害；二是促进他的自主性。根据上述分析，我们向决策者建议阻止这两位医生在我国用我国同胞实施头颅移植。①

---

① 本文转载自邱仁宗《生命伦理学在中国发展的启示》，《医学与哲学》2019年第5期。转载时文字有所修改。

三 生命伦理学在中国的发展

（一）前言

严格说来，生命伦理学在中国是在"文化大革命"之后，尤其是党和政府采取了改革开放的政策之后才发展起来的。进入 21 世纪后，党和政府又提出了"科学发展观""以人为本""和谐社会"等理念，把民生放在首位，为生命伦理学的进一步发展创造了有利条件。1987 年我国第一本《生命伦理学》著作（邱仁宗，1987、2004，中文）的出版，标志着医学伦理学发展到生命伦理学的新阶段。尽管传统医德有数千年历史（Qiu, 1988; Zhang and Cheng, 2000, 英文），但当代中国的生命伦理学肇始于 20 世纪 70 年代末和 80 年代的一系列事件。1988 年 7 月，第 1 届全国安乐死社会、伦理和法律问题学术讨论会在上海举行（邱仁宗，1988b，中文），大会结束时发表了一项声明，确认临终病人拥有选择死亡方式的权利，除了两位参会者不赞成外，其他人一致支持这个声明。同年 11 月，人类辅助生殖的社会、伦理、法律问题全国会议在湖南岳阳举行。大会最终向卫生部和国家计划生育委员会递交一份管理人工授精和精子库的政策建议（由生殖医学专家卢光琇和生命伦理学家邱仁宗联合起草）。1986 年和 1987 年，关于安乐死和供体人工授精的法律案件分别在大众媒体上发表，引起了专业人员的讨论并且吸引了公众的关注。安乐死案件发生在陕西省汉中市。有一位病人的两个女儿起诉医生应病人一位儿子和另一位女儿要求，对她们垂死的母亲实施主动的安乐死。法院批准将医生加以逮捕，但法院最后判决"不构成犯罪"。另一人工授精案例发生在上海，由于丈夫不育，妻子在供体人工授精的辅助下生了一个男孩，但是这位丈夫的父母拒绝承认这个孩子，因为这个孩子跟他们没有血缘关系。这两个案件都发生在现代科学技术广泛应用于医学和医疗卫生的时期，此时将遗传学应用于人口控制引起严重关注，一些遗传学家、政府官员和立法者担心出现国家强制实施的优生学（第一届全国生育限制的伦理和法律问题研讨会纪要，1991，中文；Qiu，1992、2004，英文）；第一轮医疗卫生体制改革是以市场为导向的改革，第二轮医疗卫生体制改革则重新以政府为主导，引起众多争论；以及应对突发流感大流行引起的诸多问题，例如 SARS 的流行对中国是一个巨大教训（邱仁宗，2003，中文）；等等。这些事件向我们提出了需要解决的起规范作用的实质性和程序性的伦理问题。

（二）生命伦理学模型

从一开始，中国的生命伦理学就倾向于遵循骑单车模型（一种务实的进路），而不是放风筝模型（一种思辨的进路）。这些模型的类比引自美国著名生命伦理学家 Albert Jonsen 于 1994 年 8 月 8—14 日暑期医疗卫生伦理学研讨班上的讲演。伦理学问题不能从特定的伦理学理论中通过演绎推理得到解决，尽管演绎推理在伦理学推理中是很重要而且不可或缺的。作为一门实用的规范性学科，生命伦理学应该以在临床、研究和公共卫生情境下出现的实际伦理问题作为其逻辑起点。一个伦理问题的解决办法在权衡不同利益攸关者的价值观之后才能被发现，并用伦理学理论、原则和准则进行辩护，然后通过体制化将其转化为行动（Qiu，2010、2015b，中文）。

（三）临床伦理学

这个部分叙述了有关脑死亡和安乐死、器官移植、临床工作中的知情同意和精神病学误用等方面的一些讨论。

1. 脑死亡和安乐死

脑死亡和安乐死是我国生命伦理学最初讨论的问题。在"文化大革命"中，脑死亡概念被批评为西方医生为了不择手段获得器官移植资源

三 生命伦理学在中国的发展

而创造出来的资产阶级、资本主义和反动的概念（江鱼，1977，p225，中文）。然而，大多数医生、伦理学家和律师都认可脑死亡的概念。即使是过了20世纪，我国仍然没有一部行政法规或法律使脑死亡定义合法化。2002年10月27日，在全国器官移植学术会议上第一次公开了脑死亡的诊断标准，它包括：1. 脑死亡是包括脑干在内的全脑技能丧失的不可逆转的状态；2. 昏迷原因明确，排除各种原因的可逆性昏迷；3. 脑死亡包括深昏迷，脑干反射全部消失，无自主呼吸；以及4. 脑电图平直。对是否需要立法将脑死亡定义合法化，存在着争论。2008年8月7日，时任卫生部部长的黄洁夫澄清，在中国制定脑死亡立法势在必行，中国将加快脑死亡的立法程序（胡林英，2008，中文）。

中国古代的医生很清楚医学的有限性，并且认为当病入膏肓时药石无灵。不给或放弃治疗临终病人（被动安乐死）长久以来都是传统医学理念的一部分，而且这种理念在现代获得了扩展，他们不会对不可逆昏迷病人、严重缺陷的新生儿、出生体重严重低下的婴儿进行抢救。许多从美国生命伦理学借鉴来的原则及相关实践，是可以与儒家"仁"的概念相容的，当然其他一些根深蒂固的传统态度也会对这个问题产生影响（沈铭贤，1989，中文）。例如，在有缺陷的新生儿安乐死这个问题上，佛教认为有缺陷的新生儿是其上辈子在道德上有缺陷所致（"报应"），所以有缺陷新生儿的安乐死会更加容易被接受。但同时，儒家的"孝道"经常使得人们不愿意对父母和长者实施安乐死。

安乐死（主动安乐死）仍然是有争议的话题。1986年，在陕西省汉中市，一个深受肝硬化折磨的昏迷妇女的两位子女请求医生采取措施结束他们母亲的生命，医生同意他们的请求，开了冬眠灵处方，但未通知他们的两个姐姐，后者去法院控告医生杀害她们的母亲，法院一审批准将医生收容审查、逮捕、取保候审。这个法律案件在媒体上引起了广泛的讨论。1991年，最终法院判决被告行为"不构成犯罪"，因为在死亡已经不可避免的情况下，医生的行为对死者的伤害微小（王鸿麟，1990a、1990b、1991，中文）。1986年和1988年进行的若干调查显示，大多数受访者会接受不给或放弃治疗，甚至在某些情况下也接受安乐死（邱仁宗等，1988）。

在例届全国人民代表大会和全国政治协商会议上，经常有人大代表或政协委员起草关于安乐死的法律，作为提案提交。然而有些伦理学家论证说，考虑到在中国医患关系恶化和转向市场侵蚀公众传统孝道的情况，将安乐死合法化不是一个合适的时机。他们认为，此时的安乐死合法化会导致很多无法预料的消极后果。他们声称，如果安乐死不被认为是谋杀的话，我们需要的是安乐死的去罪化，要对它规定严格的条件（邱仁宗，1993，英文；翟晓梅，2001、2003，中文；翟晓梅、邱仁宗，2005，中文）。

2. 器官移植

人体器官移植始于 1972 年，中山医学院做了我国第一例家族成员之间的肾移植手术，但是病人仅仅多活了一年。1981 年，在中国大陆实施的器官移植手术数量，是肾移植 800 例、肝移植 54 例、心脏移植 3 例、肺移植 2 例。21 世纪初，器官移植的发展非常迅速。2001 年，肾移植手术数量达到了 5561 例，仅次于美国；2005 年，已注册的肾移植手术数量达到 9699 例，其中有 270 个案例是家庭成员提供的肾源。病人术后平均成活时间在 28 年左右。根据卫生部的统计，1995—2005 年，总共进行了 59540 例的肾移植手术、6125 例肝移植手术、248 例心脏移植手术（潘峰，2009，中文）。

器官移植技术的发展引起了巨大的社会需求，器官供不应求。一个原因就是中国是目前世界上唯一一个脑死亡尚未在社会上得到广泛认可的大国。另一个原因就是传统文化的影响，传统文化要求在火化前保持尸体的完整。由于器官资源极度缺乏，1984 年国务院的六部委联合发表声明，死囚的器官可以用来拯救病人的生命，但是需要征得死囚的同意（最高人民法院等，1984，中文）。随后，死囚器官移植的数量稳步增长，成为常规，占到所有器官移植的 95% 以上（成报，2013，中文），而且中国大陆成为"器官移植旅游"的一个主要目的地。

生命伦理学家论证，依赖死囚器官的移植得不到伦理学的辩护，并有严重的消极后果（邱仁宗，1999a；翟晓梅、邱仁宗，2005 第 301—303 页，均为中文）。确实，没有任何中国伦理学家支持利用死囚器官进行移植。自从 2008 年以来，辽宁省、浙江省、河南省以及深圳市用注射处死代替枪决，这将影响死刑犯器官的利用。医生、生命伦理学家和立法者花了很长时间试图终止对死囚器官的利用，但直到器官移植条例的实施（国务院，2007，中文）也未解决这一问题。2012年3月25日，时任卫生部副部长黄洁夫宣布政府承诺建立一个器官捐献系统，并且在三到五年内废除利用死囚器官。2015年1月1日，我国宣布从即日起全面停止使用死囚器官。

死囚器官利用的结束，将会加剧器官移植的短缺。每年器官移植所需要的器官数量都在30万个左右，但是只有1万余个捐献器官是可得的。解决短缺问题的一个方法就是放开器官买卖，让需求者购买供移植的器官。所以器官买卖也成为一个热门话题。但只有一小部分人支持器官买卖，大多数人持反对态度（白晶，2006；马永慧，2006，均为中文）。

解决这个问题的另一个方法是诉诸活体器官捐献。器官捐献在21世纪初获得了快速的发展。1999年，在大约5000例的肾移植中，只有76例的肾源是由家族成员所捐献的，不到2%的比例。但是到2010年，这个比例上升到了40%，而且在肝移植手术中，由活体捐献的比例达到了17%。在《人体器官移植条例》实施后，这两个比例均下降到了3%（广州日报，2010，中文）。

活体捐献器官的质量、病人的存活率、病人的生活质量都比之前用死者器官的时候要好，而且用活体器官会减轻病人家庭的经济负担。但是这对于捐献者来说风险非常高，捐献者可能在压力下被迫同意，尤其在有性别歧视的家庭，这样的家庭中，捐献者往往都是女性，而接受者往往都是男性。所以有些伦理学家就认为活体器官捐献不应该视为获得器官的合适对策，而只能看成权宜之计（朱伟，2006，中文）。许多学者更为憧憬的是"中间道路"，包含推定同意（其中有知情后不参与的选项）、共济、脑死亡的法律认可以及某种补偿等要素（王春水，2006，中文）。

3. 器官移植的管理

1996年，中国人民政治协商会议全国委员会108位委员提交了关于尸体器官捐献的法案。自此全国人民代表大会和政协全国委员会的成员几乎每年都要提交类似的法案，一些省市一级的政府也发布了关于人体器官捐献的条例。2005年卫生部颁布了《人体器官移植技术临床应用管理暂行规定》（卫生部，2005a，中文），其中强调了知情同意、非商业化原则和禁止器官买卖。2007 年国务院颁布《器官移植条例》（国务院，2007，中文），确保公民有捐献或者不捐献器官的自主和自由。这个条例也要求捐献者必须是有完全行为能力的人，风险必须最小化，器官分配必须遵循诸如医学需要、公正、公平和开放等原则。2009 年卫生部为了限制活体器官移植和禁止器官移植旅游而颁布了《关于规范活体移植的若干规定》（卫生部，2009，中文）。在全面停止死囚器官的利用后，由黄洁夫担任主任委员的中国人体器官捐献移植委员会正在谋求建立人体器官捐献体系、获取与分配体系、移植临床服务体系、科学注册体系和人体器官与移植监管体系，以便有效地、合乎伦理地做好器官移植工作。

4. 知情同意：临床医生面临的伦理困境

2007 年 11 月 21 日，一位有 8 个月身孕的女病人在北京朝阳医院西院区病逝，她患有急性肺炎和心脏病，医生建议采用剖腹产来挽救母子的生命，但是她的男朋友在她陷入昏迷后坚决反对这么做。医院的管理者请示了市卫生局的官员，得到的回复是医院应该遵循《医疗机构管理条例》（国务院，1994，中文）中的规定："医疗机构施行手术、特殊检查或者特殊治疗时，必须征得病人同意，并应当取得其家属或者关系人同意并签字；无法取得病人意见时，应当取得病人家属或者关系人同意并签字"（第三十三条），然而该条例同时也规定："医疗机构对危重病人应当立即抢救"（第三十一条）。这个案例在全国引起了热烈的讨论（邱仁宗，2007b；翟晓梅，2009；任丽、刘俊荣，2010；王洪奇，2010；魏东力等，2010；赵丽，2010，以上均为中文；Zhang，2012，英文）。

在中国大陆，许多法律法规都要求知情同意。在 1987 年出版的《生命伦理学》（邱仁宗，1987）一书中，英文 Informed consent 被翻译成中文"知情同意"。20 世纪 90 年代和 21 世纪初，知情同意成为与医疗或生物医学研究相关的管理或法律要求（例如国务院，1994；食品药品监管局，1999、2003；卫生部，2007，以上均为中文）。然而，在临床实践中，知情同意经常被狭义地理解或仅仅强调其透露信息的义务

（告知义务）。这种狭义的解释反映出对知情同意目的的错误理解，认为它主要是用来保护医务专业人员（Zhai，2009，英文）。上文提到的那个孕妇的案例显示出，如果医生、医院和医疗卫生的管理者为了躲避法律诉讼而利用知情同意来逃避他们拯救生命的专业责任，会导致灾难性的后果。在这个案例中，这就导致了病人的死亡。临床医生在遇到伦理上的两难困境时，即挽救病人生命的义务与获得知情同意的义务发生冲突时，他们应该权衡何种选项对病人的伤害最大，从而选择可能的伤害较小的选项（邱仁宗，2007b，中文）。

2009年12月，全国人大颁布了《侵权责任法》，第56条规定："因抢救生命垂危的病人等紧急情况，不能取得病人或者其近亲属意见的，经医疗机构负责人或者授权的负责人批准，可以立即实施相应的医疗措施。"（全国人大，2009，中文）这是一个进步，但是这部法律并没有解决当病人或其监护人出于无知或非理性拒绝治疗时，医生应该怎么做。

在另外一个案例中，当亲属拒绝同意给一个病危的孕妇做手术时，浙江省德清县人民医院的医生和医院管理者仍然做了手术去挽救生命（《浙江日报》，2008，中文）。这两个案例看上去是对同一规定的不同解读，这取决于医务专业人员如何看待他们对病人的专业责任。

关于临床情境下知情同意的另一个争论涉及家庭在知情同意中扮演什么角色。由于儒家的概念是关系的，不是个体论的，在中国个体不像西方那样是独立的，尽管个体和自主性的意识已经得到增强。在临床情境下，病人经常要在做医疗决定的时候询问他们的亲属，而在有些案例中，医疗信息甚至被告知家属，而不是告知病人本人。"保护性医疗"这种做法强调防止医务人员的言语或行动有可能对病人造成的伤害。然而，在一个家庭中，所有成员的地位可能是不平等的，尤其在一个儒家信念特别强的家庭中，所以也应该考虑防止家庭权力不平等引起的伤害。在考虑文化习俗时，必须适当权衡病人的权利和利益。

从《医疗机构管理条例》到《侵权责任法》，病人的权利和文化习俗之间的平衡得到了保持，并逐步向病人的权利转移。在这样的平衡中，告知医疗信息给病人是默认的要求。例如，《侵权责任法》的第55条规定："医务人员在诊疗活动中应当向患者说明病情和医疗措施。需

◇◇ 第一编　总论

要实施手术、特殊检查、特殊治疗的，医务人员应当及时向患者说明医疗风险、替代医疗方案等情况，并取得其书面同意；不宜向患者说明的，应当向患者的近亲属说明，并取得其书面同意。"（全国人大，2009，中文）

在这个法律中有不一致和不适当的地方，即没有具体规定什么情况下是"不宜"的（朱伟，2015，中文）。尽管如此，说中国不要求信息告知，说"中国医学伦理学依然承诺隐藏真相和撒谎"，或说对其家庭的承诺可为"医生的欺骗行为辩护"（Fan and Li，2004，英文），这是夸大其词的。

5. 精神病学的滥用

在精神病学的理论和实践中存在一些容易被滥用的特点，例如精神病的诊断标准，精神病人非自愿收住入院的标准和程序都存在一些欠缺（刘冉，2015）。在中国大陆的一些城市出现了所谓"被精神病"（被迫当作精神病人治疗）现象，这是精神病学的被滥用。在这些现象中，很多受害者会被以任何理由非自愿地送进精神病院，例如经常去上级政府上访，与单位的领导发生争执，要求涨工资，甚或是对家庭的财产分割表达不满等等（新华社，2010，中文）。

在起草《精神卫生法》时，一个主要争论是对公共安全造成威胁能否用来为把人强行送进精神病院辩护。2012年10月26日，全国人大颁布了《精神卫生法》（全国人大，2012，中文），这部法律在2013年5月1日正式生效。其中的一些法律条款明确规定对精神病人人权和尊严的保护，废除了以对公共安全有威胁为由强行送人入精神病院的规定，对精神病人自身和他人有伤害的情况除外。然而，在《精神卫生法》中，以对自己或对他人有"危险"为由将精神病人非自愿收住入院仍存在争议（胡林英，2015）。

（四）研究伦理学

这一部分主要关注我国人体研究的历史、对用人类受试者进行生命医学研究的管理以及在非西方文化的研究情境下的知情同意问题。

三 生命伦理学在中国的发展

1. 人体研究的历史

传统的中医并没有现代意义的人体实验或研究。医生只是在自己身体上试验药物。"神农（医药和农业之父——作者注）尝百草，一日遇七十毒。"（《神农本草经》，2010，中文）这是中医的一个典范。科学地利用人体进行医学研究随西医传入而在中国兴起。

北京协和医学院的档案馆里记录着20世纪30—40年代在教学医院里，一些外国和中国医生利用穷人作为受试者而没有获得他们的知情同意，且对健康受试者有伤害。1936年，学院神经科的一名美国医生Richard Lyman把卡地阿唑用在一个健康的人力车夫身上诱发抽搐，该车夫获得了相当于2美元的报酬（陈元方、邱仁宗，2003，中文）。这位受试者痛苦抽搐的过程被拍摄下来，在1951—1952年思想改造运动和后来的"文化大革命"中，这个影片被公开放映，引起了轰动效应。

在日本侵华期间，石井四郎率领的731部队在哈尔滨平房区进行了最为反人类和最残忍的人体实验。人类受试者（所谓"木头"）主要是中国人，也有俄罗斯人、朝鲜人、蒙古人、美国人和欧洲人。从1940年到1945年，至少有3000人死于731部队残忍的细菌实验（Harris，2002，英文）。战后，没有像制定《纽伦堡法典》那样制定《东京法典》，因为美国需要731部队的数据。对于日本军国主义来说，中国人的生命价值低，不值得尊重或保护。对美国当局来说，日本的细菌战实验数据比人的生命更重要，731部队细菌战实验的受害者比纳粹实验受害者的价值低。从伦理学上说，日本和美国都应该面对历史和现实，并且放弃他们的双重标准（Chen，1997，英文；陈元方、邱仁宗，2003，中文；翟晓梅、邱仁宗，2005，中文）。

由于这些反人类、不人道或不合伦理的人体实验事件的揭发，一些卫生管理人员和公众对人体研究一直怀有敌意。结果，一些研发不充分或无效的治疗方法在没有经过充分的人体检验的情况下被广泛应用。自1980年以来，中国在引进临床药物试验的同时，也引进了知情同意的原则和机构审查委员会的制度，这些委员会首先是应赞助在中国进行研究的西方合作者的要求建立起来的。直到1998年以前，中国还没有普遍适用的政府管理研究的规章办法。

2. 人类受试者生物医学研究的监管

自从实行改革开放政策以来，国内外科学家发现中国拥有丰富的人类、动物和植物的遗传资源，很多制药公司把中国看成世界上最大的富有潜力的市场。结果，涉及人类受试者的研究以一种难以想象的速度和范围在中国发展起来。

关于管理人类受试者研究，提出了两个问题。首先，监管生物医学研究和生物技术以保护人类、保护受试者为目的是否必要和合意？其次，如果生物医学研究和生物技术的监管是必要的，那么为什么中国不将来源于西方的国际准则撇在一边而制定拥有中国文化特点的准则呢？经过多年的争论之后，终于达成了如下共识。

共识的第一点是，一方面，当代生物医学和生物技术提供或有希望提供先进的和有效的诊断、治疗和预防方法来救助千百万患有疑难疾病的病人，但另一方面，生物医学和生物技术往往会侵犯病人或人类受试者的权利和利益，因为它们的发展和应用通常伴随着商业化，所以医生和科学家经常会陷入利益冲突之中。监管的目的既是健康发展生物医学和生物技术以拯救千百万病人的生命，也是维护病人和人类受试者的权利和福利。

共识的第二点是，尽管中国有独特的文化传统，但是遵循涉及人类受试者的生物医学研究国际伦理准则是至上命令，因为国际准则是由包括中国在内的各个不同国家和不同文化的专家沟通协商得出来的。在实施国际准则和基本原则时需要考虑本国的文化情境，但这不能作为拒绝国际准则普遍性的理由（翟晓梅、邱仁宗，2008，中文；Qiu and Zhai，2010，英文）。

自 1998 年以来，中国政府采取了许多措施来监管用人作受试者的生物医学研究。是年，卫生部颁布了《人体生物医学研究伦理审查暂行办法》（卫生部，1998，中文）。1999 年，中国国家食品药品监督管理局颁布《药物临床试验质量管理规范则》并在 2003 年修订（药管局，1999、2003，中文）。2003 年，科技部和卫生部联合颁布《人胚胎干细胞研究伦理指导原则》（科技部和卫生部，2013，中文），规定了禁止和允许事项，并要求对研究方案进行伦理审查和实施知情同意。2007

年，卫生部发布《涉及人生物医学研究伦理审查管理办法（试行）》（卫生部，2007，中文）。

3. 非西方文化研究情境下的知情同意

在遵循涉及人类受试者的生物医学和健康研究的国际伦理准则时，这些国际准则蕴含的普遍价值与文化习俗之间存在着张力，这是显而易见的（Qiu，2006，英文）。正如在临床情境下一样，在研究情境下，信息告知和理解的要素受到对科学不了解和不同文化话语情境的影响。这就提出了一个如何适当处理国际个人知情同意准则与本土文化之间的张力这一问题。为了解决这些在非西方文化情境中所提出的问题，中国生命伦理学家认为有必要分清知情同意的硬核及其外周部分。知情同意的硬核由如下内容组成：忠实地告知信息，没有歪曲、掩饰或欺骗，足以使人类受试者（病人或健康志愿者）做出决定；积极地帮助受试者理解所提供的信息；以及在受试者有行为能力作出决定时获得自由的知情同意，而没有不当的引诱和强迫。

知情同意的外周部分包括信息告知的方式和时间；从家庭或社群获得批准和建议的必要性；受试者如何表达他们的同意；同意书的措辞；等等。例如，在知情同意书中，可以用具有相同意义的其他词来代替"研究"或"试验"这些候选的受试者厌恶的词；同意书也可以让第三方签字证明，潜在的受试者确实已被告知信息、告知给受试者的信息已被理解，受试者对参加研究表示自由的同意，但不愿意在同意书上签字。然而，尽管如此，即使社群批准了该研究项目，个人的（口头或书面）知情同意仍然是不可或缺的。我们不应该将社群支持和个人同意混为一谈（Zhai，2009、2012，英文；朱伟，2009a、2009b，中文；Qiu，2011b，英文）。

"黄金大米"案件显示，中国公众、专业人员、监管部门都决心在涉及人类受试者的研究方面坚持知情同意的普遍要求。2012年8月1日，《美国临床营养杂志》网站发表一篇论文，题为《黄金大米中的β胡萝卜素给孩子提供的维生素像油中的β胡萝卜素一样好》（Tang et al.，2012，英文）。后来确定，研究者并没有告知这些儿童受试者的父母真实信息，只是让他们相信这是一项营养素研究，而没有提到研究中用的是转基因大米。公众对此非常愤怒。公众和专业人员意识到儿童是一个需要受到特殊保护的脆弱群体。这些研究者因为违反了涉及人类受试者研究的伦理规范而受到惩罚（Hvistendahl and Enserink，2012a、2012b，英文；吕毅品，2012，中文）。基于"黄金大米"和其他案例的教训，卫生部检查了那些与干细胞旅游相关的未经证明和不受管理的所谓的"干细胞治疗"，2013年卫生部起草了《干细胞临床试验的管理办法》，并且把它公布在网上供民众评议（卫生部，2013，中文）。

4. 实验动物福利的关怀

多年来，应国际合作研究的要求，我国一些研究机构成立了实验动物伦理审查委员会对动物实验方案进行伦理审查。2013年卫计委科教司启动了动物实验伦理和管理准则的起草工作，2014年和2015年3月卫计委与英国有关单位举行了两次有关实验动物福利问题的研讨会。2015年7月山东大学哲学和社会发展学院举办的"全国首届动物实验伦理问题研讨会"在济南举行，讨论了动物的权利、动物的道德地位、动物福利的辩护、动物实验的必要性、3R（替代、减少和优化动物实验）、儒家和康德哲学中的动物伦理以及动物实验的行动准则（如成立动物实验伦理审查委员会、动物实验的伦理审查等，邱仁宗，2015c，中文）。

（五）伦理学和生物技术

这部分讨论人的克隆、干细胞研究和干细胞治疗等问题。

1. 人的克隆

自从1997年克隆羊多莉的研究报道后，关于人的克隆和干细胞研究引起了专业人员、哲学家、监督部门和公众的极大关注。在中国引发争论的第一个伦理问题是支持或反对人的生殖性或治疗性克隆的辩护理由（廖申白等，1997，中文；邱仁宗，2003、2005a，中文；翟晓梅、邱仁宗，2005，中文）。2002年12月29日，卫生部宣布，在任何情况下都不赞成、不允许、不支持和不接受对人的生殖性克隆（中国新闻网，2002，中文）。2005年3月8日，在联合国第59届大会上，中国政府拒绝了联合国建议禁止任何形式人的克隆的宣言，并且重申了不支持人的生殖性克隆，但支持人的治疗性克隆的立场。大多数中国科学家和伦理学家反对人的生殖性克隆是建立在不伤害和尊重人的基础之上。在与人的克隆相关的问题上，人的尊严是一个热烈争论的问题（陈晓平，2010；翟振明、刘慧，2010，均为中文）。然而，在这些讨论中，没有人反对人的治疗性克隆研究。为了在遗传学中培养伦理意识，中国人类基因计划伦理、法律和社会问题委员会在2000年12月2日发布了四点声明（中国人类基因组ESLI委员会，2001，中文；Qiu，2001，英文）：

（1）人类基因组的研究及其成果的应用应该集中于疾病的治疗和预防，而不应该用于"优生"（eugenics）；

（2）在人类基因组的研究及其成果的应用中应始终坚持知情同意或知情选择的原则；

（3）在人类基因组的研究及其成果的应用中应保护个人基因组的隐私，反对基因歧视；

（4）在人类基因组的研究及其成果的应用中应努力促进人人平等、民族和睦及世界和平。

2. 干细胞研究

自2000年以来，关于干细胞研究的讨论集中在研究中以及后来在临床应用中的伦理和管理问题。中国的干细胞研究是在一个不同于西方国家的社会文化情境下发展起来的。科学和科学家享有公众最高的尊重，获得了各级政府的支持，而且在人的治疗性克隆和干细胞研究上没有意识形态的障碍，因为人的渐进论和关系性的观点占主流位置：人始于生，一出生就处于人际关系之中；而人的受精卵、胚胎、胎儿还未成为人，虽然它们是生物学意义上的生命（但不是人格意义上的生命，Qiu，2000，英文；翟晓梅、邱仁宗，2005，中文）。

中国的科学家和生命伦理学家分别在北京和上海主动倡议起草了干细胞研究的伦理原则的建议，并且递交给了卫生部（中国医学科学院/北京协和医学院生命伦理学研究中心，2001，中文；Ethics Committee，

Chinese National Human Genome Center at Shanghai，2004，英文；翟晓梅、邱仁宗，2005，中文）。基于这些建议，科技部和卫生部制定和颁布了《人胚胎干细胞研究伦理指导原则》（科技部和卫生部，2003，中文）。这个准则设法在科学自由最大化与伦理和监管约束最小化之间保持微妙的平衡。然而，许多期刊上发表的或在会议上提交的文章认为，经过多年执行之后显示出，这个保持科学自由最大化和伦理约束最小化平衡的政策使得监管成为不可能：不仅仅是因为管理上存在差距，而且因为科技快速进展带来伦理和管理的挑战，在干细胞领域尤为如此。必须解决的新的伦理问题有杂合体和嵌合体、单性生殖、基因修饰、染色体 DNA 修饰、来源于成体细胞的人工配子、植入前遗传学诊断、植入前组织配型、设计婴儿、干细胞科学从实验室到临床的转化、医疗旅游、互联网卵细胞交易（邱仁宗、翟晓梅，2009a，中文；Qiu and Zhai，2010，英文）。

3. 干细胞治疗

2004 年伦理指导原则颁布后以来，伦理讨论转移到干细胞治疗领域。在中国大陆，有超过四百家机构提供未经证明和不受管理的干细胞治疗，据称这些治疗是有效的。很难去确定他们提供的干细胞产品是有效的或它们是不是真正的干细胞，因为没有独立的第三方去检验，他们的方法和结果也没有在声誉卓著的期刊发表。这些机构往往通过在互联网上的广告宣传干细胞治疗是一个能攻克任何疾病的"魔弹"来招募病人。前来治疗的一般都是绝望的病人，患有大伤元气、无法医治的绝症。他们不知道怎么去评价治疗的效果，不知道如何去寻找可以咨询的资源或人员，当他们觉得自己受骗上当的时候也不知道如何去维护权利（Qiu, J., 2007, 2009，英文；邱仁宗、翟晓梅，2009a，中文；Qiu and Zhai, 2010，英文；Cyranovski, 2009，英文；邱仁宗, 2013a, 中文）。

2010 年，卫生部的伦理委员会起草了《人类成体干细胞的临床试验和临床应用的伦理准则》，要求在为病人提供干细胞治疗前必须首先进行临床实验，必须确保干细胞的质量（卫生部医学伦理专家委员会，2010；胡庆澧等，2012；邱仁宗，2013，以上均为中文；Zhai and Qiu,

2013，英文）。2012 年，卫生部发布了一条通知，要求所有医院暂停一年的干细胞治疗以便进行调查（有关中国大陆干细胞治疗乱象的综述，见邱仁宗，2013，中文）。2013 年 3 月 18 日，卫生部起草了《干细胞临床试验研究管理办法（试行）》，并且公示在网上让公众评议（卫生部，2003，中文）。

4. 基因组编辑

2015 年，我国中山大学研究人员黄军就等人在《蛋白质与细胞》杂志发表了他们利用 CRISPR/Cas9 技术在不能存活的三原核合子人胚胎进行基因组编辑研究的报告（Huang, JJ et al., 2015，英文），引起了全世界科学界和媒体的广泛关注和评论。有些评论认为，中国科学家这项研究跨越了公认的伦理边界，并且认为在中国与西方之间存在科学伦理的鸿沟，由于文化的原因，中国科学家和政府不遵守国际伦理规则（Tatlow, DK，2015）。然而，我国生命伦理学家指出，黄军就等人的研究并未跨越国际公认的伦理学边界，中国与西方关于科学研究的伦理原则和准则大同小异，并无根本的区别。自 2013 年以来，科学家一直在使用 CRISPR/Cas 系统来进行基因编辑（即增加、中断或改变特定的基因序列）。CRISPRs 全称为规律成簇间隔短回文重复（Clustered regularly interspaced short palindromic repeats），这是一类广泛分布于细菌和古菌基因组中的重复结构；Cas9 则是一种由 RNA 引导的 DNA 内切酶。用 CRISPRs 进行基因组编辑更便宜、更快捷和更精确，但有脱靶的缺点。过去，CRISPR 和 Cas9 被一并使用于体外人体细胞和动物胚胎，成功应用于人胚则是我国科学家首开先河。2015 年 3 月 19 日，18 位国际著名科学家、法学家和伦理学家在《科学》杂志网站"政策论坛"发表了一份《走向基因组工程和生殖系基因修饰的审慎途径》的声明，建议"采取步骤强有力地劝阻将生殖系基因组修饰应用于人的临床应用，然后在科学和政府组织之间对这类活动的社会、环境和伦理含义进行讨论"。声明中建议要"劝阻"的是包括以增强为目的和以预防疾病为目的的生殖系基因修饰；而且"劝阻"的是这种技术的临床应用，而不是非临床应用，不禁止对细胞、细胞系或组织（包括可能成为生殖系一部分的细胞、细胞系和组织）的研究。例如，对人的胚胎干细胞系、人的诱导多能干细胞系的研究，直接对人卵和精子的前驱细胞，甚至直接对人卵和精子的研究，都在非禁止之列。然而，"声明"没有谈及人胚胎的体外研究问题，因为科学界对人胚的道德地位有争议。有人认为，人胚就是人；另有人则认为不是，包括植入前或在植入后到分娩之间任何时刻。我国主流的生命伦理学家均认为，人胚还不是人，即使人的胎儿也不能作为人来对待，但人的胚胎和胎儿都有高于无生物的道德地位，不能被随意操纵、抛弃和破坏。为了治愈遗传病及其他疾病，应该允许对人胚进行研究。但是考虑到不同人群对人胚持有不同的价值观念，在研究之前，科学家与伦理、法律和社会学方面的专家，以及公众代表应进行充分的讨论，这样做可避免误解，并有利于社会的凝聚（邱仁宗，2015a）。我国生命伦理学家在写给《纽约时报》的题为"对人体研究和生殖系基因修饰的基本立场"的信中指出，在中国食品药品监督管理局颁布的《药物临床试验质量规范》（1999、2003）以及卫生部颁布的《涉及人的生物医学研究伦理审查办法（试行）》（2007）中，有关涉及人的临床试验和研究的伦理管理准则完全符合国际公认的文件，如《纽伦堡法典》、世界医学会的《赫尔辛基宣言》以及国际医学科学组织理事会/世界卫生组织的《涉及人的生物医学研究国际伦理准则》。这两个管理部门、中国的科学家、医生、生命伦理学家以及研究机构全都接受这些国内规章和国际准则。他们并不认为文化特征妨碍我们接受有关人体研究的国际准则，包括不伤害/有益、尊重和公正的基本生命伦理学原则。在1991—1999年间中国食品药品监督管理局和卫生部颁布了一些有关体细胞基因修饰的行政规章，强调要确保安全和实现知情同意的要求。迄今在中国仅体细胞基因修饰在法律上是允许做的。在卫生部颁布的《人类辅助生殖技术规范》（2003）"三、实施技术人员的行为准则"中明确规定："（九）禁止以生殖为目的对人类配子、合子和胚胎进行基因操作。"在黄军就发表基因组编辑的论文后，中国的报纸和网站上发表了不少的评论，在这些评论中大家一致的意见是，现阶段应该阻止在人身上进行人胚胎基因组修饰临床试验和应用。这一立场与2015年3月19日在《科学》杂志发表的《走向基因组工程和生殖系基因修饰的审慎途径》是一致的。中国科学家所做的并不是人胚胎生殖系基因修饰的临床试验和应用，而是体外胚胎实验，其目的不是生殖,而是改进基因组编辑技术。因此,在对待科学或伦理学上,中国与西方并不存在这篇报道所说的根本差异(Zhai and Qiu, 2015,英文)。

在尖端科学技术领域,讨论的伦理问题还包括异种移植、转基因食品、基因检测、生物样本数据库、生物特征识别技术、神经科学、纳米技术、合成生物学、人的增强等等(雷瑞鹏,2005;毛新志,2005;邱仁宗,2007a;邱仁宗,2008a;刘闵,2009;睢素利,2009;张新庆,2009;《中国社会科学报》,2010;马兰,2010;翟晓梅、邱仁宗,2010;张新庆、邱仁宗,2011;杨磊、翟晓梅,以上均为中文;Zhai and Qiu,2010,英文)。

(六)公共卫生伦理学

这一部分主要关注计划生育和生殖健康、艾滋病伦理学以及医疗卫生体制改革。

1. 计划生育和生殖健康

新中国成立初期,巨大数量的人口和其不断增长的势头威胁了人民分享现代化带来的社会经济收益。20世纪50年代,政府鼓励限制出生孩子的数量,为此进行了广泛的宣传教育并提供避孕服务。1980年,政府出台了"一对夫妇只生育一个孩子"的政策(1982年人口统计显示中国人口已经超过10亿)。这项政策引起了棘手的伦理问题。

鉴于中国人口数量巨大和增长快速,控制人口增长和限制生殖自由在伦理学上可以得到辩护,对此存在广泛的一致意见。尽管如此,争论在于"一对夫妇只生育一个孩子"是否是最佳政策,以及如何实施这项政策。这项政策不仅与传统文化中多子多福的价值观相冲突,而且也给农村家庭增加了很大的困难,因为在农村家庭需要几个孩子来满足劳动力需求和照顾年老的父母。1979年,中国社会学学会所做的一项调查发现,住在城市附近农村里的大多数农民希望有两个或更多的孩子,而在城市里的受访者满足于一个孩子(张之毅等,1982)。

一个孩子的政策通过密集的避孕教育、经济激励、惩罚、绝育(有时是强制的)和人工流产(有时是强迫的)得到了实施。虽然官方计划通过激励、教育、劝说来实施人口控制计划,但是劝说与强制之间的界限不是很清晰,在一些地方,某些热心过头的官员明显就越过了这条界限。对于农民,这项政策是令人烦恼的,农村避孕服务很不完善,而地方官员在上级压力下可能采取不当甚至严重错误的手段。关于在政策实施过程中强制绝育和强迫人工流产的报道使得一些国际机构和外国政府不再给中国的人口控制努力提供经济援助(Blanchfield,2003,英文)。

在传统的意义上,人工流产在中国并不被认为是一个严重的道德问题。大多数中国人都赞同中国古代儒家荀子(前286—前238)的观点,他认为一个人的生命是从出生开始的(《荀子》,1974,中文)。20世纪前,医学文献中讨论很少人工流产和避孕,甚至在妇科学的文献中也是如此。然而,21世纪早期,频繁的和晚期的人工流产引起了医护人员和伦理学家的注意(Qiu, Wang and Gu, 1989,英文)。未婚先孕的妇女往往谋求晚期人工流产,使医生陷于进退两难的困境,因为这涉及两种义务之间的冲突:一方面,由于晚期流产的危险性,医生对病人的健康负有专业义务;另一方面,医生对限制生育负有社会义务。由于晚期流产的危险性,晚期流产被法律禁止,即使是在执行一对夫妇一个孩子的政策地区怀二胎的妇女也是如此。2012年6月,陕西省安康市7名官员因强迫一位怀二胎妇女流产掉7个月的孩子而受到惩罚,这个孕妇获得了7000元赔偿金(新华网,2012,中文)。

社会对生育强加的限制以及人们对男孩的渴望使得一些地方,尤其是农村地区杀害女婴的陋习复活了。长久以来,这种陋习被许多人包括古代哲学家韩非(前281—前233)认为是不道德的。这种陋习总是由农民的赤贫状况诱发,他们认为女孩是累赘而不是惠益(《韩非子》,1936,第16章)。1992年,全国人大通过了《妇女权益保障法》(全国人大,1992),其中正式用法律规定这种行为是犯罪。然而这种行为仍然难以发现和检举。

进入21世纪,中国人口学者与伦理学家一道参与了评价和改善现行计划生育政策的讨论(田雪原,2009,中文)。参与讨论的学者一致同意,回顾历史,中国通过有效的社会工程在30年的时间内使得人口增长速度大幅下降,这是世界人口学历史上的非凡事件,不管人们是否喜欢它。改革开放以来,中国人民的总体公共卫生、安康或生活质量都得到大幅提高,或者用人口伦理学的专业术语来说,总体效益、平均效益、临界水平效益都大幅提高(Qiu,2011a,英文)。问题在于,一方面,公众的公共卫生、安康和生活质量的提高与生育率的降低和人口政策有什么关系?另一方面,生育率的降低和人口政策对公共卫生、安康和生活质量的提高有什么影响?

很明显,经济增长和社会发展与生育率的降低是平行的。然而,公共卫生、安康和生活质量的提高到底是不是因为生育率的降低所引起,生育率降低到底是不是因为激进的人口政策所引起,抑或即使没有这种激进的人口政策,生育率也会降低?对此存在分歧。许多学者对第一个问题的回答是肯定的,包括那些对"一对夫妇一个孩子"政策持批评意见的人(王丰、梅森,2006,中文)。然而,其他人则认为尽管生育率降低的确创造出一系列机会来促进经济社会的发展并改进公共卫生、人民的安康和生活质量,那也只有将人口政策整合入经济和社会改革转型时期的全面发展计划中,人口政策的积极作用才会显现出来(Qiu,2011a,英文)。

许多学者对第二个问题的回答也是肯定的,即认为生育率的降低是激进的人口政策所引起(林毅夫,2006,中文)。一位马克思主义学者宣称,激进的人口政策是势在必行的(程恩富等,2010,中文),他说对降低生育率的阻力如此之大,只能用这种激进的人口政策来克服;没有一个激进的政策,低生育率的目标是不能实现的。但是,其他人争辩说,生育率的降低归因于"一对夫妇一个孩子"的政策是有问题的。在实施这个政策之前,中国的人口已经在下降了,所以这个政策只是在降低生育率中起到了一部分作用(王丰、梅森,2006,中文)。但是这种论断又引发了另一个问题:随着社会和经济的发展,生育率是否会自然减速?因为没有关于生育率降低和激进人口政策之间相关性的研究,所以没有证据去证实或者证伪对第二个问题回答的任何论断。

处于这两极之间的一个说法可能是正确的:激进的人口政策在降低生育率和减慢人口增长速度中扮演了非常重要的角色。然而,如果说实施这个政策是势在必行可能有所夸大,因为一个稳健的人口政策也可能

◇ 第一编 总论

有助于实现人口学目标，只不过也许需要更长的时间，但是也许可以避免激进人口政策带来的那些严峻、影响深远的消极后果。在人口过剩的情况下，最大限度关注教育和知情选择的稳健的人口限制政策是可以得到伦理学辩护的。对生殖权利的侵犯必须根据这项政策所带来的公共利益来权衡，这种限制必须是相称的、最小的、与公众充分沟通的。但是在20世纪80年代，有许多因素使得谁也不能确定稳健的人口政策是否肯定会使生育率下降和人口增速放缓。反之，人们认为，一项激进的人口政策可以确保生育率的降低。但这种激进人口政策的代价太过沉重（Tang，2004，英文）。

21世纪初，中国面临着新的人口问题（出生性别比失衡、女婴高死亡率、老龄化、劳动力缺乏等等），部分是生育率的急剧下降和人口增速的急剧放缓造成的（邱仁宗、翟晓梅，2002；曾毅等，2006：98-99，均为中文）。2005年，几百位人口学专家应邀讨论人口政策和策略。争论的焦点在于生育水平与生育政策之间的关系，出生性别比例与生育政策之间的关系，以及计划生育与生育政策之间的关系。2007年，争论以发表两份报告而告终：《关于全面加强人口和计划生育工作统筹解决人口问题的决定》（中共中央国务院，2007，中文）和《国家人口发展战略研究报告》（国家人口发展战略研究课题组，2012，中文）。许多专家对此非常失望（顾宝昌、李建新，2012：54-67、179，中文），因为这两个文件传递出来的信息显示政府不想改变现行的政策，就是不想按照大多数专家的建议把"一胎"政策改为"二胎"政策。他们批评决策者有一个固定的人口数量思维模式，认为人多就是更大的负担；保留"一胎"政策的决定完全是建立在一个毫无根据的基础上（即在以后的10多年人口增长的惯性仍然很强，每年要增加800万—1000万人口），而且政府夸大了生育水平的不稳定性。

然而，2013年12月，中共中央、国务院印发了《关于调整完善生育政策的意见》（中共中央、国务院，2013，中文），启动实施一方是独生子女的夫妇可生育两个孩子的政策。这一政策受到社会各界的广泛欢迎。据事前估计，"单独二孩"目标人群有1100万对夫妇，但是截至2014年11月30日，申请并获批准的"单独二孩"夫妇仅有70多万对，相对于目前中国每年1600万左右的出生人口而言，显得微不足道。

于是学者们进一步建议全面放开二孩生育,并取消对公民的生育限制(陈友华、苗国,2015,中文)。

生殖健康和妇女健康中的伦理问题在中国社会科学院哲学研究所生命伦理学项目与福特基金会的合作下得到了较好的探讨。这种多学科探讨进路产生了一系列伦理准则和行动建议来解决艾滋病和性传播疾病的预防和治疗、生殖健康和妇女权利、计划生育、艾滋病风险和同性恋、艾滋病风险和卖淫、针对妇女的家庭暴力、纠正出生性别比例失衡、职场性骚扰、妇女自杀等问题(中国社会科学院/福特基金会,1996—2012,中文;Chadwick、邱仁宗,2006,中文)。

2. 艾滋病伦理学

新中国成立初期一项重要的卫生运动成就,是通过医药、教育和社会政策的共同努力,大幅度降低了中国人口中的性病发病率(有时采取十分严厉的措施)。经过30多年蛰伏,性病开始在20世纪80年代活跃起来。在1980年到1992年间,据报道有70万例性病病人,实际的病人数要高得多。其中有大概1000人被检查出感染艾滋病病毒,可能导致获得性免疫缺陷综合征。

20世纪末和21世纪初,我国采取了一系列应对措施来控制性病和艾滋病的传播,制定了从管理、监测到禁止毒品贩卖和卖淫的法律。但是,控制性病和艾滋病的计划受到多重因素的限制。其中之一就是一种古老观念的复活,认为疾病不是由特定的微生物引起的,而是对品行不端的惩罚。性病或艾滋病有时候被称为上天对道德败坏者的惩罚或"上帝的惩罚"。中国国家艾滋病防治专家委员会(1990,中文)在其"致医务人员的一封公开信"中指出:"疾病不应是对某个人的惩罚,疾病是全人类共同的敌人。每个医务人员应该充满爱心,用我们的双手和知识去帮助受艾滋病威胁的同胞。"

第二个因素就是对病人的歧视和对个人权利的侵犯,艾滋病感染者被学校和工作单位开除,并且有的医院拒收艾滋病病人。许多医务工作者在治疗护理艾滋病病人时表现出犹豫。有的卫生部门要求医生给性病或艾滋病病人实名填卡,使得病人不去寻求医疗,失去了受到教育和接受治疗的机会。

◇ 第一编 总论

第三个因素是缺乏正当而有效的政策去改变危险行为，例如吸毒、卖淫和没有安全措施的性行为（Qiu，1996，英文）。从1992年开始，一些城市开通热线电话以供病人咨询并保护病人秘密和隐私。

中国的艾滋病感染率相对来说是比较低的。根据卫生部、联合国艾滋病规划署、世界卫生组织的联合估计，到2011年底中国总共有78万（62万—94万）人是艾滋病病人或感染者，其中28.6%是女性，15.4万人是艾滋病病人。总人口的感染率约为0.058%（0.046%—0.070%）。也估计在2011年有4.8万（4.1万—5.4万）新的艾滋病感染者，是年2.8万（2.5万—5.4万）人死于艾滋病。在78万名感染者中，46.5%是因异性传播感染；17.4%因同性传播感染；28.4%因静脉注射毒品而感染（其中87.2%在云南、新疆、广西、广东、四川和贵州等省或自治区）；6.6%通过商业血液采集和捐献、输血和使用血液制品而感染（其中92.7%在河南、安徽、湖北和陕西等省）；1.1%通过母婴感染（UNAIDS，2012，英文）。艾滋病病人和感染者受到的污名化和歧视很严重。2009年在中国2000多艾滋病病人中进行的污名化指数调查显示，32%的受访者说他们的病情在没有经过自身允许的情况下被透露给他人；41.7%报告他们面临过严重的与艾滋病有关的歧视；超过76%的受访者说他们的家人因为他们HIV阳性而受到歧视。相当比例的医务人员（26%）、政府官员（35%）和教师（36%）在听到一个人是HIV阳性时，态度变得"歧视性"或"非常歧视性"。结论是，防止污名化和歧视是我们所有人共同的任务；这方面的成功不仅有利于艾滋病病人和感染者，而且也有利于预防艾滋病和整个社会（UNAIDS，2012，英文）。

围绕艾滋病的伦理问题经过了充分的讨论，为艾滋病预防和医疗管理建立了伦理基础（例如邱仁宗，1999b；邱仁宗、翟晓梅，2009b；杨翌、廖苏苏，2009，中文）。2003年12月，中国政府宣布实施"四免一关怀"政策，承诺为HIV感染者、艾滋病病人和他们的家人提供免费的检测、咨询、抗病毒治疗和关怀照顾。2006年，国务院颁布了《艾滋病防治条例》（国务院，2006，中文）。条例明确规定任何单位或个人不得歧视HIV感染者、艾滋病病人或他们的家庭成员。HIV感染者、艾滋病病人和他们的家庭成员关于婚姻、就业、医疗、就学的权益必须受到法律的保护（国务院，2006，第三条，中文）。未经本人（或监护人）的同意，任何单位或个人不得泄露 HIV 感染者、艾滋病病人和他们的家庭成员的名字、家庭住址、工作单位、照片、医疗记录，或可据以推论出其身份的任何信息（国务院，2006，第三十九条，中文）。最后，医疗机构必须给 HIV 感染者和艾滋病病人提供 HIV 咨询、诊断和治疗服务，不得拒绝治疗他们的其他疾病（国务院，2006，第四十一条，中文）。

作为反对污名化歧视、维护人权的重要一步，以王陇德院士为首的艾滋病红丝带论坛在北京成立，他是全国人大常务委员会委员、卫生部前任副部长和国务院艾滋病工作委员会副主任。在 2010 年论坛的开幕典礼上，除了中国政府、艾滋病病人和感染者、非政府组织的代表以外，出席的还有来自联合国艾滋病规划署艾滋病与人权专家委员会的委员们。

国际学者们认为，大量实践证明，在艾滋病防治问题上"治疗就是预防"。这一进路为最终控制艾滋病提供了有效途径。然而，这必须真正实现普遍的检测、咨询、治疗、预防和关怀，而普遍可及必须消除对弱势群体的歧视以及保障基本人权（黄雯，2015）。2013—2014 年一个由医生、生命伦理学家和法学家组成的专家小组起草了两份向政府提交的建议书：《就联合国机构关于关闭强制性监禁戒毒中心的联合声明向我国政府建议书》（邱仁宗等，2013b），《就废止收容教育制度向我国政府建议书》（刘巍等，2014，中文；Jia，2015，英文）。

3. 医疗卫生体制改革

新中国成立以来我国的医疗卫生制度由四个主要部分组成：雇员 100 人以上的企业职工的医疗卫生（"劳保"）、政府以及国营事业单位的公费医疗、免费的预防免疫接种以及农村的合作医疗。除了免费的预防免疫接种外，其他医疗费用由中国政府和雇主共同负担，病人支付少量挂号费；农村合作医疗主要提供初级医疗卫生服务。规模以下企业或无业者需自付医疗费用。这一制度使我国医疗卫生获得了史无前例的普及和拓展，显著地改善了人口的健康状况。

然而，尽管有这样的进步，这一制度面临了重大的挑战。对治疗的需求总是超过供给；弱势人群通常无法获得充分的医疗；几乎所有的医

◇ 第一编　总论

院都面临巨大的财政赤字，使得设备更新换代成为不可能。自从1980年农村人民公社解散以来，农村合作医疗基本上已经不复存在，在一些贫穷的农村地区，医疗服务对于村民来说几乎遥不可及。

随着改革开放政策的实行，市场经济被引入中国社会，医疗卫生体制改革的核心就是将市场机制引入医疗卫生。关于市场机制是否应该和能否引入医疗卫生引起了重要的讨论。（例如邱仁宗，1988、1991；杜治政，1989；艾刚阳，1990，均为中文）1988年11月16—18日，关于医疗卫生改革和发展的讨论会在北京举行。在会议上，许多公共卫生专家、经济学家、生命伦理学家、法学家和卫生行政人员对政府在以市场为导向的医疗卫生中能扮演什么角色表示忧虑（中国卫生经济杂志社，1988，中文）。但是当时政府并不重视这些担忧，中国在1985年启动了以市场为导向的医疗卫生改革。一些自由派经济学家建议政府从医疗卫生领域中退出，把它交给市场。政府急剧减少了分配给医疗卫生尤其是公立医院的公共资源，通过"断粮"和"断奶"的方式将公立医院推向了市场，21世纪初，政府对公立医院的投资占公立医院总收入的3%—8%。换言之，公立医院92%—97%的收入来自那些支付职工所有或部分医疗费用的单位或病人的腰包。同时，政府允许医院"以药养医"，即通过出售药品和医疗检查来支持医院运营，所有公立医院都变成了以赚钱为目的的企业。

这场改革的结果对于病人来说是灾难性的。比以前多得多的人很少或根本没有获得医疗卫生服务。他们中的一些人不得不卖掉他们的财产来支付医疗费用，因而变得一贫如洗（周雁翎，2003，中文）。第3次全国医疗卫生服务调查显示，2004年底，48.9%的人生病时不去看医生，29.6%的人不住院，而在以前的体制下本来会住院的（卫生部，2005b；朱伟，2009，均为中文）。这个调查也显示在2000—2004年期间，城市人均收入以8.9%的速度增长，农村人均收入以2.4%的速度增长，但是医疗费用分别增长13.5%和11.8%（卫生部，2005b，中文）。卫生部2005年发布的《中国卫生统计提要》显示，从1980年到2003年政府在医疗卫生总支出中的比例从36.5%下降到17.2%，工作单位的支出从42.6%下降到27.3%，但是个人的医疗支出从21.2%急剧提高到55.5%（卫生部，2005b）。

三 生命伦理学在中国的发展

这一轮医疗卫生体制改革破坏了医患之间的关系，严重损害了医学专业精神。人们抱怨："看病贵，看病难。"许多医生只关心他们的收入，病人的福利和利益不再是他们优先考虑的事情。在许多情况下，医生所开处方是不必要的昂贵的药品和特殊检查，而且他们一次又一次地重复这样的做法，对病人进行过度的医疗，牺牲病人的利益，增加他们的收入。随着医学专业精神的退化，公众称医生为"穿着白大褂的狼"（邱仁宗，2007；杜治政，2008、2010，以上为中文；Hsiao and Hu，2011，英文）。

2005年国务院发展研究中心在题为《中国医疗改革的评价和建议》的报告中作出结论，历时20年的医疗卫生体制改革是"基本上不成功的"，建议政府在医疗卫生中发挥主导作用（国务院发展研究中心，2005，中文）。对医疗卫生体制改革的评价再次引起了市场在医疗卫生中起什么作用的争论，并提出了这样一个问题：改革不成功是因为以市场为导向，还是因为未能在医疗卫生领域建立一个真正的市场，而已经建立的是一个歪曲的医疗卫生市场（邱仁宗，2005b，中文；Qiu，2008，英文）？这些重又燃起的争论导致了新一轮的医疗卫生体制改革。

2006年中共中央《关于建设社会主义和谐社会若干重要问题的决定》这一文件界定了医疗卫生的公益性质，规定了政府在建立安全、有效、方便和可负担的公共医疗卫生、基本医疗中的责任（中共中央，2006，中文）。2009年中共中央又在《关于深化医疗卫生制度改革的意见》这一文件中规定，从2006年到2012年，建立覆盖农村居民、城市居民、城市职工的基本医疗保险制度（中共中央，2009，中文）。2011年底，国务院医改办的数据显示，这些项目覆盖了95%的城市和农村居民，大约为12亿9500万人口（李红梅，2011，中文）。但是仍然存在一些问题，如病人自己支付的医疗费用比重依然太高，导致一些患严重疾病的病人自己锯腿或开腹等案例（李玲，2013，中文）；在不同制度中或同一制度中，仍然存在着不平等以及不公正；随着政府投入的增加，帮助公立医院从赚取利润重新定向为服务公益，是一项非常重要的工作。生命伦理学家建议，特殊平等论、优先平等论以及足量平等论应作为我国改善医疗保险制度的伦理学基础（邱仁宗，2008b、2014a、2014b、2015d，均为中文；Wang，2010，英文）。2015年国务院颁布了《关于全面实施城乡居民大病保险的意见》，要求在 2015 年底前大病保险要覆盖所有城乡居民基本医保参保人群，支付比例要达到 50%以上，无力支付、自付部分申请医疗救助（国务院，2015，中文）。

（七）总结

自从 20 世纪 70 年代实施改革开放政策以来，中国发生了翻天覆地的变化。在医学伦理学或生命伦理学的发展中，有各种各样的理论并存与竞争：马克思主义、自由主义、社群主义、女权主义，以及传统文化和儒释道三家学说。各种不同而且往往不相容的价值观在这个历史时刻涌现出来，它们之间的张力和冲突是不可避免的。然而，不同文化之间，尤其是东西方文化之间的基本价值又是相互重叠或趋同的。例如，在美国国家保护生物医学和行为研究中人类受试者委员会发表的《贝尔蒙报告》（1978）中提出的对人尊重、有益于人、公正地对待人这些基本价值，也反复出现在儒家的典籍中，被整合入儒家核心概念"仁"之中，例如"仁者爱人""无伤，仁术也""仁者必敬人"（《论语》《孟子》《荀子》）。在世界上的主流文化中，基本的伦理原则从来不会由那些负面的价值组成，例如伤害人、不尊重人、对人不平等，唯有在短暂的异常的历史瞬间，例如德国纳粹和日本军国主义以及类似极端恐怖统治制度下，才会以伤害人、蔑视人、虐待人为乐事或政绩。

随着发展中国家（包括中国大陆）的现代化和日益融入国际社会，不同文化频繁交流以及全球化深入发展，各个文化在保留自己身份的同时也逐渐趋同，并发生实质性变化。从这个意义上看，中国将会展现出与其他国家越来越多的相似之处。在当代科学技术广泛应用于医疗卫生和医学的情境下，生命伦理学应运而生。全世界人类所面临的伦理问题是类似的，维护病人、受试者和人群的权利和福利的任务是一致的。所以生命伦理学不管在中国还是在其他地方（例如在西方），在根本上不是异质的。

更为符合现实的描述是，不同地域的生命伦理学是"和而不同"的（《论语》，1985，中文）。中国的生命伦理学与欧美的生命伦理学并没有本质的不同，我们也不应该通过夸大某些中国特点（例如家庭价值）

来制造差异。那些认为西方人只注重个人不注重家庭，中国人只注重家庭而不注重个人的说法是荒唐可笑的（Cheng，Ming，and Lai，2011，英文）。

就像一开始提到的那样，中国的生命伦理学或医学伦理学是遵循务实的进路或骑单车的模型发展。可是，还有其他思辨的进路存在。后一模型的支持者乐于引用以前所有哲学家对问题的论述，从来不给出一个直接的答案，所以他们的论述就像是放风筝，一直飘在天上，从来不接地气。他们相信"哲学就是哲学史"这一黑格尔的命题，在中国的哲学界有非常深的影响，这使他们感到避开社会生活中实际问题的做法似乎是可以得到辩护的，并满足于待在象牙塔之中。有的人则认为，如果想出一个万能的伦理学理论体系，那么世界上所有的问题都可能通过推演得到解决。还有人试图从自己喜欢的理论推演出临床和研究实践中伦理问题的解决方法。然而，没有一种伦理学理论是万能的，能够解决过去、现在、未来所有伦理问题。

用邓小平的隐喻来说，我们不可能训练出一只能抓住世界上所有老鼠的万能的猫。例如，一些信奉儒家的学者想要通过儒家的家庭主义来解决我们面临的所有伦理问题，包括长期照护（养老）问题。20世纪末和21世纪初，中国的家庭结构发生了很大变化，大多数中国家庭已是核心家庭。他们在一个竞争激烈的世界中有自己的事业，有自己的孩子需要抚养和教育，现在又需要对长者（父母、祖父母）提供耗费精力的长期照护，这种照护可能要持续至少20年或30年，可能要对付各种难以招架的疾病（例如帕金森病和阿尔茨海默病）。这种情况需要社群和政府的投入，不能仅仅依靠家庭的照顾。

与之相对照，那些务实进路的支持者把在临床、研究和公共卫生以及尖端科学技术创新、研发和应用中出现的伦理问题看成生命伦理学研究的逻辑起点。每一个伦理问题都是定域性的，即每一个伦理问题都嵌入特殊的社会文化情境之中。人工流产在中国不是一个争端，但是在美国却引起激烈的争论和分裂。在寻求伦理问题的解决办法时，要把情境考虑在内。伦理问题的解决方法绝不是从理论推演出来的，我们应该采取例如"批判论证""价值权衡""反思平衡""具体问题，具体解决"等方法。但找到伦理问题的解决办法并不是我们工作的终点。我们仍需

◈ 第一编 总论

努力用适当的方法把伦理探究的成果转化为行动，更重要的是要通过生命伦理学的制度化，来实现维护病人、受试者、大众的权利和福利，以及保护动物福利和环境这一终极目标（邱仁宗，2012，2915b，中文）。

生命伦理学研究在我国有着广阔的前景，除了探讨临床、研究、公共卫生之间以及新兴生物医学技术创新、研发和应用中的常规伦理问题外，我们可以在以下几方面努力：（1）探讨在全面建成小康社会中的健康公平问题，确保所有人，尤其是边缘群体、弱势群体、处境最糟的人拥有最低限度以上的体面的健康状况；（2）探讨医疗卫生体制改革中的伦理问题，尤其是与基本医疗保险和公立医院改革相关的平等和公平、筹资管理与确保受保人获得可负担的优质基本医疗、医疗卫生事业性质、公立医院性质和使命、市场应起的作用、资源分配向贫困人群倾斜等问题；（3）在探讨医疗卫生和研发新兴生物医学技术中的伦理问题基础上对现有相关的法律法规和条例规章进行伦理分析，提出修改和完善建议；（4）探讨在生物医学和卫生研究中，在我们自己的领域（生命伦理学/医学伦理学）中以及相关出版界中的诚信问题，反对种种不端行为，改进学风、文风和会风。

如果生命伦理学继续沿着务实的进路不断发展，我们有理由期望，这个领域将在促进个人的安全和健康、促进科学技术的负责发展、维护社会公正、推动民主决策等方面起到更为重要的作用。

（邱仁宗：《中国哲学社会科学：发展分科回忆》，刘德育主编，
中国社会科学出版社2018年版，本章有修改。）

四 "人是目的"的限度
——生命伦理学视域的考察

在生命伦理学领域，人们耳熟能详的"人是目的"命题来自康德的"目的公式"①。学界普遍认为，"目的公式"充分表达了对人的尊严的尊重，因此该公式也被视为"尊严原理"②。例如，在关于器官买卖和商业化代孕的问题上，反对者们提出的最具有影响力的理由是在器官买卖和商业化代孕中，人仅仅被视为工具，违背了康德的"目的公式"，侵犯了人的尊严。这似乎已经成为某种不证自明的共识，而当笔者试图梳理其论证思路时却发现，我们在运用"目的公式"分析具体问题时需要根据不同的语境转换视角，这样才能确保运用的合法性。简单地套用"人是目的而不仅仅是工具"这一原则不仅会弱化论证的说服力，甚至有可能与论点背道而驰。因此，本章力图在重释"人是目的"命题的基础上，讨论该命题在器官买卖和商业化代孕语境中如何运用的问题。

（一）重释"人是目的"

"人是目的"的命题是康德在《道德形而上学奠基》（下文简称

---

① 关于这一公式的简称，目前学界有几种提法，主要有"人是目的""人性公式"和"目的公式"。国内也有学者对此进行过校正，认为前两种提法都不准确，容易造成误解，主张较为精确的表述是"目的公式"。笔者同意这种观点，但是鉴于这些用语，尤其是"人是目的"的用法几乎已经家喻户晓，加之上述三种表达无论如何都不可能完整涵盖该公式的所有内涵，笔者认为也不必太拘泥于如何表达，只要厘清内涵即可。因此，本文在论述时会交替运用"人是目的"和"目的公式"这两种表述。

② 汪堂家：《人的尊严原理的再思辨——目的与手段的辩证法》，《云南大学学报》（社会科学版）2004年第1期。

第一编 总论

《奠基》）中提出的"目的公式"所蕴含的核心思想。这一命题的准确表述是："你要如此行动，即无论是你的人格中的人性，还是其他任何一个人的人格中的人性，你在任何时候都同时当作目的，绝不仅仅用做手段来使用。"① 理解该命题的关键在于如何理解"人格中的人性"（die Menschheit in der/deiner Person）这一术语。对此，不同学者给出不同的解释，有学者将其视为"人"，有的视为"人性"，有的视为"人格"等等。康德学术界对此也有争议，概言之，主要有两种理解路径，一种将其理解为广义上的人性，即一般的理性能力；另一种将其理解为严格意义上的"人格性"，即道德理性能力。联系康德在《纯然理性限度内的宗教》中提到的人的本性中三种向善的原初禀赋，有助于我们更好地理解该命题。他在该书中论述的三种禀赋分别是②：

（1）作为一种有生命的存在者，人具有动物性的禀赋；

（2）作为一种有生命同时又有理性的存在者，人具有人性的禀赋；

（3）作为一种有理性同时又能够负责任的存在者，人具有人格性的禀赋。

动物性的禀赋，是指人作为一种有生命的存在者所具有的诸如自我保存、繁衍和与他人共同生活的能力。这是人与其他动物共同具有的属性或禀赋。人性的禀赋，是指作为一个有理性且有生命的存在者，人所具有的一般设定目的的能力，例如追求幸福的能力。这是将人区别于其他动物的属性或禀赋。人格性的禀赋，是指作为一个能够为自己的行动负责的理性主体，人所具有的设定道德目的的能力。这是凸显人之为人的优越和崇高的属性或禀赋，借此，人才拥有所谓的"尊严"。由此可见，处于第二层面的人的本性，即"人性"，并不能彰显人之为人的本质，充其量只是将人提升到高于其他动物的一个物种而已。

由上可知，人性本身并无高贵可言，而只有具有道德意蕴的人格性才成就了人的高贵。从用语上来看，如果康德在此的"人格中的人性"

---

① Kant, I., 2002, *Groundwork for the Metaphysics of Morals*, translated and edited by Allen Wood. Yale University Press, p. 47.

② Kant, I., 2001, *Religion and Rational Theology*, translated and edited by Wood and Giovanni, G. Cambridge University Press, 2001, p. 74.

四 "人是目的"的限度

就是指上述一般意义上的人性，那么，他大可不必加一个限定词"人格中的"①。从思想上来看，如果这里所指的就是一般意义上的人性，该公式所表达的思想可以概括为：应该尊重每个理性主体任意设定目的的能力，也就是其主观目的和意图，简言之，尊重每个理性主体的选择。这意味着即便一个人自愿选择通过损人利己的手段来获得自己的利益，我们也应该尊重他。将"目的公式"做此种解读显然违背了康德的道德律令。事实上，康德正是意识到在现实生活中，人往往会由于其自身的有限性而错将道德或道德能力视为实现幸福的手段，才提出"目的公式"。康德在《奠基》和《实践理性批判》中曾多次强调，任何时候，都不能将道德仅仅视为追求幸福的手段。因为，在一个只顾追求利益的人眼中，是否要讲道德取决于是否能因此带来利益，道德仅仅被视为追求利益的工具，道德的纯粹性遭到玷污，道德的尊严被贬低，而这是康德决然不能接受的。

如前所述，人的本性有三种向善的禀赋，那么，剩下来可供考虑的只有"人格性"了。如果将"人格中的人性"理解为人格性，则"目的公式"的思想可以阐述为应该尊重每个理性主体的道德能力，这就要求，任何行动既要确保理性主体设定道德目的的能力不受损害，同时又要积极促进理性主体道德能力的实现。由此，"目的公式"表达了一种将人从人性提升到人格性，进而彰显人之为人的本质和崇高的思想。而

---

① 人格是什么？康德借用了理性心理学关于人格的定义，"在不同的时间里意识到它自己在数目上的同一性的东西，就此而言是一个人格"（Kant, I., *Critique of Pure Reason*, translated and edited by Guyer, P. and Wood, A. Cambridge University Press, 1998, p. 422）。也就是说，我能够意识到小时候的"我"和现在的"我"是同一个"我"，就此而言，我是一个人格。简言之，所谓人格就是指"具有自我意识的实体"（参见李秋零：《"人是目的"：一个有待澄清的康德命题》，《宗教与哲学》第五辑，社会科学文献出版社 2016 年版）。然而，康德并没有停留于对人格的这种心理学意义上的理解，而是进一步赋予其道德的内涵。他在后期著作《道德形而上学》中说："人格是其行为能够归责的主体。因此，道德上的人格性不是别的，就是一个理性存在者在道德法则之下的自由（但是，心理学的人格性只是在其存在的不同状态中意识到其自身的同一性的能力）。由此得出，一个人格仅仅服从自己（要么单独地、要么至少与其他人格同时）给自己立的法则。"（参见 Kant, I., *Practical Philosophy*, translated and edited by Gregor, M. Cambridge University Press, 2008, p. 378）即，人格就是一个自由的、能够为自己的行为负责的主体，一个能够设定道德目的（为自己立法）的主体。由此可见，在康德伦理学中，人格是一个具有道德内涵的概念，是人之为人的本质，是人的高贵所在。丧失人格的人，尽管还可以被称为（生物学意义上的）人，但却不能彰显人的尊严和真正的价值。

第一编 总论

这一思想与康德伦理学的使命是一脉相承的。康德对道德与尊严关系的主张与斯多亚派崇尚理性和道德、贬低肉体的思想有一定的关联[1]，但他并没有因此而完全漠视肉体和生命。他在《奠基》中用四个例子进一步阐述了"目的公式"的具体要求，其中与生命直接相关的是关于自杀的例子。

康德认为，一个为了逃避生活的困苦而选择自杀的人，他的行动严重违背了"目的公式"的要求。在康德伦理学中，人既是一个动物性存在者，又是一个道德存在者，后者彰显了人的高贵和尊严。因此，"目的公式"的本质要求是保持自己作为一个自由的道德存在者的身份。然而，人的这两种角色是紧密联系的，即作为动物性存在者的人是作为自由的道德存在者的载体。为了逃避生活的困苦而选择自杀的人彻底毁灭了自己的生命，也就摧毁了自由的道德存在者的载体，就此而言，他贬损了自己人格中的人性，对自己的人格犯了罪。正是在这一意义上，康德说，人"只是由于作为人格的性质就有责任保持自己的生命"[2]。但这是否意味着任何情况下的自杀都是不被允许的呢？在康德看来，关键在于自杀者是出于什么样的动机。在上述情境中，自杀者的动机是逃避困苦，其性质属于趋乐避苦的动物性属性。自杀者的行为相当于让自由的道德存在者屈从于动物性属性，即仅仅将人格中的人性视为手段。然而，对于一个舍生取义的人来说，他选择牺牲自己的生命是为了"义"，为了"道德"。此时，他的行为并未贬损人格中的人性，而是彰显了其作为自由的道德存在者的尊严和崇高。概言之，康德关于保存生命的立场是，在一般情况下，人有保存生命的义务，这是人对自己的首要义务；但是，在一些特殊的情境下，当保存自己作为一个动物存在者的生命与保持自己作为一个自由的道德存在者的身份相冲突时，选择放弃生命并没有违背道德律令。接下来，笔者以器官买卖和商业化代孕为例，分析如何在生命伦理学语境中正确运用康德"人是目的"的命题。

---

[1] Schulman, A., 2008, "Bioethics and the question of human dignity", in *Human Dignity and Bioethics*, Essays Commissioned by the President's Council on Bioethics, Washington, DC., page 7, www.bioethics, gov.

[2] Kant, I., 2008, *Practical Philosophy*, translated and edited by Gregor, M. Cambridge University Press, p. 574.

（二）器官买卖在何种意义上违背"人是目的"？

随着器官移植技术的逐步完善，器官移植的成功率大大提高，这对于器官衰竭病人的生命维系和生活质量来说无疑是一个救星。器官供体严重不足的问题也随之涌现。这就意味着，即便移植技术再完善，成功率再高，如果没有可供移植的供体，该技术所发挥的价值也极为有限。为了尽可能扩大供体来源，各个国家都在权衡利弊中制定出相应的政策法规，如鼓励器官捐献、允许器官买卖、利用死囚器官等等。我们国家过去的移植供体长期依赖死囚器官，这虽然曾经在一定意义上缓和了供体严重不足的问题，但也后患无穷，导致我国长期遭受国际医学界和相关机构的谴责。2015年1月1日起，中国的器官移植全面停止利用死囚器官，公民捐献成为器官移植的唯一来源。在这种背景下，解决器官供体不足的问题是一项重大工程。尽管需求很迫切，主张通过器官买卖增加供体的声音却很少。人们从直觉上认为器官买卖侵犯了人的尊严。事实上，大多数国家已经出台相应的法律法规禁止器官买卖，学术界的主流声音也与此一致。

尽管如此，依然有少数国家，如伊朗通过相关法律法规使器官买卖合法化；在美国，也有少数人倡导器官买卖合法化。美国明尼苏达大学器官移植外科医师阿瑟·马塔斯（Arthur Matas）在美国各地参加会议时，疾呼开放肾脏器官买卖。他认为，肾脏买卖如能合法化，可以增加肾脏的供应、拯救生命并改善肾病末期病友的生活质量，而禁止肾脏交易等于宣判某些疾患死刑。[①] 反对之声持续不断，如伦理学家梅（William May）说："如果我花钱买诺贝尔奖，那么我就玷污了诺贝尔奖的声誉。如果我从政府那儿买豁免权，那么就损害了市民的人格。如果我买儿童，我就不配为人父母。如果我出卖自己，我就失去了做人的尊严。"器官买卖严重侵犯了人的尊严似乎已经成为反对者们的充足理由，在他们看来，这既合乎人的直觉，又有强有力的哲学依据——"人是目的"。"人是目的而不仅仅是工具"的理念已经成为现代文明的共识，人们普遍认为，允许器官买卖就是在给人的器官标价，也是间接地给人的生命标价，因此贬损了人的尊

---

① 黄丁全：《医疗、法律与生命伦理》，法律出版社2015年版，第659页。

严。纵观生命伦理学的相关文献，可以发现，学者们几乎全都认可该理念来自康德的命题——"人是目的"。

回顾上述第一部分康德对自杀的分析，可以看出，任意毁灭自己的生命也就损害了自己作为道德存在的载体，贬损了自己人格中的人性，对自己的人格犯了罪。但是，在器官买卖的语境中，设想一个人卖了一个肾（暂且不论出于何种动机），他的生命并没有因此而彻底毁灭。他依然可以活着，还可以在以后的生活中践行道德律令的要求，他的道德能力并没有因此而彻底受损。那么，这个人卖肾的行为是否如任意自杀般不可容忍，会遭到康德的谴责呢？尽管康德没有花太多笔墨讨论器官买卖的问题，但他在《道德形而上学》中再次讨论自杀问题时，也随之提及了关于处置器官的问题。

康德说："剥夺自己一个作为器官的有机部分（自残），例如，捐赠或者出售一颗牙，以便把它植入另一个人的下颌，或者让人阉割自己，以便能够作为歌手更舒适地生活，等等诸如此类的事情，就属于局部的自我谋杀；但是，让人通过截肢去掉自己一个已经死亡的、或者濒临死亡的、因而对生命有害的器官，或者去掉虽然是身体的一个部分、但却不是身体的一个器官的东西，例如头发，就不能被算作对其自己人格的犯罪；虽然后一种情况如果是意在外部牟利的话，就不是完全无罪的。"① 从该段引文来看，康德是明确反对出售器官的，在他看来，这属于"局部的自我谋杀"。这一立场背后的理由是"人对作为一种动物性存在者的自己的义务"②。换言之，人作为一个动物性存在者，首先有自我保存的义务，"保存"在此既包括保存生命不被毁灭，也包括保存生命（器官）的完整性。康德指出，如果一个器官本身已经濒临死亡，而且对生命有害，则摘除这个器官并不构成对人格的犯罪。但是，如果摘除器官是为了牟利的话，那"就不是完全无罪的"了。概言之，在康德看来，不要将人格中的人性仅仅视为工具这一命题要求我们保存生命的完整性，即不要将生命仅仅视为手段。出卖器官以牟利的行为损

---

① Kant, I., 2008, *Practical Philosophy*, translated and edited by Gregor, M. Cambridge University Press, p. 574.

② 从"目的公式"派生出来的义务有两类，一类是人对他人的（完全和不完全）义务，一类是人对自己的（完全和不完全）义务。在现实生活中，前者运用较多，而后者则容易被忽视。

四 "人是目的"的限度

害了生命的完整性,将器官仅仅视为工具也就相当于将生命仅仅视为工具,进而将人格中的人性仅仅视为手段了。正是在这个意义上,我们才可以说,器官买卖违背了康德的"目的公式",侵犯了人的尊严。然而,正如康德将"勿自杀"视为完全义务的同时又在《道德形而上学》"决疑论"部分讨论是否所有形式的自杀都不被允许一样,在器官买卖的问题上,人们同样会提出这样的疑问,即是否任何情况下的器官买卖都违背了"目的公式",进而侵犯了人的尊严呢?

试想,一个居住在别人屋檐下的家庭,他们过着食不果腹、饥寒交迫的生活,如果生活现状无法得到改善,幼小的孩子可能面临死亡的结局。而由于自然和社会的偶然因素,这个家庭中父亲不能通过出卖自身劳动力而使家庭生活得到改善,此时器官买卖中介告诉他有一个等待肾脏器官移植的人需要一个供体,而这也许是他改善生活的最后机会。在这样的情境下,一个父亲为了自己的孩子能够继续生存,在深思熟虑之后,最终选择去黑市卖掉自己的一个肾。① 对于这样的行为,人们该如何评价呢?当这个父亲前往器官交易所去卖自己的肾时,他希望借此获得报酬。就这个行为本身而言,显然具有金钱交易的性质。但是,父亲真正关心的是拿上这些报酬后可以救自己的孩子。就此而言,我们又不能简单地将父亲卖肾的行为视为牟利。相反,我们会被这样的行为所感动,认为父亲的行为不但没有贬损自己人格中的人性,反而彰显了他作为一个父亲的伟大和其人格的崇高。这是否意味着,这里不涉及任何尊严受损的问题呢?

试想,当一个社会的不公平足以导致一些人不得不依靠出卖自己的器官来维持生活,履行自己作为一个父亲的基本义务,保持人格的完整时,人的尊严如何能够得到尊重和捍卫?因此,笔者主张,在一般情况下,买卖器官的行为如果是为了牟利,则应当受到谴责;但在特殊情况下,如上述案例所呈现的,尽管买卖器官的行为本身依然无法完全摆脱牟利的性质,但却是为了更高尚的目的,则谴责买卖器官的行为本身是没有意义的,甚至会让人觉得这种谴责是冷酷无情的。在这种情境下,人们还是会由衷地感叹人的尊严受到侵犯,但这里对尊严的侵犯已经并非器官买卖行为本身导致,而是社会制度的不公平所造成的对个人生存

---

① 该案例是 2017 年 6 月 10 日"在京高校生命伦理学论坛"上,由报告人中国人民大学哲学院伦理学专业刘雪同学提供,在此表示感谢!

权利、体面生活的漠视。

（三）商业化代孕在何种意义上违背"人是目的"？

目前，代孕的话题也越来越成为人们关注的热点。随着代孕生殖技术的相对成熟，中国传统文化中对传宗接代的重视，加之目前二胎政策的推行，不孕夫妇通过代孕生育后代的需求更为强烈，而法律禁止代孕的条款却不可避免地使这种供求关系转入地下，形成杂乱无章的商业化代孕黑市。商业化代孕被形象地称为"出租子宫"，它以盈利为目的，为避免纠纷，通过签订合同或协议约定在分娩后自愿放弃孩子，交由委托方抚养，代孕女性获得相应报酬。在商业化代孕的浪潮中，女性被潜在地划分为三种：基因优秀的妇女成为基因母亲，身体健康强壮的妇女成为妊娠母亲，富裕温和的妇女成为社会母亲。代孕女性还会因为她们的学历、职业、健康状况、相貌、身高等特征被赋予不同的"价格"，仿佛对不同层次的酒店进行衡量一般。条件优越的委托方可以为未来的孩子选择高档的"星级酒店"。目前，大多数学者主张"商业化代孕贬低了人的尊严"。如同器官买卖侵犯人的尊严一样，这似乎也已经成为某种不证自明的共识。[①] 人们普遍认为，商业化代孕就是"出租子宫"，用自己的生殖器官来牟利违背了康德"人是目的"的要求。

从上述关于器官买卖的论述中可知，出卖器官损害了生命的完整性，损害了人格的载体，进而贬损了人格中的人性。那么，商业化代孕是否也是在这一意义上侵犯了人的尊严，违背"人是目的"的命题呢？与器官买卖不同，商业化代孕只是出租器官（子宫），生命的完整性是否必然会受到损害还有待考究。据相关研究显示，怀孕及分娩过程中母体可能出现相应的身体变化，甚至可能出现并发症。如果在代孕过程中，还需要代孕母亲提供卵子，对于代孕母亲的身体健康来说，危害更大。那么，是否能因为存在"危害"，进而论证商业化代孕违背"人是

[①] "金钱报酬将会使配子、子宫、婴儿被当作商品，贬低人的价值和尊严……人体及其生存必需的部分是否可以作为商品？直到目前为止，国际社会和大多数国家都给予否定的回答，如果如此，那么在伦理学上人体器官和组织不能买卖，性器官不能'租用'（卖淫），同理精子、卵、胚胎不能买卖，代理母亲不能商业化，即子宫不能'出租'。"邱仁宗、翟晓梅主编：《生命伦理学概论》，中国协和医科大学出版社2003年版，第65页。

四 "人是目的"的限度

目的"的命题呢？反对者们提出如下质疑：首先，如果这一理由成立，那么不仅商业化代孕应该被禁止，其他一切形式的代孕都应该被禁止，上述危害的存在不会因为是否是商业化而取消；其次，其他劳动也存在一定的风险，如军人、警察或长期暴露于辐射环境中的工作人员，他们的健康和生命所面临的风险比一般人更大，但我们并不认为他们的工作与"人是目的"的要求相悖。那么，这是否意味着商业化代孕并没有违背"目的公式"呢？显然，单纯地引用生命健康、生命的完整性是否受到损伤不足以反驳商业化代孕。

商业化代孕的特殊之处还在于它所涉及的是人的生殖器官。深受基督教思想影响的康德在性问题上的态度极为苛刻。他在《道德形而上学》中明确提到，滥用性属性（如卖淫）是"对自己人格中的人性的一种羞辱（不单单是贬低）"，在他看来，这是"一种在最高程度上与道德性相冲突的侵犯"。另外，对自己性属性的非自然的使用和不合目的的使用也是对自己义务的侵犯，即"人由于把自己仅仅用做满足其动物性冲动的手段，而（以丢弃的方式）放弃了其人格性"①。康德的这种严格态度很容易被反对商业化代孕的人们用来证明商业化代孕违背"人是目的"的命令，毕竟生殖器官与人的性属性关系密切。然而，问题的关键在于，代孕技术已经使人的性属性与生育活动分离开来，商业化代孕并不涉及对性属性的利用，而只是租用生殖器官（子宫）以达成生育的目标，这就使问题变得更加复杂。由此可见，康德对性属性的上述论述也不足以反驳商业化代孕。毕竟，在康德的时代，性属性和生殖活动是不可分割的。② 然而，从上述康德关于性属性的论述可以看出，康德伦理学背后有深刻的自然目的论思想。尽管自然目的论不一定是能够被科学所证实的理论，但是作为一条反思性原则，它对于我们思考人类的活动，尤其是科学技术迅猛发展所带来的新事物有重要意义。在自然生育过程中，"父母对孩子最基本的愿望就是爱他们，孩子得到父母的爱和抚育，这些爱和抚育不受他们的个人利益的驱使和操纵。父

---

① Kant, I., 2008, *Practical Philosophy*, translated and edited by Gregor, M. Cambridge University Press, p. 574.

② 康德说，"如果人不是受实际的对象所刺激，而是受这个对象的想象所刺激，因而有悖于目的，是自己给自己制造对象，那么，一种性愉快就是非自然的。"（即自慰）所谓不合目的的使用是指不以生育为目的使用性属性的情形。

◇◇ 第一编 总论

母的爱可以被理解为充满激情地、无条件地承担了养育自己的孩子的义务，在孩子成长的过程中，给予他所需要的关心、影响和指导，使其逐渐走向成熟"①。这就是父母的准则。在自然生育中，父母与孩子之间的感情纽带是一种天然的联系，而在商业化代孕合同中，这种天然的联系被合同以禁止的形式中断，代孕母亲必须同意不与孩子建立父母—子女关系。在这种关系中，商业规范被应用于父母关系，市场规范替代了天然的父母准则，孩子被视为商品，而代孕女性也因其特殊的生殖属性被标价。康德说："在目的王国中，一切或者有价格，或者有尊严。一个有价格的事物也可以被其他的事物作为等价物而替换，与之相反，凡超越于一切价格之上、从而不承认任何等价物的事物，才具有尊严。"②某物有尊严就意味着我们无法找到与该物价值相同的等价物，该物是不可替代的，在此，尊严可以被视为一种至高无上的价值。在商业化浪潮中，如果生殖器官可以被出租，女性可以因此被标价，那就意味着它或她如同市场上的其他商品一般，被以市场化的标准来衡量，只有价格，没有尊严。商业化代孕强化了女性被工具化的观念。

或许有人会质疑：婚姻中女性不是也在某种意义上承担着生育工具的角色吗？对比婚姻家庭中的生育行为来看，女性在婚姻中确实不可避免地已经承担了生育的责任。如果我们将婚姻视为契约的话，那婚姻可以解释为，男性和女性自愿签订一项协议，使用彼此的性属性，同时，女性还扮演生育工具的角色。换言之，女性在婚姻中已经不可避免地被工具化了。但我们一般不会认为婚姻中女性所扮演的生育工具的角色有何不妥，相反，如果女性拒绝该角色反而容易招致批评，被视为违背自然目的。那么，婚姻中女性所承担的角色与商业化浪潮中代孕母亲的角色有何不同，确切地说，她们的生育劳动有何本质区别？从功能上来看，二者都不可避免地成为生育工具。区别只在于，婚姻中的女性不仅仅是生育工具，同时还是家庭不可或缺的成员。婚姻固然可以被视为一种契约，但也被赋予了诸多伦理意蕴，如爱、忠诚、尊重等等。因此，

---

① 罗纳德·蒙森：《干预与反思：医学伦理学基本问题》，首都师范大学出版社 2010 年版，第 1085 页。

② Kant, I., 2002, *Groundwork for the Metaphysics of Morals*, translated and edited by Allen Wood. Yale University Press, p. 47.

婚姻中的生育活动（劳动）被尊重、被爱、被视为夫妻双方爱情的结晶。女性的生殖器官在婚姻中就不再仅仅被视为一种工具，不再被视为可以买卖的商品，而是具有了某种意义上的尊严。而在商业化代孕的语境中，一切活动都可以被商品化，都可以被买卖，这就是商业化的本质，正是在这样的语境中，女性的生殖器官以及女性本身被仅仅视为工具了。概言之，我们真正不能容忍的是将生殖器官仅仅视为工具，但并不排斥生殖器官天然所具有的工具属性。而商业化代孕的问题正在于它强化或助长了将女性生殖器官或女性本身仅仅被工具化的观念，这显然违背了"人是目的"的要求。

（四）小结

康德的"目的公式"或尊严思想被广泛应用于生命伦理学领域。然而，当我们回归到康德文本中分析"目的公式"的内涵并将其规范性要求与生命伦理学中的具体问题联系在一起思考后就会发现，一方面，康德的尊严思想或"目的公式"在生命伦理学中的运用是有限的，因为康德的尊严思想的主体是理性人，他强调通过道德性凸显人之为人的本质和崇高；而生命伦理学所涉及的是与生命的产生、发展、变化和死亡等紧密相关的问题，这些问题无关乎崇高与否，而且生命的主体也不全是理性人。另一方面，即便有些问题（如器官买卖和商业化代孕）可以用"目的公式"对其进行分析和讨论，但针对不同的问题、不同的语境，"目的公式"的运用也是有差异的。

（王福玲）

五　效用原则在临床决策中的批判性应用

临床实践中面临一个刚出生的先天性脊柱裂的无脑儿病婴，应该做什么决策？有至少四个行为主体可以对此问题作出反应，包括父母自主表达对该婴儿后续如何处理，或是医生选择对该病婴要做什么医疗干预，或是医院的管理者对此类病婴做何种处理决策，或是卫生主管部门对此类病婴处理的政策。本文探讨的临床决策，特指在综合考虑上述因素后，医生在临床工作实践中与患者充分互动，对患者诊断疾病，并征得病人知情同意后，从不同治疗方案中选择一种最适合患者的治疗措施。这种多方案择优的临床决策过程会有不同的择优评价标准，它可以取决于行动本身是符合还是违反伦理原则，或者取决于行动后果会带来伤害还是好处。临床决策的伦理基础可以是基于道义论，或者后果论。[1] 后者认为一个临床决策是否正确，要看它的结果的好坏，这就是效用原则强调的行动后果。边沁认为，评判一种行动对错要看该行动的效用（utility）如何。如果该行动带来的是最大的快乐（或幸福）和最小的痛苦（或不幸），则实施该行动是正当的。当多方案择优的临床决策过程表现为评价行为效用进而判断行为决策是否正确的过程时，就体现出效用论在临床决策的应用过程，它包括提出决策的目标，拟订一切可供选择的备选方案，评估每种方案的后果，优选决策方案付诸实施等全过程。效用论在临床决策中占有重要地位，在临床实践中，广泛应用于成本/效益分析、风险评估等，但是当下临床决策中的效用原则不是一种仅仅考量利益的哲学，它在实践中不断地被修正完善。

---

[1] Mandal, J. et al., 2016, "Utilitarian and deontological ethics in medicine", *Tropical Parasitology*, 6 (1): 5.

五 效用原则在临床决策中的批判性应用

（一）行为效用论是对边沁古典效用论的整理和修正

以边沁为代表的古典效用论主张用"最大效用原则"去追求快乐（幸福）或避免痛苦（不幸）；行为的价值在于它所产生的快乐的数量，人选择行为之前必须进行功利的衡量。对于某个临终病人，死亡已是不可避免时，唯有死亡能使他感到快乐，医生则可以做出帮助临终病人实施自杀的决策（医生辅助自杀），以避免当事人的痛苦。边沁的效用论在临床决策中也会存在诸多问题。首先，边沁认为快乐只有数量多少的区别，人们永远都趋向能产生更大快乐的东西，忽视快乐也有质的不同。其次，每个人都用功利来衡量幸福，追求自己的最大幸福，会导致个人主义和利己主义的问题，而不顾公共利益。

为回避这些不足，密尔对快乐的计量做了修正，提出快乐不仅有量的多少，也有质的差异。密尔认为快乐可以分为高级和低级快乐，感官上的快乐属于低级快乐，精神、情感和理智上的快乐属于高级快乐。强调快乐的质比量更为重要，高级快乐比低级快乐更具有价值，故而宁可"做一个不满足的人也不做一只满足的猪"。为反驳对效用论引起个人主义和利己主义的批评，密尔解释"最大幸福"的含义：不是提倡追求行为者本人一己的最大幸福，而是全体相关人员或绝大多数人的最大幸福，要求行为者严格平等地对待自己的幸福与别人的幸福。如果幸福的程度相等，那么没有一个人比另一个人的幸福更为重要，应该公正无私地做到把别人的幸福看得与自己的一样重要。但是，密尔所说的全体人员的幸福仍然是每个人的个人幸福，否认存在社会的整体利益，认为"公共利益"只是所有个人利益加在一起的总和。

与边沁、密尔的古典效用论有着直接的继承关系的行为效用论以斯马特为代表，认为"行为的道德价值必须根据行为自身产生的好或坏的效果，来判定行动的正确或错误"①。人们的正确行为是能够产生"最大幸福"的行为。根据行为效用原则，在医疗实践中，正确的医疗决策应努力使病人受益最大、伤害最小，于利中取最大，于害中取最小。例如，面对自然灾害中的大量伤病员，在有限的人力、物力医疗资源下，

---

① ［英］边沁：《道德与立法原理导论》，商务印书馆2000年版，第58、89页。

重伤员不再被无条件优先处理,医生应集中治疗那些明确可以救活的伤员,以抢救尽可能多的病员为原则,而不能在少数病人身上花费过多的时间和精力。但是在医疗实践中还可能面对这样的情况:某病人处于临终阶段,接近死亡,正好另一位女病人因车祸致肾脏破裂急需肾移植,两位病人组织配型符合,将前一位病人的肾脏摘除而移植给第二位病人,按照效用原则可以得到辩护。但事实上,医学实践中并不会武断地做出这样的临床决策。它揭示了行为效用论在临床决策中可能存在缺陷与不足。

(二)临床实践中对行为效用论的批判

1. 临床决策中以"最大幸福"之名侵犯"正义"

效用论把"最大幸福"放在优先考虑的位置,这就会为了"最大幸福"而侵犯人的基本权利,剥夺人的自由。效用论强调获得"最大幸福",而权利、义务、财富、机会等其他一切东西都是获得最大功利的手段。尽管效用论者声称,保护人的权利和自由有利于达到功利最大化,但在原则上效用论会允许为了获得更大的功利总量而牺牲部分人的利益,甚至会为了获得更大的功利而剥夺少数人的权利和自由。[①] 例如,是否能够牺牲一个身体健康,但智商不足二十的青年人,将他的心脏、肺脏、肝脏、左肾、右肾等器官分别移植给五位对国家有重大贡献和价值的院士?按照行动效用论的计算,允许移植能获得最大效用。但直觉告诉人们,不能这样做。为了多数人的"最大幸福"而侵犯个人的利益与权利,实质上是对社会正义的侵犯。这种情况还可能发生在临床医学研究中,有研究者认为可以牺牲部分受试者的小利益,如身体健康、知情同意、隐私等权利,来换取全人类的大利益,这不仅违背了科研的初衷,也违背正义,没有理由要求个人牺牲自己的利益去成就医学进步。总之,假借"最大幸福"之名对个人权利和利益的侵犯都是不道德的,会产生对社会正义破坏的"恶"。

---

① [英]斯马特、威廉斯:《功制主义论:赞成与反对》,中国社会科学出版社1992年版,第9、132、32页。

五　效用原则在临床决策中的批判性应用

2. 医学实践中"最大幸福"意义含糊且不确定

首先，带有明显主观含义的"最大幸福"的意义是含糊的。行为效用论要求人们遵循"最大幸福"原则行事。如果幸福是指增进快乐或避免痛苦，那么就要最大程度地增进快乐或避免痛苦。但是，快乐是什么却可因人而不同，临床上的受虐狂患者甚至对忍受精神和身体上的痛苦感到快乐；此外，快乐作为个人自我的心理感受，不同的异质快乐之间量的大小很难比较，正如患者 A 花费 2000 元做急性阑尾炎手术恢复健康的"幸福"无法和就医者 B 花费 2000 元做隆鼻术美化了容颜后的"幸福"做出正确的比较，因为体现"最大幸福"的个人快乐是种主观的感受。同时，当代社会价值的多元化增加了医患对"幸福"和"不幸"的主观偏好差异。效用的多元评价还应该包括对健康、信仰、爱情、献身、友谊等效用的评估，并一同归结为最终的"幸福"或"不幸"。这样，在做出临床决策时进一步增加了异质快乐的不可比性，要准确、客观地计算和比较"幸福量"似乎不可能。还存在个别情况，有些个体的幸福偏好甚至是破坏人类健康发展的，如性别选择导致的大周龄胎儿人工流产，这类不可接受的偏好使"最大幸福"意义更加含糊。[①]

其次，行为功利对"最大幸福"的人际比较是十分复杂而困难的。效用论者要求功利最大化，主张在不同行为中选择能够获得"最大幸福"的行为。而行为效用论无法解决在不同行为中判断哪一种行为的后果能够带来"最大幸福"的人际比较困难。这种困难的产生是由于人们的行为目的千差万别，即使同样的行为目的，对不同的人产生的快乐也不一致。例如，一位骨伤的年轻女性愿意接受髋骨修复术的风险，以恢复下肢正常活动，把握最佳手术机会，提高生活质量；一位同样骨伤的体弱年老妇女则不愿接受髋骨修复术，因手术对老年人风险大，即便成功，也未必能受益多年。虽然髋骨损伤带来体力活动的限制，但惟有患者本人才知道，什么对她是更重要的。要对"最大幸福"进行类似的人际比较，将依赖一种能够应用于所有目的的普遍指标，但这种指标

---

① 张秀：《正义、功利与平等——兼论罗尔斯对功利主义的批判》，《探索》2011 年第 4 期。

根本就不存在。

最后，行为效用论要求只做能使预期功利最大化的事情，人们在面对不同的行为选择时，就必须精于计算行为结果的功利大小。但是在多方案择优的临床决策过程中，常常因未能掌握全部情况，许多信息不明确而不能确定其后果一定如此，即计算不同行为的功利大小是很困难的。此外，在面临临床决策选择的时候，因为时间紧迫，医生根本就没有时间来完成功利的计算。而且，很多人没有受到很好的教育，根本就没有能力精确预测不同行为的后果，更不用说计算了。

3. "医乃仁术"对医学功利的质疑

行为效用论提出，行为的后果是评价行为是否正确的唯一标准，道德上正确的行为是能够产生"最大幸福"的行为；幸福是值得追求的唯一目的，其他一切作为欲望对象只是达到幸福的手段。在医学实践中，行为效用论的这种主张面对的最大质疑是违反人们的医道直觉。传统的医道强调"医乃仁术"，医务人员的职责是无条件地维护生命、预防死亡。医务工作者应以美好的动机和善良的愿望为出发点，不该把追求最大化的功利作为道德义务。同时，在利益与医学道德产生矛盾的时候，应该遵循道德规则行事，这才是医务工作者的道德义务。从这一点上看，行为效用论是违背"医道"直觉的。如果医务工作者在临床实践中追求"医乃仁术"的美德，那效用论的原则就不适用了。行为效用论对此作了辩护：首先，在行为中追求美德有利于获得快乐和避免痛苦，常此以往，这种美德与快乐相互关联并固定下来，人们就会像追求快乐一样追求它。同时，也存在有些人为了美德而追求"医乃仁术"，这是因为对美德的感受本身就能产生快乐，美德成为幸福的组成部分。由此得出遵守"医乃仁术"规则能够实现功利最大化，该观点后来演化为规则效用理论。

（三）医疗实践中规则效用论的应用

以穆勒为代表的规则效用论（rule utilitarianism）主张，道德上正确的行为是遵守道德规则的行为，而遵守道德规则通常能够实现功利最大

五 效用原则在临床决策中的批判性应用

化。其中存在两个构成要素：一是要求所要达到的目的是功利最大化；二是要求人们按照某种道德体系的规则行事，而这种道德体系相比其他道德体系能够使功利达到最大化。某个层面上规则效用论克服了行为效用论的不足，它要求人们遵循道德规则做事，这样既能使行为符合人们的道德直觉，也省去了功利大小计算过程的麻烦。① 例如，牺牲一个身体健康、智商极低下的青年人，将其器官分别移植给五位有价值的院士，这一行为破坏"不能杀死无辜人"的规则，相比救活五个院士的正面效用将产生更严重的、影响更深远的负面效用。

在现实社会里道德体系具有复杂性，规则效用论要对遵照哪一条规则行事具有最大的效用做出选择。规则效用论认为，普遍道德规则，如保护人身安全、诚实守信和履行契约等对所有人都适用，不同社会的亚群体也可以存在其他道德规则，是多元的道德体系。如医疗实践中要求医务工作者遵守医学伦理学四大基本原则即尊重、无伤、有益、公正，以及遵守承诺、救死扶伤等伦理规范。但也存在这样一些情况，人们违反道德规则似乎可以获得更大的利益。例如，医生对受试者承诺，一定会将有关研究的一切情况告诉受试者，但是结果医生并没有这样做，因为他们认为有些消极的信息对受试者和研究不利。这项研究完成得很好，受试者也很满意，那么是否因效用很好，这种违约就是允许的呢？规则效用论者通常认为，在某些特殊情况下违背道德规则，人们确实可能会获得一些利益，但是长期来看，遵守道德规则才能产生最大的功利。一位30多岁的男子在婚检时被查出艾滋病毒阳性，医生认为告知女方实情能避免其受艾滋病毒感染，减少不幸从而既得"利益"；然而不遵守对艾滋病病患的"保密"规则，将使病患不再信任医生，今后避免就医或就医时隐瞒艾滋病病情，使艾滋病传播的风险更加隐蔽，范围更广，从而产生更多的"不幸"。所以，长期来看，遵守对艾滋病病患的隐私保密规则才能产生最大的功利。基于远期效用的分析，我国《艾滋病防治条例》（2006）第39条规定：未经本人或者其监护人同意，任何单位或者个人不得公开艾滋病病人的信息。

规则效用论的困境是，有时很难知道所应该遵循的理想道德规则是什么，例如，耶和华见证派的信仰要求信徒不要输血，即使是在急性失

---

① 张艳梅：《医疗保健领域的功利主义理论》，《医学与哲学》2008年第9期。

血性休克情况下也不输血。遵循此类宗教的道德规则处理，病人将死亡，而从救死扶伤的医道看，死亡是最坏的选择。在临床决策时就面临遵守宗教规则还是医道规则，哪个是理想的道德规定的困惑。规则效用论的其他困境还包括：难以预料遵循道德规则将获得的长期功利是否大于违背道德规则所带来的短期功利？如果规则效用论者完全遵照道德规则行事，不计算功利，那它就是强调道义的哲学，不再是功利哲学。[①]

（四）规则效用论的改良：明其道记其功

英国哲学家黑尔（R. M. Hare）试图对行为效用论和规则效用论进行综合，取其各自的精华与优点，同时避其糟粕与批评。黑尔主张"效用论本身由两种因素组成，一种是形式的，一种是实质的"。形式因素要求道德原则应该是普遍的，实质因素要求道德思考要密切联系现实生活，不能脱离人们的利益。同时，黑尔把道德思维分为"直觉的"和"批判的"两个层面，在直觉层面，可根据规则效用论思考问题，并遵循直觉性的"初级道德原则"（prima facie principles）行事，例如，在临床实践中坚持医学伦理学四大基本原则：尊重、有利、无伤和公正。[②] 在批判层面，可像行为效用论者一样思考，基于事实去选择能够带来最大行为功利的道德原则，从而解决各种具体的道德问题。在结合规则效用论与行为效用论时，努力做到"明其道而记其功"。两种效用论虽可在不同的层面共存，但黑尔强调批判思维是高于直觉思维的，初级道德原则需服从于批判的道德原则。例如，一位医生如约去餐馆与朋友会餐，但一位心脏病患者突然发病，他是否要留下抢救？这是相互冲突的道德义务：应当如约去会餐，也应当治病救人，但无法同时做两件事。黑尔认为，在直觉层面是无法解决"遵守诺言"和"治病救人"存在的道德冲突，两者都是正确的行为，直觉无法指导人们怎么做。但是，在批判的层面对这个问题分析时，"信守你的诺言，除非抢救生命要求你违背诺言"，"信守诺言，除非信守它会导致灾难性结果"，批判

[①] Mack P., 2004, "Utilitarian ethics in healthcare", *International Journal of Computer and Internet Management*, 12: 63-72.

[②] Hare, R., 1981, *Moral Thinking*, Oxford: Clarendon Press, p.4.

层面判断"治病救人"规则比"信守诺言"规则更重要,从而解决了这种道德冲突。①

临床决策时遵循黑尔"明其道而记其功"的功利哲学,可以让临床决策者不必耽误对每个医疗情境进行功利的计算,而是直接依靠直觉的初级道德原则行事,因为遵循道德原则符合人们的最大利益和长远利益。但是,复杂情况下,临床决策也还应在批判层面像行为效用论者一样思考,选择性执行初级道德原则,以实现"可接受的最大功利"。在"明其道而记其功"的效用计算层面,选择能够带来最大行为功利时,仍不可避免地存在人际比较的困难,因其本质仍是行为功利主义者。②

总之,临床决策就是一种选择,影响的因素非常多且复杂。③ 临床决策中的效用原则不是一种仅仅考量利益的哲学,它在实践中不断地被修正完善,体现在临床决策中应用效用原则进行效用评价时,除疗效好、安全高之外,还涉及患者心理差异、社会差异等人文特征内容的评估。"明其道而记其功"要求临床决策的最优化原则归根到底不是完全趋利的,还需要符合道德原则,体现人文性。

(陈旻)

---

① Mason, J. et al., 2002, *Law and Medical Ethics*, Reed Elsevier (UK) Ltd, p. 6.
② 翟晓梅、邱仁宗:《生命伦理学导论》,清华大学出版社 2005 年版,第 19 页。
③ 姚大志:《当代功利主义哲学》,《世界哲学》2012 年第 2 期。

六 生命伦理学的若干概念

（一）有益[①]

有益（beneficence）原则在生命伦理学中占有首要地位。无论是在临床和研究领域，还是在公共卫生领域，对病人、受试者和目标人群的干预首先要求使人受益，干预行动产生的对个人和社会的受益要大于可能的风险。这是临床医生、与健康有关的研究人员以及公共卫生人员的义务。然而，不仅在非专业的媒体或网络上，而且在一些专业的书刊中，却将"有益"说成"行善"，混淆了这两个不同的概念。混淆的结果使临床医生、与健康有关的研究人员以及公共卫生人员对自己行动的义务意识淡化了。本文拟澄清这两个概念，强化专业人员对自己的干预行动的义务意识。

1. 有益的概念

"有益"的英语是 beneficence，来自 14 世纪才有人使用的拉丁语 benefactum, beenficentia 或 beneficus，意思是"做好事"（the doing of good or doing good），出于关心人而帮助人。这里强调的，一是行动，二是行动的结果有益于人。大约在同时，古法语开始使用源于拉丁语 benevolenlia 的 benivolence，benevolenlia 由 bene（well, good）和 volenlia（volēns，来自 volō，即 I wish）组成，所以 benivolence 与 beneficence 不同，意指善意或好心（good will）或有做好事的素质或倾向（disposition

---

[①] 编者按：由于我国医生和医学伦理学老师往往把医生的有益与"行善"概念混淆起来，造成在实践中不去坚持做有益于病人健康甚或关系到病人生死存亡的治病救人工作，导致一些悲剧性事件。这是一篇分析有益与"行善"这两个概念的评述性论文。

to do good），英语则是 benevolence，仍然是指有做好事的素质或倾向。所以，英语的 benevolence 强调的是行动者做好事的心理素质，而不是做好事行动本身。

在日常语言中人们使用 beneficence 这一术语时，往往有多元的意义，随使用者所在的语境而有不同，例如往往指仁慈、善良和慈善的行动，这种行动也提示利他主义、爱、人性和促进他人的利益。在伦理理论中，讨论所及，包括旨在使人受益或促进他人利益的所有形式的行动。Beneficence 的原则是一种有关道德义务的规范性陈述，即人有义务做使他人受益的行动，帮助他们推进其重要和正当的利益，不仅防止或消除可能的损害，而且也积极提供帮助或援助。

我们可以将人的行动分成三类：第一类是与道德无关的行动，日常生活中许多行动都是与道德无关的行动，例如主要与维持自己生存有关的行动。第二类是属于义务必须采取的行动，这些义务就是履行有益原则，即应该做使人受益（beneficence）的行动。例如，在家庭领域，父母对子女有义务，对他们的父母也有义务，他们所做的行动都是有益于他人的行动，就是履行有益原则，不过受益者是他们的子女和父母。你能说，你尽你作为父母和子女的义务而做了有益于他们的行动是"行善"吗？在道德直觉上，我们不会对父母和子女尽义务而做的有益于他人的行动视为"行善"。在工作领域，我们也有许多有益于他人的事情要做，即使在一个私人企业，你也有要尽的义务，即应该采取有益于雇主和顾客的行动。我们在道德直觉上也不把这些应尽的义务看成"善行"。第三类是不属于义务但有益于他人的行动，这种行动被归类为"超越义务的（supererogatory）"行动，这个术语的意思是人们所付出或履行的超出了他们应该做的，简而言之，人们做了超出要求的事情。做出超越义务的有益于他人的行动，在道德直觉上就是"善行"了。我们看到许多人家境并不宽裕，甚至没有摆脱贫困，却把自己数十年积累的金钱捐赠出来，或者捐给灾区人民，或者捐给希望小学，或者救济流浪小动物，他们就做了超出义务且有益于他人、有益于社会的好事，反映了高尚的道德品格。这种"超越义务的（supererogatory）"行动的顶峰就是舍己为人，为了挽救他人的生命牺牲自己。例如，我们每年都会看到一些人因抢救溺水儿童而牺牲自己的生命。他们的行动上升到了道德圣贤或英雄的水平。①

在伦理学上，有一种意见认为，可以把第三类超越义务的行动也看作 beneficence。也就是说，第二类和第三类行动都是有益于他人的行动（beneficence）。这样，我们就可以将有益于他人的行动看作一个连续统。道德圣贤和英雄般的行动处于有益行动这个连续统的最末端。这个连续统的最初端是义务，而且是起码的义务，以日常道德中核心的规范为依据，例如，不要伤害儿童和老人，通过一些比较弱的义务（例如关注朋友的福利），一直到道德上无此要求和格外善良的行动。道德上无此要求的行动从低层次的超越义务的行动开始，例如帮助一个陌生人找到合适的住处，连续统终于高层次的超越义务的行动，例如为了使他人受益采取自我牺牲的英雄般的行动，如为了救助溺水儿童冒着牺牲自己生命的危险。但对义务终点在何处，而超越义务的行动在何处，则颇有争议。在这个连续统某处的一个著名的有益于他人的行动的例子是，《新约》的善良撒玛利亚人的寓言。在这个寓言中，强盗们将一个从耶路撒冷到耶利哥的人打得半死。一个撒玛利亚人在旅店里治疗他的伤口。撒玛利亚人的行动显然是有益的。然而，这些行动还没有达到道德圣贤或英雄般行动的水平，但仍然是值得称赞和仿效的。②

这种连续统观点的优点是，把握了第二类和第三类行动之间如下的共同特点，即有益于他人的行动。但它的缺点是，这样一来人们容易将第二类为履行义务而做的有益于他人的行动（尽义务）与超越义务而做的有益于他人的行动（行善）混为一谈，模糊了二者在如下意义上的区别：前者是人们应该做的事情，后者是人们可做可不做的事情。所以，我们主张将二者分开，将第二类行动称为 beneficence，将第三类行动称为 supererogation，以避免将本应尽义务的行动视为"善行"。

---

① Beauchamp, T L., 2008, "The principle of beneficence in applied ethics", *Stanford Encyclopedia of Philosophy*, https: //plato. stanford. edu/entries/principle-beneficence/.

② Beauchamp, T L., 2008, "The principle of beneficence in applied ethics", *Stanford Encyclopedia of Philosophy*, https: //plato. stanford. edu/entries/principle-beneficence/.

2. 在一般哲学和伦理学语境中有益的意义

有益是义务

哲学家根据自己的理论对有益原则有不同的解读，但效用论和义务论两大理论都视有益为义务。密尔（John Stuart Mill）根据他的效用论论证说，可以用一个单一的有益标准使我们客观地决定什么是对的，什么是错的。他宣称，效用原则或者"最大幸福"原则是种种道德的基本基础：这个行动（与任何其他行动相比较）是对的，如果它导致收支平衡后获得最大可能的有益后果或最小可能的负面后果。密尔的效用原则是绝对的或超越其他一切的原则，从而使受益成为伦理学的唯一最高原则。[①]

康德反对效用论，但他仍然给有益在道德生活中找到了一个重要的位置。他寻求普遍有效的义务原则，有益就是这样一个原则。康德认为，所有人都有义务有益于他人，而不希望因此获得任何形式的个人利益。他认为出于好心善意的善行是"无限的"（意思是没有范围的限制），而来自义务的有益行动并没有对人施加无限的要求。虽然我们有义务在某种程度上牺牲自己的一部分福利来使他人受益，而不指望得到任何回报，但我们不可能确定这种义务扩展的具体限度。我们只能说，所有个人都有义务根据自己的方式有益于人，没有人有无限的义务这样做。康德指出了义务是有限度的，有益理论最困难的问题之一是我们如何确切地判断有益在这样的限度内是一种义务?[②] 我们对这一问题已经有了答案，第三类有益于人的行动不是义务。于是问题就转变为如何判定有益的义务。

上面我们谈到，将第二类行动与第三类行动混淆，是不合适的。这种混淆造成的结果是，有人因为第三类行动要求过高，干脆否认有益是义务；而另一些人将有益这一义务无限扩大到将第三类行动也包括在内。

---

① Mill, J S., 1969, *Utilitarianism and On Liberty*, In *The Collected Works of John Stuart Mill*, Toronto. University of Toronto Press.

② Kant, I., 1994, *Ethical Philosophy*, 2nd edition. James W. Ellington (trans.), Indianapolis: Hackett Publishing.

◇ 第一编 总论

有益不是义务

有些伦理学家认为，我们根本没有有益于人的义务，有益于人的行动是善良的、值得赞扬的道德理想，而不是义务，因此如果一个人没有采取有益于人的行为，他并不存在道德缺陷。美国哲学家格特（Bernard Gert[①]）的道德理论就是一个例子。他认为，并不存在有益于人的道德规则，只有道德理想。在他的理论中，仅有来源于职责（duty）赋予的特定角色和任务的有益义务，除了由专业角色和其他特定岗位规定的职责之外，在道德生活中没有有益的义务。唯一的义务是禁止给他人造成伤害。在格特的理论中，道德的总体目标是将伤害最小化，而不是增进他人的利益。他论证说，理性的人有可能在任何时候不偏不倚地不伤害其他所有人，但理性的人不可能在任何时候不偏不倚地增进所有人的利益。在否认作为义务的有益原则时，格特在不伤害（nonmaleficence）与有益之间画了一条线。前者构成道德生活中的义务，也就是说，他承认禁止对他人造成伤害的规则；但后者不能构成道德生活中的义务，即他拒绝要求帮助他人的有益原则或规则。因此，他仅承认诸如"不杀人""不给他人带来痛苦或折磨""不使他人丧失能力""不剥夺他人的生活财富"之类的道德规则。

他的理论中存在两个问题：其一，用能否做到不偏不倚来区分不伤害是义务而有益不能成为义务是勉强的，不能成立的。人们在履行不伤害义务时，也可能带有偏倚的观念和情感。例如，白人对待黑人时，有的是真心从种族平等观念出发，有的可能是怕人家指摘"种族主义"而不敢歧视黑人。在履行有益义务时，的确会有所偏倚，但有些偏倚是正当的（例如，我们先照顾家人，后照顾邻居），有些偏倚是不正当的，可以通过大家协商取得一致的规则来减少这种不正当的偏倚。其二，因拥有特定角色或担负特定任务而产生的义务，他用了"职责"（duty）这个术语，然而他说的这个 duty 不就是义务吗？且不说非专业的日常生活，既然承认特定角色和专业任务中必然存在义务，那就不能否认在道德生活中的有益原则，将义务（obligation）换成职责（duty），并不能解决实质性问题。其三，我们也不能否认专

[①] Gert, B., 2005, *Morality*, New York: Oxford University Press; Gert, B. et al., 2006, *Bioethics: A Systematic Approach*, New York: Oxford University Press.

六 生命伦理学的若干概念

业以外有一定的有益义务,即我们在一定条件下有义务做有益于人的事情。如果有一个孩子或老人在浅水区,自己起不来,我们难道没有义务去把他扶起来吗?这是举手之劳,难道我们可以坐视不理而不受道德谴责?一个简单的例子是我国在进行垃圾分类,这样我们会有些小麻烦,在把垃圾扔进垃圾箱之前就要将垃圾分类,这也是一件有益于人、有益于社会的事情,难道我们没有道德义务将垃圾分类?人类处于群体社会,"我为人人,人人为人",在"我为人人"中就有我们做有益于他人或社会的义务。因此,否认有益是一种普遍的义务,是不合逻辑和站不住脚的。

因此,我们应该将不伤害人和有益于人都称为义务,同时保持两者之间的区别。有些哲学家把不伤害的义务看作有益义务中的一种,这会造成概念上的混淆,而导致实践上的困难。不伤害规则是一种消极性行动禁令,并且为某些行动的法律禁令提供道德上的理由。有益规则通常比不伤害规则要求更高,因为有益规则规定有积极的行动要求,不像在消极性行动禁令场合不采取任何干预行动即可。此外,受益义务会引起采取多少积极行动合适、如何做到不偏不倚,以及违背了这些有益义务如何受到惩罚等问题,这些问题会引起很多争论。

要求过分的有益于人

与一些哲学家否认有益义务相反,另一些哲学家似乎将有益义务扩大到了包括第三类行动,即超越义务的行动。其代表人物是澳大利亚哲学家辛格(Peter Singer)。[1] 辛格的理论是近几十年来讨论最广泛的理论。辛格的观点暗含着我们有义务做出巨大牺牲,去拯救世界各地贫困的人。这种要求针对所有相当富裕的人、基金会、政府、公司等。对所有这些当事方来说,有义务节约资源,不要把钱花在虚饰、时尚、奢侈之类的东西上,要向那些急需援助的国家提供援助。辛格认为这种行动不是超越义务的重大道德牺牲,而只是履行了有益的义务。这使得其他哲学家认为辛格要求个人、政府和公司为了使穷人和弱势群体受益而严重破坏他们自己的项目和计划的建议,超出了道德义务的界限,用"行

---

[1] Singer, P., 1972, "Famine, Affluence, and Morality", *Philosophy and Public Affairs*, 1: 229-243.

◇ 第一编 总论

善"这种道德理想取代了真正的道德义务。① 辛格试图重新阐述他的立场,以使他的有益理论不设定一个过于苛刻的标准。例如,他提出我们应该争取将我们收入的大约10%,用于支持穷人和弱势群体,这样意味着不仅仅是象征性的捐赠,但也不能高到让我们成为"行善"的道德圣人。辛格宣称,这一标准是我们应该遵守有益义务的最低限度。我们认为,辛格应该更清楚地说,将自己收入的10%用来支持穷人和弱势群体或贫困国家,是我们应尽的有益义务,即属于上述的第二类行动。愿意捐助更多,超越义务地"行善",当然更好,但这不是义务,你可以做也可以不做。你做了,那就是超越义务的"行善",理应受到特别的表扬。例如"感动中国"节目中,受表扬的人物都是做了超越义务的好事,即上述第三类行动;但你没有做,也不会受到道德的谴责。②

3. 生命伦理学语境中的有益

自生命伦理学这门学科诞生之日起,有益原则一直是生命伦理学的中流砥柱。在《纽伦堡法典》③的10条原则中,有8条规定研究人员如何确保受试者的受益要超过风险。从事临床医疗、研究和公共卫生的专业人员认识到,必须经常将干预措施带来的伤害与对患者、受试者和公众可能带来的好处进行权衡。承诺"不伤害"的医生,并不是声称永远不会引起伤害,而是努力使干预的后果有益大于伤害,并使伤害尽可能不超过最低限度,如果干预能带来更大受益而伤害不得不超过最低限度,则要使伤害最小化。因此,有益原则不能被归结为不伤害的义务。努力

---

① Slote, M. A., 1977, "The Morality of Wealth", in Aiken, W. & Lafollette, H. (eds.), *World Hunger and Moral Obligation*, Englewood Cliffs, NJ: Prentice-Hall, pp. 124 – 147; Smith, A., 1776, *An Inquiry into the Nature and Causes of the Wealth of Nations*, Oxford: Clarendon Press, 1976; Braybrooke, D., 2003, "A Progressive Approach to Personal Responsibility for Global Beneficence", *The Monist*, 86: 301-322.

② Arneson, R. J., 2004, "Moral Limits on the Demands of Beneficence"? in Deen K. & Chatterjee (eds.) *The Ethics of Assistance*. Cambridge: Cambridge University Press; Fishkin, J. S., 1982, *The Limits of Obligation*, New Haven: Yale University Press; Hurley, P., 2003, "Fairness and Beneficence", *Ethics*, 113: 841-864; Miller, R W., 2004, "Beneficence, Duty, and Distance", *Philosophy & Public Affairs*, 32: 357-383; Murphy, L. B., 1993, "The Demands of Beneficence", *Philosophy & Public Affairs*, 22: 267-292.

③ 陈元方、邱仁宗:《生物医学研究伦理学》,中国协和医科大学出版社1997年版,第309—310页。

使干预对患者、受试者和公众的受益超过风险是从事临床医疗、研究和公共卫生的专业人员的义务，如果结果是风险超过了受益，导致有人残疾甚至死亡，要受到道德的谴责，这不是超越义务的"行善"。

医学的目的是有益于人

前几年北京有一家医院发生了这样的案例：一个接近分娩的孕妇患严重心肺疾病，需要行剖宫产手术才能挽救病人和胎儿的生命，医生和医院却因孕妇的男友不同意而放弃手术，结果母子双亡。后来在山西榆林发生另一病例：一位产妇不具备剖宫产的适应症，但极度惧怕分娩的疼痛，几次向医生下跪要求行剖宫产，但被医生拒绝。结果，产妇跳楼身亡。这两个案例都说明一个问题：医生不认为做有益于病人的事（而且这里涉及挽救病人及孩子的生命，否则病人及孩子就要死亡）是他们的义务，而错误地认为这只是他们在"行善"，是可以做也可以不做的事情。他们逃避有益于病人的义务，而致病人死亡，理应负有法律责任，却没有遭到卫生行政和司法当局的追责，就因为很可能卫生行政当局以至立法机构也不认为治病救人是医生的有益义务，还错误地以为只是医生在"行善"。

这里涉及医学目的问题。有益（beneficence）在医学的本性和目的的核心概念问题中起主要作用。如果医学的目的是治病救人，这就是有益的目的，那么医学在基本上或专有地是一项有益于人的事业。如果医学仅仅在于不伤害的义务，那么要医学和医生干什么？如果是这样，那么有益就是医生的专业义务和德性的基础，并以此判定医生对自己的专业义务履行得如何以及医生的德性如何。更有甚者，美国医学伦理学大家彼莱格里诺（Edmund Pellegrino）[①] 认为，有益是医学伦理学的唯一基本原则。按照他的理论，医学受益是专有地指向治病救人这一目的，而不是其他任何形式的受益。他认为，医学受益范畴不能包括例如提供生育控制（除非为了预防疾病和维护健康）、实施美容手术或主动加速病人死亡以帮助病人安乐去世。对医学目的的这种表征，使得彼莱格里诺有可能严格限制什么是对病人的医学受益：医学中的受益限于治病救人以及例如与诊疗和预防损伤或疾病相关的活动。但许多人不同

---

① Pellegrino, E. & David, T., 1988, *For the Patient's Good: The Restoration of Beneficence in Health Care*, New York: Oxford University Press.

意。他们认为受益的范围可能会大于治病救人，包括开出药物或装置的处方来预防妊娠，提供纯粹的美容手术，帮助病人实施预嘱，不给或撤除维持生命的治疗措施。然而，问题是：如果这些都是医学受益，那么受益范围的扩展多远？如果一位医生开了一家公司为老人制造轮椅，这算作提供医学受益的活动吗？当一位医生向一家保险公司提供有关成本—效果好的治疗的咨询意见，这是医学实践活动吗？有关医学目的的争论要求就什么算作医学实践以及什么算作医学有益做出判定。美国最高法院在讨论一件有关医生加速病人死亡的案件时，多数人做出的决定断言，医务人员对正当的医学实践确切界线不存在共识。法院注意到，医生共同体在医学实践界线上存在严重分歧，建议政府参与划分界线。[1]

什么构成医疗中的伤害和受益？

风险是可能的伤害，包含：（1）身体伤害，如感染、并发症、残疾、死亡；（2）精神伤害，如抑郁、焦虑；（3）社会伤害，如敏感信息泄露，遭到歧视、污名化；（4）经济伤害，医疗费用太高使病人家庭遭受经济上的灾难，例如用卖房来缴纳医疗费用，长期住院后被解雇等。医生以及伦理委员会容易只重视身体风险，忽视其他风险，例如信息风险，他们往往说我们的干预没有风险。没有风险的干预是不存在的。即使没有其他风险，在干预过程中也会产生有关病人的信息，这些信息就有被泄露的风险，而泄露敏感的信息会引致精神和社会风险。

可能的伤害即风险有不同的严重程度和持续时间，可以按程度来测量。例如，美国一些生命伦理学家[2]提出了一个7级量表：

· 可忽略的：在每人的日常生活中几乎都会发生，未引起日常生活实际改变，持续时间很短，例如擦伤/割伤。

· 小的：可能会干扰某些生活目标，但能够治疗并持续数日，例如普通感冒。

· 中等的：不能追求某些生活目标，能被治疗但持续数周或数月，例如骨折。

---

[1] Beauchamp, T L., 2008, "The principle of beneficence in applied ethics", *Stanford Encyclopedia of Philosophy*, https：//plato.stanford.edu/entries/principle-beneficence/.

[2] Rid, A. et al., 2010, "Evaluating the risks of clinical research", *JAMA*, 304 (13): 1472-2479.

六 生命伦理学的若干概念

- 显著的：不能追求某些生活目标，能被治疗但会留下某些较小的残留改变，例如膝盖受伤。
- 大的：妨碍较小和某些重要生活目标，不能被完全治疗且持续数月或数年。例如类风湿性关节炎。
- 严重的：妨碍主要生活目标，导致终身残疾。例如截瘫。
- 灾难性的：死亡或持续性植物状态。

医生面对的是一个一个病人，每个病人的疾病性质和状况都有不同，有的是急性的，有的是慢性的；有的是急诊，有的不是急诊；有的是可治愈的，有的不是可治愈的，但可起支持性作用，而有的可引起不良反应；等等。所以古老的名言说，医疗的目的是"有时治愈，经常支持，永远安慰"。例如人们说"4C"，即有益于不同类型病人的治疗干预有如下不同的情况：

治愈（Cure）：如24岁男病人被友人送至急诊室，病人一直健康，主诉严重头痛，颈部强直。体检和化验（包括脊髓液检查）结果提示为球菌肺炎和脑膜炎。该病人所患疾病可以治愈。

应对（Cope）：如42岁胰岛素依赖男病人自18岁开始就诊断为糖尿病。尽管遵医嘱服用胰岛素和饮食控制，仍经常发作酮酸中毒和低血糖症，需要反复住院治疗和急诊治疗。最近几年他的糖尿病得到了控制。24年来未曾有糖尿病造成的功能障碍发生。然而，眼底镜检查揭示有微动脉瘤，尿分析表明有微蛋白尿。该病人所患疾病可以有效治疗，但比较困难。

照护（Care）：如44岁女病人在15年前诊断为多发性硬化。过去12年她经受了进行性恶化，对目前批准的延迟MS的治疗没有反应。她一直坐轮椅，近两年由于膀胱无张力要求长期留置导尿管。去年，她开始非常抑郁，甚至不能与近亲沟通，卧床不起。对这样的病人难以治愈或治疗，但要精心关怀护理。

安适（Comfort）：如58岁女病人乳腺癌已经转移。一年前她作了彻底的乳房切除术，淋巴结呈浸润性。她接受了化疗和放疗。对这样的病人要进行安宁治疗。[1]

---

[1] Jonsen, A. et al., 2015, *Clinic Ethics: A Practical Approach to Ethical Decision in Clinical Medicine*, 8th edition. New York: McGrow-Hill Education.

◇ 第一编　总论

为使医疗干预有益于病人，对医生的规范性要求

为了使医疗干预有益于病人，医生应该考虑的三个基本因素是：疾病的性质，向病人建议的合适的治疗手段，以及医疗干预的目的。一般来说，医疗干预达到有益于病人的目标有：

- 促进健康和预防疾病
- 通过缓解症状、疼痛和痛苦维持或改善生命质量
- 治愈疾病
- 防止过早死亡
- 改善功能状态，或维持功能较差的状态不使之恶化
- 就病人的病情和预后对病人进行教育和提供咨询
- 在医疗过程中避免对病人造成身体、心理、经济和社会的伤害
- 在平和死亡中提供协助

临床上第一个伦理问题是，判定某一特定的治疗是否具有适应症。现代医学有无数的干预措施，从咨询到药物，再到手术。在任何特定的临床案例中，唯有某些可得干预是具有适应症的，即与临床的状况和医学的目的明确有关。胜任的医生总是能判断，哪些干预对于眼前的案例具有适应症。因此"医学适应症"这一术语是说，在某一特定的案例中，何种临床判断是在生理学和医学上适宜的。于是，当病人受损的身体或精神状况因干预而得到改善时，这些干预具有适应症。

由于种种理由，干预可能是不具有适应症的。其一，干预对要治疗的疾病并没有在科学上得到证明的效果，然而被医生错误地选择了或该病人想要这种干预。例如，对业已广泛转移的乳腺癌进行高剂量的化疗，接着进行骨髓移植，或者对绝经后妇女使用雌激素，错误地以为这样做会降低冠状动脉病的风险。这些治疗就是不具有适应症的。其二，某种干预在一般情况下是有效的，但由于体质或疾病方面的个体差异，对某些病人可能没有效果。例如，有的病人服用降低胆固醇的他汀类药物，随后引起急性心肌病，这是罕见的但严重的并发症。其三，在病人的病程中某种干预一时是适宜的，但在后来的时间内却是不适宜的。例如，病人因心跳停止被收治入院后对他进行通气支持是有适应症的，但当判定该病人患深度缺氧脑损伤和/或多系统器官衰竭时就不再具有适应症了。当病人处于垂死阶段，许多干预就

六 生命伦理学的若干概念

变得不具有适应症了。①

然而，在某些情况下临床医疗干预是否对病人有益仍是有争议的。医生在病人的要求下加速死亡——如今通常被描述为医生协助下的自杀——就是一个突出例子。长期以来，医生和护士一直担心，放弃生命维持治疗的病人是在自杀，而医疗专业人员在协助他们自杀。最近，这些担忧在生命伦理学中的重要性有所减弱，因为法律和生命伦理学中已经达成共识，即不给或撤除已被正当拒绝的治疗绝不是违反道德的行为；事实上，给予或不撤除正当拒绝的治疗倒是一种违反道德的行为。然而，这个问题已经被另一个问题所取代：帮助一个要求尽快死亡的有行为能力的病人是伤害还是有益？除了关于杀人和让人死亡之间区别的争论之外，这个问题还提出了什么算是受益、什么算是伤害的问题。面对难以忍受的痛苦而要求加速死亡是否使一些病人受益而对另一些病人是伤害？什么时候它是有益的，什么时候它是有害的？这个问题的答案是否取决于导致死亡的方法（例如给病人服用致命药物，还是仅仅撤除治疗）？②

在制定公共政策时更为强调社会受益的义务，公共政策是否能够和应该有所改变？例如，在器官获取上，许多国家已有的法律和政策先例要求死者生前或死后得到家人的明确同意。在决定器官和组织如何处置上的几乎绝对的自主性一直是普遍的规范。然而，这种径路损害了所需组织和器官的有效收集，许多人因缺乏器官而死亡。由于缺乏器官和组织以及该系统的低效率，已促使提出了一系列改革现行采购制度的建议，其目标是为社会受益创造更多的空间。一项承诺社会受益的政策建议是将收集器官和组织作为一项常规工作来做。在这一器官获取的制度中，允许并鼓励医院将从死者那里收集器官作为一项常规工作，除非死者事先向国家准备好的登记处表示拒绝捐献。根据尊重自主性的传统理由，常规地从所有死者获取组织和器官是得不到辩护的。相反，该政策的支持者论证说，社会的每一个成员有义务向他人提供具有拯救生命价

---

① Jonsen, A. et al., 2015, *Clinic Ethics: A Practical Approach to Ethical Decision in Clinical Medicine*, 8th edition. New York: McGrow-Hill Education.

② Beauchamp, T L., 2008, "The principle of beneficence in applied ethics", *Stanford Encyclopedia of Philosophy*, https://plato.stanford.edu/entries/principle-beneficence/.

值的公共品，而不会对他自己造成损失。也就是说，辩护理由在于有益，而不是对自主性的尊重。在有关器官获取的公共政策中，有益还是自主性应该占主导地位的争论仍在继续。现行制度的支持者认为，个人和家庭的同意应占据主导地位。而常规收集器官和组织的支持者争辩说，传统的政策和法律在受益和自主性的优先次序上做了错误的排列。然而，所有人都一致认为，目前关于器官获取的公共政策在道德上是不令人满意的。①

我们的结论是：使病人、受试者、公众、社会受益的有益原则是所有临床医生、与健康有关的科学家以及公共卫生人员，以及与健康有关的政策制定者和立法者应尽的义务，而不是可做可不做的"行善"。同时，有益原则应该在诸伦理原则中拥有优先地位。

（雷瑞鹏）

（二）共济②

1. 共济这一概念的产生和发展

虽然有些学者认为共济（Solidarity）一词来自罗马法，但其他人指出，只是在法国大革命期间才越来越多地使用这一术语。1842年乌托邦社会主义者雷诺（Hippolyte Renaud）写了一本题为《共济》（Solidarité）的小册子；第一位现代意义上的科学哲学家孔德（Auguste Comte），1876年在非宗教和非政治的语境下讨论了共济这一概念。他论证说，共济是治疗社会越来越个体化和原子化的良剂，人们应关注集体的福祉，关心社会问题。这与当时的社会契约论相互呼应。社会理论家杜尔凯姆（Emile Durkheim）将共济这一术语概念化，在1893年《社会中劳动的分工》（The Division of Labour in Society）一书中，他区分了

---

① Beauchamp, T L., 2008, "The principle of beneficence in applied ethics", *Stanford Encyclopedia of Philosophy*, https://plato.stanford.edu/entries/principle-beneficence/.

② 编者按：2011年英国智库纳菲尔德生命伦理学理事会（Nuffield Council on Bioethics）发表了由Barbara Prainsack和Alena Buyx撰写的报告：《共济：对一个在生命伦理学正在兴起的概念的反思（Solidarity: Reflection on An Emerging Concept in Bioethics）》。本章是该报告主要内容的精选，并得到纳菲尔德生命伦理学理事会的允许。

六 生命伦理学的若干概念

机械共济与因宗教信仰、生活方式、训练和家庭纽带而结合的共享情感的有机共济。基督教的一些著作也发展了这一概念。基督教的博爱理想往往被认为是共济概念最重要的先驱。在资本主义兴起时期,博爱理念特别重要,人们感到生产组织和居住地的急剧转变破坏了人们之间的一些纽带,需要新的形态的相互联合和帮助。基督教著作中也强调共济是平等的人之间的伙伴关系(fellowship)。即使在社会实际中资源的可及是不平等的,但人们仍保持着在上帝眼里所有人的价值都是同等的理念。在一些新教的著作中,共济是一种道德律令,以协助基督教同伴去追求社会正义或过一个美好的生活。在马克思列宁主义的理论中,共济来自这样的认识:人们因在资本主义生产方式中处于相同地位而团结在一起,他们是同一阶级,享有共同的利益,彼此应该提供帮助。共济起初仅适用于工人阶级,然而正如整个19世纪工人运动国际化所表明的,国家的边界已被打破。19世纪后期欧洲成立工会,一开始就强调要对工人伙伴提供帮助。自从20世纪以来,共济概念主要吸引社群主义思想家,然而它也在理性选择和女性主义理论中起重要作用,并依旧是当代马克思列宁主义的重要概念。

一般来说,社群主义主张将集体作为主要参照点,这往往被认为是在政治哲学中对美国杰出哲学家罗尔斯(John Rawls)《正义论》一书的反应。社群主义挑战伦理学中的自主性概念,认为社群的价值有更为突出的作用,因而强调交互性(reciprocity)、互惠性(mutuality)、公民性(citizenry)、全民性(universality)和共济性(solidarity),强调要创立、维护和拓展共同品(common good),即由所有公民参与建立和享有的公共财产、公共设施和公共服务。美国社会学家兼政治哲学家赫克特尔(Michael Hechter)是理性选择传统最杰出的学者,他认为群体性(groupness)是共济的中心性质,他对共济的研究基于这样的假定,即人们形成或参加群体是为了消费可能被排除在外的、共同生产的物品(goods)。就群体成员出于义务感(并不是害怕强迫)而遵守群体规则而言,他们是出于共济性。他建立了一个使以理性选择为导向的社会科学家便于运用的共济概念。对共济的核心意义的另一种诠释来自契约论。契约论者提出共济是福利国家概念的基础,然而围绕共济与其他形式帮助的区别一直争论不休。有些作者认为,如果某人给其他人提供某些东西，或者直接给钱，或者通过纳税间接地将钱给予他人，这些给予都不是基于共济，因为受者有权收到这些物品或服务。

2. 生命伦理学中的共济

虽然在公共话语中提到共济这一术语的频率最近有所增加，但在最近的生命伦理学著作中明确提到共济这一术语的，与自主、公正、隐私、身份等术语相比要少。然而，作为一个概念、一种理念或一种价值的共济，要比明确提到这一术语的频率所提示的重要得多。生命伦理学文献主要是在四类不同的语境之内明确提到这一术语：首先，在公共卫生语境内，共济被认为是能够为国家干预公共卫生辩护的一种价值；第二，在医疗卫生制度的公正和公平语境中提到共济；第三，在全球健康的语境内为贫困国家提供援助时援引共济这一术语；第四，当讨论欧美不同的价值观时提出共济是一种欧洲的价值观，而不是美国的价值观。欧洲的医疗卫生制度以共济价值为基础，而美国的医疗卫生制度以自主性为基础。这四个语境代表着生命伦理学比较新兴的领域。不仅是生命伦理学家，而且其他学术界人士、决策者和公众都参与这四个领域的讨论。所有这四个领域都援引共济这一概念，因为它们聚焦的问题都超越个人以外，要应对的是社会问题以及这些问题在其中产生和解决的不同关系，包括就这些关系中的责任、义务和诉求的论证。

在这四个语境中大多数有关生命伦理学中共济的著作，均重视共济的重要意义，认为它有助于对付在现代福利国家内个体化逐渐增加的威胁。但也有些著作对共济概念的使用采取更为批判的态度，但这种批判不是针对共济概念本身，而是针对它的使用，即用它作为为行动辩护的理由。有些作者批评共济概念过于模糊，或认为它在理论上没有成果，甚至起误导作用。此外，也有些作者对共济的反对集中于它的实质内容本身，认为它是反个体论（anti-individualistic）的。

就总体来说，在生命伦理学中使用共济这一术语是不融贯的。但共济的使用大多数可分为两类：（1）描述性的：共济是指在某一特定群体内社会凝聚这一事实；或（2）规范性的：要求在一个群体内加强社会凝聚。如果这个术语的意义是描述性的，即描述这样的经验事实，某一特定的人群通过相互帮助、拥有共同目标以及共享其他方面的纽带而联结起来，那么共济是所有社会和政治生活的先决条件。如果这个术语以规范的方式使用，即要求在某一特定群体内或在一个社会整体内加强社会凝聚，那么有时就会采取政治的形式对共济的价值和重要性进行评估。这可能导致缺乏理由充分的辩护和论证。援引共济有时似乎会代替对受益和代价以及其他相关因素更为细致的分析，而这种分析在为某一特定的行动方针或政策分析中是应该考虑的。

3. 共济概念研究的新进路

起草报告的作者根据对生命伦理学文献以及其他著作的分析，对共济提出了新的理解，发展出一个共济的工作定义。简而言之，共济是反映某种集体承诺的共享实践（shared practices），这种承诺是承担经济、社会、情感或其他的代价来帮助他人。重要的是要注意，共济在这里被理解为一种实践，而不仅是一种内在的感情或抽象的价值。因此，它要求采取行动。动机例如感同身受的感情，不足以满足对共济的这种理解。"代价"这个术语被理解为该群体或一些个体对帮助他人做出的一系列贡献。这并不排除参与这种共济实践的群体和个体也从这种参与中受益。然而，除非承担代价，这些受益不是共济的先决条件。虽然共济主要被理解为一种共享实践，反映了集体的承诺，但简单地断言存在着这些实践是不能令人满意的。因此，这个工作定义由三个层次组成，从个体如何参与实践共济的概念化开始，这三个层次是一个体制化的等级系统：第一层次是人际的，也是最为非正式的，而第三层次是最正式的，即法律的层次。

层次 1 人际关系：在这个层次上共济是个人表现出愿意承担代价来帮助他人，而他认可与后者至少在一个相关方面有相同性（sameness）。这种认可的必然后果是意识到他与其他人或因机遇，或因命运，或因其他情况而联结在一起。例如，我认可与乘坐同一架飞机的乘客有相同性，由于飞机出发延误我们都不能及时转机。什么算是在相关方面有相同性取决于我所从事的实践的情境；如果我坐在飞机上担心不能及时参加会议，那么我与坐在我旁边的人在某一相关方面的相同性可以是，我们要去参加相同的会；而我的邻座是位糖尿病人，则与我在这种情况下的实践共济与否是无关的。然而，在一个群体中共济之发生一般与其中最为脆弱的人有关。脆弱性本身可以是引起大家认可相同性的一个因素：当有人处于危难之中，需要人类伙伴帮助时，我会认识到我也会处于这类危难之中，需要他人帮助。在其中实践情境起着很大作用，因为有些脆弱性是我没有的，如嗜赌如命的人的脆弱性。

层次 2 群体实践：在人际层次的某一特定共济实践成为常规的情况下，它被众人广泛视为在某一情况下的"良善行为"（good conduct），这样共济就被体制化了（institutionalisation）。互助群体（self-help groups）就是如此。例如，患某一特定疾病的人互相支持，共享医学信息，以减少疾病的负面效应，组织活动筹集资金以供对此疾病的研究。在这一层次，共济表现为某一集体承诺承担代价帮助他人。这是共济最重要的层面。

层次 3 契约和法律：如果共济中体现的价值或原则不仅成为社会规范，而且表现在契约或其他法律规范之中，那就是层次 3 的共济，是"最硬的"、最牢固的共济形式。例如，福利国家和社会福利安排，以及不同单位之间的契约或国际条约。但这一层次的共济必须在前面层次的基础上建立。

在所有层次中，共济都有一些限定：（1）认可与另一个人或群体在某一相关方面有相同性先于共济的行动。这意味着相同性的认可基于总体来说对称的关系，而不是基于非对称关系（例如慈善性赠与）。（2）关键的是要强调共济不是表现那种感同身受的感情，在共济实践中当然有感同身受的感情，然而共济按照定义采取的形式是愿意承担代价帮助他人的愿心付诸实践。在这个意义上，共济是具体体现的，而不仅仅是被感受到的。（3）所付代价有多大不是决定性的。按照我们的定义，共济既包括将愿意承担代价帮助他人的愿心付诸实践的代价比较小（例如将我的手机借给他人用一下），也包括代价较大的（例如捐赠器官）。（4）按照定义，共济不是有益于社会：虽然在医疗卫生情境下共济的实践往往会有益于众多个体和公共卫生，但不是所有人甚至大多数人都认为所有共济实践都是这样的。（5）共济并不排除在契约关系基础上的赠与行动。

最近有些作者的批评过于注意生命伦理学中的自主性。这就提出了一个共济与自主的概念是否冲突的问题。我们认为，它们之间是互补的

六　生命伦理学的若干概念

还是互争的取决于如何认识个体和人（personhood）。例如，我们遵循自由论传统，认为自主的个体是分析的中心单位，那么必须保护他们的权利，那个人就应该能够追求他的利益，这个自主的人仍然能够感受与他人或其他群体的共济关系，并采取共济的行动。为了在某一特定集体内获得共济，人们需要：（a）选择一个集体，在该集体中相互帮助的愿望已被铭记在人际关系之中，例如在许多核子家庭之中，或（b）使个体相信有充分理由采取与他人共济的行动。这样，共济的目标与个人选择和自主、自由权利是完全相容的。按照另一个模型，个体不被认为是具有给定和明确界限的实体，而是其身份、利益和偏好来自与他人关系的人，那么共济就是人们内在的需要。虽然我们与他人都有共济关系，在这方面是完全相同的，但我们与谁感受有共济关系，我们为什么和如何采取共济的行动则是不同的。这就产生两个后果：其一，在自由派的模型里，在某一集体内实现共济，或者集中于互相帮助已被铭记于人们关系中的实体（例如在家庭里或在团体内），或者人们被说服，有充分理由感受与某一特定群体有相同性，并采取相应的行动。其二，与自由派模型相对照，因为个体是从他所在的关系中出现的，共济至少与个人权利和利益同等重要。无论是公共利益还是个体利益，哪一个也不能先验地比另一个权重更大或否决另一个。在我们的共济定义中，采取的是第二个模型。

4. 生物样本数据库中的共济

在应用对共济的理解时，我们提出的有关研究性生物样本数据（biobanks）的进路包括如下要素：（1）在签约同意参与时采取新的程序；（2）用共济的视角来看待同意和再同意以及将结果告知参与者；（3）在概念上转换到减轻伤害的策略。这个模型对于用已经存在于biobanks中的样本和数据进行新的研究不会产生影响。对于新的参与者要签约，而使用已经存在库里的样本和数据则由特殊的框架来管理。共济提示我们对研究性biobanks的新进路是：（1）在第一层次的共济，它假定人们一般会基于相同性的认识愿意接受可能的代价（风险、参加带来的不便等）来帮助他人。只要基于biobank的研究，其风险仍然低于一定的阈，个体就会签约参加。这表示他们愿意承担潜在的代价，以及让他们的样本和数据用于起初未设想到的目的。(2) 在第二层次，共济表现在 biobank 的治理安排中，将参与者看作研究中的伙伴，对他们要尊重、保证信息公开以及讲真话。个体对研究性 biobank 的贡献基于共济，参与者与 biobank 是研究事业中的伙伴，相互之间有共同利益指导，而不仅是一项法律契约中的双方。可以将第二层次的共济看作已经铭记在数据共享的安排（允许其他研究人员利用储存的数据集）以及有关数据可公开发表之中。如果研究性 biobanks 基于第一、第二层次的共济，那么数据共享本身已经作为所有研究性 biobanks 治理之中的义务来实施，这就表达了第三层次的共济。如果有关同意的新思维包含伙伴关系模型，就会存在第三层次的共济。

这一进路要求对 biobanks 的治理做出一些具体的改变：(1) 以共济为基础的研究性 biobanks 必须以帮助他人为其总目的。研究目标以及数据的用法可变化，但帮助他人必须仍然是其终极目的，而不是例如获得最大的经济利益。(2) 在招募参与者方面，参与者会注重诚实、讲真话，而不是注重具体的知情同意。参与者将被详细告知某一特定的研究性 biobanks 的使命，它的资金来源和治理结构，它希望实现什么。最初的告知也必须包括这样一些解释，例如研究目的会改变，数据可能被用于现在还不能设想的研究，研究方案将由伦理委员会批准。这种告知也必须包括目前可预知的风险和受益清单，以及明确说明这个清单可能是不完备的。(3) 就重新联系和告知结果而言，对于以共济为基础的研究性 biobanks，人们可接受这样的做法：考虑到重新联系的成本，以及有关信息对参与者个人无直接用处，不再联系参与者个人。(4) 为了使成本效果比更佳和减轻伤害，研究性 biobanks 必须建立专用基金来补偿受到伤害的个人，例如因信息泄露而受到雇主或保险公司的歧视。

5. 疫病大流行和全球健康中的共济

"疫病大流行"（pandemic）一词是指一种传染病现实地或潜在地在全球规模播散。我们选择 2009/2010 年猪流感的大流行作为案例分析。2009 年猪流感 H_1N_1 病毒引起大流行。2009 年 8 月，世界卫生组织（WHO）建议各国实施他们的防治流感大流行计划。2010 年 8 月，WHO 宣布流感大流行结束。估计该病毒造成 1.8 万人死亡。由于猪流感流行规模比预期的小，WHO 和一些国家受到了一些媒体的批评，说他们引起了不必要的恐慌，并认为这种恐慌有利于销售抗流感药物公司的利益，以及为 WHO 增加预算找理由。所谓的"恐慌"包括关闭机场和学校，实施边境筛查措施，对一些易感人群进行疫苗接种等。在英国，全科医生去随访孕妇、免疫有缺陷者或进行肾透析者，给他们进行免疫接种。而所用疫苗又是有争议的。有些媒体甚至说，死于疫苗的人比死于流感的人还多。结果，有人说，卫生部门制造了流感恐慌，媒体制造了疫苗恐慌。

与前面的 biobanks 不同，在疫病大流行情境下，风险和成本的分配是不均等的。同时，为遏制疫病大流行而产生的潜在成本，与研究性 biobanks 的参与者付出的成本相比不小，而对有些人可能很大。这影响到对相同性的感知以及承担代价帮助他人的愿心。对于高危人群，遏制疫病大流行产生的任何成本也许都不高；但对那些低危人群，加在他们身上的风险（因疫苗而生病的风险、可能失去工作或不能旅行的风险等）可能已经太高了。我们认为，由于风险和利害关系分配不均，期望整个人群会出于共济而接受遏制疫病大流行的成本是不合理的。第一层次的共济太弱，不足以支持这一点，这与 biobanks 非常不同。在第二层次，社群也未表现出有自愿的帮助措施。而预防和遏制疫病大流行的政策和法律法规也未表现出第三层次的共济，而是国家自上而下的措施，这样就提出了一个家长主义是否正当的问题。这不是说，人们不会或不应该接受遏制疫病大流行产生的成本；而是说当国家采取必要措施时，需要采用不同的辩护办法，而不再能够运用共济的理由来加以辩护了。例如，我们不能根据共济来为国家强制的公共卫生措施（例如疫苗接种）辩护，对此的辩护办法将是国家有义务保护脆弱人群。然而，社交网络（例如推特或脸书）可加强人们与从未接触的人的相同性的感知。在危机时机增加使用社交网络也可能是一种萌生共济感的做法。例如在疫病大流行时可使用社交网络来追踪疾病的传播，宣传和支持公共卫生措施，以及建立搜集和分析信息的网络。因此，在个体之间的人际关系层次，可以采取措施来加强人们与相距遥远同胞的共济感。

至于疫病大流行时国家之间的关系，可以引用我们的共济概念。在疫病大流行的情境下，在全球旅行时所有国家都会有流感大流行传播的风险，病毒有可能进入他们的领土。国家与国家是同样相互联系的，即使国家不像个体那样有感觉。同时，疫病大流行没有国界。因此，尽管国家在基础设施、财富和资源需求方面不同，但在防止疫病扩散这一立场上则是相同的。因此，国家虽然不是个体，第一层次的共济仍适用于国家之间。在面临疫病大流行进行全球合作时应该强调这种相同性。在许多情况下，尤其是当产生的成本比较低时（例如共享监测数据、通知其他国家疾病暴发情况使他们有所准备）以及受益十分高时，各国之间会同舟共济。然而，在直接受益很小而产生的成本很高时，国家之间相互帮助仍然是困难的。运用共济概念来论证国际合作有利于我们应对疫病大流行这样的问题。

（邱仁宗编译）

（三）反思平衡

1. 反思平衡的来源和概念

伦理学研究的方法，在我国是一个薄弱的领域。在一本《医学伦理学》[①]中，竟称研究医学伦理学的方法是：观察法、实验法、实地实验法、调查法等。与经验的或描述性的科学或医学不同，伦理学（包括生命伦理学或医学伦理学）是规范性学科，不能像科学学科一样基于观察和实验，虽然我们要关注经验事实，尤其是用科学方法得出经验证据和事实。道德判断或对伦理问题的解决，负荷着价值。认为可以从"是"推出"应该"，是一种自然主义谬误。"是"与"应该"之间并无逻辑通路，这也就使得伦理学具有它的自主性。本文拟讨论伦理学中的一种方法，即反思平衡方法，我们并不是将它视为研究伦理学唯一的方法，也不是一种万无一失的方法，而是一种对实践伦理学非常重要的方法。但这一方法起源于讨论逻辑和科学哲学中的辩护问题。逻辑和科学哲学中的辩护是我们根据什么相信自身所持的信念（belief）是正确的。在哲学文献中，信念是指人们接受某物存在或为真，即使尚无证明；辩护则是一个人持有某一信念的理由。对行动的辩护则采取论证的形式。

[①] 王明旭（主编）：《医学伦理学》，人民卫生出版社2010年版，第11—12页。

六 生命伦理学的若干概念

美国哲学家古德曼（Nelson Goodman）在1954年出版的《事实、虚构与预测》①中最初应用了反思平衡（reflective equilibrium）的方法。古德曼试图证明，归纳推理普遍规则的证明就是一种在推理规则和推断之间来回往复，不断修改和调整的慎思（deliberation）过程。他认为，"如果一个规则导致了一个我们不愿意接受的推断，那么这个规则就要被修正；如果一个推断违反了一个我们不愿意修改的规则，这个推断就要被拒绝。"他是要提出为归纳逻辑规则辩护的一种进路，当时没有用"反思平衡"一词。古德曼的思想是，我们之为归纳或演绎逻辑中的推论规则辩护，是使它们与我们在一系列案例中判断为可接受的推论处于平衡之中。如果推论的规则与我们认为可接受的推论推理的实例不相容，那这些规则就不是可接受的逻辑规则。在这个意义上，我们有关可接受的推论规则的信念，受我们认为"好的"或"正确的"推论推理例子或实例的"证据"约束。同时，如果我们终于发现那些特定的推论与我们普遍接受的和拒绝放弃的规则不相容，则我们应该校正或修改有关这些特定推论规则的观点。

下面让我们简单回顾20世纪下半期科学哲学的发展脉络，以便了解反思平衡发展的学术背景。首先，逻辑经验主义认为来自观察和实验的经验是科学理论的唯一判定者，继而波普尔指出科学不是建立在坚固的基础上和科学知识具有可错性，进而库恩和费耶阿本德提出著名的观察渗透理论论点，直到拉卡托斯对判决性实验提出质疑，认为科学家可以对观察实验结果的判决提出"上诉"，或通过修改理论将反例转化为证例。纵观上述历史发展过程可以获得如下认识：当观察实验经验与科学理论不一致时，我们需要对两者之间反复思考，以寻求更合适的策略使之达到一致，科学家既可以依据过硬的反例来否证或修改理论，也可以对作为反例的观察实验结果提出上诉或重新解释，来恢复经验与理论之间的一致，其中实际上也包含着反思平衡的思想。②

美国著名哲学家约翰·罗尔斯将该方法冠以"反思平衡"这一术

---

① Goodman, N., 1954, *Fact, Fiction, and Forecast*, London: Harvard University Press, p.64.

② ［英］波珀：《科学发现的逻辑》，查汝强、邱仁宗译，科学出版社1986年版，第82—83页；邱仁宗：《科学方法和科学动力学》（第3版），高等教育出版社2013年版，第57—82、110—119、157—188、226—233、290—293页。

语,并首次应用于伦理学中。罗尔斯指出,反思平衡是"一种平衡"——原则和判断达到了和谐;同时又是"反思性的"——我们知道判断符合什么样的原则以及原则是在什么前提下得出的。罗尔斯对该方法下了一个描述性的定义。他说,在寻求对原初状态的最可取解释中,从对原初状态的解释和经过思考的判断这两端出发,如若发现二者有冲突,则要么修改对原初状态的解释,要么修改我们经过考虑的判断,最终达到这样一种对原初状态的描述:该描述既表达了合理的限制条件,又适合我们经过考虑的并且及时修正了的判断。[①] 罗尔斯将这种情况称为"反思平衡",并将其用到《正义论》的建构和辩护之中。

美国伦理学家和生命伦理学家、社会政治哲学家丹尼尔斯（Norman Daniels）在他的《公正和辩护:在理论和实践中的反思平衡》[②]（1996）中对反思平衡方法进行了界定,并进一步论述了该方法的具体应用。他认为,反思平衡是一种试图在特定个体所拥有的三个有序的信念集合中达到融贯的过程,这三个信念集合包括:（a）经过考虑的道德判断,与初步的意见（raw opinion）相对照,经过考虑的判断（considered judgment）意指我们仔细考虑了面对问题的复杂性并衡量了各种解决办法意料之中和意料之外的后果后做出的判断;（b）道德原则（包括准则、规则）;（c）相关背景理论。

反思平衡这一术语最初见于罗尔斯《正义论》（1971）中,直到1974年发表的《道德理论的独立性》[③] 一文中,才提出"广义反思平衡"（wide reflective equilibrium）和"狭义反思平衡"（narrow reflective equilibrium）,但并没有对它们进行明确的界定。丹尼尔斯明晰了反思平衡的定义,并且对狭义反思平衡与广义反思平衡做出明确区分。他认为,在上述三个信念集合中,如果只要求通过慎思达到（a）至（b）两者之间的融贯,则属于狭义反思平衡;若要求通过慎思达到（a）

[①] Rawls, J., 1999A, *Theory of Justice*, Cambridge: Belknap Press of Harvard University Press, p. 18.

[②] Daniels, N., 1996, *Justice and Justification-Reflective Equilibrium in Theory and Practic*, Cambridge: Cambridge University Press, p. 22.

[③] John Rawls, 1999, edited by Freeman, S., "Collected Papers" [C] //*The Independence of Moral Theory*, 289. Harvard University Press.

(b)(c) 三者之间的融贯，则属于广义反思平衡。① 例如在生命伦理学中，有关人的理论对道德规则和判断都起重要作用。

反思平衡的内容虽然首先是在逻辑学和科学哲学领域提出的，然而更多的探究和讨论是在伦理学领域。"反思平衡"这一术语，实际上是指三种不同的东西：一是指一个人的信念集合或信念系统所处的状态；二是指人们用以在某个领域从事哲学研究的方法；三是一种论述什么使人们有关哲学领域的信念得到辩护的理论。本文集中探讨作为伦理学研究方法的反思平衡。

作为伦理学研究方法的狭义反思平衡是指，通过对特定案例的道德判断（即就此案例应该做什么）与相关的具有普遍性的道德原则之间进行慎思，相互调整以达到平衡、和谐或融贯。在实践伦理学（包括生命伦理学）的情境下（我们不讨论理论伦理学情境下的反思平衡问题，在这种情境下哲学家对反思平衡方法是否有创立理论的作用有许多讨论，分歧也比较大），使人们过去已经采取的、目前拟采取或未来计划采取的行动得到伦理学的辩护。作为广义反思平衡则需要在特定案例的道德判断、相关的道德原则以及背景伦理学理论之间进行慎思的调整。其中慎思（deliberation）是指一种精心的、仔细的思考、斟酌，对各种选项进行权衡的思维过程；反思（reflection）蕴含慎思，但它强调需要反复考虑，例如对于究竟应该修改特定的道德判断，还是应该修改相关的伦理规则或原则，需要反复考虑，而不能一蹴而就。而平衡（equilibrium）主要指的是融贯（coherence），融贯包含一致、和谐以及相互支持。

在这里有两个问题需要讨论。一个问题是，在实践伦理学情境下例如特定的道德判断与道德原则之间达到融贯状态，能否对我们应该采取什么行动的判断起辩护作用。② 这个问题之产生是由于对融贯的理解过分狭隘，即将融贯仅仅理解为道德判断与道德原则之间的一致、不矛盾、不冲突。实际上，除此之外，融贯还要求二者相互支持、彼此印证，并且其中一方的可信度可以传递至另一方。在科学中有类似的情

---

① Daniels, N., "Reflective Equilibrium", in Edward N. Z (ed.) *The Stanford Encyclopedia of Philosophy* (Winter 2013 Edition), https://plato.stanford.edu/entries/reflective-equilibrium/.

② Brandt, R., 1979, *A Theory of the Good and the Right*, Oxford: Oxford University Press.

况，当通过观察和实验获得的科学证据与科学家持有的理论一致或融贯时，科学理论得到了科学证据提供的验证和支持，而科学证据则得到了科学理论提供的说明（explanation）。它们之间的融贯可以起到相互辩护或论证的作用，表现在通过从科学理论演绎使科学证据得到辩护，通过科学证据使科学理论得到归纳式的辩护，当然这种归纳式辩护只是具有一定概率的支持或暂时的验证，不能断言该理论未来的命运。① 另一个问题是，有人从知识论的角度论证，辩护的融贯解释不能离开对真理的融贯解释，而真理的融贯论是难以成立的，因此融贯不能起辩护作用。罗尔斯在《正义论》中指出，辩护的融贯论解释是可以与真理的融贯论区分的，这种区分是可以得到辩护的。在实践伦理学的情境下，我们是讨论行动的辩护，不是讨论知识的辩护，尤其不是讨论我们拥有的知识是否是真理的问题。②

2. 作为方法的反思平衡

反思平衡方法可以有如下步骤：（1）从最初的道德判断（应该做什么）开始；（2）将这些最初判断加以筛选留下经过考虑的道德判断；（3）提出一组可以阐明经过考虑的道德判断的道德原则；（4）如果经过考虑的道德判断与道德原则这两个要素之间有冲突，那么修改其中一个；（5）重复上述步骤（4），直到它们之间达到平衡状态。③ 经过考虑的道德判断可以有不同的普遍性，例如"奴隶制是不道德的"这一判断就比"将某人甲作为奴隶来奴役是不道德的"判断具有更高的普遍性。在特定案例有关我们应该做什么的道德判断，例如"北京朝阳医院京西区的医生 d，因家属 f 不同意而放弃治疗怀孕病人 p，导致母子双亡，这是错误的"。这种特定的道德判断采取的是单称陈述形式。

在反思平衡前，我们要从最初的道德判断中排除如下一些判断：当人们对所要解决问题的相关事实不了解时做出的判断；当人们生气、害怕或不能集中注意力时做出的判断；当人们对答案患得患失时做出的判

---

① Hare, 1973, "Rawls' Theory of Justice", *Philosophical Quarterly*, 23: 144-55; 241-51.
② Daniels, N., "Reflective Equilibrium", in Edward N. Z (ed.) *The Stanford Encyclopedia of Philosophy* (Winter 2013 Edition), https://plato.stanford.edu/entries/reflective-equilibrium/.
③ Griffin, J., 1996, *Value Judgment: Improving Our Ethical Beliefs*, Oxford University: Clarendon Press, p. 16.

断;当人们犹豫不决、缺乏信心时做出的判断;当人们做出在一段时间内不稳定的判断,等等。总之,进入反思平衡的道德判断必须是理性的,要排除所有在非理性状态下做出的非理性判断。因为对具体案例的道德判断对道德原则起检验作用,上述非理性判断缺乏可信度,因而没有检验道德原则的资格。①

那么,经过考虑的道德判断是否包括直觉道德判断?有些哲学家强调直觉判断对道德原则或规则的检验甚至具有判决作用。

直觉是一种获得知识而无需证明、证据或有意识推理,甚或不了解该知识如何获得的能力。不同的哲学家赋予直觉不同的意义。有的哲学家认为直觉一词往往被误解为意指本能、真理、信念、意义等,而另有人认为本能、信念和直觉等能力事实上是有联系的。古典直觉主义者都认为基本的道德命题是不证自明的,因此无需论证就能知道。例如英国威尔士道德哲学家普赖斯认为,所有推理和知识最后都必须基于不是从其他前提推论出来的命题;对于伦理学直觉主义者而言,这种非推论的知识基础是由直觉把握的不证自明的真理。② 可是对于英国女哲学家富特提出的著名的电车问题,在"拉闸难题"中受试者认为通过拉闸让失控的电车转入另一轨道压死1位正在工作的工人,挽救了原来轨道上正在工作的5位工人是允许的,而在"天桥难题"中不允许将天桥上的大胖子推下去堵住电车拯救正在轨道上工作的5位工人,虽然这两种情况下都是牺牲1人,挽救5人。但如果先让受试者回答"天桥难题",则他们会认为"拉闸"也是不道德的。因此,直觉是多变的、基于不明的来源,在许多情况下是不可靠的,可信度比较低。③ 诚然,我们不否认某些直觉判断是正确的。道德直觉是有关特定问题、行动或行动者的道德判断,也可以是关于某一道德规则或原则的道德判断,而不是从其他信念推论推理的结果。例如

---

① Berker, S., "What Is Reflective Equilibrium", *Phil.* 262: *Intuitions and Philosophical Methodology* (2007 - 11 - 20), http://isites.harvard.edu/fs/docs/icb.topic199527.files/phil262-meeting10-refl-equil1.pdf.

② 邱仁宗:《试论生命伦理学方法》,《中国医学伦理学》2016年版,第553页; Price, R., 1758/1969, "A Review of the Principle Questions in Morals", In D. D. Raphael (ed.) *The British Moralists*, 1650-1800, II. Oxford: Clarendon Press.

③ 邱仁宗:《试论生命伦理学方法》,《中国医学伦理学》2016年版,第553页。

第一编 总论

我们立即判定"虐待猫是错误的",无需去咨询其他信念。然而,反对堕胎、歧视同性恋等直觉则是不合适的。直觉是一种特殊的官能,好比内在的眼睛,有时似乎可直接进入客观价值的本体,但这种官能也不是无缘无故的,可能与我们长期的经验和社会环境潜移默化的影响有关,因此有时会很有道理,而有时会体现社会的偏见。将经过考虑的道德判断与直觉判断混为一谈是不合适的。① 直觉判断要经过慎思的检验才能进入反思平衡的程序之中。②

经过考虑的道德判断拥有一定的证据分量(evidential weight),虽然确切的分量无法测量,理由是这些经过考虑的道德判断是初始(prima facie)可信的。③ 初始可信是指当条件不变时它仍然拥有一定的可信性,如果条件改变,经过考虑的判断经不住考验,有可能丧失可信性。反之,如能经受住考验,它仍可维持可信性。例如掌握医学专业知识的医生,在做了检查后又掌握了病人的实际病情,通过慎思形成有关如何治疗该病人的经过考虑的道德判断,就具有检验目前制订的规则是否完善的作用。目前的规则没有规定当危重病人丧失行为能力而家属因不理解或有误会拒绝医生治疗建议时,医生是否应该不顾家属拒绝而径直去抢救病人生命。那么在这种情况下医生做出应该抢救病人的判断,说明目前的规则需要修改和完善。可是,由于忽视经过考虑的道德判断拥有证据分量,又往往死守不完善的规则或教条式地解释这些规则,使得本来可以救活的病人失去了机会,这样又违反了更高一级的将病人安危置于首位的伦理原则。这样,本来是道德判断与道德规则之间的不平衡,扩大为道德判断、道德规则与道德原则之间的不平衡。

当道德判断、原则和背景理论之间发生冲突时,应该如何解决呢?按照罗尔斯的观点,我们可以选择修改其中一方或者两方,以达到平衡。但问题是,应该选择修改何者以获得平衡呢?有两种解决方案:第一种,判断何者确信度更高,修改确信度低的一方;第二种,考察哪种修改方案能够获得信念系统更大的融贯水平。按照罗尔斯的意见,"不

---

① Daniels, N., "Reflective Equilibrium", in Edward N. Z (ed.) *The Stanford Encyclopedia of Philosophy* (Winter 2013 Edition), https://plato.stanford.edu/entries/reflective-equilibrium/.

② Foot P., 1967, "The Problem of Abortion and the Doctrine of Double Effect", *Oxford Review*, 5: 5-15.

③ McMahan J., 2000, "Moral Intuition", *Philosophy*, 23 (92): 40-53.

六 生命伦理学的若干概念

管判断在何种普遍性层次，原则上没有判断是可免于修正的"①。这意味着，任何判断、任何原则都不是终极真理，到达某一点就固定不变了。同样地，经反思到达的平衡也没有终极状态，也没有独一无二、舍此无他的平衡点。

在这里，我们要指出三点：第一，反思平衡采取的是反对基础主义的有利立场。第二，实践伦理学（例如生命伦理学）与理论伦理学相比，有较大的确定性。第三，在实践伦理学的情境下，狭义反思平衡较之广义反思平衡有较大的可行性。

首先，伦理学的基础主义认为：我们的道德信念是固定的或不可修改的；某些道德信念是直接得到辩护的、不证自明的或确定无疑的，构成所有其他信念得到辩护的基础（例如"受精卵以后就是人的论点"往往成为西方一些立法定规者作为不证自明的或确定无疑的，构成所有其他信念得到辩护的基础）；某些道德信念可独立于任何其他道德信念而可得到辩护，即使它们依赖于人或人性观点才可得到辩护。例如有基础主义者认为应禁止胚胎研究，并将其视为道德底线，尽管"应禁止胚胎研究"这一道德信念依赖于"胚胎是人（受精后所形成的独特基因组就是人）"这一观点。而在反思平衡中，任何信念均无法享有特权或直接得到辩护。任何判断、原则或规则都无权享有无需论证、辩护的地位，没有规避有可能被修改的特权。因此，反思平衡不同于任何形式的基础主义。基础主义赋予某组信念以优越地位，例如元伦理命题、人性、范式案例、道德理论、某些直觉或《圣经》，构成不可更改的道德反思的基石，所有其他信念必须来源于它。在基础主义的道德系统内，信念之得到辩护是源于或基于那些更基本的或基础的信念。而在反思平衡内，信念之得到辩护，即获得最大程度的批准或支持，与我们所持有的最广泛的其他信念集合相融贯。②

第二，在实践伦理学，尤其在生命伦理学情境下，日新月异的科学技术不断提出新的伦理问题。这就要求我们针对"应该采取什么行动"

---

① Daniels, N., "Reflective Equilibrium", in Edward N. Z (ed.) *The Stanford Encyclopedia of Philosophy* (Winter 2013 Edition), https：//plato.stanford.edu/entries/reflective-equilibrium/.

② Rawls, J., 1999A, *Theory of Justice*, Cambridge：Belknap Press of Harvard University Press, p. 18.

做出经过考虑的道德判断。虽然经过历史的检验,我们已经拥有非常重要的伦理原则,例如不伤害和有益、尊重人和公正,但它们是普遍性原则,并没有告诉我们在具体情境的反思平衡中,究竟应该选择何种或哪些原则,以使这些原则与我们经过考虑的判断相吻合,而这并不是不证自明的。这种情况类似罗斯所说在什么情况下不伤害和有益、尊重人和公正这些初始义务(prima facie obligation),哪些可成为实际义务,哪些不能。[①] 初始义务是指当条件不变时必须履行的义务,实际义务是指当下我们必须履行的初始义务。在特定案例中是否和如何应用这些原则并不是不证自明的,需要考虑具体的情境,也仍然需要继续接受实践的检验,但其中有一些硬核在可见的未来是不会改变的,如对人的伤害和痛苦的敏感性和不忍性(即孟子所说的"不忍之心""恻隐之心,仁之端也"),以及认可人的自主性、尊严和内在价值。然而,在特定情境下它们也可能不能成为实际义务,以与过硬的道德判断相融贯。对于效用论和义务论也是如此,人们不可能将效用论或义务论奉为圭臬,试图抬高其中一个否定另一个也是不可能的。但我们仍然可能添加原则或理论,或对它们做出新的解释,例如在某些情境下有必要增加共济(solidarity)原则,将研究伦理学中的同意(consent)原则重新解释为内容非常丰富的知情同意(informed consent)原则,在处理性别歧视时有必要采用女性主义理论等。

第三,在实践伦理学的情境下,有时我们不得不立即采取行动以避免造成更大的伤害,因此我们不可能按照广义反思平衡的要求,将太多的背景理论牵涉进来。一方面,广义反思平衡具有很大的包容性,这样就造成它的广泛性和不确定性;另一方面"时不我待",我们不可能像在理论伦理学情境下,一切问题可以从长计议。因此,相较而言,狭义反思平衡具有更大的可行性。然而,这并不排斥在必要时将直接相关的背景理论置于反思平衡之内,例如在探讨人工流产、胎儿研究、治疗性克隆、人胚胎干细胞研究、利用人胚胎进行基因编辑研究等问题时,就不可避免地要将"什么是人"的背景理论置于反思平衡之中。另外,在生命伦理学中,往往发生道德判断、道德规则(准则、规章)与道

[①] McMahan, J., 2000, "Moral Intuition", in H. LaFollette (ed.), *Blackwell Guide to Ethical Theory*, Oxford: Blackwell, chap. 5.

德原则之间的不平衡，需要努力使之融贯。例如不伤害、有益、尊重和公正这些道德原则是久经考验的，具有很高的可信度，然而它们是普遍性的，并没有指示行动者在特定情况下应该遵循哪一原则，因此需要制订更为具体的准则或规则，以指导行动者。虽然也有道德判断、道德原则（包括规则）与背景理论不平衡的情况，但在实际工作中更多的不平衡发生在道德判断、道德规则和道德原则之间。在其他实践伦理学中可能也是这种情况。[1]

3. 反思平衡的功能及具体应用

在科学哲学中，科学证据是检验科学理论的经验基础，过硬的科学证据可以促进科学理论的修正或更新，反过来，科学理论也可以上诉，反诉科学证据有误。罗尔斯和丹尼尔斯的理想是，在伦理推理中为检验道德原则建立一个接近经验的基础，道德判断接近经验，其可信度易于评判，可借以修改原则或用新原则代替旧原则，反之，道德原则也可以反诉道德判断。

反思平衡具有以下三大主要功能。

4. 检验我们的道德原则或道德判断

狭义反思平衡是指我们在关于特殊情况的道德判断与道德原则之间来回往复地修正，使得二者之间达到融贯。我们既可以将狭义反思平衡用于检验道德判断，也可以用来检验道德原则。

首先，确信度很高的道德判断（包括直觉判断）可用来拒斥与之相冲突的道德原则。假如，五位院士分别因心、肺、肝、左肾、右肾器官衰竭生命垂危，目前没有合适的相应器官来源，而有一位智商为20的年轻人，其组织配型正好合适，那么我们能否将这个年轻人杀害，移植其器官以分别挽救五位院士的性命呢？按照效用论原则，一个行为是正确的，当且仅当这个行为产生最大的净效用，或者至少它所产生的净效用不低于其他替代方案所产生的效用。杀害智障年轻人以挽救五位院士的行动，产生的效用明显大于保留智障年轻人性命而让五位院士在等待

---

[1] Brink, D., 1989, *Moral Realism and the Foundations of Ethics*, Cambridge: Cambridge University Press.

第一编 总论

中死亡。由此，我们从效用论演绎出这样的道德判断：我们可以杀害这位智障年轻人。然而，直觉判断告诉我们：不可以杀害这位无辜的年轻人。道德原则及其得出的推断与道德直觉之间发生冲突。而"不能杀害这位无辜的年轻人"这一道德直觉是确信度非常高的。按照罗尔斯的观点，根据狭义反思平衡，我们可以修正判断或者原则之一或者两者。存在以下几种修改方案：第一，我们可以通过修正道德原则，以维持道德判断。这个判断否证了行动效用论，但效用论可以修改为规则效用论，即效用原则不直接应用于原则，而应用于规则。在规则中可包括例如"不可杀害无辜的人"，"所有人在道德地位上是平等的"，行动符合规则可得到最大效用。这样通过原则的修正，达到原则和道德判断之间的融贯。第二，放弃效果论原则，而采用义务论原则。按照康德伦理学理论，根据其绝对至上命令，一个行为是合乎伦理的，当且仅当该行为"把人视为目的本身而不仅仅是手段"。而"可以杀害这位年轻无辜的人"这一判断显然不能通过康德这一绝对至上命令的检测，因此，这种行动是不合乎伦理的。该结论与我们的直觉判断达成高度的融贯。在这个具体问题面前，义务论相对于效果论更有说服力。规则效用论与这一直觉的道德判断也是可以取得平衡的，但其代价是在评价单个行动时，有时得放弃效用原则。这样做的代价是使得规则效用论与行动效用论相比，其彻底性较差。

其次，确信度很大的道德原则也可用来拒斥与之相冲突的判断。2009 年，湖北荆州曾经发生过这样一件事，十名大学生手拉手到长江中救助落水儿童，儿童及时获救，但是江水将三名参与救援的大学生卷走，驾船经过事故现场的渔民拒绝向落江大学生施救，原因是救人可能得不到任何现金酬劳，而打捞一具尸体收费 12000 元，最终三名大学生溺水而亡。在这个案例中，确信度很高的道德原则"人的生命具有内在价值，高于一切"可用来拒斥某些人（渔民）做出的"应该捞尸体，而不去救大学生"的直觉判断。而这种直觉判断来自管理渔民机构制订的规则，捞尸体有酬金，而救人没有。依据上述道德原则，无论何时我们都应该将人的生命置于最高位置，在人的生命与金钱的价值权衡中，人的生命享有绝对的优先权。因此，任何违背这一道德原则的直觉判断以及支持这种直觉判断的相关规则都得不到道德辩护，必须拒斥和加以

六 生命伦理学的若干概念

彻底修改。

无论是道德判断还是道德原则都负荷着背景理论,在生命伦理学的情境下有关人的背景理论是最为重要的。认为一个人仅在于有一套独特的基因组的基因本质主义理论,就会影响某些国家据以制订禁止人胚胎研究、人胚胎干细胞研究、人工流产等规则,也会影响例如在个案中反对人工流产的判断。而在中国,从古代起,儒家法家都认为人是从出生开始的,这个关于人的理论延续至今。因此我们的规则允许胚胎研究、人胚胎干细胞研究、人工流产等。在西方,目前道德判断、规则和背景理论之间的不平衡问题越来越严重,人们也正在反思之中。例如根据基因本质主义理论禁止人胚胎研究、在此教育环境下成长的许多人认为胚胎就是人的判断以及基因本质主义背景理论原来是平衡的,但科学的发展推动人们形成新的判断,人的胚胎和胎儿是人类生命但还不是人,于是经过考虑的判断与这些已经制订的规则和背景理论发生了不平衡。典型的例子是哈佛大学哲学家桑德尔的思想实验。[①] 这个思想实验的大意是:在一个生育中心,突然发生大火,中心内有一个 5 岁的女孩,另有一盒盛有 10 个人胚胎的试管,由于情况紧急,你只能救其中一个,那么你选哪一个?5 岁女孩,还是 10 个人的胚胎?所有人回答应该去救 5 岁的女孩。他用这个思想实验指出,其实人的直觉道德判断并不是把试管中的人胚胎看作与一个 5 岁的孩子一样重要,人胚胎并不具有与 5 岁女孩一样的作为人的完全道德地位。这一判断与禁止人胚胎研究的规则和基因本质主义的理论处于不平衡之中。这种不平衡可能首先会通过修改规则来取得与可信的直觉判断的平衡,这样与基因本质主义背景理论之间的不平衡就会更加突出。在西方修改基因本质主义背景理论比较困难,因为它与其他背景理论纠缠在一起,但如果有朝一日他们放弃了基因本质主义理论,那么就可以达到广义反思平衡,为人们的道德直觉判断和有关人胚研究的规则提供辩护和支持的作用。也许他们仍会坚守胚胎是人的理论,但会修改现有的规则以便允许在一定条件下用胚胎进行研究。正如他们在坚持胚胎是人的理论时制订了在一定条件下可以容许进行人工流产的规则一样,从而达到狭义反思平衡。

[①] Sandel, M., 2003, "The Ethical Implications of Human Cloning", *Jahrbuch für Wissenschaft und Ethik*, 8: 5-10.

◇ 第一编 总论

帮助解决实践中的伦理问题，为修改、完善相关规则提供伦理基础

丹尼尔斯指出，反思平衡会帮助我们做出惊人的道德发现。例如，在医疗分配方面，我们是否应该考虑年龄的问题。许多人起初认为，像种族一样，年龄是"道德上无关的性状"，医疗服务根据年龄来分配与根据种族来分配一样是不可接受的。然而我们都会变老，而种族不会改变。这种区别意味着，对不同年龄的人不同对待，并不会像按种族来分配一样形成人与人之间的不平等。由于认识到按年龄配给在某些条件下是可以接受的，而按种族配给则绝不能接受，人们改变了观点。① 下面我们将用一些实例说明这些论点。

我们的道德判断与道德原则之间不一致往往或者由于出现新的案例，其中有些重要的关键性的情况在制订道德原则时没有也无法考虑到，或者由于社会的价值或理念（所谓时尚）有了演变，人们的道德判断改变了。下面通过几个案例来具体分析反思平衡方法的这一功能。

（1）修正《赫尔辛基宣言》（以下简称《宣言》）关于对照组采用已经证明最佳治疗方法的规定

1964年版《宣言》规定，"在任何医学研究中所有的病人（包括对照组的病人）应该确保他们接受最佳的、得到证明的和治疗性的方法。"② 长程的AZT疗法已被证明是阻断艾滋病病毒母婴传播最有效的方法。按照1964年版《宣言》相关规则演绎的道德判断是：在进行阻断艾滋病病毒的相关药物研究时，只应采用长程AZT进行对照，而不能用安慰剂。长程AZT疗效固然好，但是成本高，非洲人民无力负担。那么，在非洲进行短程AZT药物试验（目的是看看短程疗法是否也有效，即使疗效不如长程那么好，但会大幅减少费用）时是否应该用《宣言》禁止的安慰剂作为对照呢？还是应该按照《宣言》要求用"最佳的、得到证明的和治疗性的方法"即长程AZT疗法作为对照呢？

临床试验有一个重要概念是均势（equipoise）。均势是指对于尚待试验的新药与已在应用的药物之间孰优孰劣，尚无科学的证据来辨别；

---

① Daniels, N., 1996, *Justice and Justification-Reflective Equilibrium in Theory and Practice*, Cambridge: Cambridge University Press, pp. 22.

② Rickham P., 1964, "Human Experimentation: Code of Ethics of WMA", *British Medical Journal*, 2 (5402): 108-112.

六 生命伦理学的若干概念

医学共同体对它们的优劣也莫衷一是,前者为理论上的均势,后者为临床上的均势。唯有这种均势才能为新药的临床试验进行伦理学的辩护。如果它们之间原本不存在均势,或者在试验中途已经有科学证据可辨别它们的优劣,那么在前一场合就不应该进行临床试验,在后一场合就应立即终止试验,因为均势状态已经被打破。但按照均势理论[1],没有必要进行将长程与短程疗法比较的临床试验,因为长程疗法相对短程疗法的优势是确定无疑的。但这解决不了患艾滋病的贫困非洲人民负担不起长程疗法的问题。这是实践中产生的新问题。大多数科学家的判断是:在一定条件下进行安慰剂对照不仅是允许的,而且是必需的。例如试验新疗法由于科学上的理由必须用安慰剂对照,在贫穷国家试验低廉的药物时也必须用安慰剂对照。在国际讨论会上,许多伦理学家也同意这个判断。于是科学家、伦理学家的判断与1964年《宣言》的规定发生不平衡。发生不平衡是应该修改规定以维持目前大多数科学家和伦理学家的判断,还是修正这个判断以坚守规定呢?制定《宣言》的目的在于保护受试者和病人的利益(具有可信度高的道德原则)。而死抠1964年版《宣言》,不允许使用短程 AZT 进行药物试验,将伤害负担不起长程 AZT 的非洲人民的利益。按照规定推演出的推论反而背离了制订规定的初衷,规定的推论与规定赖以建立的道德原则以及大多数科学家和伦理学家的判断发生不平衡。非洲人民负担不起安全有效阻断母婴传播的长程 AZT 疗法,他们后代的健康和生命受到严重威胁。这是出现的新情况、新问题。因此,经过反思,大家一致同意修改1964年版《宣言》中有关安慰剂的规定,于是新规定与道德原则、大多数人的道德判断之间达成平衡。2002年和2004年版《宣言》进行了两次修改,规定"在可辩护的理由或者科学根据的基础上,允许使用次优或者安慰剂进行对照"[2],2013年新版《宣言》进行了更加深入细致的阐述,规定"在如下的情况,即出于有说服力的和科学合理的方法论理由,使用其有效性比已获证明的最佳干预措施为低的任何干预措施、使用安慰剂或

---

[1] Freedman, B., 1987, "Equipoise and the ethics of clinical research", *New England Journal of Medicine*, 317 (3): 141-145.

[2] Wikipedia contributors, *Declaration of Helsinki*, Wikipedia, The Free Encyclopedia (2016-10-26), https://en.wikipedia.org/w/index.php?title=Declaration_of_Helsinki&oldid=746363064.

◇◇ 第一编 总论

不治疗对于确定一项干预措施的有效性和安全性来说是必要的,以及接受其有效性比已获证明的最佳干预措施为效的任何干预措施、安慰剂或不治疗的患者,将不会因为未接受已获证明的最佳干预措施而造成额外严重或不可逆伤害的风险"①。

(2) 修正《医疗机构管理条例》② 关于病人知情同意权的相关规定

我们首先简单回顾北京朝阳医院所属京西医院产妇李丽云案例,当时病人患有心脏和呼吸系统疾病,需进行剖宫产手术才有可能确保母子平安,而当时病人处于昏迷状态,其家属肖志军不同意手术,医生未实施手术,结果导致母子双亡。

根据国务院《医疗机构管理条例》(以下简称《条例》)第三十三条规定:"医疗机构施行手术、特殊检查或者特殊治疗时,必须征得患者同意,并应当取得其家属或者关系人同意并签字;无法取得患者意见时,应当取得家属或者关系人同意并签字。"③ 当时医生和医院根据上述规定,推演出道德判断①:医生应尊重家属的不同意决定,不进行手术。结果病人得不到治疗,母子双亡。而从产妇的实际情况出发,结合医生经过训练的专业知识,本应得出经过考虑的道德判断②:应该不顾家属的反对,坚持进行手术,抢救生命。

首先,我们考查判断①。根据反思平衡方法,进入反思平衡的判断是经过考虑的判断,需要排除那些在信息掌握不充分、患得患失、情绪不稳定等情况下做出的判断。而这里道德判断①是医务人员怕违反家属意愿被家属告状而患得患失做出的判断。因此,应该予以排除。面对类似的情形,浙江德清人民医院的医生果断排除判断①,不顾患者家属反对,实施手术救人,最终母子平安。

其次,我们分析判断②。经过考虑的道德判断②与《条例》相关规定(道德规则)发生冲突。那么,如何解决呢?按照反思平衡的理念,存在两种解决方案。

---

① WMA, *WMA Declaration of Helsinki-Ethical Principles for Medical Research Involving Human Subjects*, http://www.wma.net/en/30publications/10policies/b3/index.html.

② 国务院:《医疗机构管理条例》,http://www.moh.gov.cn/mohzcfgs/s3576/200804/18304.shtml.

③ 国务院:《医疗机构管理条例》,http://www.moh.gov.cn/mohzcfgs/s3576/200804/18304.shtml.

六　生命伦理学的若干概念

第一种解决方案，来自医生专业道德经验的救人的直觉判断可信度很高，因此，应该维持这一直觉判断，修改医疗机构的管理条例，以获得平衡。

第二种解决方案，我们诉诸条例所立足的道德原则。《条例》关于知情同意的规定是基于保护病人及受试者利益目的的不伤害/受益道德原则而提出的。保护病人利益的道德原则与《条例》规定所推演出的判断①是不平衡的。如果我们选择维持判断①，即维持《条例》的相关规定，那么就要相应修改即否定保护病人利益的道德原则。不伤害/有益的道德原则是自古希腊希波克拉底医学"首先，不伤害"以及古中国孟子的"无伤，仁术也"以来得到中西社会公认的，也具有很高的可信度，是《条例》制订的伦理基础，医疗机构和医生本应以病人的利益为中心、坚持病人利益至上。不伤害/有益的道德原则与经过考虑的道德判断②（不顾家属反对实施手术以救人的判断）处于融贯状态。因此，我们修改《条例》的相关规定，即可获得它与道德原则、直觉判断之间均处于融贯状态。

其实《条例》第三十三条还规定："遇到其他特殊情况时，经治医师应当提出医疗处置方案，在取得医疗机构负责人或者被授权负责人员的批准后实施。"① 但是何为特殊情况，这里没有进行详细规定。司法解释为"当病情危及而患者家属不在场或者无法获取患者家属同意与否的意见时，经治医师应当提出医疗处置方案，在取得医疗机构负责人或者被授权负责人员的批准后实施"。我们认为，应该对此规定进行修改，将患者家属因不理解治疗建议而表示不同意的情况也纳入特殊情况。例如可将规定改写为："当病情危急而患者家属不在场或患者及其家属对治疗建议不理解时，经治医师应当提出医疗处置方案，在取得医疗机构负责人或者被授权负责人员的批准后实施。"

（3）用于分析和解决新的伦理问题

生物医学科技的日益发展给我们带来福利的同时，也会引发一些新的伦理问题和挑战。反思平衡方法能够为我们思考和分析这些问题提供有益的帮助。如基因编辑技术的突飞猛进所引发的伦理问题：是否应该

---

① 国务院：《医疗机构管理条例》，http://www.moh.gov.cn/mohzcfgs/s3576/200804/18304.shtml.

允许对离体人胚胎进行基因编辑的研究,是否应该允许利用基因编辑技术进行体细胞基因治疗、生殖系基因治疗和体细胞基因增强呢?下面我们将应用反思平衡的方法对"是否应该允许离体人胚胎基因编辑研究"进行伦理分析。

2015年4月18日,我国中山大学黄军就团队利用CRISPR/Cas9技术对不可存活的人的三原核胚胎进行基因组编辑研究,其研究结果发表在生物学杂志《蛋白质与细胞》上,引爆了世界的关注和争议。许多西方国家规定:不允许对离体胚胎进行基因编辑的研究。由于西方一些记者错误地认为这一规则是绝对正确的,因此,谴责我国科学家在这方面的研究跨越了伦理边界。在这个问题上,西方国家的科学家、伦理学家和法学家对与此相关的道德判断存在分歧:判断①:中国科学家的工作跨越了西方长期公认的伦理边界;②中国科学家没有跨越西方长期公认的伦理边界。

判断①与西方一些国家不允许进行离体人胚研究的规则是平衡的;但判断②则是不平衡的。

现在中英美三国科学院的共识蕴含着经过考虑的判断,即判断②:中国科学家没有跨越西方长期公认的伦理边界。支持判断②的还有:英国科学家要求英国批准对离体胚胎进行基因编辑研究,英国相关行政管理机构已经批准了该科学家的要求;《自然》杂志将黄军就评为2015年度对全球科学界产生重大影响的十大人物的第二名。这样判断②与西方一些国家禁止人胚胎研究处于不平衡之中。为达到平衡,必须修改西方一些国家的禁令。一旦修改禁令,那么新的规则就与判断②处于平衡之中,而会与判断①处于严重的不平衡状态。

于是,在许多国家被认为是传统的判断①就应受到质疑:这个判断(所谓的伦理边界就是不能拿人胚胎进行研究)可能基于某一种背景理论,例如宗教的信仰,然而宗教信仰属于非理性层面,而伦理论证属于理性层面,因而基于宗教信仰的判断就不能起检验规则、原则的作用。但传统判断①也可能是基于理性的背景理论,如论证人是一套具有独特的基因组,因此认为人胚胎就是人,即所谓基因本质主义。如果要与具有很大可信度的判断②相平衡,就要对目前的规则或背景理论进行修改。修改办法有二:其一,否认人胚胎是人,接受我们的观点——只有出生后才是人，才具有完全的道德地位；其二，仍然坚持人胚胎就是人，但增加一条：如有充分的理由，在规定的条件下可以对人胚胎进行离体试验。这样的背景理论也可以与修改后的道德规则（取消禁令）、判断②取得平衡。

4. 评析与总结

科学哲学的科学推理中，科学证据作为检验科学理论的经验基础，对科学理论起支撑或否证作用，但面对不利证据，科学理论也可以上诉，反诉科学证据有误或对它做出新的解释。反思平衡方法致力于在伦理推理中为检验道德原则和理论建立一个接近经验的基础，将经过考虑的道德判断视为暂时固定之点，借以修改原则、理论或用新原则、新理论代替。这种努力是值得提倡的。

反思平衡方法的优势在于，它认为道德判断、道德原则、背景理论都是可错的、可以修改的，能够有效避免伦理绝对主义和基础主义。基础主义认为人们的信念达到一定条件就是不可修改的、不可能错的，可能走向伦理绝对主义，认为道德判断、道德原则或背景理论是万无一失的。这就非常危险，我们不少人认为既有的规定是完善的、不可修改的，不顾具体情况机械地执行，造成重大伤害，这是基础主义或伦理学绝对主义的一种表现。而在反思平衡中一切都是假设性的或初始的（prima facie，设条件不变时），允许随着条件的改变，或新情况、新事实、新认识的出现而修改。

该方法并非毫无争议的。有些学者批评反思平衡容易导致直觉主义。因为在反思平衡中作为伦理推理基础的道德判断，有时是一个直觉判断，而这个直觉判断经过考虑后被认为是可信的。然而，直觉是可错的。这种批评和担心是不无道理的。但我们强调的是经过考虑的道德判断，其中许多不是直觉的；直觉判断也应该接受慎思的考验，才能进入反思平衡的程序之中，我们不把所有的直觉判断都归入经过考虑的判断。还有些学者批评，由于反思平衡是融贯论，但道德判断、道德原则和背景理论相互融贯，不一定是我们应该接受的。这个批评也是对的。所以，在应用这个方法时，我们必须注意达到融贯的道德判断、道德原则和背景理论的可接受性是初始的，不是最终的（ultima facie），允许随着条件的改变而修改。

◇◇ 第一编 总论

由于在事件伦理学的情境下，我们是处于实际的现实世界之中，因此不管是道德判断、道德规则或原则，还是相关的背景理论，都是受过不同程度考验的，我们能够在一定程度上判定它们的可信度。这与理论伦理学情境是不同的，在理论伦理学的抽象空间中有许多的不确定性，信念的可信度难以判定。因此，我们不认为反思平衡会成为建构伦理学理论的好方法，更不会成为建构旨在达到真理的知识理论的好方法。

我们的结论是，反思平衡方法是实践伦理学中值得一试的方法，尤其有助于根据经过考虑的道德判断来修改和完善道德规则、法规和政策。它并不是万能的，我们无法期望它能解决所有的伦理问题或者适用于所有领域。它也不是万无一失的，它强调的是融贯，不能确保一定能符合实际、解决问题。但与不用这种方法相比，我们应用该方法能够有效地避免一些错误。反思平衡方法对实践伦理学意义重大。它有助于解决实践中提出的伦理问题，也有助于发现准则、规定、规则、原则中的问题，加以修改、完善，使相关的政策和法律更加完善。

（罗会宇、邱仁宗、雷瑞鹏，
原载《自然辩证法研究》2007 年第 2 期）

（四）自然性[①]

1. 有关自然性的观念

在有关新颖科学、技术和医学的争论中，人们往往援引"什么是自然的"和"什么是不自然的"等术语。人们往往表示愿意使用、消费或操作他们认为自然的东西或事情，批评或谴责他们认为不自然的东西或事情。例如，辅助受孕、基因修饰、克隆、美容手术等有时被描述为

[①] 编者按：英国生命伦理学智库纳菲尔德生命伦理学理事会于 2015 年 11 月发表了一篇题为《在有关科学、技术和医学的公共和政策争论中的自然性观念》（Ideas about naturalness in public and political debates about science, technology and medicine）的分析论文。文章分为有关自然性（naturalness）的观念，自然性在有关科学、技术和医学辩论中的作用，对自然性的论述，以及结论和建议。在研究和应用新颖科学、技术和医学时，我们经常遇到以它们是"自然的"（natural）或"不自然的"（unnatural）作为支持或反对的论据。因此，有必要探讨一下"自然性"的观念及其在伦理论证中的作用。本文是该论文精髓部分的译编，并经纳菲尔德生命伦理学理事会批准。

不自然的，与自然替代品比较时处于不利地位。例如，2008年英国议会关于人类受精和胚胎学法案的辩论中有人就说："混合胚胎的创造破坏了我们的尊严，并从根本上不尊重自然的界限……它模糊了动物和人类之间的区别，创造了不自然的实体。"2012年《卫报》上有人说"我们许多人本能的愿望是不消费'不自然'的东西"。2013年《太阳报》上也有人说，"我对干细胞不担忧，因为它是一种自然的产品。"

以"它是自然的"为理由推荐、赞美或赞成某事物，以"它是不自然的"为理由批评、谴责或不赞成某事物，这与将价值赋予"自然的事物"的观念相联系。"自然的"这一术语往往与"正常的""纯粹的""实在的""有机的""无杂质的""未加工的"联系在一起，而"不自然的"这一术语往往与"人造的""假的""异常的""合成的"等词联系在一起。

人们也往往将自然与智慧、纯洁、神圣、平衡和和谐等联系在一起，但自然的和不自然的界限也随着时间的推移而变化；一些过去被谴责为不自然的事情现在被认为是正常的和可以接受的。自然本身的概念以及对自然与价值之间联系的认识也有变化，并且反映在不同历史时期的哲学、社会科学和文学之中。

然而，人们对基于自然性观念的论证在总体上持怀疑的态度。对不自然技术的担忧可能是对健康、食物、生殖、娱乐与其他活动和过程的新技术表达朦胧的或难以说清的不安。关于技术的自然性或不自然性的观念可以被认为是"一些其他价值或关注的占位符（placeholders）"（占位符是指代表另一术语的符号，该术语目前尚未有具体规定）。

在有关科学、技术和医学的伦理争论的语境之中使用"自然的"和"不自然的"，有两种情况值得注意：一是这两个术语的使用存在不对称情况；二是将这些术语与价值联系起来。

不对称：在有关科学、技术和医学的伦理争论的语境之中，"自然的"和"不自然的"这些术语的使用存在着一种不对称的情况。"自然的"这一术语用于价值中立的情况要比"不自然的"这一术语多。与之相对照，使用"不自然的"这一术语时，则往往提示这个事情是错误的或坏的。而"自然的"这一术语则大量用于价值中立的语境，如"自然选择"和"自然变异"。但也有较小的比例在使用"自然的"这一术语时涉及价值。例如 2013 年有人在《太阳报》上说，"干细胞不是人造的，它是安全的，因为它是自然产物。"与之相对照，大多数使用"不自然的"一词是负荷价值的，价值中立的使用比例很小。在讨论科学、技术和医学时使用"不自然的"一词总是与价值联系在一起。如 2014 年有人在《每日邮报》上说，"体外受精是一颗魔弹，我们主要关注的是用不自然的方式生出一个孩子。"许多人本能的愿望是不消费"不自然的"东西。2012 年有人在《每日邮报》上说，"我对让硅胶植入物那种不自然的东西进入身体感到不舒服。"历史学家普夫（Helmut Puff）[1] 解释说，不自然之物不是简单的非自然之物（non-natural），而是自然之物的对立物。"不"这个前缀意味着谴责某种东西是危险的，用来使人们坚守规范性的与非规范性的界线。

赋予价值：在有关科学、技术和医学的伦理争论语境之中，当人们描述某种事物是自然的或不自然的，往往利用这些术语来提出该事物是好还是坏，或者是正确还是错误。例如，有时人们说动植物的基因修饰是不自然的。使 60 岁的妇女怀孕的技术，或选择具有特殊特点的胚胎也可能被认为是不自然的。有时，克隆人和非人动物、试管肉（test tube meat）、异种移植，以及使用增强性能的药物和假肢也都被认为是不自然的。而这种不自然也就使得这些事物被认为是错误的、不该做的。这样，不自然就有了规范的意义。

同样地，当人们将基因修饰的食物与"自然生长的"食物或含有自然成分的食物对照时，他们的意思往往是肯定后者。他们认为自然食物要比基因修饰过的、经杀虫剂处理过的食物好；说食物、药物、化妆品和其他产品是自然的，往往是认可或推荐这些事物的一种手段。自然的技术或过程蕴含着比人工的东西优越的意思。这就是将自然的观念与价值联系了起来：自然的东西是好的，不自然的东西是不好的。

对自然和不自然这些术语的使用既有负荷价值的用法，也有价值中立的用法。在媒体的文章、国会的辩论以及民间组织报告中，自然的、

---

[1] Puff, H., 2004, "Nature on trial: acts 'against nature' in the law courts of early Modern Germany and Switzerland", in Dalston, L & Vidal, F (Editors) *The Moral Authority of Nature*, Chicago: University of Chicago Press, pp. 235–256.

不自然的和自然（nature）这些术语多出现在负荷价值的语境下。在讨论科学、技术和医学时这种用法非常广泛，包括转基因作物、辅助生育、美容术、克隆、线粒体移植、传统医学、死亡和垂死等。然而，在科学家发表的出版物中，自然的、不自然的和自然这些词几乎不存在，这提示许多科学家一般并不认为自然性与价值相联系。而在媒体的社论、特写和评论等文章内，自然的和不自然的这些词负荷价值的用法明显比报道新闻的文章多。

2. 有关自然性的论述

有关自然性有5类论述：（1）中立的/怀疑的论述。那些怀疑自然性与价值存在强烈联系的人根本不把自然与价值联系在一起。即使认为有可能将"自然的"与"不自然的"加以区分的那些人，也不认为自然的事情总是好的，而非自然的事情总是坏的，例如疾病和饥荒这类自然的事情是不好的，而像医学和空间探索这类不自然的事情是好的。例如有很多作者和演讲者质疑自然生殖、自然衰老或自然食品的优越性，很多报道也质疑非转基因食品或克隆的不自然性在伦理学上的重要性。2007年英国国会有关农业的辩论时有人说，"事实上，认为自然的化学物质是安全和好的，这是一个在科学上可笑的错误。它忽略了一个事实，即无论人造的还是自然的，分子就是分子。"2009年爱丁堡皇家学会对下议院科学技术委员会探究生物技术工程的回应说，"我们需要小心不要落入这样的陷阱：认为如果一些事在'自然'中发生就一定是好的。人类是自然的一部分，不是与自然分离的。"一些研究参与者指出"无论如何自然在许多方面不是完美的"，而且他们观察到"即使是自然的药物也有副作用"。在哲学的语境中，有时提出"自然的"是好的涉及一种错误的推论，即从世界实际是怎样推论到世界应该怎样。这就是指"是"与"应该"的区别，或者事实与价值的区别，这有时与自然主义谬误相关联。哲学家休谟论证说，应然不能从实然中推演出来。

（2）自然的智慧。在我们从媒体、国会法规和其他资料的复习中搜集的证据，提示关于自然性的观念有时与"自然的智慧"的隐喻有关。关于自然的智慧的观念可能包含我们应该信任或依赖自然演化过程的见解，并且充分利用自然方法的手段来生殖、进食和疗愈，而担忧新技术无视、损害或干扰这些系统和过程，从而忽视了已经成功地控制了人类、动物和植物的存在了许多世纪的由来已久的、高度进化的并且可靠的过程和系统。哲学家博斯特罗姆（Nick Bostrom）[1]阐述了这种担忧："……当我们操纵我们不甚了解的复杂的演化系统，我们的意图往往落空或者事与愿违。这就好像存在一种'自然的智慧'。"我们应该尊敬自然的智慧，这种观点可能与关于人类对新技术的长期效应有多了解和我们应该怎样应对科学的不确定性的观念有关。例如2012年有人在《每日邮报》上说："事实是，尽管转基因公司的花言巧语令人愉快，但我们对篡改自然的潜在后果根本不了解。"[2]

然而，自然过程是可信可靠和安全的这一观念，常常表现在将自然拟人化的语言的表述中，例如"自然最了解"或"大自然母亲"的表述都是拟人化的。直观地理解这些观念的方法是借助隐喻的概念。语言学家拉科夫（George Lakoff）和哲学家约翰逊（Mark Johnson）[3]论证说，拟人化"使我们能够依据人类动机、特征和活动来理解对非人类实体的各种经验"，将难以理解的现象人格化产生了一个解释框架。然而，许多哲学家和科学家对这一观点提出了质疑。他们指出，认为自然世界的秩序和稳定应该会支持自然智慧这一论点，是夸大其词的。有人说，那些相信自然智慧的人忽视了自然世界的许多方面，如果这些东西是有意创造的，实际上会被视为拙劣的设计。在他的书中，哲学家布坎南（Allen Buchanan）[4]列出了许多大自然的"设计缺陷"；社会生物学家威尔逊（E. O. Wilson）[5]指出，雄

---

[1] Bostrom, N. & Sandberg, A., 2008, "The wisdom of nature: an evolutionary heuristic for human enhancement", in Savulescu, J. & Bostrom, N. (Editors) *Human Enhancement*, Oxford: Oxford University Press, pp. 375-416.

[2] Marcu, A. et al., 2015, "Analogies, metaphors, and wondering about the future: lay sense-making around synthetic meat", *Public Understanding of Science*, 24 (5): 547-562.

[3] Lackoff, G. &Johnson, M., 1980, *Metaphors we live by*, Chicago: University of Chicago Press, p. 63.

[4] Buchanan, A., 2011, *Better than human: the promise and perils of enhancing ourselves*, Oxford: Oxford University Press.

[5] Wilson, E., 1975, *Sociobiology: the new synthesis*, Cambridge, MA: Harvard University Press.

性蜜蜂不能在它唯一的功能完成后存活,在夏季交配季节结束时,任何没有与蜂后交配的雄蜂都会被赶出蜂箱,任由它们饿死。对雄蜂来说,自然而然的事不一定有什么好处。生命伦理学家萨武列斯库(Julian Savulescu)①指出,"自然并没有一个使人好、使人繁荣或使人幸福的目标。它只创造了人类,他们活得足够长,可以繁殖,将他们的基因传给下一代。"

一个涉及进化的"死胡同"的例子是,即使在物种的层次也并非设计良好。一些有机生物体进化出的一些特性,使它们能够在竞争中胜过竞争者,但它们无法进一步进化,最终导致灭绝。一个例子可能是单性生殖现象中的物种无性繁殖。这样的物种是由进化力量产生的,但并没有很好的生存前景。生物学家弗里晋霍克(Robert Vrijenhoek)②解释道:"无性繁殖物种通常被认为是进化的死胡同,因为它们被认为在遗传上缺乏灵活性。在脊椎动物和昆虫中,严格意义上只有0.1%至0.2%的物种是无性繁殖的。新的无性系很少出现,并且很快就会灭绝。"

(3)自然的目的。思考自然性的重要性的一种方式是涉及人、动物、植物和环境这些实体的自然存在方式或其一定的自然目的。这种观念与亚里士多德的自然功能的繁荣和实现有联系。有人论证说,在自然环境之外生活,动物难以繁荣,或认为对自然物种之间界线的干预是错误的。对于人类来说,在有关人的增强的争论中这些观念尤为突出,因为关键的问题涉及人性(human nature)的存在和地位。关键的论点是,人性是否具有生物学基础,有一些所有人共同拥有的性状是否就是人性,以及人的独特的性状是否必定是有价值的。

(4)厌恶和怪物。在某些情况下,有些人对新颖技术有某种本能的反应,有些技术尤其令人们讨厌、厌恶、反感,或出现其他消极负面情绪的反应。人们可能认为这些反应是有重要意义的,并反馈到他们对有关技术在道德可接受性的认识之中。例如食用克隆肉、将动物器官移

---

① Savulescu, J., *As a species, we have a moral obligation to enhance ourselves*, (2014-2-19), http://ideas.ted.com/the-ethics-of-genetically-enhanced-monkey-slaves/.

② Vrijenhoek, RC., 1994, "Unisexual fish: model systems for studying ecology and evolution", *Annual Review of Ecology and Systematics*, 25: 71-96.

◇ 第一编　总论

植到人体内，或者使用克隆技术来创造人，都可能在一些人中触发这种类型的反应。纳菲尔德委员理事会 2012 年的报告《新兴生物技术：技术、选择和公共品》[1] 讨论了有关厌恶和其他情感在道德推理中的作用的观点，指出这些情感可以在社会凝聚力中发挥重要作用，并对行为形成有效约束。围绕克隆肉（cloning meat）、合成食物或转基因生物的大部分媒体话语似乎都受到这些类型的想法的影响。在英国，关于转基因食品的争论经常使用"弗兰肯斯坦（玛丽·雪莱的小说中的一位科学家，创造了一个怪异但有智能的人）式转基因食品（或怪物食品）"和"谷歌汉堡"以及其他被描述为"讨厌的""不可食的"和"难吃"的"转基因怪物"等词语来表示厌恶。例如有人说："我过去常在超市买猪肝。把它放进我的体内——啊呀，它让我觉得恶心。""仅仅知道我将带着一只猪的肾脏到处走，就令人恐惧。"在这些例子中，"不自然性"往往与对相关技术、产品的批评联系在一起。美国总统生命伦理理事委员会前主席卡斯（Leon Kass）认为这种厌恶反感是道德上重要的反应，他是这个观念的最大辩护者。他的有影响力的论文《厌恶的智慧：为什么我们应该禁止克隆人》[2] 论证说，厌恶可以作为道德上"犯规"的指南，并且应该把引起厌恶和反感的被动反应性应答当做道德错误的指标。卡斯的论证涉及克隆，但是这个论点适用于新颖科学、技术和医学伦理学。然而，厌恶反应如何能够成为将科学、技术和医学分为"可接受的"和"不可接受的"标准呢？正如美国著名法官凯莱（Daniel Kelly）[3] 所说："每个人都对某种东西感到厌恶，但是常识和随意的观察表明，不同的东西会让不同的感受和不同的文化背景的人感到厌恶。一个群体的美味可使另一个群体反胃。我们每个人都有自己个人的和特殊厌恶的对象。"

（5）上帝和宗教。有一些人在讨论中表达了宗教观念，认为某些技术有损于神圣的自然秩序，歪曲上帝的创造，或以其他方式违背上帝

---

[1] Nuffield Council on Bioethics. *Emerging biotechnologies: technology, choice and the public good*, (2012-12-13), http://nuffieldbioethics.org/project/emerging-biotechnologies.

[2] Kass, L., *The wisdom of repugnance: Why we should ban the cloning of humans*, (1997-6-2), http://web.stanford.edu/~mvr2j/sfsu09/extra/Kass2.pdf.

[3] Kelly, D., 2011, *Yuck! The nature and moral significance of disgust*, Cambridge, Massachusetts: MIT Press.

的旨意。例如有些人认为，一个女人通常能生育的年龄限制是上帝创造的自然世界的一部分，使年纪较大的妇女生育孩子是无视上帝对世界应该如何的愿望。同样，植物、动物和人类的遗传结构是由上帝在创造中所决定的，基因修饰改变了自然世界的这些特征，颠覆了上帝的创造。可是许多人质问道：我们在讨论有关是否研究和应用新颖科学、技术和医学问题时需要上帝吗？还有人说，如果大自然确实是上帝的创造，那么对人类的要求是什么？宗教信仰并没有要求我们不去从事新颖科学的研究和应用。

3. 对区分自然之物与非自然之物以及将自然与价值挂钩的批评

首先很难定义什么是自然的，什么是不自然的，并在什么是自然的与什么是不自然的之间划一条清楚的界线；对于不同的人，自然性可能意味着不同的东西；什么东西被认为是自然的或不自然的，会随时间的推移而有所变化；等等。一种说法是，自然之物是在自然界发现的东西。如果我们认为自然界是自然或物理世界的整体，那么这一自然之物的定义不能够有效把握我们认为自然之物与非自然之物的界线。合成聚合物、粒子加速器和机器人，与野鹿或瀑布一样是物理世界的一部分。对自然之物的这种解释过于宽泛，因为它包括了许多我们认为不自然的东西。反之，我们对自然的观点仅限于在传统农村发现的东西，那么这一定义就太窄了，它将太多的东西排除在外。另一种看法是将自然过程看作没有人干预发生的事情。这可解释例如光合作用、授粉、动物繁殖、衰老和死亡的自然性。但这样一来，许多没有人的干预就不能发生的人类活动都被认为是"不自然的"，如烹饪和写诗都不是不自然的，人的自然生殖和自然妊娠也不满足这一标准。因此，将事物区分为自然之物与非自然之物是困难的。

其次，将不自然之物与坏的东西、将自然之物与好的东西联系起来也不是一目了然的。有些人进而认为，利用这种区别来区分伦理学上可接受的与伦理学上不可接受的技术，也是值得质疑的。

在有关科学、技术和医学的辩论中，有关自然性意义的论断是专断的或未经推理的，直接诉诸自然有时会立即遭到生命伦理学家的拒斥。例如在讨论反对使用辅助生殖技术时，诉诸自然性一下子就被生命伦理

第一编 总论

学家哈里斯（John Harris）[①]否定了。他说，许多不自然的干预构成现代医学，并广泛被认为是好的，是人类活动有价值的特点。他说，要是接受那种根据什么是自然的或不自然的来进行的论证，要求我们不去干预自然之物，那么医生和医学科学家就什么也不能做了，"整个医学实践是不自然的"。哲学家卡姆（Frances Kamm）[②]提出了自然的许多方面是坏的论点。癌细胞、艾滋病、龙卷风和毒素都是自然的一部分。它们是神圣的吗？自然和好是两个不同的范畴：自然之物可能不是好的，而好的可能是不自然之物。生命伦理学家韦特（Guido de Wert）[③]反对用区分自然与不自然来指导在新颖科学、技术和医学方面做出伦理决策。他说，有些人认为生殖技术在道德上是错误的，因为它们是"不自然的"。他指出，"X是错误的，因为它是不自然的"这种论证不能成立，因为既不能清楚区分自然的行动与不自然的行动，又不能说明为什么不自然的行动在道德上是错误的。

4. 建议

对于个人

· 我们都应该意识到，人们可以使用"自然的""不自然的"和"自然"这些术语作为与科学、医学和技术有关的一系列价值或信仰的占位符。

对于代表科学家和社会其他部门的组织

· 促进有关科学、技术和医学的公共与政策辩论的组织应避免使用并未传达作为其基础的价值或信仰的"自然的""不自然的"和"自然"这些术语。

· 这些组织应该探索在科学、技术和医学辩论中作为使用"自然的""不自然的"和"自然"这些术语基础的价值和信仰，以确保不同

---

① Harris, J. & Holm, S., 2000, *The future of human reproduction: ethics, choice and regulation*, Oxford: Oxford University Press.

② Kamm, F., 2005, "Is there a problem with enhancement"? *The American Journal of Bioethics*, 5 (3): 5-14.

③ De Wert, G., 2000, "The post-menopause: playground for reproductive technology? Some ethical reflections", in Harris, J & Holm, S. (Editors), *The future of human reproduction: choice and regulation*, Oxford: Clarendon Press, pp. 221-237.

人的观点都得到充分的理解、辩论和考量。

对于政策制定者

· 政策制定者，包括议员们在谈论科学、医学和技术时，应避免使用并未传达作为其基础的价值或信仰的"自然的""不自然的"和"自然"这些术语。

· 政策制定者应该充分明确告知公众他们制定科学或卫生政策时人们在使用自然的、不自然的和自然这些术语时的含义。

对记者来说

· 在谈论科学、医学和技术时，记者应避免使用并未传达作为其基础的价值或信仰的"自然的""不自然的"和"自然"这些术语。

对于制造商和广告商

· 例如食品、化妆品和医疗产品的制造商和广告商应该谨慎地将产品描述为"自然的"，因为该术语含糊不清，并且误导消费者是非法的，应该遵循广告和标签的相关指南。

（在冯君妍、王继超、王姗姗、韩丹分别翻译的基础上由雷瑞鹏校对整理）

（五）身体

1. 前言

生物医学技术的应用提出了使用人体及其部件的哲学和伦理学问题，在科学家、哲学家及管理者之间也存在不同意见的争论。本文将集中从生命伦理学视角讨论对身体概念的理解和分析。在撰写本章中，英国学者 Alistair Campbell 的著作《生命伦理学中的身体》（The Body in Bioethics）[①] 对我们的帮助最大。

案例 1：父亲卖肾

一农民女儿患血癌，医疗费需 45 万元，父亲变卖财产也只有 30 万元，他联系器官买卖地下中介人，商议将他的肾卖给一肾衰竭病人，对方可出价 16 万元（1 万元给中介），这样他女儿可以

---

① Campbell, A., 2009, *The Body in Bioethics*, London: Routeledge.

得救。

问题：允许他出卖吗？允许，他女儿生命可保持，他依靠一个肾可以存活？不允许，他女儿生命危在旦夕，怎么办？

案例2：医院留舌

一家庭的独生女因患不治之症去世，葬前同意医生尸检要求，以弄清死亡原因以及为什么治疗无效。数年后偶然得知，医院留下了他们女儿的舌头，他们大为愤怒，状告医院。医院和医生认为这是常规，尸检后留下组织、器官研究对病人有利，对发展医学有利。

问题：家庭如此反应是否大惊小怪？医院和医生的做法对不对？对在哪里？不对在哪里？

案例3：卖血脱贫

在改革开放初期某省非常贫困，卫生局领导考虑到本省人力资源丰富，可发展"血液经济"，号召农民"卖血脱贫"，将血卖给他们，他们将血液中血清与血细胞分离（一次操作时将若干人血液混在一起分离），然后将血清留下加工成血液产品，将血细胞回输给农民，以便他们尽早恢复血液量，可再次卖血。

问题：该省发展"血液经济"、"卖血脱贫"对不对？为什么？

这些案例提出的问题有：穷人卖肾救治重病孩子为什么不可以？某省发展"血液经济""卖血脱贫"有什么不对？医生尸检后留下标本为什么不可以？辽宁类似的案例为骨科医生留下骨头标本。

2. 身体为什么那么重要？

2003年，英国一对夫妇得知她们已经去世的女儿的舌头仍然保留在给她治病并作尸检的医院里，非常震惊，但医生认为非常自然。英国组织专门委员会进行调查。① 这个案例可以提出这样一些见解和问题：尸体及其部分与无机物一样都是由原子、分子等组成的客体而已。科学的观点（舌头不过是物质）与老百姓的观点（舌头是象征）的分裂应该如何看待？家属的反应是感情用事吗？理性的不带个人色彩的径路有

---

① Campbell, A., 2009, *The Body in Bioethics*, London: Routledge, pp. 13–14.

六 生命伦理学的若干概念

什么问题?

身体似乎很重要。一些歧视与身体有关,例如肤色、身高、外形;隐私的一部分是身体的隐秘部分;身份标识也与身体有关,例如生物特征识别(biometrics);美容术很时髦,例如做双眼皮、隆鼻、隆胸、断骨增高等都是因为对自己身体的某些特征不满意;人人都要衰老,那是身体各系统的退化,包括眼睛、牙齿、皮肤、脑、性功能等;死亡也与身体有关,如死后器官如何处理,是否同意做尸检,是土葬还是火化;等等。那么身体是什么,不过是心的容器(container for the mind)吗?[①]

身体的特点

笛卡尔:现代科学医学之父。"我思,故我在。"心身两分。身体类似机器,如钟表,人(person)的独特性在于心,身不过是容器。人(human person)是"机器中的幽灵"[②](the ghost in the machine)。这种观点的积极方面:将人体去神圣化,可以观察、研究、干预人体,于是有了解剖学和病理学的发展。"一打开尸体,疾病的黑暗面像黑夜一样被照亮并消失了。"[③] 但这种观点强调心、精神、理性的超验的自我,轻视身体。

认知科学提出"赋身的认知"(embodied cognition),认为智能、行为是在与脑、身体和世界的相互作用中出现的;提出"赋身的行动者"(embodied agent),认为在人工智能中一个智能的行动者通过处于环境内的物理性身体与环境相互作用。显然,不管是认知还是行动不在身外,不在环境、世界之外。同样,自我也不在身外,不在其他自我之外,不在环境之外。三者具有内在的联系,它们之间是相互渗透的,是漏洞(leaky)的、非局限于内部(uncontained)的,不能局限于内部(uncontainable)。理性主义者希望有一个纯粹的身体,能够进行纯粹的思维,这是神话。我们不能避免与他人、与居住的环境之间的互动

---

① Harris, J., 2002, "Law and regulation of retained organs: the ethical issue", *Legal Studies*, 22: 527-49.
② Ryle, G., 1949, *The Concept of Mind*, London: Hutchinson.
③ Foucault, M., 1975, *The Birth of the Clinic: An Archaeology of Medical Perception*, trans, A. M, Sheridan Smith, New York: Vintage Books.

第一编 总论

联系。①

为什么活体那么容易被忽视？因为有两种情况：其一，身体有时好像消失了，这样情况被称为消失的身体（disappearing body）。这有两种情况，一种是聚焦消失（focal disappearance），我们利用运动和感知能力在世界上生活和活动，我们的身体方面经常在我们的意识中出现和消失。如骑自行车。我们可以在镜中看到自己的眼睛，但看不到正在看的眼睛。另一种是背景消失（background disappearance），我们在骑自行车时，我们的身体及感官在背景之中，在完成这项工作时不被留意，在工作顺利进行时身体消失，仅在出问题时被感知，例如自行车撞在树上受伤，就感觉到自己身体的存在了。还有身体障碍，即受障的身体（dysappearing body）。受障（dysappearing）是指我们在疼痛和疾病中身体经验的负面和不舒服的方面（dys 意为：困难、情况不好）。例如我们意识不到消化、循环和神经传导过程，但这些系统出问题时，身体就以完全负面的方式占据我们意识的中心。这时身体成了陌生人，甚至敌人，不再是安静地、默默地顺从我们去追求自己的目标。在我们生病时最清楚了：随着体力下降，感官迟钝，我们的选择受到限制，甚至无法再有生活或工作的计划。②

许多哲学家往往只看到身体对人的负面影响，甚至称"身体是坟墓"。从柏拉图到基督教，都认为身体是精神或灵魂的囚室或坟墓（soma sema）③，身体的欲望是罪恶的温床，感官是骗人的，掩盖了实在的本性（类似中国哲学家王阳明所说的"去人欲，存天理"）。要是能摆脱身体及其引诱，能够清楚地、不带感情地思考，那我们的心、精神或灵魂该有多好啊！与这些哲学家不同，康德说没有被感知对象的概念是空洞的；没有概念的被感知对象是盲目的（Concepts without percepts are empty; precepts without concepts are blind）。鸽子想，要是我

---

① Shildrick, M. & Mykitiuk, R., 2005, *Ethics of the Body: Postconventional Challenges*, Cambridge, MA: MIT Press, p.7.

② Leder, D., 1990, *The Absent Body*, Chicago: University of Chicago Press.

③ Irigaray, C., *Soma Sema: The Body as a Prison for the Soul*, http://www.academa.edu/Soma_Sema_The_Body_as_a_Prison_for_the_Soul.

六　生命伦理学的若干概念

能摆脱空气的阻力该飞得多快啊，但摆脱空气就飞不了。①

现在的医生也轻视人的身体，将病人看作一部生理机器，无需注意病人的想法。诊断和治疗关注可观察到的病变和定量化的测量，而不是处于痛苦中的活的病人。病人自己的经验和主观声音在医患关系中已不重要。人们在呼吁能否建立一种赋身的医学（embodied medicine），使得医学更为人道、考虑到完整的人性、兼顾精神和肉体两方面。

在人的发育中，身体的作用十分重要。身体不仅包括为维持一个人的生存和繁衍所必需的有机体系统，也是脑的发育、自我和身份的形成所不可缺少的。婴儿刚出生时，脑是一块内部没有神经结构的基质，唯有靠脑与身体的相互作用，以及与环境的相互作用，才逐步建立其本身特有的神经结构和心理结构，才逐渐形成自己特有的人格身份（personal identity）或自我（self）。所以自我是赋有身体的（embodied self）。②

3. 身体是什么？

身体已经成为大生意。随着器官和组织移植的迅速扩大、细胞技术的发展，以及对靶向药物不断创造新的治疗奇迹的希望，身体及其部分已经成为医疗工业越来越感兴趣的问题。我们已经看到了"身体集市"③ 的出现，在这种集市中，所有形式的人体组织都具有商业意义。于是就提出了身体是什么的问题：身体是财产，是商品，还是生命的礼物？

"身体是财产"

库克（Alistair Cooke，1908—2004）是英国出生的美国著名记者，2005年圣诞节前夜，人们发现他的腿骨已经从他尸体上取走，并以

---

① Kant, I., 1965, *Critique of Pure Reason*, trans. Norman Kemp Smith, New York: St Martin's Press, Kant: 93; orig. pub. 1781.

② Glannon, W., 2007, *Bioethics and the Brain*, Oxford, UK: Oxford University Press, pp. 29-44.

③ Andrews, LB. & Nelkin, D., 2001, *Body Bazaar: The Market for Human Tissue in the Biotechnology Age*, New York: Crown Publishers.

◇ 第一编 总论

7000美元价格被卖给一家公司做牙科植入物用。① 这里涉及同意、欺骗还有盗窃等问题。即使本人生前同意，没有欺骗，将身体作为"资产"出售，在伦理学上是否可接受？如果死后出售可以接受，那么生时出售是否也一样？这决定于身体这个实体（entity）究竟是什么，有怎样的道德地位，以及由此产生的规范性含义。

我们应该如何看待身体及其部件：是我们的财产；是可买卖的资源，可为了金钱而摘除其部分出售？还是别的什么？我们先讨论第一种观点：我的身体是我的财产。

说一个实体是财产是什么意思？可以有两种看法：一种是自然主义的看法。例如自然界（上天或上帝）将土地提供给所有人，人通过劳动获得财产等，另一种是社会建构主义的看法。财产权利是一种社会安排，由治理当局决定，满足社会一致同意的需要，如发展生产力或公平分配资源。这将财产概念与社会目标联系起来。② 我们认为，在财产的概念中，这二者的要素兼有：自然性是财产的必要条件，有效原料是人加工的原料，但最终还是来自自然。实体经济中的财产是所有财产的基础。但社会性是一个实体成为财产的充分条件，经过你的劳动后是否成为你的财产最后决定于社会安排。在奴隶制条件下，经过奴隶的劳动加工的自然界的原料最终不是奴隶的财产，而是奴隶主的财产。

可是说一个物体或客体是财产，意味着财产所有者拥有诸多权利。这些权利有：（1）拥有的权利（the right to possess）；（2）使用的权利（the right to use）；（3）处置的权利（the right to manage）；（4）用以作为收入的权利（the right to income）；（5）通过出售、抵押或馈赠转让所有物的权利，以及毁坏它的权利（the right to capital）；（6）无限期拥有的权利（the right to security）；（7）物件可传给持有者的继承人或后嗣，如此无限期拥有（transmissibility）；（8）所有权没有时间限制（absence of term）；（9）防止损害的责任（duty to prevent harm）；（10）拥有的实体可因处理债务或破产而正当地取走（liability to execution）；（11）实体如果不再为

---

① Wikipedia, *Alistair Cooke*, en.wikipedia.org/wiki/Alistair_Cooke.
② Björkman, B. & Hansson, S O., 2006, "Bodily rights and property rights", *Journal of Medical Ethics*, 32: 209-214.

六 生命伦理学的若干概念

所有者拥有（如它被他放弃），则可被他人拥有（residuarity）。[1] 可以将财产所有权特征归结如下：排他使用的权利、毁坏的权利，以及转让的权利。[2] 那么将我们的身体与财产的这些特征比较一下，就可以得出这样的结论：其一，1，2，3，6，8，9 这些权利同样适用于身体及其部件。其二，7，10，11 不适用。只要我活着，我的身体作为整体不能转让、取走，不能传给后嗣，不能放弃，不能让别人所有，不能为还债而离开我。活着时只可以转让一个肾和一部分肝、血液、组织、细胞、基因。其三，对 4，5 有争议：有人认为身体及其部件是商品，就提出了身体及其部件是否是财产问题。即使我们可以把身体及其部件看作财产，也不能解决买卖身体部件争论的道德问题，其中包括身体及其各司其职的部件的道德地位问题。

将我们的身体看作我们的财产这种看法存在如下局限性：第一，我们并不像拥有物质（衣服）一样拥有自己的身体。没有身体就没有我：不能转让、放弃、取走。自杀、自愿受奴役就是放弃了身体，也放弃了自我。第二，我们的身体不是"我们的"。它们与其他人处于相互依赖、相互联系和相互掺和之中。从怀孕开始就是如此，我们依赖生活环境，与之互动，从这种关系中获得生命，一直到死亡（空气、食物、细菌）。我们的身体是个漏筛。[3] 第三，即使作为一个整体不应看作财产，是否仍然可以用财产概念描述人们对他们身体部件的权利？考虑人体组织的地位有三个层次：（1）整个身体：所有拥有和使用的权利都是不可转让的；（2）有功能的身体单元：血液、器官、细胞可移植到另一个人体内，所有权概念也不适合，它们可以在信托关系中被持有，如医院，那是为了确保移植到另一个人体内，对此医院有信托义务，不能将它们视为可买卖的物件；（3）人体材料的产物，如从克隆胚胎获得的细胞系或干细胞是人的劳动产物，产生财产权，这些允许买卖。这样唯花费劳动的科学家才可获得财产权。

"身体是商品"

---

[1] Honoré, T., 1961, "Ownership", in A. G. Guest (ed.) *Oxford Essays in Jurisprudence: A Collaborative Work*, London: Oxford University Press.

[2] Sidgwick, H., 1891, *The Elements of Politics*, London: Macmillan.

[3] Swain, MS. & Marusyk, R. W., 1990, "An alternative to property rights in human tissue", *Hastings Center Report*, 20 (5): 12-15.

◇◇ 第一编 总论

一个实体成为商品必具有三个特点[①]：（1）可转让性（alienability），即可出售、抵押、出租、放弃或毁坏；（2）可互换性或替代性（fungibility），即可在市场上交换，而所有者不丧失价值，如卖掉旧车购买新车，旧车以前的价值与新的价值（购买新车价格的一部分）是等价的；（3）可通约性（commensurability），即可根据共同的尺度（如货币）将实体的价值分级。

但人本身是目的，不能仅仅视为手段。将人、人体商品化的根本错误是将人仅仅当做手段，而不是目的本身。那么能将人体部件视为可转让的商品吗？存在着强有力的社会政治力量将人的所有方面（身体）商品化，即来自自由市场哲学（市场原教旨主义）。身体有些部件可转让、可分离，是否也可用货币交换和通约？不管是整个人体，还是有功能的部件，都不具可通约性。根据什么给它们定价呢？康德指出，人是无价的，即它没有价格，人的器官、血液和配子也是无价的。无价的实体就不具有可通约性，因此就不能成为商品。你硬作为商品对待，就必然出现市场失灵的情况，凡是将配子、血液、器官作为商品进入市场进行交换，都必然出现市场失灵的情况，即不存在帕累托效率：进入市场的交换者，至少有一人受益，而无人受害。[②] 而在人类器官组织细胞市场，往往是病人、供者大受其害，而受益者是中介公司和医生，后者大发横财。

英国社会政策研究专家蒂特马斯（Richard Titmus）比较了英国的自愿血液供应系统与美国的商业系统，结论是：供血的商业化压制了利他主义的表达，腐蚀了社群感，降低了科学标准，限制了个人和专业的自由，将医患之间的敌视合法化，使医学的关键领域服从于市场的交易，将巨额社会成本置于最负担不起的人身上。商业系统既不是有效的，又不是安全的，浪费了血液，造成了短缺，高度官僚化，提高了价格，增加了通过污染的血传播疾病的可能。而将血液自愿捐赠给"未名陌生人"有助于提升社群感，促进利他主义。[③]

[①] Radin, M. J., 1996, *Contested Commodities*, Cambridge, MA: Harvard University Press.

[②] Buchanan A., 1988, *Ethics, Efficiency and the Market*, Totowa, New Jersey: Rowman & Littlefield Publishers.

[③] Titmuss, RM., 1970, *The Gift Relationship: From Human Blood to Social Policy*, London: George Allen and Unwin.

美国医学人类学家斯凯普尔-休斯（Nancy Scheper-Hughes）指出："将健康人体部件规定了价格的国家政府如何能不破坏保证人类生命平等价值的伦理原则？任何国家的管理系统必须对抗确定人类器官价格的全球黑市，例如在肾市场上印度人的肾1000美元，菲律宾1300美元，摩尔达维亚或罗马尼亚2700美元，土耳其10000美元，秘鲁30000美元。如果人们将他们的血液、器官或其他身体组织视为可兑现的金融资产，逻辑上它们就可成为在证券交易所注册的商品，依靠市场力量确定其货币价值。"[①]

4. 身体究竟是谁的？

在自由派占优势的西方社会，不管在学术界还是对于老百姓，认为有一样东西是别人不能触及的，即我们的身体。他们的法律和政治传统是，我们有权拒绝他人触及我们的身体，即使我们的拒绝会伤害到那些需要我们个人的服务或身体部件的人。可是，我们又没有权利随心所欲地利用我们自己的身体以增加我们的收入，即使这样做并不一定伤害他人，甚至在事实上我们这样做也许有利于他人。这是英国爱丁堡大学政治理论教授法布尔（Cécile Fabre）提出的自由主义身体理论中的矛盾之处：身体好像既是我的，又不是我的。[②] 法布尔的分析是从西方一些国家的法律法规出发的：这些法律法规一方面规定，我有权拒绝他人接触、获得和利用我的身体部件或我的身体，例如未经我的同意不可在死后利用我的器官做移植或我的身体供医学生学习解剖用，或在我活着的时候强迫利用我的身体甚至其一小部分（例如组织、基因样本）做科学研究，将我的血液输给他人，将我的肾移植给肾功能衰竭的病人，或利用我的子宫代孕，不能强迫与我发生性关系（即猥亵、性骚扰、强奸）。这体现了我对自己身体的绝对的独占权利。但另一方面，这些国家反对我在贫困时死后出卖器官或出卖活体肾给急需的病人，也反对我暂时出租我的性器官和子宫给需要我服务他的人，同时增加我的收入。

[①] Scheper-Hughes, N., 2003, "Rotten trade: millennial capitalism, human values and global justice in organs trafficking", *Journal of Human Rights*, 2: 197-226.

[②] Fabre, C., 2006, *Whose Body is it Anyway? Justice and the Integrity of the Person*, Oxford: Clarendon Press.

第一编 总论

似乎他人或代表我之外的人的政府或立法机构可以就我的身体的使用做出与我相左的决定，这就意味着我对自己的身体并没有绝对的独占权利。这不是存在着明显的不一致和矛盾吗？也许我们新颁布的《民法典》实际上也存在这个矛盾：虽然第 1003 条规定"自然人享有身体权。自然人的身体完整和行动自由受法律保护。任何组织或个人不得侵害他人的身体权"；但第 1107 条规定"禁止以任何方式买卖人体细胞、人体组织、人体器官、遗体"。这两条之间实际上存在不一致，即自然人的身体权或身体行动自由是有条件的。法布尔试图建立一个我对自己的身体拥有高度限定的（highly qualified）权利以解决上述二者之间的不一致或矛盾，这不仅具有实践和政策的意义，即涉及出卖器官、性工作、商业代孕是否应该合法化问题，而且也涉及理论问题，即平等自由派（egatarian liberals）与绝对自由派（libertarians）之间的争论问题。所有自由派都认为自由是最为核心的价值，但绝对自由派（曾称为"自由意志论者"，我们认为这个术语并不确切且难以理解）所承诺的自由要比其他自由派更广，他们对政府或权威抱着极端怀疑态度，实际上主张一种对个人不干涉和放任（laisses-faire）的政策。而平等自由派则认为平等也是一个核心价值，因此他们与绝对自由派在许多政府治理政策上有分歧。例如税收，平等自由派认为，为了分配公正，对于我们来自利用我们身体通过劳动获取的收入，我们并没有独占的权利，因此政府向我们收税是可以得到辩护的。而绝对自由派则反对这种强制性的税收，他们争辩说如果其他人有权不顾我们的意见得到我们部分的收入，那么他们可以根据同样的理由也有权不顾我们的意见得到我们的身体了。法布尔认为，如果我们为了分配公正而采取强制性税收政策，确实会推出我们并没有承诺个人对自己的身体有绝对而完全的权利。而拒绝个人对自己有绝对而完全的权利并不一定推出要牺牲个体自主性的核心价值。理由有二：其一，通过提供个人服务而履行帮助他人的义务要服从一些条件，这些条件为义务履行者留有一些空间来追求他生活的美好；其二，这种义务与个人有权出卖他身体的部件或为性和生殖的目的而出租自己的身体，从而增加他们的收入以实现这种生活美好的观点是相容的。这也蕴含着与下列观点是相容的：有义务为他人服务的个体也有权利购买他人的身体部件以及为了性和生殖而租用他人的身体从而使

六 生命伦理学的若干概念

他人得到好处,当然要在他人的同意之下。法布尔主张征用器官,认为这与征税是一回事,都不是把自我所有权(self-ownership)作为公正理论的组织原则。她论证说,财产概念用于人是毫无意义的:我们是人(person),将人看作财产是完全不合适的。这一点与我们上面讨论的观点是一致的。我们将在下面评论她其余的观点。①

救人于危难中的义务

法布尔认为心理的(psychological)和身体的(body)身份(identity)对于人格(person)都重要。设A在B的体内,说A就是B,则不仅在身体方面重叠,而且A与B有心理的连续性。这里的重点在于,她认为在讨论有关身体问题时要求两个公正原则:第一是足量原则(principle of sufficeincy),即个人有权获得他们所需要的资源,以便能够过一个最低程度体面而安康的生活;第二是自主原则,一旦每一个人有这样的生活,应该允许所有人享有他们的劳动果实以追求美好的生活。她对身体问题的讨论扩展到了有关人提供智力和体力服务(personal services)问题,其中第一个问题是我们是否有救人于危难之中的义务的问题。自由派伦理学家往往不认为我们有做一个撒马利坦人的义务。撒马利坦人救助了一位躺在路边、被剥掉衣服打得半死的陌生人,这是一个救人于危难之中的经典故事。我们有救人于危难之中的义务吗?法布尔认为,当我们看到一个人的生活低于最低程度的体面和安康时,比较富裕的人就有义务向他们提供不仅是物质服务,而且是人力服务,如照护残障人、困难问题儿童、无家可归者等,即使有慈善组织和政府也在作出这方面的努力。这既不是一个慈善问题,也不是一个利他主义问题,而是一个足量公正原则的要求。法布尔进一步论证说,既然我们有义务在人们处于危难之中帮助他们,何不设计一个长期的计划,例如让一个18岁的健康人在学校、医院、残障儿童机构、护理院等工作一年,以照护那些生活低于最低程度体面和安康的人?②

这是一个好主意。我们让青年有一段为残障人、穷人、困难儿童、

---

① Fabre, C., 2006, *Whose Body is it Anyway? Justice and the Integrity of the Person*, Oxford: Clarendon Press.

② Fabre, C., 2006, *Whose Body is it Anyway? Justice and the Integrity of the Person*, Oxford: Clarendon Press.

老人提供人力服务的经历，不仅有利于处于危难之中的人，也有利于这些青年的成长。[1]

身体部件接受征用的义务

法布尔认为，如果贫困人过一个最低限度体面而安康的生活的利益如此重要，必须通过税收（以及特别限制继承）以便使贫困人得到物质资源，那么器官衰竭病人也有权获得死人的器官，如果这些病人为了能过这种生活而需要它们。换言之，活人及其家属没有随意处置他们死后器官的权利。那么死前怎么办？她认为，显然我们不能从我们有义务把死后的器官捐给病人这一事实就能就得出死前我们也有义务提供的结论。在大多数情况下，在人活着时摘取他的器官要比死后摘取麻烦得多。她认为，与死后的情况不同，活人为病人提供身体部件（组织、器官）取决于两个原则：一是自主性原则，我们不能勉强一个活人提供肾或血液、骨髓给需要的病人；二是维持最低限度过体面而安康生活的原则，如果我提供一个肾给病人后，我的生活水准降到了最低限度以下，那就不允许我提供活体肾给病人。我们认为，作者应该明确地增加一个不伤害原则，这样更有利于在活体捐助身体部件方面的决策。例如捐献活体肾，显然会给大多数人带来严重的、不可逆的伤害，因此唯有在少数特殊情况下才可在伦理学上得到辩护、在法律上得到允许。

出卖器官的权利

法布尔认为，为了实现足量的公正，我们可以声称，健康人有义务提供自己的身体部件（器官）给病人，以使他过上最低限度体面而安康的生活，同时给健康人以补偿，以使他恢复到捐献器官前的健康状态，然而这剥夺了他就是否捐献做出决定的自主性，因而不如给予他权利出卖自己的器官，同时也给予病人购买器官的权利，这样供者有权做出是否捐献的决定。她认为有许多理由这样做：在许多情况下急迫需要器官的病人无法获得器官，除非健康人愿意放弃它们。允许健康人出卖，不仅是给予，增加可得器官的数量，使需要的病人能够过上最低程度体面而安康的生活，同时可使出卖器官者增加收入，生活更美好。这好比一方要租房住，另一方愿意租房给他们住，前者付房租，后者得房

---

[1] Fabre, C., 2006, *Whose Body is it Anyway? Justice and the Integrity of the Person*, Oxford: Clarendon Press.

租，两厢情愿。一方有住房的需要，另一方出租房屋赚钱，双方需要都得到满足，何乐而不为？对于反对器官买卖的两大反论证，即将器官视为商品是错误的商品化论证，以及出卖器官者遭受剥削的剥削论证，法布尔认为，将人的身体部件作为商品出卖，并未将人本身视为商品；她承认出卖器官者是穷人，往往遭受需要购买器官者的富人和中间商剥削，但她认为也有器官购买者遭受剥削的情况，这不是买卖器官本身造成的，可以通过加强监管来避免剥削。禁止买卖器官使病人不能得到维持生命的器官，无法过上最低限度体面而安康的生活，不能实现足量的公正，也妨碍了出卖器官者追求更为美好的生活，同时阻碍了卖方和买方的自主性。因此，她主张个人有出卖自己身体部件的受限的权利，即受到病人对他们身体部件的诉求的限制；病人也有从他人那里购买身体部件的受限权利，即受到他人不同意这种买卖的限制。我们将在下面讨论器官买卖问题，但要指出的一点是，作者没有考虑器官买卖可能造成的伤害，这些伤害不仅是商品化和剥削，而是对出卖器官者未来生活和家庭的伤害，用作者的语言来说，就是对他们不能过上最低程度体面而安康的生活的伤害，以及因加深贫富鸿沟而造成的对整个社会的伤害。因而，作者应该增加一个不伤害原则作为决策的根据。

出租身体或身体部件

法布尔认为，那是背景条件而不是性工作本身，使得需要工作而没有机会的妇女将卖淫作为一组很坏的选项中最佳的选项。这些条件反过来使得女性工作者容易受到讹诈、勒索和暴力。她们只是出租自己的身体以提供性服务，并没有出卖自己（例如并未卖身为奴）。因此她认为妇女有出租自己性器官提供性服务并增加自己收入的权利，这符合足量公正和自主性原则，如果国家采取法律禁止并惩罚，就会置她们于更为脆弱的地位。我们这里没有机会讨论性工作的伦理和法律问题，但建议作者在她的足量公正和自主性原则上增加不伤害原则。同理，她认为，根据足量公正和自主性原则，妇女有权利与需要的买方签约，将自己的卵与买方丈夫的精子在体外受精或将他们的孩子在自己子宫内怀孕到分娩，并接受买方的财务支付。但她主张，代理母亲有权改变主意，在孩

◆ 第一编 总论

子分娩后留给自己。① 我们则认为，至少在目前的社会和法制条件下，代孕的商业化有可能对各方造成诸多的伤害。②

5. 血液和器官买卖

血液买卖

各种文化都赋予血液神圣的含义。从词源学看，古代汉语中，血的意义及对其信念有如下方面：血本身就是气，或是气之所在，血火血气是人之精华。如《礼记·郊特性》说："血，气也。"《论衡·论死》说："血者，生时之精气也。"《淮南子·精神》："血气，人之华也。"《礼记·郊特性》说，血是气之所舍，"盛气也"。在西方，血、血液（blood）一词出现于15世纪。该词来源于古英语 blôd。在古希腊医学中，血液与气、春天、乐观和饕餮的个性联系在一起，并认为血产生于肝。由于血对生命的重要性，许多文化和宗教关于血有各种信念。最基本的是，视血为通过血统和亲子关系联系起来的家族关系的象征；有"血缘关系"是指祖先与子嗣的关系，而不是婚姻关系。这与血统有密切联系，所谓"血浓于水"。

对于老百姓，血液象征再生、复活、亲戚关系、同志情、承诺和忠诚（热血盟誓、兄弟情仇）、牺牲（血战到底）或传染（坏血、对月经的禁忌）。对于生物学家和医学科学家，血液则是执行身体基本的功能、维持和修复不可缺少的组织。

无偿献血是给予陌生人礼物的有力例子，有助于维持和增强社会共济（solidarity）感。现在出现的新问题有：其一，对血液制品的需求日益旺盛，如血友病需要第Ⅷ因子。无偿献血不能满足需求，必须由厂家生产，于是像在欧洲血全部来源于当地自愿无偿献血，但血制品是自愿无偿和有偿献血者结合。其二，自愿无偿献血是安全的，但HIV流行后，除了因非法采供血导致输血艾滋病感染外，因窗口期关系，出现无过错输血感染艾滋病病毒。也有输血感染克雅病（疯牛病）、肝炎的。单单自愿无偿献血不能完全保证供血的有效性和安全性，但比市场径路

---

① Fabre, C., 2006, *Whose Body is it Anyway? Justice and the Integrity of the Person*, Oxford: Clarendon Press.
② 翟晓梅、邱仁宗：《生命伦理学导论》，清华大学出版社2005年版，第141页。

六 生命伦理学的若干概念

造成的不确定性优越得多。

我们反对血液市场，支持自愿无偿的献血原则，就因为人的身体及其部件不是财产，也不是商品。将人、人体商品化的根本错误是将人当作手段，而不是目的本身，有损于人的尊严。当今世界存在着强有力的社会政治力量将人的所有方面（身体）商品化，这来自激进的自由主义市场哲学或市场原教旨主义。我们的身体不是"我们的"。儒家指出，我们的身体来自父母。我们的身体与其他人处于相互依赖、相互联系之中。从怀孕开始就是如此，我们依赖生活环境，与之互动，从这种关系中获得生命，一直到死亡（空气、食物、细菌）。我们死后将身体或其部件作为"礼物"（gift）自愿捐赠给"未名陌生人"（unnamed stranger）有助于促进社群感、社会凝聚力和利他主义。无偿必然反对商业化：无偿原则必定推出非商业化原则。身体及其部件（血液）必定为某人所有，因此对它的使用，不管是生前还是死后，必须获得他本人的同意，但身体及其部件不同于他拥有的物质所有物，不是他的财产，更不是他可以到市场进行交换的商品，不应该进入市场。身体及其部件仅能作为"礼物"捐赠给"无名的陌生人"或为公益服务的研究、教学机构。而血液买卖和商业化危害重大。血液买卖也许直接有利于需要输血而能够用钱买到血液的病人，因而缓解了一部分血液短缺的情况，同时也暂时缓解了卖血者的经济困难。但它带来许多弊端。第一，血液买卖不能保证血液的质量，卖血者为了出售血液很可能会隐瞒他的真实病况、遗传病史、家族病史等。第二，它会加剧人们的不平等，有钱人可以通过输血获得再生机会，而穷人只能在绝望中出售自己的血液，而自己在患危重疾病急需输血时却因无力支付而死去。第三，血液买卖并不能解决穷人的实际问题，血液买卖中大部分的钱可能都被器官中介拿去，出卖血液者不但受到严重的经济盘剥，而且身体处于更大的健康风险之中。第四，血液买卖是对人类尊严的亵渎。人具有人格，只有物品才具有价格，人不能因为对谁有用而定价，人作为道德主体，是超越一切价格的。血液买卖把人体的一部分——组织、器官变成了商品，这是对人类价值的极大贬低，是对生命价值的藐视，同时也是对人类尊严的亵渎。血液买卖无法做到有效的知情同意。血液出卖者往往处于极端贫困的绝望之中，他们的自主性或决策能力处于严重削弱的情况，无法作出理性的知情选择决定。血液买卖可能成为有利可图的生意，会使社会道德滑坡，导致不法之徒欺骗穷人出卖血液，以致可能使犯罪活动加剧和非正常死亡增加。为此我们需要努力防止血液买卖：需要国家的立法机构制定法律使血液买卖非法化，对比我国献血法已有规定；需要做好公民的宣传教育工作，使大家认识到血液是不能买卖的，血液买卖会导致非常严重的后果。我们要大力扩展供血来源，避免发生血液短缺的情况，毕竟在正常情况下，血液短缺容易导致血液买卖发生；要大力推进脱贫工作，开展扶贫、济贫事业，特别是有效地进行教育和医疗卫生改革，使所有国民享有教育和医疗卫生的权利，从而杜绝滋生血液买卖的需要。[①]

器官交易

由于器官移植技术的改进，有效地压制免疫药物、抗感染药物的发明，而同时由于引致器官衰竭的因素（如吸烟、饮酒）一直在增加，器官移植供过于求的问题更为严重。美国每年有 11.4 万人在等待器官移植的名单上，每天有 20 人死于得不到移植器官。我国大约有 30 万人在等待器官移植的名单上。于是器官交易、贩卖现象非常严重：移植旅游或器官移植商业化已成为全球产业，2006 年产值 600 亿美元；在互联网上若干网址提供一条龙的器官买卖，购买世界另一头的匿名供体器官非常容易；买主来自澳大利亚、以色列、加拿大、美国、日本、沙特阿拉伯，而卖主来自巴基斯坦、印度、巴西或玻利维亚。结果造成非常严重的问题。(1) 剥削。剥削是外科医生、中介人利用卖主的无权地位使他们的牺牲得不到相应补偿。卖主是穷人，买主是富人，卖主无权决定定价和所得。对此类剥削还有人提出支持的论证：其一是两害取轻论证：即使有剥削，出卖器官可以济贫[②]；其二是延伸论证：我们允许人们从事危险职业（采矿、救活）、危险的运动（赛车、登山），推而广之就应允许买器官。[③] (2) 伤害大大超过受益。许多出卖器官者的经

[①] 翟晓梅：《身体和血液的哲学》《献血与输血的伦理学和管理》，刘江（主编）：《输血管理》（第3版），人民卫生出版社 2017 年版，第 431—455 页。

[②] Radcliffe-Richards, J. et al., 1998, "The case for allowing kidney sales. International forum for transplant ethics", *Lancet*, 351: 1950-1952.

[③] Savulescu, J., 2003, "Is the sale of body parts wrong"? *Journal of Medical Ethics*, 29: 138-139.

济状况未能长期改善,健康状况也恶化了。96%的卖肾者为了还债,但卖肾后平均家庭收入减少1/3,增加了生活在贫困线以下的人数;86%的卖肾者健康状况恶化,79%不建议其他人卖肾。(3)违反同意原则。1/3卖肾者说,医生没有把充分的信息告知他们;超过2/3的卖肾者说,在手术前没有得到任何的健康咨询;术后回来作健康检查的不到1/2。91%卖肾者处于经济异常窘迫的情况下,受到经济力量的强迫(还债、家人有重病),自主性严重削弱,其同意往往是无效的。(4)加剧人们在生死面前出现的不平等,有钱人可以购买器官而获得再生机会,而贫穷的人只能在绝望条件下去出售自己的器官。设想一个母亲为了自己的孩子生存下去,出卖了自己一个器官。这样做应该允许吗?主张器官买卖的人说,她出卖了器官,不就改善了她孩子的境遇吗?如果一个社会竟然让一个家庭只能用出卖器官来改善境遇的话,那么这个社会本身就成了问题。所以器官买卖加剧社会本来存在的不平等以及贫富之间的鸿沟。(5)危害社会秩序。由于器官商品化,就可能有人用不正当的手段摘取器官,并出现一些以金钱为目的残害人类生命以攫取器官的黑社会人员。(6)对利他主义的威胁。器官市场合法化将给自愿系统釜底抽薪,过去本来愿意捐赠的人得知有来自市场的供应后就不再捐赠了。美国一项研究表明,经济刺激仅对20%可能的捐赠者有影响,其中12%表示更愿意捐赠,5%不愿意,其余没有决定。在奥地利,经济刺激对捐赠器官有负面影响。(7)器官商品化贬低了人的道德地位。身体部件虽然可转让,但不可交换和通约,如果它们像物体那样,价值可在商品市场确定,那就把我们的身体降低为仅仅是客体,不能尊重其作为我们的人格身份的特殊地位。在捐赠我身体的部件帮助别人时,我对其他人的福利和生存做出了个人贡献。但在我把我的身体仅仅视为收入的手段时,我通过我的身体部件的工具性使用,贬低了我的人格。

我们首先应该认识到,人处理自己身体的自由有两个限制,一是不能伤害他人,二是不能损害人的尊严。如果一个人出于利他主义的高尚动机,捐献自己的器官,那么既有利于他人,又维护了人的尊严。但人能不能自由出卖自己去做他人的奴隶,或出卖自己的肉体去卖淫?上述论证就可能导致这个结论:做奴隶或卖淫是他/她的自由,别人无权干涉。但这个结论违背人们的道德直觉。伦理学家一致认为,人的尊严不允许任何人出卖自己去做他人奴隶。女性主义者指出,卖淫是社会性别不平等的结果,而卖淫本身又加剧了这种不平等。

如何以合乎伦理的办法解决这个危机呢?器官移植是一项成熟的技术,在美国已经挽救了230万人的生命,我国也起码挽救了数十万人的生命。鉴于因可供移植稀缺而导致器官衰竭病人死亡的人数每年达1万—3万人,超过SARS和艾滋病每年死亡人数,在等候名单上的数十万甚至百万器官衰竭病人继续备受疾病煎熬,而这一健康问题并非单靠病人及其家属以及卫生机构能够解决,政府乃至立法机构必须介入,因此应定义它为一个公共卫生问题。缩小可供移植器官供求失衡的措施之一就是建立并扩大可供移植的器官库。这类器官库类似群体免疫力,是公共品。作为社会成员的每一个人以及代表社会的政府和立法机构有责任来建立和维护这类为全社会成员服务受益的公共品,这是一项每年挽救数万条生命、改善数十万甚至百万病人健康的不可推卸的道德义务,并建议将这种道德义务转化为法律义务。器官捐献应坚持自愿原则,这是贯彻知情同意的伦理要求。但自愿原则和知情同意要求本身有多种形式。作为一个公共卫生问题,面对着每年可能因器官稀缺而死亡的数万病人以及数十万甚至百万病人在等候器官时备受煎熬的紧迫情况,建议采取可选择拒绝的推定同意制度,即病人在死亡前(包括因车祸死亡者生前)的任何时候没有书面的或有证人证明的口头明确表示拒绝捐献,可推定为同意捐献。此项可选择拒绝的推定同意制度仅限于公民逝世后的器官捐献,不涉及任何活体器官的捐献。在特定情况下,可允许的活体器官捐献必须遵循经典的严格的知情同意程序。在扩大可供移植的器官供应的同时,要努力缩小对器官的需求。采取一切可能的措施预防器官衰竭,其中最重要的是预防和治疗对具有精神活性的可滥用物质(如尼古丁和酒精)的依赖和成瘾,为此要进一步改革医疗卫生制度,将成瘾的治疗和预防纳入现有的医疗系统内,禁止在电视台播放含酒精饮料的广告等。①

6. 人体组织和细胞的商业利用

近年来医学和科学共同体以及生物技术和药物制造公司对人体组织

---

① 邱仁宗:《器官捐献,还要跨越哪些观念障碍》,《健康报》2017年3月24日。

六　生命伦理学的若干概念

的需求规模越来越大。美国已形成了一个人体组织市场，称作 body bazaar。人体产业是 170 亿美元生物技术产业的日益增长的部分，包括 1300 家生物技术公司。这些公司提取、分析人体组织，将它们转化为产品，获得巨大经济利益。他们对皮肤、血液、胎盘、配子、活检组织以及遗传材料的需求日益扩增：平常作诊断用的血液用来研究疾病的生物学过程和遗传基础，婴儿包皮用来制造人工皮肤的新组织，脐带血成为干细胞来源，从已死婴儿肾中引出的细胞系可用来制造抗凝剂，人的 DNA 可用来运行计算机，因为 CATG 字母代表的四个化学物质比二进制提供了更多的排列变化。挖掘人体组织宝藏衍生了新型犯罪——生物海盗行为。2008 年美国新泽西州生物医学组织服务公司老板、前牙医马斯特罗马里诺（Michael Mastromarino）在纽约法庭被判有罪，他伙同墓地负责人取走待下葬或火化的尸体的部件，如胳膊、大腿骨、皮肤、心瓣膜和静脉，将其产品卖给提供牙科植入物、骨植入物、皮肤移植物等的公司，他们从 1000 多具尸体上收集人体部件或组织，有些尸体患有艾滋病或其他传染病，约 1000 人接受了这些人体组织。马斯特罗马里诺被判 18—54 年徒刑。其他地方也发生太平间助理出售婴儿尸体的器官和脑，医学院病理尸体解剖室主任出售脊髓，火葬场出售身体部件未得家属知情同意等情况。[①]

　　合法获得和使用的人体组织究竟有多少呢？1999 年在美国至少有 3.07 亿件人体组织标本，每年以 2000 万件的速度增长。为推进医学研究的目的而自愿捐赠的组织，现在成为许多方面（除了最初捐赠者）参与的获利来源，这是否是一个问题？如果同意，也没有对最初捐赠者造成伤害，为什么我们应该对此关注？

　　在通用电气工作的卫生学家查可拉巴蒂（Ananda Chakrabarty）要求给她遗传工程细菌专利，该细菌能分解原油，用于解决漏油问题。专利要求包括：生产这种细菌的方法；培养液；以及经遗传改变的细菌本身。专利审查人同意前两个要求，不同意第三个，因为微生物是自然产物，细菌作为生物，不是可申请专利的。但最高法院同意："在太阳底下的任何人造的东西都可申请专利。专利申请人制造出一种新的细菌与自然界里的有明显差别，并有潜在的重要用途。他的发现不是自然的作

---

① Campbell, A., 2009, *The Body in Bioethics*, London: Routledge, p.75.

品，而是他自己的；因此它是可申请专利的。"这一判决为生物的商业利用提供了法律辩护。

Bayh-Dole法令为联邦资助的大学研究人员将研究转化为机构和自己谋利提供了手段。大学则对他们提供专利保护，在商业化时发许可证，与发明人分享专利收入。1992年大学颁发许可证的总收入（Gross licensing revenues）为2.5亿美元，2000年达12.6亿美元。①

这为人体组织和细胞系的商业化打开了方便之门，只要具有新颖性并使用了技能和劳动就行。

其中最典型的例子是Moore案例。1990年加州高等法院就Moore诉加州大学董事会一案作出判决，其中心是人体组织的财产权问题。1976年John Moore被诊断出罕见的致命的多毛细胞白血病。他就诊于洛杉矶UCLA医学中心的David Golde医生，遵照他的建议切除了脾脏。他接受的治疗是完全合适和有效的。但Golde从一开始就发现Moore的血细胞中有潜在的商业价值，因为他的血细胞有非同寻常的性质。后来的7年中Moore被要求定期从西雅图的家到医学中心，提供追加的骨、血、皮肤、骨髓抽取物和精子。他被告知这些样本为确保他身体健康是必要的。然而，事实上Golde及其助手正在开发一种不死的细胞系，称之为"Mo"。20世纪80年代初他们申请专利，1984年被授予专利。Golde及其助手Quan是发明人，加州大学董事会是代理人。他们与两家私人公司协商商业交易。1990年专利的潜在商业价值估计达30.1亿美元。1983年Moore才发现此事，那是他被要求签署同意书，与他以前签的非常不同。这份同意书要求他和他的后代将从他的血和骨髓开发的所有细胞系可能获得所有权利都给予大学。他拒绝签署，在知道了有关"Mo"细胞系专利后，他对董事会、两位研究人员和公司提出法律诉讼。1990年加州最高法院对下列两个问题做出判决：(1) Golde未能告知他的研究计划及其经济利益是否违背了他的信托义务；(2) Moore是否有权分享从"Mo"细胞系获得的利润，作为对侵犯他的财产权的个人赔偿。对第一个问题的判决是肯定的，对第二个问题的判决是否定的。这个案例的判决表明，(1) 拒绝病人对自愿给予医院和研究人员身体部件提出的所有权要求，即使他们使用的目的也未告知。经他同意取走他的组

---

① Campbell, A., 2009, *The Body in Bioethics*, London: Routeledge, pp. 76-77.

织时,他对他细胞所有权的利益就放弃了。这个同意并未知情,也不影响这个结论。(2)生物医学研究是公共利益,给予捐赠者已放弃样本的所有权,对公共利益有破坏性作用。①

这种法律判断是否能在伦理学上得到辩护呢?为什么除了为有专利权的发明提供材料的人,任何人都有权从使用这个人的材料中获利呢?用什么伦理原则可为这种歧视辩护呢?美国生命伦理学家狄更逊(Donna Dickenson)②则认为,Moore要求的收入和资本的权利是不合适的,因为他并没有在取走的组织上花费劳动(与加州大学洛杉矶分校的研究人员不同),但他应该有权反对未经授权取走及对其组织随后的使用和处置。美国生命伦理学家威尔(Robert Weir)和奥利克(Robert Olick)③也反对授予组织捐赠者完全的财产权,因为这等于是拥有可卖的材料,但同时反对"放弃"概念,这给了研究机构无限的财产权,应该让捐赠者可在任何时候要求从研究使用中撤除任何有标识的样本并加以销毁,并建议,不仅要告知捐赠者组织的使用可产生利润,而且将5%—10%的利润转赠给慈善机构。

7. 生命的礼物

死亡是生命的一部分。死后人体不可避免要分解,但我们所爱的人的尸体对我们有特殊意义。我们与死者身体关系的性质是什么?我们感谢死者给我们的礼物:知识、生命和回忆。

展示尸体是否是对死者的不敬?

德国解剖学家哈更斯(Gunther von Hagens)公开展示塑化人类尸体("Body Worlds")引起争论。在亚洲(包括我国)、欧洲和北美40个国家展览(收费),2500万人参观。家属一想到孩子安葬时身体里面没有器官(空壳)会非常悲痛,而有的医生对此很不理解:科学发展到今天,家属怎么还会对此悲痛?在医学话语里,身体是客体。医生和普通人赋予身体部件的意义完全不同:家属仍然认为死者是他们共同生活

---

① Campbell, A., 2009, *The Body in Bioethics*, London: Routledge, pp. 76-79.
② Dickenson, D., 2007, *Property in the Body: Feminist Perspectives*, Cambridge and New York: Cambridge University Press, p. 70.
③ Weir, R F. & Olick, RS., 2004, *The Stored Tissue Issue: Biomedical Research, Ethics, and Law in the Era of Genomic Medicine*, New York: Oxford University Press, p. 17.

故事的一部分；医生则把病人看作标本的延伸。家属认为未经授权取走和保留器官违犯他们所爱的人的尊严和整体性，对于家属身体部件是与特定的人有关的，我孩子的器官不仅仅是一个器官；医学科学家则认为这些器官仅是信息的来源。满足确切诊断需要和促进医学研究建立有效尸体解剖制度的社会利益与个人和家属对死后受到尊严和尊重对待的关注之间如何平衡？①

保留尸体器官而忽视逝者及其家属的同意或意愿是不应该的。那么像展示塑化人类尸体那样使用当事人同意的身体而冒犯他人该如何解释？除了塑化技术，哈更斯与维萨里（Versalius，1514—1564）的解剖学相比并无新意。19世纪对医学和解剖的管理是将尸体解剖限于医学院校和培训医学生。哈更斯展示的特点是，尸体被置于艺术的底座上（弈棋、骑马）以及部分解剖以展示解剖学的细节（孕妇及其子宫中的胎儿）。塑化技术使尸体8%是塑料的，20%是有机的。对此有不同的反应：有人赞叹说："愉快地看到展示人体之美"；有人表示厌恶和谴责，认为这是对公众体面和人类尊严的冒犯；对若干观众有伤害作用：如无数畸形胎儿和死产婴儿堆在多层蛋糕上，对去参观的孕妇引起不快；有人质询尸体来源：56具尸体来新西伯利亚医学院，其中有囚犯、无家可归者和精神病人。显然不是所有尸体都是通过同意获得的。这里的问题有：展示的性质是艺术，教育还是娱乐？哈更斯②自己说："解剖艺术"，"教育兼娱乐"。而以色列特拉维夫大学医学教育教授巴里兰（Y. Michael Barilan）③说，如果技术允许制造完全是塑料的模型，不需要尸体，不是更好吗？如果坚持要用尸体做，道德上的困境永远存在。

死者的身体是知识的礼物。例如尸体解剖可评估内外科治疗的有效性；检查诊断的准确性和死亡原因；提供新的未知疾病的知识；检查环境因素在疾病中的作用；考查治疗的医源性作用；保留的材料、储存的切片和标本用于研究，促进医学进步，培养未来的医生。然

---

① Campbell, A., 2009, *The Body in Bioethics*, London: Routledge, pp. 127-129.

② von Hagens, G., 2006/2007, *Body Worlds——The Original Exhibition of Real Human Bodies*, Institute for Plastination, Heidelberg, Germany.

③ Barilan, YM., 2006, "Body worlds and the ethics of using human remains: a preliminary discussion", *Bioethics*, 20 (5): 233-247.

而，尸检率一直降低，其中有病人的原因和医生的原因，需要进行调查研究。

死者的身体是生命的礼物。例如将死者的器官移植给器官衰竭的病人，使他们可以活下去，实现自己的理想，为家庭和社会做贡献。

死者的身体是回忆的礼物。伦敦自然博物馆收藏的人类尸骨标本达19950件，时间跨度为50万年，46%来自外国。2007年董事会决定将17具塔斯马尼亚土著人的尸骨归还澳大利亚政府，后者作为塔斯马尼亚土著人中心的代表接受这些遗骸。但保留了在归还前进行观察和测试的权利。这是一项妥协：英国科学家为一方，他们要对遗骸进行研究；另一方为土著人，他们要求祖先有一个适当的安息所。毛利人认为现在与过去纠缠在一起，他们与祖先有心灵上的联系，对土著人文化的尊重，必须体现在对他们祖先遗骸的尊重。他们认为祖先必须葬在他们人民的土地上。"叶落归根"，我国文化也有类似的观念和信念。

我们的身体提醒我们，我们与我们是其中一部分的自然界的关系既壮丽辉煌，又具灾难性。人类已经并将继续使生存赖以的环境发生巨大变化，其方式和规模完全不同于其他生物的影响。弗洛伊德说，人类有一种死亡之愿（death wish），一种回归到无机物的强烈冲动。我们剥削自然资源的集体努力已经威胁到生命赖以存在的系统。我们的身体还提醒我们，人是"安居本土"（earthbound）的，这是指我们对地球的依赖性，一切有机生命（包括人类生命）唯有依赖地球才能继续；同时地球是我们的最终安息所：我们由此进化，在死亡中回归为其组成部分。我们要确保对身体的尊重，正如上面所谈的，我们的"离身"（disembodied）部分（心、精神、智能）给予我们的能力，远没有增强和保护我们的身体，反之使身体失去尊严，走向毁灭。我们要化解身心分裂，承认拥有多样性的人性的共同性，而且恢复我们身体与被大规模改造的自然界的可持续关系。没有这种关系，就没有人类意识的地位，为了人类"心"的荣耀而轻视"身"，必有受惩罚之日。①

---

① Campbell, A., 2009, *The Body in Bioethics*, London: Routeledge, pp.152-153.

◇◇ 第一编 总论

(雷瑞鹏,原载《医学与哲学》2020年第18期。)

(六)道德地位[①]

1. 道德地位概念的意义

道德地位(moral status)也用 moral standing 这个术语。地位这个术语本来是描述性的,例如经济地位(economic status)、健康地位(health status)。但道德地位是规范性的。这种规范性用一句话来说,就是我们应该怎样对待才是正确的?这可以有以下几种意义:问一个实体是否有道德地位就是问他人是否应该考虑这个实体的福祉;也是问这个实体是否有道德价值(moral value or worth),如果某一实体有价值,那就应该加以特殊的对待;也是问这个实体对他人是否有或是否能提出道德诉求;当一个实体拥有道德地位时,那么我们对待它就有一个我们的对待是否正确还是错误的问题。你把海滩上的卵石随意仍进水中。这些卵石几十亿年来被潮水冲来冲去。这些卵石没有道德地位,虽然有些人愿意收集其中一些颜色和形状特别的卵石。我们对卵石做什么,对它们本身不存在对错问题。如果我们将卵石扔在某个人脑袋上使人受到伤害,那是对那个被你用卵石砸伤的人做了错事,而不是对卵石做了错事。因为卵石没有道德地位,没有内在价值,只有工具性价值。但在海滩上洗海水浴的人就完全不同了。肆意将他们扔进海里就是一件不道德、备受责备的行为。因为人拥有利益和权利,这使人们有义务对他们的福祉高度关注。那么,沙滩上的孩子、狗、珊瑚、海草等这些实体,哪一个有道德地位?根据什么标准来判定?一旦根据标准确定下来,这是不是绝对的?或可随情况或互相冲突的利益而有异?

道德地位问题之所以引人注目是因为社会上对哪些实体有道德地位的争论特别激烈。一个是有关人的胎儿有无道德地位的争论,另一个是关于动物有没有道德地位的争论。尤其在美国,有关胎儿有无道德地位

[①] 编者按:撰写本章获得本项目支持外,还获得如下项目支持:1. 国家重点研发计划项目"合成生物学伦理、政策法规框架研究"(2018YFA0902400);2. 国家社科基金重大项目"大数据时代生物样本库的哲学研究"(19ZDA039)。

六 生命伦理学的若干概念

的争论变成一个政治问题,并出现在总统竞选的议程之中,这种争论甚至出现在家庭之中,而且延续到胚胎干细胞研究、基因编辑等。美国前总统小布什认为人的生命始于怀孕,在他的 2003 年就职演说中要求国会"通过一项法律反对所有人的克隆"。这反映了许多人的观点。罗马天主教会以及一大群保守的新教徒几乎一致认为在形成胚胎之前的人的是神圣的,因此拥有最高的道德地位。美国哲学家格林(Ronald Green)指出,在生物学变化的曲线上选择伦理学上重要的某一点使之具有道德地位是有某种道德前提的。一般认为合子之存在是在精子与卵结合时。可是它们什么时候结合我们至今也不清楚。我们知道,卵子给已经进入子宫但还没有到达输卵管的精子发出了化学信号,但我们对许多事情仍然不清楚:(1)什么时候成功的精子穿过卵子的壁(透明带)进入卵子的细胞质,立即发出电化学电荷将卵壁封锁起来;(2)在 8 个细胞阶段什么时候亲本染色体开始活跃起来;或(3)什么时候精子与卵子融合(syngamy),即在精子进入卵子以后的 18—24 小时内,什么时候 23 条男方与女方的染色体配对。而且在以后的 10 天内胚胎可能分裂,产生双胞胎、三胞胎或者多胞胎?现在禁止用 14 天之后的胚胎进行研究,那时的胚盘只有针头大小,在以后的 8 个半月只有 50% 的机会活产,这时没有器官,神经细胞要在 40 天才发生分化,5 个月以后才能离体存活,一年以后才开始有自我意识。那么,凭什么说受精卵以及胚胎形成以前的实体就以道德地位呢?他们选择怀孕作为一个连续的生物学过程中的一个点,赋予这个实体以道德地位,就是因为他们的前提不是这个实体的功能或特征,而是它的自然的或生物学的本性(nature),或者更直白地说,就是因为这些实体有一套人的基因组,虽然在怀孕那一刻精子与卵子的染色体还没有融合。然而,人们判定一个实体是否具有道德地位时,前提不是看人的本性,而是看实体的功能。当根据神经学标准宣布一个人死亡时,那个人心脏还在跳动,数百万神经元还在活动,却要将他的器官移植给他人。人们对一个实体拥有道德地位的判定蕴含的前提不仅受科学、逻辑的影响,而且受文化、传统和宗教的影响。

古代思想家早就考虑到非人动物与人(人也是动物)的道德地位了,虽然那时还没有发明"道德地位"这个术语。儒家第二位大家孟子(前 372 年—前 289 年)就说过"君子之于禽兽也,见其生不忍见其

◇◇ 第一编 总论

死，闻其声不忍食其肉"，这就是作为一个君子对非人动物（禽兽）应有的态度。后世的儒家曾根据孔子推己及人、由近及远的行"仁"方法，努力践行"亲亲而仁民，仁民而爱物"，"仁者以天地万物为一体"，尤其对"天人合一"思想的阐发，将仁的规范性要求不仅应用于人，而且也扩展到非人动物，甚至植物，其中也蕴含非人动物和植物是否有道德地位的观念，尽管没有展开论述。亚里士多德认为人高于动物，因为动物依靠本能，而人则依靠理性。按照亚里士多德的目的论，自然是一个等级体系，其中低等植物和动物的价值仅在于服务于人的目的。亚里士多德的论述已经蕴含着"道德地位"以及判定道德地位标准的萌芽观念。在他的等级体系中，地位高低不仅是在描述他认为的生物学事实，而且也意味着在我们如何对待它们的方面有所不同，而判定一个实体的道德地位的高低，则是有无理性能力。13世纪哲学家阿奎那认为，动物之所以存在仅在于有利于人，由于动物不能做出经过思考的决定，所以除了为服务于人所必需的以外，人没有道德义务考虑它们的需要。显然阿奎那按照亚里士多德的思路也是将理性能力作为判定道德地位的标准。笛卡尔和康德也继承了这一思路，将理性能力作为判定道德地位的标准。笛卡尔认为，表面上动物似乎拥有有意识的思维，实际上只是本能的反应。所以，动物是机器、自动机。然而人有产生新的思想和行动的能力，并在人与人之间交流思想。康德认为人对他人有直接的道德义务，但对动物仅有间接义务，例如虐待动物的人也会虐待人，善待动物的人也会善待人。人有理性能力、自我意识并且是在道德上自主的实体，因此具有内在价值，拥有道德地位。而非人有机体由本能驱使，不是道德上自主的，没有内在价值，仅有外在的工具性价值，因此没有道德地位。在现代哲学中唯有英格兰哲学家边沁独辟蹊径，提出理性不重要，重要的是能否感受痛苦。印度圣雄甘地说："在我看来，一个人的生命并不比一只绵羊的生命更珍贵。"所以甘地认为所有生命具有同等道德地位。① 当代动物伦理学创始人辛格继承边沁的思想，认为大多数非人动物与人一样有道德地位，因为它们有避免疼痛和体验快

---

① Encyclopedia.com. Moral Status, https://www.encyclopedia.com/science/encyclopedias-almanacs-transcripts-and-maps/moral-status; Britanica.com. Moral Standing, https://www.britannica.com/topic/moral-standing

乐的利益。① 而另一位创始人雷根则根据一些高等动物是它们生活的主体，判断其具有内在价值，它们是目的本身，不能仅仅被当作手段，他们拥有道德地位。②

2. 判定一个实体是否有道德地位的标准

有两类标准：单一标准（人格、感受能力、环境）和多元标准。

单一标准

有三个主要的单一标准：人格标准、感受能力标准和环境标准。

人格论：有三种主要的人格标准观。（1）遗传（genetic）人格观；（2）精神（mental）人格观；（3）发育（developmental）人格观。

遗传人格，有时被称为最低限度人格或低等人格，包括所有人，不论其年龄或发育阶段。这种观点对人格有一个重要的、生物学上具有包容性的观点。罗马天主教会的教义声明《尊重从其开始的人的生命及生育的尊严》③ 谈到了人的胚胎作为"尚未出生的孩子""必须得到照护，尽可能与照护其他任何人同样的方式照护他们"。然而，按本文作者看来，"尚未出生的孩子"这一术语是反直觉的，甚至自相矛盾的：既然尚未出生怎么称孩子呢？

美国上诉法院高级法官努南（John Noonan）论证说，从怀孕到全脑死亡，人类拥有充分和必要的品质，以获得完全的道德地位。人格的标准简单而一目了然：如果你的父母是人，"你也是人"。虽然理论是清晰明了的，但其逻辑含义的实施是有限的。例如，如果前胚胎（尚未发育为胚胎的实体）具有最高的道德地位，那么对超过60%受精卵的早期自发流产这一自然悲剧就要进行全国性的抨击，或者至少要对这种肆意浪费人类生命的现象发声哀叹。④

---

① Singer, P., *Animal Liberation: A New Ethics for Our Treatment of Animals*, New York: Avon, 1975.

② Regan, T., *Defending Animal Rights*, Urbana: University of Illinois Press, 2001.

③ Vatican, "Respect for Human Life in Its Origins and on the Dignity of Procreation", *Origins*, 1987, 16 (March): 697-711.

④ Noonan, J., "An almost absolute value in history", Gorovitz, S., Macklin, R., Jameton, A. et al., *Moral Problems in Medicine*, 2nd edition, Englewood Cliffs, NJ: Prentice-Hall, 1983.

第一编 总论

精神人格。精神人格论者认为，自主个体的脑功能能确保其享有最高的道德地位。这种观点的起源是启蒙时代哲学家康德。[1] 他认为唯有道德行动者才拥有获得完全道德地位的自主性和自由，所以他将妇女、儿童和动物排除在外，因为他们被认为智力有缺陷。一些现代生命伦理学家就脑功能的意义进行了广泛的争论。这种能力被认为包括如下的个体：有自我意识和自我导向能力的人（恩格尔哈特，Tristram Engelhardt，美国哲学家[2]），能够建立有意义的关系的人（麦考密克，Richard McCormick，美国天主教神学家[3]），能够最小程度地独立存在的人（谢尔普，Earl Shelp[4]，美国自由派天主教神学家），或者拥有最小智商20~40的人（弗莱彻，Joseph Fletcher[5]，美国境遇伦理学家）。美国哲学家托莱（Michael Tooley）[6]论证说，他的人格概念是常识的概念。大多数人都会同意，任何行使以下所有能力的是一个人（person），从来没有其中任何一个能力的实体都不是一个人：自我意识的能力；思维的能力；理性思考的能力；有深思熟虑做出决定的能力；为自己设想未来的能力；记住自己过去的能力；成为非一时利益主体的能力；使用语言的能力。所以他认为孕期的生命以至婴儿均没有道德地位，堕胎和杀婴都可以得到辩护。辛格在他1979年出版的《实践伦理学》（Practical Ethics）[7] 一书中，基本上同意托莱的观点。恩格尔哈特与其他精神论者一起，认为脑功能在道德上是最重要的，但他不同意托莱和辛格关于杀婴的观点，虽然新生儿并不拥有内在的生命权，但是由于他们在社会和文化中所扮演的重要角色，他们被赋予了较高的道德地位。

---

[1] Kant I., *Groundwork of the Metaphysics of Morals*, Cambridge, UK: Cambridge University Press, 1785/1998, pp. 428-436.

[2] Engelhardt, T. Jr., *The Foundations of Bioethics*, 2nd edition. New York: Oxford University Press, 1996.

[3] McCormick, R., "Who or what is the preembryo"? *Kennedy Institute of Ethics Journal*, 1991, 1 (1): 1-15.

[4] Shelp, E., *Born to Die? Deciding the Fate of Critically Ill Newborns*, New York: Free Press, 1986.

[5] Fletcher, J., *Humanhood: Essays in Biomedical Ethics*, New York: Prometheus, 1979.

[6] Tooley, M., "Abortion and infanticide", *Philosophy and Public Affairs*, 1972, 2 (1): 37-65.

[7] Singer, P., *Practical Ethics*, New York: Cambridge University Press, 1997.

六 生命伦理学的若干概念

英国哲学家史密斯（David Smith ①）批评恩格尔哈特的这种让步是不一致的。辛格关于道德地位的概念并不包括人类的新生儿，但包括一些哺乳动物：黑猩猩、猴子，可能还有鲸类动物。英国哲学家沃伦（Mary Anne Warren ②）和雷根对哺乳动物也得出了类似的结论。

发育人格。发育人格观是精神人格观的一种变体，认为一个实体越接近无可争议的人格，如一个正常的成年人所拥有的人格，其道德地位就越高。来自生物学、天主教哲学、新教神学和哲学不同领域的许多思想家支持这种直观的、常识的径路。例如汤姆森（Judith Jarvis Thomson③）就说："newly fertilized ovum, a newly implanted clump of cells, is no more a person than an acorn is an oak tree"（刚刚受精的卵——一堆刚刚植入的细胞不是一个人，就像一颗橡子不是一棵橡树一样）。

感受能力论。与人格关注智力相反，一些思想家认为，思维被高估了。英国哲学家边沁（Jeremy Bentham④）声称，动物的痛苦和快乐很重要。他的经典之论是："The question is not, Can they reason? nor, Can they talk? But, Can they suffer?"（问题不在于它们是否能推理，也不在于它们是否能说话，而在于它们能否感到痛苦）。遵循边沁的思路，辛格提出所有拥有感受能力的实体都有利益，而对所有拥有感受能力的实体的利益都是平等地加以衡量。如果有机体关心它们的利益是否得到满足，那么就会在它们的行为中表达出快乐或痛苦。没有感受能力的有机体不可能有利益，因而没有快乐或痛苦的感觉。⑤ 尽管如此，有感受能力与没有感受能力之间的边界是模糊的。美国哲学家萨芬提兹（Steven

---

① Smith, D. Who counts? *Journal of Religious Ethics*, 2001, 12 (2): 240-255.
② Warren, M., *Moral Status: Obligations to Persons and Other Living Things*, Oxford: Oxford University Press, 1997.
③ Thomson, J., *A defense of abortion*, Beauchamp, T. and Walters, L., *Contemporary Issues in Bioethics*, Encino, CA: Dickenson, 1978.
④ Bentham, J., *An Introduction to the Principles of Morals and Legislation*, London: University of London Press, 1823/1970, p.283.
⑤ Singer, P., *Animal Liberation: A New Ethics for Our Treatment of Animals*, New York: Avon, 1975, p.15.

Sapontzis①）则说，大多数人仅在有的时候是理性的，他们的生活也充满情感、希望、辞藻、怪癖和直觉。理性并无独特的道德作用，因为没有一种被普遍认可的理性方法来要求履行绝对的义务。他支持动物—人的平等，但他特别用理性来推进他认为理性被估计过高的主张。人获得突出的道德地位至少是不言自明的。人最后是靠他们设计的规则最终获得最高的道德地位。

环境论。起带头作用的美国环境哲学家罗尔斯顿（Holmes Rolston Ⅲ②）指出，环境伦理学将经典伦理学推向一个断裂点，提出了没有感受能力的实体是否能够成为义务的对象这样的问题。换句话说，这个问题是：没有感受能力的实体有道德地位吗？以个体为中心的经典伦理学理论，以康德为代表，认为"自主的人"本身是唯一道德上值得考虑的目的。但是后康德时代的罗尔斯（John Rawls③）希望将儿童和其他缺乏理性的人包括在他的道德宇宙中，因此他将人定义为那些具有理性"能力"的人，即使这种能力发育不佳。其他一些思想家也超越了埃利奥特（Robert Elliot④）所说的"不能得到辩护的人类沙文主义"（unjustifiable human chauvinism）。当然，人类只是自然的一小部分，现在自然的其他方面——树、河、山、珍稀植物——的道德地位都在伦理学的视野之中。

个体有机体和复合生态系统。但是，生命本身在什么基础上成为道德地位的阈呢？如果物种主义（speciesism，仅仅因为物种的性质而在道德上提高该物种的地位）存在，那么按照类似的逻辑，"感受能力主义"（sentientism）的指控也适用于动物权利论者，他们武断地禁止道德考虑扩展到所有生命。虽然拟人主义认为所有道德地位都与人类的福祉

---

① Sapontzis, S., *Morals, Reason, and Animals*, Philadelphia: Temple University Press, 1987.
② Rolston, H., Ⅲ., "Values in and duties to the natural world", Schmidtz, D. and Willott, E., *Environmental Ethics: What Really Matters, What Really Works*. New York: Oxford University Press, 2002.
③ Rawls, J., *A Theory of Justic*, Cambridge, MA: Harvard University Press, 1971.
④ Elliot, R., 1995, "Introduction". Elliot, R., *Environmental Ethics*, New York: Oxford University Press, 1995.

六 生命伦理学的若干概念

有关,而生物中心主义则认为所有生命都具有道德地位。泰勒(Paul Taylor①)和瓦纳(Gary E. Varner②)都主张生物个体论,即生命的每一个有机体都具有内在价值。每个有机体都拥有独立的价值,来源于这样的前提:每个有机体的繁荣都会让世界变得更美好。此外,泰勒是一个物种平等论者,他认为所有贬低任何生命形式的标准都是不道德地强加于人的一种武断。瓦纳同意所有生物都有内在的道德价值,但他认为并非所有活着的实体在道德上是平等的。他认为拔胡萝卜和杀马一样错误的想法是愚蠢的。植物只有生物学上的需要,而马在生活中还有感受快乐和痛苦的利益,而人类拥有低等生命形式中没有的更复杂的利益。与泰勒和瓦纳不同,大多数环境哲学家倾向于整体论,而不是个体论。也就是说,他们对生态系统和物种表达了比个体生物更多的道德关切。罗尔斯顿反对经典伦理学的局限,部分原因是其对个体实体的执着:"在一个进化的生态系统中,重要的不仅仅是个体性;这个物种之所以重要,还因为它是一种随时间迁移而维持的动态生命形式。"③

道德地位能够赋予生态系统吗?如果能够,那么在发生严重冲突时,从逻辑上讲一个物种的道德地位可能会压倒几乎所有动物或植物个体的诉求。自然生态系统的存在似乎超越了过去为人类中心利益服务的道德范畴。我们需要在人类中心传统道德与迫切的地球需要之间找到应该遵循的准则。

多元标准

在后现代时代,对单一标准理论的信心已经减弱。由于学者敏锐地意识到人类建构的每一种理论都受历史条件制约,所以主要的道德哲学家在道德理论中采取折中的态度并非偶然。在罗尔斯影响深远的《正义论》④中,选择伦理理论的基础是"反思平衡"。罗尔斯是在为"无知

---

① Taylor, P., *Respect for Nature: A Theory of Environmental Ethics*, Princeton, NJ: Princeton University Press, 1986.

② Varner, G., *In Nature's Interests? Interests, Animal Rights, and Environmental Ethics*, New York: Oxford University Press, 1998.

③ Rolston, H., III., "Values in and duties to the natural world", Schmidtz, D. and Willott, E. *Environmental Ethics: What Really Matters, What Really Works*, New York: Oxford University Press, 2002, p. 35.

④ Elliot, R., *Environmental Ethics*, New York: Oxford University Press, 1995.

◇◇ 第一编　总论

之幕"背后假设的个人匿名的"原始位置"进行论证的语境下发展了这一概念，人们从中选择了理想的公正规范。体现这些规范的伦理规则，及其背后给予支持的伦理原则，以及那时人们形成的对某一行动或决策经过思考的道德判断处于一种平衡的状态。如果发生了一个新的事态，使人们形成了新的道德判断（例如由于生命维持技术的应用，人们形成了"不可逆昏迷的脑死病人应该被视为已经死亡的人"的判断），这样就与原来的规则甚至原则发生不一致。那时，人们就要按照苏格拉底的方法从具体道德判断这一端到抽象理论那一端，来回往返考虑，是修改规则和原则，还是修改规则保留原则，还是舍弃新的道德判断，以求具体道德判断、中间层次的伦理规则与抽象的伦理原则之间的平衡。所以，罗尔斯说："这是一种平衡，因为最终我们的原则和判断是一致的；它是反思性的，因为我们知道我们的判断符合哪些原则以及我们的判断来自哪些前提。"[1]罗尔斯的公正概念并不是来自不证自明的前提或原则；相反，它的辩护是许多考虑相互支持的问题，是所有因素合适组合为一个连贯的观点。罗尔斯希望伦理学不仅仅是哲学家玄想的产物，它应该有它的经验基础。沃伦[2]支持的一种"多重标准"理论是一种判定道德地位的常识性的、务实的径路，诉诸读者的道德直觉。她指出，正是这种常见的/良好的直觉，首先引起了伦理反思和判断。沃伦论证说，要证明一个社会在道德上的不足——或推理有误，或经验数据不充分——的重担就落在那些会挑战它的人身上。

在面对棘手的案例时，单一标准往往难以贯彻到底，当单一标准的理论被推到极限时，支持单一标准的理论家经常不能把他们的理论转化为合乎逻辑的结论。例如坚持胎儿已经是人的罗马天主教的思想家们并没有呼吁对早期自然流产的人类胚胎采取的医学行动加以阻止。泰勒主张所有生命形式都是平等的，但如果蚊子在传播疟疾，他会在道德上拒绝根除疟疾的努力吗？遇到这些问题时，常识的道德就会获得支持。沃伦提出的道德地位的"浮动标尺"（sliding scale）符合许多人的基本道德直觉。沿着从阿米巴原虫延伸到正常的成年人的进化标尺，神经系统

---

[1] Elliot, R., *Environmental Ethics*, New York: Oxford University Press, 1995, pp. 20–21.

[2] Warren, M., *Moral Status: Obligations to Persons and Other Living Things*, Oxford: Oxford University Press, 1997.

越复杂的生物就被赋予越高的道德地位。

尽管多元标准径路很有吸引力，但它也有缺点，它可以很容易地为道德现状提供道德辩护。例如，尽管沃伦主张对所有有机体的相对道德地位提高敏感性，但她为若干做法提供的辩护被认为在道德上令人反感，如吃肉（以及工厂化养殖）、运动狩猎，以及有时还把动物关在笼子里。另一个与多元标准、常识道德（common morality）相关的问题是，它未能在有关道德地位问题上向社会发出道义的声音。

3. 完全道德地位的概念

所有认知健全的成年人（human beings）拥有完全的道德地位（full moral status），这往往是理所当然的。其实在历史上，例如异族人、少数民族、妇女、残障人等都被归入"异类"而否认他们的道德地位。他们或者没有任何道德地位，或者赋予一些道德地位，但没有完全的道德地位。过去很少有理论对此提出挑战，现在也没有理论直接而明确地否认他们的道德地位。相反，对有认知残障的人有多大程度道德地位却有众多理论提出，例如有关残障人权利以及优生学的可允许性的争论就是由于有关认知有障碍人的道德地位理论有分歧，我们暂时撇开其背后的政治动机不谈。涉及人工流产、干细胞研究以及处理人工授精时未使用胚胎等问题的争论都涉及不同发育阶段的人或人类生命（合子、胚胎、胎儿）道德地位的理论问题。由于医学的进步而大大延长人的生命，引起无意识能力的人，包括处于持久性植物状态的人和无脑儿的道德地位问题。人并不是唯一的我们可以问是否有道德地位，如果有到什么程度的存在物。动物也有道德地位问题，也值得关注。关于治疗牲畜（例如饲养小牛、小羊为了吃小牛、小羊肉），野生动物的管理（例如杀死狼保护家畜，杀死鹿因它们群体过剩），虐待甚至烧死猫狗等伴侣动物，禁止野生动物在马戏团表演，动物园有休息日给动物放假，都涉及驯养和野生动物的道德地位问题。在某些情况下，由于发现了动物的认知具有非常高级的复杂性（如海豚、大象和类人猿），也引起道德地位的伦理问题。尽管对许多实体的道德地位在一个文化之内以及在不同文化之间有许多的争论，但人们在两点上是高度一致的：其一，所有认知健全的（指未受损的）成年人具有最高程度的即完全道德地位（full

◇◇ 第一编 总论

moral status）；其二，所有认知健全的人的婴儿以及认知严重受损的人（不能意识的人不在内）也有完全道德地位。这似乎已经成为常识。但有关人类胎儿、不能意识的人以及类似人猿的高级动物的道德地位则没有共识。①

具有完全道德地位的人往往被称为"道德人"（moral persons）。说一个实体具有完全道德地位包括：

· 一个非常严格的道德推定，即不受各种方式的干涉——毁灭实体、用实体进行实验、直接引致实体遭受痛苦等等。

· 一个强的但不一定严格的理由提供援助，以及

· 一个强的理由对实体公平对待。

有理由不受干扰

那些使用完全道德地位概念的人一致同意，在大多数情况下，即使为了另一个有价值的生物及其利益在道德上禁止我们以各种方式干涉完全道德地位，或为了任何其他价值，如艺术、正义或世界和平。例如禁止我们杀死一个具有完全道德地位的生命，以拯救一个或几个这样的生命。一些哲学家讨论这个假定时使用职责（duty）这个术语；另一些人使用权利的术语，主要关注人不被杀害的权利。② 但完全道德地位并不排除家长主义干预。一个1岁的孩子具有完全道德地位，即使如此，在某些方面以家长主义的方式对待他是允许的。反对干预具有完全道德地位的实体的道德推定有如下特点：

1. 有特别强烈的道德理由反对干预，不管这种干预是否会造成伤害。这个强有力的理由只有在特殊的情况下才能被压倒，而且可能会使许多理由不能成立。例如尽管在许多情况下（例如选择休闲活动时），快乐是采取行动的正当理由，但有人可能从杀死一个具有完全道德地位的实体中获得快乐，显然这完全不能构成采取这种行动的理由。

2. 尽管不干预具有完全道德地位的实体的推定很强，也可以被压倒，例如当大量其他人的生命处于危险之中。例如一个在公共场所持枪

---

① Stanford Encyclopedia, *Groundings of Moral Status*, 2013https：//plato.stanford.edu/entrie/grounds-moral-status.

② Feinberg, J. Abortion, Regan, T., *Matters of Life and Death*, Philadelphia：Temple University Press, 1980, pp. 183-217.

杀人的人被警察击毙。即使在这种特殊情况下，这个推定被正当地压倒，但仍然有理由对这种未能说服其缴枪而击毙他的行动表示遗憾。

3. 当这一推定未被压倒，且具有完全道德地位的实体受到干扰时，那么该行动不仅是错误的，而且该实体受到错误的对待。

4. 不干涉有完全道德地位的实体的理由比不干涉具有一些但不是完全道德地位的实体的理由更强。例如在医学实验中不杀死具有完全道德地位的实体的理由要比不杀死处于类似情况的兔子的理由更强，兔子的道德地位较低。这意味着，在其他条件相同的情况下，不杀死一个具有完全道德地位的实体的理由很难被不杀死一个道德地位较低的实体的理由压倒。①

有强的理由提供援助

有些哲学家认为有理由提供援助给具有完全道德地位的实体，其理由要比提供给仅有一些或没有道德地位的理由要强。② 想象一下这样的情境：一个人正在救助一个遭受一定伤害（疼痛、不适或死亡）的人。当面临选择救助一个具有完全道德地位的人还是救助一个没有完全道德地位的人时，那么有更强的理由选择完全道德地位。即使在援助事实上不可能时，假设其他条件不变，对完全道德地位无法援助留下来的道德遗憾感也比没有完全道德地位更严重。需要注意的是，即使完全道德地位推出有强的理由提供援助，反之则不然。有更强的理由提供援助给一个人而不是给另一个人不一定能被推出，接受援助的人具有更高的道德地位。

有强的理由公平对待

有些观点强调，具有完全道德地位的实体的可比较利益在道德决策中同等重要，那就有更强的理由公平对待他们。例如当在这些人中分配物品（goods）时，在他们全能同等受益的情况下，要排除特殊目的、关系或对物品的独立要求，我们有强的理由平等地分配这些物品。在有些情况下人们分配的是满足需要的物品，而在另一些情况下分配的物品

---

① Stanford Encyclopedia, *Groundings of Moral Status*, 2013, https://plato.stanford.edu/entrie/grounds-moral-status.

② Jaworska, A., "Caring and full moral standing", *Ethics*, 2007, 117: 460-497; Broome, J. Fairness, *Proceedings of the Aristotelian Society*, 1990-1991, 91: 87-101.

不是接受者的需要，但也终归是感激的。不管是哪一种情况，有强的理由在他们中间公平分配这些物品。这个理由不一定适用于缺乏完全道德地位的实体，例如农民不一定担心分配给奶牛或鸡的食品是否公平。

4. 完全道德地位的根据

有关道德地位的根据问题，有两种观点：阈值（threshold）观与尺度（scale）观。根据阈值观，如果能力（capacity）是 FMS 的根据，那么任何具有 C 的实体，不管他运用 C 的能力如何，则具有与任何其他具有 C 的实体一样高的道德地位，这个道德地位是完全的。如果 C 不仅是 FMS 的必要条件，而且是充足条件，那么任何缺乏 C 的实体就不具有 FMS，尽管阈值观没有讨论具有某些特定？（即部分 C 或比 C 差一些但接近 C）是否可构成较低程度道德地位的根据。与之相对照，道德地位的尺度观则认为，如果能力 C 是道德地位的根据，具有 C 的任何实体都有某些道德地位；它运用这种能力越好，它的道德地位就越高。[①] 有一种可供选择的办法来区分道德地位的阈值观与尺度观。这些观点不管集中于能力 C 运用得有多好，反之集中于某一实体具有的相关能力的数量。阈值观可规定相关能力某个数量 n 作为 FMS 的必要条件和充分条件。尺度观则认为，具有 n+1 能力的实体比只有 n 能力的实体具有更高的道德地位。

尽管道德地位的阈值观和尺度观都考虑到道德地位的程度，但它们都面临各自的困难。例如，阈值观允许道德地位不连续的可能性，这可能看起来是武断的。例如，一个有 C 但只能很差地使用它的实体和一个没有 C 的存在之间的差异可能看起来不是很大，但是如果 C 是 FMS 的根据，那么前者将拥有完全道德地位，而后者可能没有道德地位。然而，阈值观的支持者可能会回答说，如果 C 是一种有价值的能力，那么一个有能力但做得很差的实体，与一个没有这种能力的生物相比，前者已经就优于后者了。此外，如果道德地位较低者有除了 C 以外的其他能力，那么这可能会消除有 C 的人和没有 C 但有其他能力的人之间巨大的地位差距。此外，尺度观可以很容易地解释道德地位较低的程度，但却

[①] Arneson, R., "What, if anything, renders all humans morally equal"? *Jamieson, D. Singer and His Critics*, Oxford: Blackwell, 1999: 103-127.

六 生命伦理学的若干概念

可能违背常识直觉。例如，如果智能起了与 C 一样的作用，那么尺度观就会声称那些智能更高的人比那些智能不那么高的人有更强的不被杀死的权利，这与常识直觉是相反的。①

高级认知能力

对完全道德地位根据的解释之一是，当且仅当一个实体具有非常复杂的认知能力时才具有 FMS。这些能力可能是智力上的，也可能是情感上的。历史上，最著名的高级智力能力解释是由康德提出的，根据他的观点，自主性，即通过实践推理来设定目的的能力，必须得到尊重，并为所有理性实体的尊严奠定基础。没有理性的实体可能仅仅被当作一种手段。有的当代哲学家认为，拥有意志的能力（capacity to will）就足以拥有尊重的权利。② 人们提出的其他智力能力，即使不总是被接受作为 FMS 的根据，或至少是与一个人相关联的权利和他独特的价值，包括自我知晓（self-awareness）或知晓到自己是一个连续的精神状态主体；在他的欲望和计划中是以未来为导向的。③ 在情感方面，人们提出的一种高级能力是关怀的能力，它有别于仅仅是欲望的能力。

根据高级认知能力的解释，完全道德地位所凭借的根据不是关系性的：道德地位的来源既不是个体所处的关系（例如在某一物种中拥有成员资格），也不是能力的运用需要另一个人积极的参与（例如以某些相互回应的方式与他人交往的能力）。在某些版本中，有关能力的运用甚至不需要任何其他人的存在，而在另一些版本中，最多只需要另一个人的存在（如关心某人的情况），但不一定要那个人积极参与。个体之有 FMS 仅仅是因为他们可以自己从事某些高级认知行动。而且，任何具有这些高级认知能力的实体都有完全道德地位，因此这些解释避免了人类中心主义。然而，由于大多数（但不一定是所有）动物都缺乏高级复杂的认知能力，它们无法获得与未受损的成年人同等的道德地位。与之

---

① Wikler, D., "Paternalism in the age of cognitive enhancement: do civil liberties presuppose roughly equal mental ability"? Savulescu, J. and Bostrom, N., *Human Enhancement*, Oxford: Oxford University Press, 2009, pp. 341-356.

② Quinn, W., "Abortion: Identity and loss", *Philosophy and Public Affairs*, 1984, 13: 24-54.

③ McMahan, J., *The Ethics of Killing: Problems at the Margins of Life*, Oxford: Oxford University Press, 2002, pp. 45, 212-214, 216, 242.

◇ 第一编 总论

类似，根据这些观点，类似红杉树或胎儿的一个生命有机体以及非个体实体（如物种和生态系统），则不会有完全道德地位。

其中一些观点（如康德的观点）不允许有完全道德地位以外的任何道德地位，因此认为没有达到完全道德地位门槛的人根本就没有道德地位。其他观点则与认为认知不那么高级的实体具有较低的道德地位的看法相容。还有一些人①明确地坚持所有有感受力的生物都有一定程度的道德地位。

对高级认知能力解释的主要反对意见是它们的包容性不足。不仅一些环保主义者和动物保护主义者认为这一观点不够包容，例如婴儿缺乏高级认知能力，因此不能满足完全道德地位的这一必要条件，只提供完全道德地位充分条件的版本似乎更有理，因为它们为完全道德地位留下了开放的可供选择的途径。但这样的说法仍然没有解释婴儿的道德地位，可能与狗和兔子的道德地位相当。当然，虽然这些观点允许有非常强的理由不杀死人类婴儿，如这将是不尊重和有害于婴儿的父母，它很可能会给杀手造成心理伤害的等等，但这些理由与婴儿的道德地位无关，因为它们不是为婴儿自身着想的理由。②

一些人认为，高级认知能力的阈值观包含了一种主张，与对所有具有 FMS 的人的平等道德地位的解释不相容。根据高级认知能力观的阈值观，任何到达符合阈值的实体都具有完全的道德地位。既然地位已经完全了，就没有更高的地位可以达到了。尽管如此，有人也许认为如果拥有一些阈值水平的高级认知能力（例如设置目的）使得道德地位有差别，那么拥有把这个做好的能力（例如很好设置目的的能力）应该导致拥有一个甚至更高的地位。或者，能力越高，地位越高。因此，两个都达到阈的人，毕竟不会有平等的道德地位。例如将一个普通成年人设定目的的能力与一个认知贫乏的人相比，后者在其一生中只能设定几个目的，只能在考虑两三个简单的可供选择的办法基础上做出一些选择。仅仅规定做好一项活动的能力的差异不影响一个人的地位是不够

---

① McMahan, J., *The Ethics of Killing: Problems at the Margins of Life*, Oxford: Oxford University Press, 2002, pp. 45, 212-214, 216, 242.

② McMahan, J., *The Ethics of Killing: Problems at the Margins of Life*, Oxford: Oxford University Press, 2002, pp. 45, 212-214, 216, 242.

的。这种解释需要提供说明,为什么这些差异不重要。因此,如果一个人接受这样的说法,即做好一件事的能力有助于拥有甚至更高的道德地位,那么他就必须拒绝阈值观。

另一种相关的说法是,高级认知能力理论的阈值观的一个优点是,与其他动物相比,它区分并提高了认知未受损的成年人的道德地位。然而,一旦高级认知能力的重要性被突出出来,似乎不仅是能力的拥有,而且是如何运用它,与一个人的地位在道德上相关。既然不是所有认知未受损的成年人都能同样好地运用这种能力,那么似乎也不是所有认知未受损的成年人都具有同等的道德地位。因此,应将阈值观的这种解释与高级认知能力解释结合起来,并不是所有认知未受损的成年人都具有同等的道德地位。

发展高级认知能力的能力

至少从常识的观点来看,只要对上述解释做一修改就可以避免不包括婴儿的问题。修改如下:高级认知能力或发展这些高级能力的能力对于FMS来说是必要且充分的。这通常在文献中被标记为"潜能"(potential)解释[1],尽管一些作者没有使用这个术语,而是说,例如由于失去"像我们一样的未来"而杀人是错误的。[2] 人们也可以把潜能当作某些道德地位的基础,但不是完全的道德地位,[3] 或者只是道德地位的增强剂[4]。对潜能的解释观点各有不同。例如一些人否认即将死亡的胎儿作为胎儿具有相关的潜能。[5]

这些潜能解释避免了人类中心主义,却没有使大多数动物的道德地位得到同样的提升。但他们也包括了没有很好发育的人:不仅是婴儿和一岁大的孩子,甚至早期的胎儿也有能力发展高级认知能力(除非是不

---

[1] Stone, J., "Why potentiality matters", *Canadian Journal of Philosophy*, 1987, 17: 815-829.

[2] Marquis, D., "Why abortion is immoral", *The Journal of Philosophy*, 1989.86: 183-202; Marquis, D., "fetuses, futures, and values: A reply to Shirley", *Southwest Philosophy Review*, 1995.6: 263-5.

[3] Harman, E., "Creation ethics: the moral status of early fetuses and the ethics of abortion", *Philosophy and Public Affairs*, 1999.28: 310-324.

[4] Harman, F., "The potentiality problem", *Philosophical Studies*, 2003, 114: 173-198.

[5] Steinbock, B., *Life Before Birth: The Moral and Legal Status of Embryos and Fetuses*, New York: Oxford University Press, 1992, pp.9, 13, 68-70.

◇ 第一编 总论

寻常的情况）。然而，这些潜能解释对于解释所有拥有 FMS 的实体具有平等地位的问题没有任何进展，因为高级能力可以在不同程度上很好地运用，仍然被视为道德地位的来源。而且，这些解释对那些对非人动物、树木、物种和生态系统的道德地位感兴趣的人毫无帮助。

不过，对这一异议仍有反驳的余地。毕竟，我们对待有潜能的人和没有潜能的人是不同的。我们提供额外的音乐指导、音乐奖学金，并为那些有潜能成为伟大音乐家的人创建音乐夏令营，而我们不为那些缺乏这种潜能的人这样做。虽然作为一个可能成为成年人的人并不给予一人投票的权利，但也许它使我们有理由就儿童的未来地位和利益担任受托人，从而教育他们在成年时成为选民；如果我们忽略了为孩子们做好准备，孩子们似乎会受到不当对待。这样，我们对待孩子的方式就和对待那些缺乏成为成年人潜能的狗不同，即使他们现在都不是成年人。也许这种对待上的差异甚至会延伸到不采取引致相关潜能丧失的某些行动（例如杀人）。当涉及胎儿时，也许也可以这样来回应。关于未来类似我们（future-like-ours），一些人论证说，仅当实体与未来的人有充分的心理联系时使这种潜能丧失才在道德上有问题，而胎儿缺乏这种充分的联系。[1]

尽管潜能解释比高级认知能力的解释更接近于常识观，但这个观点仍然不够包容。许多有意识的人的认知障碍既严重又持久，不能满足这些解释的条件，以提升其道德地位。这可能是因为，目前患有严重的永久性认知障碍的人，一旦拥有了高级认知能力，就会因为过去拥有这些能力而具有完全道德地位。但目前还不清楚如何为这种主张辩护。而且，从未拥有高级认知能力的永久性严重认知受损的人的道德地位仍未得到解释。即使是只提供完全道德地位充分条件的解释，他们的道德地位仍然悬而未决，可能与同样缺乏高级认知能力和发展这些能力的动物一样。

基本认知能力

作为对刚才讨论的批评的回应，我们可以降低完全道德地位所必要而充分的认知能力标准。如果拥有的认知能力足以使认知能力严重受损

---

[1] McInerney, P., "Does a fetus already have a future-like-ours"? *Journal of Philosophy*, 1990. 87: 264-268.

的人也有资格拥有完全道德地位。这样的解释可诉诸体验快乐或痛苦的能力（感受能力sentience），有利益或基本的情感或意识的能力。在发育不同阶段的胎儿是否会因此而有完全道德地位，这取决于诉诸何种初级的能力。例如，早期胎儿有利益，但没有意识。

这种迁就不太符合常识观点，常识观会认为它过于包容。大多数（但不是所有）动物都符合这些降低了的完全道德地位标准——它们具有感知快乐、疼痛、兴趣和意识的能力——因此它们的道德地位将与大多数人类（即所有拥有这些基本能力的人）相当。例如，一些作者声称，尊重理性本性推出尊重那些只有部分理性本性或其必要条件的实体。[1] 这种观点似乎将动物、婴儿和认知能力严重受损的人（所有这些人都只表现出部分理性本性）视为在道德上是同等的（参见奥尼尔[2]对这种康德式径路的批评）。许多此类观点的倡导者明确而愉快地接受这种包容性，并拒绝接受关于动物地位的常识观。

有些哲学家回避道德地位的语言，而且他们在任何情况下都不允许它有程度之分。他们声称，所有具有相关基本认知能力的人都应该得到"平等的道德考虑"。例如一个人的行动会引起某种程度的痛苦这一事实是一个避免这种行为的理由，不管什么样的实体经历这种痛苦。辛格以这种"平等考虑"观点闻名，尽管他似乎也含蓄地允许给予有自我意识的实体更高的道德地位，并给予更多的道德考虑（例如"生命权"）。虽然平等的道德考虑径路似乎意味着同等对待人和大多数动物，但它的许多辩护者否认这一违反直觉的含义，他们指出两个实体能够得到平等的考虑，但由于受到影响的利益的差异，要求区别对待。例如一个未受损伤的成年人在被杀死时所承受的损失，比一只鸟所承受的损失要大得多。例如预见能力可以带来更重大的利益，因此具有这种或其他高级认知能力的人更容易受到死亡的伤害。[3] 潜能还可以说明在维

---

[1] Wood, A., "Kant on duties regarding nonrational nature", *Proceedings of the Aristotelian Society Suppl*, 1998.72: 189-210.

[2] O'Neill O., "Kant on Duties Regarding Nonrational Nature", *Proceedings of the Aristotelian Society Suppl*, 1998.72: 211-228.

[3] Rachels, J., *Created From Animals: The Moral Implications of Darwinism*, Oxford: Oxford University Press, 1990, pp.186-194; DeGrazia, D., *Taking Animals Seriously: Mental Life and Moral Status*, Cambridge: Cambridge University Press, 1996.

第一编 总论

持两种实体的平等道德地位的同时，基于利益受到影响对他们差异对待。例如考虑到是婴儿而不是猫拥有在认知上高级的未来的潜能，有一个更强的理由不伤害婴儿而不是猫，虽然这不是一个明确的平等考虑的观点。即使是那些不回避道德地位语言的人，也可以诉诸受到影响的利益的差异来为道德上平等的人所受不平等待遇辩护。诚然，在某些情况下，对谁的利益在道德上更重要进行比较判断，从而对差别对待做出判断，可能是困难的，部分是由于难以知道与我们截然不同的思维能力，也很难比较不同物种的福祉。[①]

尽管允许对道德上平等的实体作差别处理，上述解释仍不能与常识性观点相一致，因为他们不能解释，与许多动物相比较（如狗），对有意识的但患严重的不可逆转的认知障碍的人和在获得高级认知之前由于疾病将死亡的婴儿作有差别的处理，因为在这里受影响的利益是类似的。因此，虽然人们可以承认基本能力是某些道德地位的根据，但人们必须用这种能力以外的理由来解释人类和大多数动物之间道德地位的差异。

请注意，如果要赋予所有生物任何道德地位，就必须考虑一个更基本的特征，即非认知特征。例如人们可诉诸拥有自己的利益或福祉。[②] 如果对"利益"作广义理解，那么无意识的实体，如植物、物种和生态系统都有利益，从而有了一些道德地位。[③] 当然，这些观点面临的挑战是要说明如何解决所有拥有福祉或利益的实体之间不可避免的冲突。仅仅提供裁决这些冲突的原则是不够的：人们为这些原则辩护不可以考虑实体的道德地位为根据，因为他们的地位被认为是平等的。

在认知上高级的物种的成员

一种避免上述论述的关键问题的方法是将人类物种的成员资格作为完全道德地位的充分条件。这种观点并不是说人类物种本身就

[①] Naess, A., "The deep ecological movement: Some philosophical aspects", *Philosophical Inquiry*, 8: 10-31.

[②] Johnson, L. A., *Morally Deep World: An Essay on Moral Significance and Environmental Ethics*, Cambridge: Cambridge University Press, 1993, pp. 146, 148, 184, 287.

[③] Dworkin, R., *Life's Dominion: An Argument about Abortion, Euthanasia, and Individual Freedom*, New York: Vintage Books, Chapter 3, 1993.

六 生命伦理学的若干概念

有完全道德地位,而是说作为这个物种的成员资格赋予一个人完全道德地位。而英国生物学家德沃金(Richard Dworkin)实际上提出了这一观点,尽管没有区分这个版本和下面讨论的修改版本。英国社会哲学家本恩(Stanley Benn)[①]认为人类物种的成员资格对于完全道德地位来说是必要且充分的。请注意,属于人类物种是一种关系特征(作为同一类的一个成员),与到目前为止所考虑的这些论述引用的特征不同。

如果有非人的认知高级个体,如高等动物或外星物种,他们似乎应该享有与人同等的高道德地位。因此,这种解释不应该使人类物种的成员资格成为完全道德地位的必要条件,但决定性的是:拥有高级认知能力或属于人类物种对于完全道德地位来说是必要和充分的。

通过引入后一条件(人类物种成员资格),这种观点不仅可以为婴儿和严重认知受损的人建立完全道德地位,甚至可以为胎儿和永久无意识的人建立完全道德地位。而且,任何缺乏高级认知能力的非人个体,包括大多数(但不是所有)动物,都缺乏完全道德地位。因此,这个观点很好地解释了常识观点。然而,这种观点无助于为非人动物、树木、物种或生态系统具有道德地位提供根据。

这种径路的一个可能的代价是对完全道德地位失去了统一的解释。也就是说,现在有两条途径到达完全道德地位:拥有高级认知能力或属于人类物种。一个人是否具有高级认知能力纯粹由心理学决定,而一个人是否属于人类物种则纯粹由生物学决定。当然,人类物种(与其成员资格标准相反)都用心理和生物学表征,因此在这个意义上,第二种途径与到达完全道德地位的第一种途径是有关的。

第二个问题是,严重认知受损的人与其他具有类似高级认知物种成员(也存在类似的严重认知障碍)之间存在一种武断的区分。例如想象一个认知高级的"火星人"生物物种,其中有一些严重认知受损的成员。即使一个受损的火星人和一个受损的人具有同样有限的认知能力,而且即使他们与他们物种的成员有相同的形而上学关系(他们都是某一种生物类型的符号,其未受损伤的成员认知是高级的),这些论述

[①] Benn, S., "Egalitarianism and equal consideration of interests", Pennock, J. and Chapman, J., *Nomos* Ⅸ: *Equality*, New York: Atherton Press, 1967, pp.61-78.

也将他们视为不同的道德地位。这是不可接受的武断。

人们可以通过把一个具有高级认知能力的物种的成员资格替换为人类物种的成员资格，而把人类物种的成员资格作为完全道德地位的第二个充分条件来修正这一论述①的这种径路往往是隐含的，而不是明确的陈述和辩护。例如，美国专家科尔斯伽德（Christine Korsgaard）②认为婴儿和严重认知受损的人是理性行动者——大概是在作为"理性行动者"这个类的成员的意义上——因此值得尊重。

这个版本的论述现在更加统一，避免了上述武断的指控，同时保留了与常识观的一致。完全道德地位的两个充分条件现在最终都诉诸高级认知能力的价值，所有高级认知物种的认知受损成员都具有相同的道德地位。而且，大多数动物仍然缺乏完全道德地位，因为它们认知不高级，它们物种的认知也不高级。此外，该论述在说明具有完全道德地位的实体的平等地位时也取得了相当的进展，因为它提出获得完全道德地位的主要途径，在一个认知高级物种里的成员资格是一种全有或全无的特征，而没有程度问题。

然而，即使这个修改的版本也有问题。首先，一个人是否属于某一特定物种取决于生物学标准，例如可以与谁交配，谁生的，或者是否有相关的 DNA。但目前还不清楚为什么这些生物学标准与道德地位有关。例如人类物种是一个道德上相关的范畴，因为该物种的部分特征是道德上相关的属性，如高级智力和情感能力，而不仅仅是生物学标准（如交配能力）。但是，为什么一个物种的象征性成员，一个缺乏这些道德能力的象征性成员，应该从它所属的类型（物种）中获得道德地位，对这一点并不清楚。如果该类型的成员资格不要求任何与道德相关的特征，那么该成员资格如何能够与道德相关呢？因此，这种修正的解释有

---

① Cohen, C., "The case for the use of animals in biomedical research", *New England Journal of Medicine*, 1986.315：865-870；Scanlon, T., *What We Owe to Each Other*, Cambridge, MA：Harvard University Press, 1998, pp.185-86；Finnis, J., "The fragile case for euthanasia：A reply to John Harris", Keown, J., *Euthanasia Examined*, Cambridge：Cambridge University Press, 1995, pp.46-55.

② Korsgaard, C., "Fellow creatures：Kantian ethics and our duties to animals", Peterson, G., *The Tanner Lectures on Human Values*, Volume 25/26, Salt Lake City：University of Utah Press, 2004, pp.79-110.

六 生命伦理学的若干概念

其自身的武断问题。① 美国哲学家麦克曼（Jeff McMahan）提供了一个特别有趣的例子，这个例子涉及认知能力增强的超级黑猩猩，根据正在考虑的论述，它对未增强的黑猩猩的道德地位产生了违反直觉的结果。例如，如果超级黑猩猩的数量超过了普通的非增强黑猩猩，那么黑猩猩物种的标准就会改变，仅仅因为这个理由，非增强黑猩猩就会获得更高的道德地位。一个有关违反直觉的后果是，如果超级黑猩猩成为自己的物种（通过基因疗法和杂交），这个新创建的黑猩猩物种的认知受损成员具有与未受损的普通黑猩猩相同认知能力，那就会有非常不同于普通黑猩猩的道德地位。然而，除了它们的物种分类，这两只黑猩猩在所有方面都是相同的。

还要注意的是，根据这种论述，无脑人类婴儿（出生时没有高级大脑）是人类物种的一员，因此会有完全道德地位。但有些人可能会发现，这种包容性违反直觉。

包容无脑儿可能有问题，但这似乎并不适用于李特尔（Margaret Little）② 主张的基本观点，即完全道德地位是在怀孕后期获得的，那时本是一个人类有机体的胎儿成为一个人。她并没有说，什么是一个人的标准，但她可能部分地遵循加拿大哲学家奎恩（Warren Quinn）认为一个人就是一个属于人类物种的人以及具有学习的能力，后一特征将把无脑儿排除在外。虽然根据这一观点，作为一个人不仅仅是一个生物问题，但这一观点仍然没有解决武断的问题，因为这一观点认为，在道德上无关的、仅仅是人类物种成员的生物学特征确实会对道德地位产生影响。

人们可能会认为，如果有关完全道德地位的标准完全不根据高级认知生物物种的成员资格考虑，而是根据高级认知类别的成员资格考虑，那么上述异议是能够克服的。然而这种径路面临着一个两难境地：要么（1）一个认知高级的类别不包括决不能够有高级认知的成员，从而漏掉了许多认知严重受损的人或（2）认知的高级性并不是成为一种认知

---

① Sumner L., *Abortion and Moral Theory*, Princeton: Princeton University Press, 1981, pp. 212-214, 216; McMahan J., *The Ethics of Killing: Problems at the Margins of Life*, Oxford: Oxford University Press, 2002, pp. 45, 212-214, 216, 242.

② Little, M., "Abortion and the margins of personhood", *Rutgers Law Journal*, 2008. 39: 331-348.

高级类别成员资格的要求，但这样这种成员资格似乎并不要求道德上有关的特性，并且它的道德相干性就变得可疑了。

物种关系

有些观点不仅诉诸高级认知能力，也诉诸物种关系来为不干预、援助和公平对待寻找根据。根据这种解释，由于处于与一个个体的关系之中，特定的行动者必干预这个个体或必须尊重他的权利。根据一种流行的版本，相干的关系是作为一个共同体的伙伴成员，这个共同体是由相同生物学物种所有成员组成的。[1]

其他作者关注非物种关系不是作为道德地位的充分根据，而是作为道德地位的增强者。例如，假设拥有福祉、感受或意识（动物和人都拥有）就足以获得某种道德地位（例如，不受伤害和得到帮助的微弱权利）。例如当该个体与某一道德行动者处于一种特定的关系中时，这种关系就是共同属于一个共同体，这种地位就是完全的（例如权利是完全的）。该共同体成员资格的要求不一定是严格生物学的，但可以既是生物学的又是认知的，或者仅仅是社会的。[2] 作为某人的孩子也是一种特殊的关系，有些人以此来提高道德地位。[3] 这不要与声称作为某人的孩子的生物社会关系本身就足以拥有 FMS 混为一谈，这仅仅是道德地位的提升者。[4]

所有对这些特殊关系的解释都避开了高级认知物种解释的一个缺陷。不干预（或援助等）的理由不是基于作为一种与道德无关的成员资格标准的类型标记，仅仅属于一个物种或其他类型的群体不是不干预的理由的来源。反之，通过作为一个物种或另一类型群体的成员，一个象征性的个体因此处于与这个群体的另一个象征性成员的关系之中，而这种关系被认为是不干预的理由的来源。此外，一般地说，处于一种特殊的关系中，例如某一物种关系是一个全有或全无的特征，而不是一个

---

[1] Nozick, R., "Do animals have rights"? in his *Socratic Puzzles*, Cambridge, MA: Harvard University.

[2] Warren, M., *Moral Status: Obligations to Persons and Other Living Things*, Oxford: Oxford University Press, 1997, pp. 164-166, 174-176.

[3] Steinbock B., *Life Before Birth: The Moral and Legal Status of Embryos and Fetuses*, New York: Oxford University Press, 1992, pp. 9, 13, 68-70.

[4] Kittay, E., "At the margins of personhood", *Ethics*, 2005, 116: 100-31.

六 生命伦理学的若干概念

程度的问题。如果是这样，特殊关系解释可以据此说明那些具有完全道德地位的人的平等地位。

这些径路的一个核心问题是，它们并没有真正为道德地位提供一种解释，而只是为特殊行动者和讨论中的那个人提供了解释。一个实体的道德地位应该给予每一个道德行动者，不论是人类行动者还是非人行动者提供保护这些实体的理由。但是，相比之下，根据这些解释，只有那些属于同一物种的道德行动者，或者与存在有某种其他特殊关系的人，才有理由不杀死这个实体。[1] 例如一个人由于与其他人类婴儿处于某种物种关系之中（通过物种共同体），有理由不去杀死人类婴儿，而火星人则没有这个理由，因为它与人类婴儿缺乏这种物种关系。与之类似，例如一个人并没有理由不去杀死一个猿类婴儿，即使成人的猿有高级认知，因为二者并不处于某种特殊的以物种为基础的关系之中。构成特殊义务的这类理由与构成道德地位的理由在性质上是不同的，构成道德地位的理由是不偏倚的。请注意两种理由之间的对比：一个理由是说，一个父母不可杀他的孩子，理由是他或她有做父母的义务；而另一个理由是说这个孩子的道德地位，使孩子具有道德地位的理由是没有偏倚的。

就特殊关系解释打算为完全道德地位的概念提供根据而言，它们还会遇到前面遇到的另一个问题：它们不是统一的，因为它们提供了两条到达完全道德地位互不联系的途径（高级认知能力或特殊关系）。

从生命伦理学的视角而言，衡量理论的主要标准是它解决我们面临的在实践中提出的伦理问题的能力，在复杂的情境下我们不可能运用单一的标准，应该也可以采用多元标准，在不同的情境下采用不同的标准。例如涉及人的道德地位，我们可以采用物种标准（有没有道德地位，但要区分人（human being 或 human person）与人以前的 human life，从受精卵、胚胎到胎儿）和能力标准（道德地位高低）；涉及动物的道德地位，我们可以采用感受能力标准；涉及环境保护，我们可以用对生态保护的贡献为标准。

（雷瑞鹏、邱仁宗）

---

[1] McMahan, J., "Our fellow creatures", *The Journal of Ethics*, 2005.9: 353-380.

七 论"扮演上帝角色"的论证

（一）概论

根据希腊神话，伊克西翁是希腊塞萨利地方阿庇泰国王，他要求邻国国王狄俄尼斯把女儿嫁给他，狄俄尼斯向他索要一大笔嫁妆。伊克西翁邀请狄俄尼斯参加一个宴会，乘机将他推进炭火熊熊的大坑烧死。伊克西翁的背信弃义、蓄意杀人的罪行激怒了国人，他被迫逃到主神宙斯那里，宙斯宽恕了他，给他净罪，并邀请他作为客人进入奥林匹斯山。伊克西翁一到奥林匹斯山就爱上了宙斯的妻子赫拉，并要和她睡觉。宙斯得知后大怒，罚他下地狱，把他缚在一个永远燃烧和转动的轮子上，被称为"伊克西翁之轮"，让他受尽折磨，永世不得翻身。①

这也许是"扮演上帝角色"这一说法的最初来源：在这里伊克西翁是要扮演赫拉性伴的角色，于是遭到上帝，即宙斯的惩罚。1931年神权保守主义者用"扮演上帝角色"这一说法来反对《弗兰肯斯坦》电影中的人造人。②此后在讨论临终病人的生死决策、基因工程以至最近的合成生物学问题，人们往往用"扮演上帝的角色"进行反对的论证，也有人主张在例如抢救濒危物种方面我们就是要扮演上帝的角色。③

在讨论"扮演上帝的角色"这一论证前，让我们先讨论一下一个有效的论证应该具备哪些条件？

第一个条件是一个有效的论证应该是普遍的，适用于所有参加论争

---

① Ixion, https://www.greekmythology.com/Myths/Mortals/Ixion/ixion.html.
② 根据 Mary Shelly 的小说 *Frankenstein*: *or, The Modern Prometheus* (1818) 改编。http://en.wikipedia.org/wiki/Playing_God_(ethics).
③ Joseph, C., 2012, *Playing God in the Eve of Extinction*, Amazon Digital Services, Inc.

的人，即进行正面论证和反面论证的人。但扮演上帝角色的论证不具备这个条件。因为这个论证的前提是承认上帝的存在，但对于认为上帝的存在并无充分的证据的人，这一论证就不适合他们了。

第二个条件是一个有效的论证应该是理性的，即应该既符合逻辑推理的规则，又不违背目前科学证据的支持或由科学证据证明的常识或科学知识的支持。这一论证也不符合这个条件，许多人认为不但逻辑推理推不出上帝的存在，断言上帝存在也无法获得科学证据的支持或用科学方法获得的证据的支持。对上帝的存在及其扮演的角色主要靠信仰来支持。

第三个条件是论证中所使用的概念应该是清晰的、明确的。但在扮演上帝角色的论证中对什么是"上帝扮演的角色"的意义往往是不明确、不清晰的，人们对此的诠释有许多的歧义。

（二）"扮演上帝的角色"作为论证的困难

在许多情况下，扮演上帝的角色只是作为一种说法被提出，并未形成系统的论证。人们在遇到科学或技术上的新发现、新突破时，往往断言不应该做出某种决定或不应该采取某种行动，因为这样做是"扮演上帝的角色"。显然，单单做出这类断言不是论证，但可以将这种断言发展为一种论证。然而，由于人们很容易喊出"这是扮演上帝的角色"，所以也就很少有人劳神把它发展为一种比较像样的论证。这就是为什么大多数人只是说出这句话而已，而实际上并不是在作论证。美国佛罗里达大学哲学教授拉波斯埃（Michael LaBossiere）[1]认为可以从三个方面来理解"扮演上帝的角色"这一说法。

就字面上说，这种说法基于三个假定：

假定1：是上帝存在着。

假定2：是上帝要或命令某种决定不应该做出或某种行动不应该做。

假定3：我们应该做上帝想要的，或服从上帝的命令。这就牵涉到我们被要求一种接受上帝命令的理论，即上帝下了命令要做的就是对

---

[1] LaBossiere, M., *The 'Playing God' Argument*, http://aphilosopher.drmcl.com/2008/01/04/the-playing-god-argument.

第一编　总论

的，上帝禁止要做的就是错的。

如上所述，在世界人口中只有一部分人（虽然是很大一部分）相信上帝的存在，对于大多数不相信上帝存在的人，这种说法就失去意义，也不可能在相信上帝存在的人与不相信上帝存在的人之间就这个说法进行富有成果的讨论。

从隐喻的角度看，这种说法基于这样的假定，即人们不应该仿佛是上帝那样去做出决定或采取行动。在这种情况下，对于说"仿佛是上帝那样去做出决定或采取行动"是什么意思，就要做出界定。人们通常用傲慢或越出正常约束范围以外的行动来界定这个意思。但对为什么人们不应该做这种事，是必须加以辩护的。在这种情况下，人们往往意会地或潜藏地去诉诸上帝命令理论之外的一种道德理论。例如，认为人们扮演上帝角色会有可怕的后果，此即一种后果论的立场。可是这样一来，使用"扮演上帝角色"这一说法就显得没有必要了，人们直接诉诸后果论就行了。

对于不信上帝的人，我们也许可以将"上帝"比喻为中国的"天""上天"或"天命"，上天会给你做出你应该有的决定，你不应该去扮演上天的角色。也许我国很多人有类似的想法，这种想法的问题与不要扮演上帝的角色的说法是一样的。并不是所有中国人都相信"上天"或"天命"，而且也许相信的人现在也越来越少了。有时人们会这样说："不应该做这种事，做了会得不到好报。"这就是在诉诸后果论了，不同的是似乎这个不好的后果是上天给你的报应，不是各种因素相互作用的结果。也可以将上帝比喻为"自然"或"自然律"，不要扮演上帝的角色可以当作一种告诫：不要去做违反自然或自然律的事。这样，又会产生"违反自然"和"违反自然律"是什么意思的问题。也许可以将"违反自然"理解为"违反天性"（Nature 这个英文词既指自然，又指天性），人们不应该去做违反天性的事，但"违反天性"又是什么意思？"天性"是基因决定的特性，还是生活经历形成的习性（可能是遗传因素与社会环境因素相互作用的结果），也是难以确定的；也很难说做违反其基因决定的特性或违反其生活经历形成的习性的事，都是不应该的。例如有人因基因特点对酒精容易上瘾，或由于家庭或个人不如意的经历往往需要"借酒浇愁"，似乎不能说我们劝他戒酒或帮助他戒酒是不应该的，因为这违反了他的"天性"。

七 论"扮演上帝角色"的论证

从方法论角度看,"扮演上帝角色"这一说法可包含三个步骤:

步骤1:论证做出有关X的决定或做Y一事是扮演上帝的角色。

步骤2:论证人们不应该去扮演上帝的角色。

步骤3:结论是人们不应该做出X的决定或去做Y一事。

完成这三个步骤需要做相当量的工作。完成第一步要求充分显示所说的决定或行动是在扮演上帝的角色。要做到这一点就要求对什么是扮演上帝的角色和这一具体的行动或决定是怎样扮演上帝的角色提供充分的解释。在许多情况下,人们可以发现,这类批评不是说,人们在扮演上帝的角色,而是认为由于其他理由这种行动是错误的,打出"扮演上帝角色"这张牌只是让这种批评的效应更具戏剧性。在这种情况下,则应该使用另一种方法,不必使用"扮演上帝角色"这一说法。第二步也具有挑战性,因为它要求对为什么人们不应该扮演上帝的角色提供一个合适的论证。做到这一点可以论证说,人类应遵守一定的限制,违背这一点,跨越了一条线,就进入了只有上帝才能决定的道德领域。一旦完成了前两个步骤,第三步就容易了,即可合乎逻辑地推出结论。下面让我们分别考察将"扮演上帝角色"这一说法作为论证应用于相关伦理学问题会发生什么样的情况,分别有:安乐死、医生协助自杀、基因技术和合成生物学。

(三)安乐死

我们往往会看到在文献上有人用"扮演上帝角色"的说法反对安乐死的论证。按照上述,第一步要论证做出让某个人死亡或主动地拔掉插头是在扮演上帝的角色。第二步要论证人们不应该扮演上帝的角色。从以上两步论证就可得出结论说,人们不应该做出安乐死或主动拔掉插头的决定。可是在字面上,利用这样的论证依赖于有关上帝以及上帝想要什么的一些假定。因此,不足为奇,这种论证唯有在持有同样宗教观点的人中间才是有效的,而用于持不同宗教观点或持无神论观点的人则往往是无效的。在面对面的讨论中,我们的一种回应是,要求持这种论证的人确切地说出,人们如何才是扮演上帝的角色,以及为什么这样做是错误的。这也就是要求他们明确陈述作为其基础的理论或原则。这样做实际上还不是反论证,只不过是用来揭示做出反对扮演上帝角色论证的人论证的缺陷。显然，如果被要求提供这些细节的挑战时，他们往往不能提供这些细节，那么他们的论证就有严重缺陷。在许多情况下，进行反对扮演上帝角色论证的人根本没有考虑到会有这样的挑战，因而往往没有做好回答的准备。这样就会显示在上述的两步论证中有一步或两步有缺陷，显示其缺陷可以通过论证说，做出这种论证的人既没有显示X在扮演上帝的角色，也没有显示扮演上帝的角色是错误的。

另一种回应办法是，通过这样的论证，在类似的情况下"扮演上帝角色"是可以接受的。通过提供类比论证可以做到这一点。这是将当下的情况与做出决定或采取行动被认为道德上可接受的类似情况进行类比。以安乐死为例，可用论证显示，在某些情况下人们做出类似的生死决定是被认为可接受的。再用这个例子显示根据法律制度人们做出置人于死地的决定是如何不被认为是扮演上帝角色。或者用战争中人们做出杀人的决定的例子显示这样做也不被认为是扮演上帝角色。这类回应特别有效，因为这将坚持反对扮演上帝角色的人置于不一致的地位。例如许多反对安乐死的人却同意执行死刑和参加战争。如果这样的人论证说，安乐死是扮演上帝的角色，因而是错误的，那么他们就必须显示为什么死刑和战争不是扮演上帝的角色。但如果有人既反对安乐死，也反对死刑和战争，那么他们所持的立场是一致的，显然上述的类比回应对他们不起作用。

（四）医生协助自杀

是否允许医生协助临终病人自杀在美国是一个具有广泛争议的问题，以致成为选举中的一个议题。例如，1998年密歇根州的绝大多数选民投票反对允许医生在严格控制的条件下协助自杀。[①] 密歇根州的建议是，如果病人是不到半年可活的临终病人；曾至少两次要求协助自杀；有三位持照医生相信他是真心实意的；病人没有患抑郁症；病人已被告知其医疗选项；并且业已等待一个星期，就可允许医生给病人开致死药物的处方。整个过程要受国家监督委员会审查。投票结果让一贯支持并实施医生协助自杀，以及推动医生协助自杀合法化的凯沃尔基安

---

① Feldman, F., 1998, *Playing God: A problem for physician assisted suicide?* Assisted Suicide.

七 论"扮演上帝角色"的论证

(Jack Kevorkian)医生大失所望。① 凯沃尔基安医生多次受到控告,5次接受审判,1999年被判犯有二级谋杀罪。但许多人认为不管他的行为在法律上是否允许,在道德上肯定是错误的。

密歇根州多数选民投票主张医生助死应该非法,正因为这是不道德的。但为什么我们应该认为一个富有同情心的医生尊重垂死病人的意愿,并在病人垂死过程中协助他是不道德的呢?医生不加以协助,病人本来会自己去做(如果他能做的话),而病人自己去做是合法的,这样做可避免许多不必要的和不值得的痛苦。

美国哲学家费尔德曼(Fred Feldman)② 指出,为支持认为医生协助自杀是道德上错误的观点,曾给出各种各样的论证,包括例如"你可能杀了一个患抑郁症的人""这不关医生的事""这会使不想死的老年人不敢去看医生""这会是道德滑坡,进而去杀不是临终的病人,甚至导致纳粹式的安乐死"等等。最重要的一个反对的论证是:"这是扮演上帝的角色"。这个论证是说,协助病人自杀的医生是"扮演上帝的角色",而任何人扮演上帝的角色在道德上都是错误的,因此协助病人自杀在道德上是错误的。许多批评凯沃尔基安的人这么说:"他认为他是谁?谁给他这么高的权力?应该让上帝来决定人什么时候死。"一个没有伦理学背景的人很可能会这么说。然而柏拉图在他的《斐多篇》(Phaedo),阿奎那在他的《神学总论》(Summa Theologiae)以及康德在他的著作中都曾提出过类似的论证。我们在这里不是讨论医生协助自杀在道德上究竟是对还是错,而是要讨论反对医生协助自杀时利用扮演上帝角色的论证,是否具有说服力。

例如,柏拉图在《斐多篇》说,苏格拉底说,他对一个人自杀是否是错误感到困惑。但他也相信众神是我们的保护人,人是他们的所有物。正如一只公牛杀死它自己,一个人会恼怒一样,如果我们之中有人杀死自己,众神也会恼怒的。因此,苏格拉底的结论是,在上帝召唤他之前,一个人应该等待,而不要夺走自己的生命,这是有理由的。阿奎

---

① 邱仁宗:《杰克·凯沃尔基安》,《财经杂志》2011年6月20日,http://magazine.caijing.com.cn/2011-06-20/110750814.html.

② Feldman, F., 1998, *Playing God: A problem for physician assisted suicide? Assisted Suicide.*

◇◇ 第一编 总论

那说了类似的话。他说，自杀"完全是错误的"，他给出了三个理由，第三个理由是："生命是上帝给予人的礼物，上帝是死亡和生命的主人，所以一个人剥夺自己的生命是违反上帝的罪恶。唯有上帝有权威决定生命和死亡"[①]。康德在他的讲演中提示一些略为不同的反对自杀的论证，其中有些涉及上帝。他说，我们一直被置于这个世界之中，在某些条件之下，是为了一些特异的目的而存在。但自杀违反了他的造物主的目的；他到达另一个世界，仿佛离开了他的岗位；他必须被视为上帝的叛徒。康德接着说，上帝是我们的所有者；我们是他的财产；如果由一位仁慈的主人照料的奴仆违反主人的意愿，他就应该受到惩罚。[②] 从柏拉图到康德的论证似乎是说，我们是众神的财产，如果我们杀死了自己，就毁掉了他人的财产。由于毁掉他人的财产总是错误的，因此自杀也总是错误的。阿奎那和康德的那几句话还包含另一个反对自杀的与上帝有关的论证。这个论证基于这样的观念，即上帝已经明确地命令我们避免自杀。上帝在第六诫中说："汝不可杀人"，这包含着不可自杀的命令。无论如何，如果我们认为上帝已经命令我们避免自杀；且我们认为我们的道德义务是由上帝的命令决定的，那么我们就可认为我们有义务避免自杀。但这些论证虽然与上帝有关，但与扮演上帝角色的论证还是不同的。这里我们就没有必要去讨论这些论证。

费尔德曼指出，扮演上帝角色的论证也包含在柏拉图、阿奎那和康德的著作之中。这一论证的一般轮廓是：

前提1：如果我们自杀或帮助别人自杀，那么我们就是扮演上帝的角色；

前提2：如果我们扮演上帝的角色，那么我们就做了错事。

结论：如果我们参与杀人，不管是杀自己还是帮助杀别人，那么我们就做了错事。

但扮演上帝的角色是什么意思呢？一些哲学家和神学家接受这样的观念：当上帝创造这个世界时，他意欲历史应该以某种方式发展。这是

---

① Feldman, F., 1998, *Playing God: A problem for physician assisted suicide?* Assisted Suicide.

② Feldman, F., 1998, *Playing God: A problem for physician assisted suicide?* Assisted Suicide.

七 论"扮演上帝角色"的论证

说,他的意向是应该发生某一序列的事件。当某些事"按照自然"发生时,这就是上帝选择的序列中的一个事件,并且是以上帝意向的方式发生的。但上帝也给予我们一定程度的自由,人有权干预自然进程。我们每个人都能够看到不知为何历史没有按上帝意向的方式发展。有人就在自然的进程中做出某种创新,以这种方式干预了上帝原先意向的进程。于是我们可以设想,那些谈论"扮演上帝的角色"的人心里有这种历史观。当他们说某人在扮演上帝的角色时,他们的意思是他在自然进程中做出了某种创新。其定义如下:

D1:x 扮演上帝的角色 = df. x 在自然进程中做出了某种创新

如果我们按照这个定义来诠释这个论证,那么:

前提 1:每当一个人参与自杀,他就使得历史以不同于上帝意向的方式发展;

前提 2:用这种方式干预上帝的计划总是错误的。

结论:参与自杀总是错误的。

如果做这样的诠释,那么这个扮演上帝的论证就面临若干深刻的困难。其一是涉及第一个前提。按照这个前提,每当我们参与自杀,我们就扮演上帝的角色。根据第一种诠释,这意味着:每当我参与自杀,我们就看到历史按与上帝意向不同的方式发展了。但是为了确信这是正确的,我们必须对上帝的世界历史的原初计划知道得更多一些。尤其是我们必须知道在这种情况下上帝对自杀原初是否有所计划。如果上帝的确有所计划,那么我们的活动就没有在自然进程中引入"创新",我们就没有扮演上帝的角色。

费尔德曼说,此刻凯沃尔基安医生必须确定,上帝是否想到世界历史应该包括诸如凯沃尔基安医生拒绝帮助、那位老年妇女继续生活于痛苦之中这些事件原初想法如何,或上帝是否想到世界历史是否应该包括凯沃尔基安医生同意给予帮助,而这位老年妇女因医生助死而较早死去这些事件。显然,如果上帝原初计划凯沃尔基安医生不要去管这位年老妇女,那么如果凯沃尔基安医生帮助她自杀,就将创新引入了自然进程。但是同样显然的是,如果上帝原初计划凯沃尔基安医生会帮助这位妇女死亡,那么如果他拒绝这样做,就会将创新引入自然进程。因此,在凯沃尔基安医生知道上帝有关世界历史的原初计划前,他不知道采取何种

· 173 ·

◇ 第一编　总论

行动方针是扮演上帝的角色。但凯沃尔基安医生肯定对此一无所知。以这种方式论证的任何人似乎假定上帝原初计划是谁也不会参与自杀。然而，这个论证并未包含为这种假定辩护的任何东西。因此我们的结论是，我们按这种方式诠释这个论证，那么就没有理由认为前提 1 是真的。

第二种诠释是，当上帝创造世界时，他意欲历史应该以某种方式发展。这是说，上帝意欲发生某种事件的序列。这一事件序列可被称为"自然的进程"。如果人们什么也不做，那么自然进程以上帝计划的方式发展。有时，当人们说我们应该袖手旁观，"顺其自然"，他们就是指的这种观点。根据这一观点，只要一个人参与自杀，他就以这种方式干预了自然进程。他使某种事情发生了，如果他袖手旁观，顺其自然，这种事本来不会发生。因此，这个人就是在第二种意义上扮演了上帝的角色，这在任何情况下都是错误的。

休谟在他的《论自杀》一文中就是这样诠释这个论证的。他指出，实际上这种诠释使前提 2 成为荒谬的。因为现在第二个前提是说，无论干什么都是错误的。休谟问道，那么造一所房子、耕种土地，或乘船航海都是错误的吗？"在所有这些行动中，我们都会运用我们的身心力量在自然进程中产生某种创新。"①

根据这种诠释，如果你干什么事，你就会使世界历史不同于上帝的计划。这个论证蕴含着我们应该什么也不要做。如果我们认为上帝是明智的和仁慈的，想要世界历史应该按没有人干预的方式展开，那么我们不管做什么都是错误的，因此我们应该什么也不做。但这将是绝顶荒谬的。由于我们无法知道上帝计划什么，因而认为我们有道德义务什么也不做，这是毫无意义的。

现在让我们看看对扮演上帝角色的另一种诠释。在柏拉图、阿奎那和康德的一些论述中提示了一种对扮演上帝概念更为狭义的诠释。这种诠释不是说，每当我们采取行动，我们就扮演上帝角色，或每当我们的行动违反上帝的原初计划，我们就扮演上帝的角色，而是说，每当我们干预生死问题时，我们扮演上帝的角色。当阿奎那说上帝是死亡和生命的主人时，暗示过这种诠释。我们可以将这种诠释定义如下：

---

① Hume, D., "Essays on Suicide and the Immortality of the Soues", http://informations.cometexts/philosophy/1700-1799/hume-essays-733.htm.

七 论"扮演上帝角色"的论证

D2:x 扮演上帝的角色 = df. x 以这样的方式行动,确保否则本该死亡的某人继续活下去;或否则本该活下去的某人死亡。[①]

费尔德曼指出,假设凯沃尔基安医生帮助年老妇女自杀,那么,她比如果 Kevorkian 拒绝她死去要早几个月。在这种情况下,按照 D2,凯沃尔基安医生扮演上帝的角色,因为他的行动使那位妇女更早死去。如果他不那么做,她本来会多活几个月。由于这种情况也适合于参与自杀的任何案例,因此有理由认为当我们按照 D2 来诠释扮演上帝角色时,这个论证中的前提 1 就是真的。

尽管如此,这种论证还是无效的。问题是前提 2 仍然是假的。想明白这一点只要我们考虑一下,如果凯沃尔基安医生不去帮助年老妇女自杀会发生什么。在这种情况下,他的行为确保年老妇女再活几个月,因此他的行动确保该妇女活得比他帮助自杀时间长。根据 D2,凯沃尔基安医生因此扮演了上帝的角色。结果,如果前提 2 是真的,那么他不去协助自杀与他协助自杀一样是错误的。

如果我们这样诠释前提 2,它对医务人员有荒谬的含义。病人去就诊,要求医生挽救他们的生命。例如外科医生进行手术挽救病人生命。在某些情况下,可以正确地说,如果外科医生不做这个手术,病人本来就会死亡。因此,D2 蕴含着所有这样的外科医生都在扮演上帝的角色;与前提 2 结合在一起,这蕴含着外科医生的这种行动是不道德的。这个结论显然违背常识,因而是荒谬的。

但是还可以有另外一种诠释。仅当你的行动使某人死得比你袖手旁观早时,你就扮演上帝得角色。这种诠释要比以前的诠释精致一些。

D3:x 扮演上帝得角色 =df. x 的行动使某人死得比你袖手旁观早。[②]

费尔德曼认为,如果我们这样来理解扮演上帝角色这一概念,那么以前的反对意见对这一论证就不再起作用了。当外科医生治愈病人,这个病人死得不比他袖手旁观更早,而是更晚。但这种论证有一个明显的问题:它看起来是一种丐辩。在目前的诠释下,当我们说某人扮演上帝角色时,

---

① Feldman, F., 1998, *Playing God: A problem for physician assisted suicide*? Assisted Suicide.

② Feldman, F., 1998, *Playing God: A problem for physician assisted suicide*? Assisted Suicide.

◇ 第一编　总论

全部意思是，他的行动使某人死得早一些。因此，前提2的意思是：每当某人采取的行动使人死得早些，他就是错误的。这就等于是结论了。这里并没有提供理由让人认为参与自杀在道德上是错误的，而只是简单断言这种行为在道德上是错误的。而且，这个前提似乎是错误的。肯定有这样一些场合，让某些人早点儿死亡，不仅是允许的，而且是有义务做的。如果你是杜鲁门。你可以或者下命令扔原子弹，或者你不下这个命令。不管你干什么，总有人会死得早一些。如果扔下原子弹，许多日本人会死得早一些；如果不扔原子弹，许多士兵，无论是美国士兵还是日本士兵都会死得早一些。这个例子显示，扮演上帝的角色不可能总是错误的，因为不管他做什么，他总是在扮演上帝的角色，不可能所有的选项都是错误的。"应该"蕴含着"可能"。如果他应该避免扮演上帝的角色，那么他就有可能。但杜鲁门不能。所以他没有避免扮演上帝角色的义务。

还可以以急诊医务人员为例进一步说明这一论点。假设有一场自然灾害，许多受害者需要马上得到抢救，但医务人员人手不足。医务人员必须选择先抢救谁。不管他们做出什么抉择，总有人会死得早一些。然而，没有人说这些医务人员做了错事。因此这个论证的前提2是假的。

有时，人们说凯沃尔基安医生在扮演上帝的角色，是带着嗤笑的意味。他们问："他以为他是谁？""是什么让他认为他的权力那么大？"当人们这样说的时候，他们也许在暗示扮演上帝角色论证的另一个诠释。前面我们讨论的有关扮演上帝角色的论证全都是显示自杀是道德上错误的行动。但这个诠释的结论略有不同。这种诠释是要表明参与自杀的人显示了一种坏的品格，不管他们的行动是否是可允许的。我们设想有一个自大、傲慢的人，一贯蔑视普通人，他采取的行动仿佛就是显示他出类拔萃，即使在道德问题上他也总是显得比谁都懂，别人应该按他说的去做。他显示的这种品格上的缺陷，我们称之为道德上的骄傲、傲慢或狂妄自大。说一个人在扮演上帝的角色，有时就相当于说他在道德上狂妄自大。当人们谴责凯沃尔基安医生扮演上帝的角色，并不是在论证他的行动在道德上是错误的结论，而是说他在道德上狂妄自大，因而是在论证他具有道德上坏的品格的结论。这一诠释可概括如下：

前提1：如果一个人参与自杀，他就显示道德上的傲慢；

前提2：如果一个人显示道德上的傲慢，他就显示一种道德上的缺陷。

七 论"扮演上帝角色"的论证

结论：如果一个人参与自杀，他就显示一种道德上的缺陷。①

我们可以说这种论证的前提 2 是正确的。道德上傲慢的人是相当可憎的，因此人们会接受这样的观点：这种人具有一种品格上的缺陷。但是前提 1 又如何呢？有什么理由认为任何人参与自杀因而就显示道德上的傲慢呢？我们看不到有什么理由认为参与自杀的凯沃尔基安医生或其他人必定是在道德上傲慢的。他们这样做的时候也许强烈意识到他们可能有错误；也许他们真诚地并且谦逊地感觉到由于他们能解除人的痛苦，他们有义务做这件事；他们也许全然不是骄傲自大。因此，前提 1 是不能成立的。有人也许认为凯沃尔基安医生必定在道德上是傲慢的。他们觉得他在道德上的傲慢显示在这样的事实上：他愿意去做出生或死的决定。任何做出生或死的决定的人，就是在道德上傲慢的。这种人扮演上帝的角色，从而揭示出他品格的缺陷。然而这种进路也不能成立。人们没有注意到，那些拒绝参与自杀的人也在做出生与死的决定。当他们决定他们的病人要活下去，他们做出的这个决定，与凯沃尔基安医生做出他的病人要死亡的决定一样具有重大意义。因此，如果说，仅仅愿意做出这类生或死的决定就证明一个人在道德上是傲慢的，那么拒绝参与自杀的人与同意参与自杀的人一样傲慢。这肯定是错误的。

因此我们的结论是，扮演上帝的论证是完全不能成立的。对这种论证的任何诠释都不能显示医生协助自杀在道德上是错误的。这里的意思是说，运用不要扮演上帝角色的论证不能做到这一点。

（五）基因技术

1997 年英国科学家和小说家古德菲尔德（June Goodfield）、著名科学哲学家图尔明（Steven Toulmin）的妻子出版了她的著作：《扮演上帝的角色：基因工程和对生命的操纵》（Playing God：Genetic Engineering and the Manipulation of Life, Random House, 1977）②，在讨论对基因工

---

① Feldman, F., 1998, *Playing God: A problem for physician assisted suicide?* Assisted Suicide.

② Goodfield, J., 1977, *Playing God: Genetic Engineering and the Manipulation of Life*, Random House.

◇ 第一编　总论

程正反意见时使用了"扮演上帝的角色"一词。人们也往往利用扮演上帝的论证来反对基因技术，其论证与上面所述是类似的：

前提1：扮演上帝的角色在道德上是错误的；

前提2：修饰基因是扮演上帝的角色。

结论：修饰基因在道德上是错误的。

我们可以按照前面的讨论，证明前提1和前提2不成立，因而这个结论也不能成立。例如在《基因工程：是医学研究还是扮演上帝角色？》那篇博文[①]中，作者指出，这个论证负荷着一些假定，在满足一些标准前，人们难以接受这一论证，例如标准1，必须表明上帝是存在的；标准2，必须表明上帝与自然界是互动的；标准3，必须证明声称这个论证有效的人与上帝一直在直接沟通，并知道他的意向。这三个标准是永远不可能满足的。

但也许在人们利用扮演上帝角色进行论证时，有一些新的含义值得我们注意。当遗传学仅应用于医疗领域时，人们一般不会提出扮演上帝角色的论证来反对，但当遗传学进入研究人类性状并公开地或隐含地谈论改变人类性状时，就往往会有人提出这个论证加以反对。这反映了人们对此不安的程度。提出扮演上帝角色的说法是表达一种担心，担心有人扮演上帝角色是出于自私的利益，伤害或剥削脆弱人群，破坏环境。因此虽然这个论证难以成立，不能以此作为理由反对基因技术，但在其背后人们的担心则应该加以重视，做出合适的回应。这是其一。其二，扮演上帝的角色也许与这样一些问题有联系，如DNA是否是神圣的？我们细胞中的遗传密码是否是神创造的产物？是否是上帝将我们的基因放在那里的？我们是否能获得上帝的允许去改变遗传密码？如果我们改变基因，重新设计自己，是否破坏了神圣的东西？这样我们这些创造物是否变成了创造者（造物主）？当我们事实上不是上帝时扮演上帝的角色是否有罪？这是新遗传学向神学提出的问题。但这些神学问题也可能隐含着一些重要的伦理问题，例如我们是否快要失去我们的自由？人类行为完全由基因解释是否使得我们以为的自由不过是幻觉？是否基因决定了我们的一切？我们是否仍然认为我们自己是独一无二的个体？说

---

① *Genetic engineering: Medical research or God playing?*, 2003, http://www.daltonator.net/durandal/life/cloning.shtml.

七 论"扮演上帝角色"的论证

"一切都在我们基因之中"是否对？如果说一切都在我们基因之中，我们是否应该屈服于宿命论？我们是否应该利用遗传学知识使人类变得更好？神学家认为这些伦理学问题和本体论问题同时也是神学问题。仅仅是频繁利用"扮演上帝角色"这一说法就有充分理由将神学家拖入有关遗传学的争论中去。其实，在标准的神学词典中并无"扮演上帝角色"（playing God）这一词条。因此，美国神学家彼特斯（Ted Peters）觉得有必要从神学观点讨论扮演上帝角色这一说法，于2012发表了一本书，题为《扮演上帝的角色？基因决定论与人的自由》。[①]

彼特斯认为，谜一样的"扮演上帝"的说法有三种相互重叠的意义：

意义1：知晓上帝令人敬畏的秘密。这是指从深入生命底蕴的新发现油然而起的敬畏感觉。科学及其相关的技术将光明照进了人类现实的迄今为止黑暗而秘密的洞穴。神秘难解之事物的揭开，使我们感觉到我们开始获得上帝那样的力量。在这个层次，我们还没有理由反对进行研究。这里我们所有的只是对敬畏的一种表达。

意义2：与实际运用控制生死的力量有关。例如在外科急诊室的医生，病人无助地躺在那里，唯有集中注意和掌握技能的外科医生站在病人与死亡之间。医生是唯一的生命之门。病人的存在本身完全依赖于医生。不管医生本人是否觉得他们在这种情况下是无所不能的，但病人将无所不能归于他。"扮演上帝的角色"的医学意义有两个假定：其一，有关生死的决定属于上帝的特权范围之内，而不是属于人的。其二，当我们做出生死决定时显示了一种狂妄自大，即我们的手伸得太长，超越了上帝规定的限制。这两个假定引起人们的不安，驱使人们对医疗中有关生死问题进行无休止的争论。扮演上帝角色的谴责似乎仅针对医生。这是不公平的。建筑家建造大桥，大桥垮了，死了人，但没有人谴责他们扮演上帝的角色。军事指挥员做出战斗决定，导致士兵死亡，也没有被谴责扮演上帝的角色。我们自己决定抽烟、喝酒，事实上在做出死亡决定，却被豁免了扮演上帝角色的谴责。医生经常处于这样的临床情境之中，不容许他们"顺其自然"，而必须采取困难的决定。我们应该在伦理学上支持处于这种情境之中的医生，而不应该控告他们超越了上帝的权限。

---

① Peters T., 2012, *Playing God? Genetic Determinism and Human Freedom*, 2nd edition. Routledge, pp. 19-20、31-35.

◇ 第一编 总论

意义3：指利用科学来改变生命，影响人类的进化。这是说，科学家在代替上帝决定人性应该如何。这置科学家于上帝所在之处，以及唯有上帝所在之处。改变人性的力量引起了质疑。难道唯有上帝应该做这事？《纽约时报》/CNN所做的一项民意调查中，58%的人认为改变人的基因是违背了上帝的意志。1980年若干位罗马天主教、新教和犹太教发言人在给卡特总统的信中就用了"扮演上帝角色"这一说法，来指一些个人或团体正在谋求控制生命形态，而他们认为依靠遗传学的手段来校正精神和社会结构以适合某一群体的眼界的任何企图都是危险的。教皇保罗二世说，由于遗传工程和其他生殖技术问题，我们把命运控制在自己手中，导致超越合理控制自然的界限。于是形成了一个新的戒律："汝不可扮演上帝的角色"。这是因为普罗米修斯式的狂妄自大是危险的。圣经说过，狂妄导致毁灭。如果我们从积极意义上了解，那就是不要过高估计我们的知识，不要认为科学无所不知，不要把我们拥有的知识与我们决定如何使用这些知识的智慧混为一谈，否则就会导致例如生态破坏、气候变暖等不可预见的后果。

彼特斯的结论是，从神学家的视角看，扮演上帝角色这一说法的认知价值很小。它的主要作用也就是警告、提醒。小心谨慎总是一个好的忠告。然而，我们面前的任务是要为遗传科学和技术充当一个好的守护者，使之为人类福利做出贡献而不去造成新的不公正。扮演上帝角色这个说法无论是作为支持或反对某项行动或决策的论证，都是不充分的。

（六）合成生物学

据上所述可见，现代生物技术从一开始就遭遇"扮演上帝角色"的责难，并随着其每一步的进展都会面临着这种责难，从麻醉镇痛、避孕丸、器官移植、诊断脑死，到干细胞研究、基因工程以及许多其他的创新。[1]

德国神学家、德国国家伦理委员会委员达布罗克（Peter Dabrock）[2]

---

[1] Ramsey, P., 1970, *Fabricated man. The ethics of genetic control*, New Haven: Yale University Press.

[2] Dabrock, P., 2009, "Playing God? Synthetic biology as a theological and ethical challenge", *Systematic and Synthetic Biology*, 3 (1-4): 47-54.

七 论"扮演上帝角色"的论证

指出,"扮演上帝的角色"这一说法是传达这样的意思,人类或特定的个体超越了某一秩序的一定界限,如果人试图占领某个位置,而这个位置体现了与人类完全不同的实体,即上帝,那么他们就有超越为人规定的界限、不再是负责任的行为。因而,扮演上帝的角色引起人们对行动者或决策者狂妄自大的认知。然而,美国哲学家和法学家德沃尔金(Ronald Dworkin)[①]谴责使用这一说法的每一个人在学术上和道德上不诚实。德沃尔金认为,人类超越界限实际上是人的本性,生物技术在性质上并不是新东西。他进一步质问,是否有人没有从这些创新中获益,我们却傲慢地批评这些创新。因此在他看来,扮演上帝的谴责是反动的保守派手中的武器,用来反对人塑造世界的原则上不可推卸的文化职责。美国神学家德里斯(Willem Drees)[②]进一步指出,破坏历史悠久的文化结构不仅导致人的形象的改变,而且导致上帝形象的改变。他认为,谴责现代生物技术扮演上帝角色本身是对上帝的信心产生了动摇,对上帝拥有错误的概念。达布罗克认为,即使人们同意德沃尔金和德里斯对扮演上帝角色这一说法的批评,仍然发现这种责难在某些特殊技术可以得到辩护,即对于无限的科学进步,也许确实存在着一些界限。超越这些界限不仅是实际上不明智的,而且是伦理上不负责任的。对这种可预期的甚至不可避免的反对可提出两类理由:一类理由是,技术可能在后果论上是不负责任的,即其产生不可接受的后果。在这种情况下,风险很高,还可能增加。另一类理由是,一种技术可能是在义务论上应予谴责的,即采用这种技术的行动会违反某些义务,因此必须加以反对(例如发明一种拷问新技术)。然而。在这种场合下援引伦理学的概念似乎更为清晰、更为明确,无需扮演上帝角色那样模糊的说法。现代生物技术的新分支之一合成生物学一直遭到扮演上帝角色的抨击。合成生物学事实上可能会对生物与无生物之间的界限提出质疑,而宗教文化传统将确定这些界限视为上帝的特权。达布罗克认为,宗教界对合成生物学意味着扮演上帝的角色的担心是完全没有根据的。合成生物学确实是

[①] Dworkin, R., 2000, *Sovereign Virtue. The Theory and Practice of Equality*, Cambridge: Harvard University Press.

[②] Drees, W. B., 2002, "Playing God? Yes!" *Religion in the light of technology*, Zygon 37: 643-654.

◇ 第一编 总论

新的发展，也许也是令人感到不安的发展，合成生物学会不会创造出一个2.0版的生命？合成生物学把基础科学与工程结合起来，基础科学提示的技术可用于实践，若干技术创新即将出现，这是一种范式的转换。合成生物学特别创新之处是，原先为工程研发的模型现在用于理解，然后复制生命的基本要素。目前研究的结果仍然是片段的，集中于细节。然而，这门年轻的研究领域受到革命的科学观的驱动，即生命也许可从无生命物质重建出来。这些新的有机体产生的物质可用于医药，可用于环境保护，可用于产生能源等等。许多信教的人确定合成生物学跨越了上帝划定的生命与无生物之间的界限，使人类从homo faber（制造者的人）成为homo creator（创造者的人），所以声称合成生物学扮演上帝角色一说甚嚣尘上。然而，达布罗克认为合成生物学的创新并不像上帝那样是"从无到有"地创造新的生命。根据神学的创造概念，合成生物学并未篡夺神的权力，扮演他的角色。我们应该关心合成生物学的应用有无可能危及人类的生存，危及自然界，是否会被滥用，但与合成生物学本身无关，也与扮演上帝的角色无关。

荷兰伦理学家范登贝尔特（Henk van den Belt）[1]指出，合成生物学使得生物学从以分类学为基础的学科发展为以信息为基础的学科，使人们能像工程师控制装置一样按照在计算机芯片上的设计控制生命机器。一部分年轻合成生物学家热心于自下而上、从无到有地从事合成生物学的研究。朝这一方向发展的合成生物学将模糊物质与信息、生命与非生命、自然与人造物、有机与无机、造物主与创造物、进化与设计的界限。于是人们声称，弗兰肯斯坦的"怪物"又要来了，随之而来的是扮演上帝角色的谴责。为了避免人们联想到弗兰肯斯坦以及避开扮演上帝角色的谴责，许多目前正在研究的合成生物学家乞求于谦逊，否认他们的工作是"创造生命"或"制造生命"。例如麻省理工学院的丘尔奇（George Church）[2]教授说，我们像工程师，或者可能像聪明的设计者。我们不是在从无到有地设计亚原子粒子，设计银河，只是操纵生命。第

---

[1] Belt, H. V. D., 2009, "Playing God in Frankenstein's Footsteps: Synthetic Biology and the Meaning of Life", *NanoEthics*, 3 (3): 257-268.

[2] 引自Brockman, J., 2006, "Constructive biology: George Church", *Edge*: *The third culture*, (2006-6-26), http://www.edge.org/3rd_culture/church06/church06_index.html.

七 论"扮演上帝角色"的论证

一个创造合成生物有机体的文特尔（Craig Venter）① 更为谦虚地说，他不是在创造生命，而是修饰生命从而出现新的生命形态。然而，分子生物学的祖师爷、DNA 双螺旋的发现者之一沃森（James Watson）② 肆无忌惮地宣称："如果科学家不去扮演上帝的角色，那么谁去扮演？"对此，旨在保存和推进生态和文化多样性和人权的国际组织 ETC 集团③认为，这一声明暴露了许多分子生物学和合成生物学家不可救药的狂妄自大。似乎合成生物学家完全可以一会儿放肆傲慢，一会儿谦卑虚心，转眼之间迅速变脸。有人问美国合成生物学家安迪（Drew Andy）是否应该将创造新生命形式留给上帝时，他说，"我不认为我的研究是创造生命，而是建构。对于作为工程师的我，创造与建构这两个词之间有巨大区别。创造意味着我像上帝那样拥有无限的权力，对宇宙完全的理解力，以及操纵物质的能力。这种权力我没有。我对宇宙只有不完全的理解、不充足的预算，……因此，我只是一个谦卑的建构者。"

总而言之，许多人认为扮演上帝角色的说法现在已经流于陈词滥调或杞人忧天的口号。然而这种说法或基于此的论证还会出现，也应该容许它们出现，以传达人们的关注。但肯定的是，这种说法或论证无助于那些质疑合成生物学家活动的人。有关合成生物学的争论总是集中于对人性的可能干预以及这种干预对人的后果。美国生命伦理学家、前美国总统生命伦理学委员会主席卡斯（Leon Kass）④ 说："界定我们所以为人的所有自然界限，如人与动物的界限、人与超人或神的界限，还有生和死的界限，这些都是 21 世纪的问题，而且没有比这些问题更为重要的。"

（邱仁宗，原载《伦理学研究》2017 年第 2 期。）

---

① 引自 Borenstein, S., 2007, *Scientists struggle to define life*, USA Today, (2007-8-19), http://www.usatoday.com/tech/science/2007-8-19-life_ N. htm.
② 引自 Adams, T., 2003, *The stuff of life*, The observer, (2003-4-6), http://www.guardian.co.uk/education/2003/apr/06/highereducation.uk1.
③ 引自 Shand, H. et al., 2007, *Playing God*, Ecologistonline.
④ 引自 Reed, A., *Designing Life: A Look at Synthetic Biology*, (2009-1-21), http://scienceinsociety.northwestern.edu/content/articles/2008/medill-reports/jan/endy/designing-life-a-look-at-synthetic-biology.

第二编 研究伦理学

중보 한국고대사의 연구

八 对费里德曼"均势"概念的解读①

（一）问题的提出

临床研究（例如临床试验）是向参与的受试者提供尚未证明比现有药物更优的药物，在许多情况下还要向对照组提供安慰剂治疗，安慰剂没有任何治疗作用，仅能引起病人短暂的良性心理反应。这样就遇到一个伦理问题：临床伦理学要求医生给病人提供现有最佳疗法（根据有益原则，落实到临床，就是符合病人最佳利益原则），怎么能给病人提供其安全和有效性尚未得到证明的甚至没有任何治疗作用的安慰剂呢？弗里德曼（Beujamin Freedman）发明了"均势"（equipoise）概念，试图解决这个伦理问题。

弗里德曼的意思是，如果要使临床研究能够得到伦理学的辩护，要求受试的新药与现有的已证明为最佳药物处于均势状态，即临床研究人员对试验中的两个组（试验组和对照组）孰优孰劣存在着不确定性。如果研究人员发现其中一组的治疗效果优于其他，那么他就有义务提供这种治疗。目前对这一要求的理解是，在这个试验过程中研究人员没有"治疗偏好"（treatment preference）。但这种解释有一个问题：临床医生往往对某种治疗拥有不同程度的偏好，有的偏向于待试验的新药，也有的偏向于目前已经证明的最佳疗法。这样的话，在任何时候进行临床试

---

① 编者按：这是对研究伦理学中一篇经典文献的解读。这篇文献由加拿大哲学家 Benjamin Freedman 1987 年发表在《新英格兰医学杂志》317（3）：141—145，题为"均势与临床研究伦理学"（Equipoise and ethics of clinical research）。

验都不能得到伦理学的辩护，因为你不能消除临床医生的偏好。① 于是，弗里德曼发明"均势"这个概念，试图解决临床试验在伦理学上的可辩护性问题。按照均势概念，如果在医学专家共同体内对哪一种疗法较优存在着不确定性，那么进行临床试验就能得到伦理学的辩护，不管临床研究人员的偏好如何。

弗里德曼认为，伦理学要求临床试验从零假说（null hypothesis）开始。② 零假说是指假设在临床试验中试验组与对照组的结果在统计学上没有显著的差异。零假说是研究人员在整个试验期间的默认立场，直到试验的数据打破均势为止，即数据证明在 A 与 B 之间有一个更好。换言之，在确定的病人群体 P 内，受试的新疗法为 B，而目前已经被接受的疗法为 A，研究人员对 A 和 B 对病人的治疗价值孰优孰劣处于不确定状态。弗里德曼遵循弗莱德（C. Fried）的看法，将 A 和 B 的这种不确定状态称为"均势"。③ 均势是所有临床试验在伦理学上的必要条件。如若试验有若干组，在试验的所有组内都必须存在所有组之间；否则就应该修改试验设计以排除较差的疗法。如果在试验过程中均势被打破，那么试验必须终止，以前被招募的所有受试者以及在有关人群内所有其他病人都必须给予较优的疗法。对仅在没有已知治疗的研究条件下试验使用安慰剂是否合乎伦理有过激烈的争论。弗里德曼认为，这种争论也反映了均势要求的特殊应用。虽然均势一般是在随机对照试验的特殊语境下讨论的④，但均势是所有对照临床试验的伦理条件，不管这个试验是随机的、安慰剂对照还是使用盲法的。

弗里德曼指出，对使用人类受试者的研究伦理学注意的增加，也突出了与均势关联的问题。有证据表明，研究人员不能满足均势要求可能注定使试验失败，因为不能招募足够的受试者。现在提出的解决办法不

---

① Levine, R. J., 1986, *Ethics and Regulation of Clinical Research*, 2nd edition. Baltimore, MD: Urban & Schwarzenberg.

② Levine, R. J., 1985, "The use of placebos in randomized clinical trials", *IRB: A Reviews of Human Subjects Research*, 7 (2): 1-4.

③ Fried, C., 1974, *Medical Experimentation: Personal Integrity and Social Policy*, Amsterdam: North-Holland Publishing.

④ Marquis, D., 1983, "Leaving Therapy To Chance", *Hastings Center Report*, 13 (4): 40-47; Schafer, A., 1982, *The Ethics of the Randomized Clinical Trial*, 307: 719-724.

八 对 Benjamin Freedman "均势" 概念的解读

能解决试验进行不下去的问题,因为这些问题是基于对均势本身的错误概念。

均势要求引起许多问题。第一个问题是,在试验开始之前,医生知道在两组之间哪一组更优还进行试验是否合乎伦理。例如肖(L. Shaw)和查谟尔斯(T. Chalmers)认为,一个临床医生如果知道或者有充分理由相信试验的某一组较优,那么他参与试验是不符合伦理的。[1] 霍伦伯格(N. Hollenberg)等人则认为促使试验进行的推理或初步结果(其本身在伦理上可能是必要的)[2] 也许在试验开始之前就使研究者认为(如果不是他或她的同事)均势已被打破。即使研究者在死亡率和发病率等总体指标上仍在 A 和 B 之间悬而未决,但由于生活质量的明显差异(如两种手术后的结局在这方面很不相同)也会打破均势。[3] 在这两种情况下,研究人员说:"我们不知道" A 或 B 哪一个更好,那就可能给潜在的受试者创造了一个虚假的印象,他们在倾听研究人员说"没有证据向那边倾斜",意思是"对照研究还没有得出具有统计学意义的结果",这样研究人员就误导了受试者。

第二个问题是,在研究后期,当 P 值达到 0.05—0.06 之间时,试验各组之间已出现统计学上显著的差异,均势的道德问题已很明显。在临床试验的封闭统计范围内,显示试验各组间有差异的每一次结果对统计学结论(即存在)的贡献与其他任何试验结果的贡献都是一样。因此研究人员每次试验之后都要考虑,均势是否已经受到干扰。因为如果均势业已打破,则应考虑终止试验,不再招募受试者。[4]

---

[1] Shaw, L. W. & Chalmers TC., 1970, "Ethics in cooperative clinical trials", *New England Journal of Medicine*, 169: 487-495.

[2] Hollenberg, NK. et al., 1980, "Are uncontrolled clinical studies ever justified"? *New England Journal of Medicine*, 303: 1067.

[3] Levine, RJ. & Lebacqz, K., 1979, "Some ethical considerations in clinical trials", *Clinical Pharmacology and Therapeutics*, 25: 728-741.

[4] Klimt, CR. & Canner, PL., 1979, "Terminating a long-term clinical trial", *Clinical Pharmacology and Therapeutics*, 25: 641-646; Veatch, RM., 1979, Longitudinal studies, sequential designs and grant renewals: what to do with preliminary data. IRB: A Review of Human Subjects Research 1 (4): 1-3; Chalmers, T., 1978, The ethics of randomization as a decision-making technique and the problem of informed consent, in Beauchamp, TL. & Walters, L. (eds) Contemporary Issues in Bioethics. Encino, CA.: Dickenson, 426-429.

第三个问题是，招募失败问题。泰勒（K. Taylor）等人[①]在一篇论文中描述了乳腺癌替代治疗试验的终止，引起了人们极大的兴趣。该试验的失败在于招募患者方面存在的问题，研究人员认为招募患者的困难很大程度上是由于研究人员在试验各组方面没有处于均势状态。随着人们对研究伦理学的关注以及医学和研究生院课程中这一主题越来越多地出现，泰勒和她的同事所描述的这类案例可能会变得越来越普遍。因此，均衡的要求对临床研究构成了实际的威胁。

（二）均势问题的解决办法

弗里德曼认为，目前对至多仅可解决一部分均势问题，不完全令人满意。第一种解决办法是试验一开始就随机化。查谟尔斯的解决办法是建议从第一个受试者开始就随机化。然而，如果没有初步的、未设对照的数据来支持实验性疗法B，那么疗法A和疗法B对于病人群体P的均势就不会受到干扰。然而，这种办法有若干困难。实际上，在对照试验开始前，往往有必要通过对人体的非对照试验确定给药、剂量等细节。此外，研究人员的均势很可能在假说正在形成和研究方案正在准备时受到干扰。除了这些问题，初始随机化不会解决在试验过程中出现的均衡受到干扰的问题。

第二种解决办法是依靠数据监督委员会。已建议设立数据监督委员会，以解决在试验过程中出现的问题。[②] 这些委员会的运作独立于研究人员，是唯一掌握有关正在进行的试验结果信息的机构。由于研究人员不了解这些情况，所以他们的均势没有受到影响。虽然委员会有助于使试验摆脱偏见，但不能解决研究人员的道德困难。临床医生不仅有义务根据他或她目前掌握的信息对病人进行治疗，而且还需要发现与治疗决策相关的信息。如果中期结果会干扰均势，研究人员有义务收集和使用这些信息。他们同意对初步结果不知情是一种不道德的协议，就像不让

---

① Taylor, KM. et al., 1984, "Physicians reasons for not entering eligible patients in a randomized clinical trial of surgery for breast cancer", *New England Journal of Medicine*, 310: 1363-1367.

② Chalmers, TC., 1979, "Invited remarks", *Clinical and Pharmacological Therapy*, 25: 649-650.

八 对 Benjamin Freedman "均势" 概念的解读

化验室找出病人的检验结果是不道德的一样。此外，监督委员会并不能解决在试验之前和开始时出现的均势问题。

第三种解决办法颇为激进。由于在要求提供给病人已知最佳疗法与临床试验之间存在着一个无法解决的冲突，有人建议弱化"最佳疗法"的要求。谢弗尔（A. Schafer）争辩说，均势概念以及与之相关的最佳医疗的概念，取决于患者的判断，而不是临床研究人员的判断。[①] 虽然如果研究人员倾向于 B 而不是 A，他的均势可能被扰乱，但最终选择取决于患者的，因为病人的价值可以恢复均势。他论证说，当病人同意时，研究人员继续进行试验就合乎伦理。他的办法是针对测试已知和不同副作用的治疗的试验，而在测试疗效或未知副作用的试验中可能不会有用。此外，这种办法混淆了有能力的医疗实践的伦理与同意的伦理。如果我们假定，研究人员是一个有能力的医生，说研究人员已经打破均势，那就是说根据研究人员的专业判断，考虑到治疗后的生活质量，一种疗法对于这个病人和这样的病情在治疗上处于劣势。即使病人同意接受较差的治疗，提供这种疗法违反了有能力的医疗实践，因此也违反了伦理学。当然，当病人拒绝医生认为最好的疗法而要求较差的疗法时，就可能会产生复杂的问题。然而，由于谢弗尔未能解决这个问题，我们可以拒绝他的办法。因为他声称，为了继续进行临床试验，医生提供较差的治疗是合乎伦理的。

第四种办法是梅尔（P. Meier）[②] 的建议。他说，我们大多数人都很愿意为了学习有价值的东西而放弃适度的预期收益。我们接受日常生活中的风险来获得种种受益，包括方便和经济。同样，即使受试者在整个试验过程中可能得不到最好的疗法，招募受试者参加临床试验也是可以接受的。根据这一办法，通过临床试验取得医学知识的持续进步要求明确放弃医生完全以病人为中心的伦理观念。这是通过放弃需要均势来解决均势的伦理问题。这种办法值得怀疑。

虽然很多人可能是利他的，为了科学的进步而放弃最佳的治疗，但

[①] Schater, A., 1985, "The randomized clinical trial: for whose benefit"? *IRB: A Review of Human Subjects Research*, 7(2): 4-6.

[②] Meier, P., 1979, "Terminating a trial — the ethical problem", *Clinical Pharmacology and Therapeutics*, 25: 633-640.

也有很多人不是。维持试验结果的统计学有效性所要求的数量和比例提示，在没有压倒一切的利他主义的情况下，将不可能招募到令人满意的患者数量。特别是重病患者，许多最重要的临床试验都针对他们，他们可能不太愿意利他。均势问题困扰着研究人员和患者。即使病人准备放弃最佳的治疗，他们的医生出于伦理学和专业精神的理由，很可能不愿意这样做。

第五种办法是马尔奎斯（Marquis）[①] 提出的。他说，也许我们需要这样一种伦理学，来为征用医学研究受试者进行辩护。然而，虽然征用的办法可能使我们继续目前的做法，但它几乎得不到任何辩护。此外，征用受试者，也要征用医生—研究人员，因为均势问题既困扰受试者，也困扰临床医生。弗里德曼于是问：有没有不那么激进，然而更为合理的办法呢？

（三）理论均势

上面讨论的均势问题来自对这个概念的特定理解，弗里德曼称之为"理论均势"。这种理解在概念上是奇怪的，在伦理学上也是不相干的。理论均势存在于当两种治疗方案的证据完全均势时。这种证据可能有多种来源，包括来自文献的数据、非对照的经验、对基础科学和基本生理过程的考虑，以及可能来自（或叠加在）其他考虑的"直觉"或"本能"。上面讨论的问题基于这样一个原则：如果理论均势被打破，医生就有一种"治疗偏好"——比如倾向于实验性治疗 B。为破坏这种治疗偏好，就要求招募一些病人来对 A 和 B 进行检验的试验。弗里德曼认为，理论均势有如下特点：

其一，理论均势是极其脆弱的。也就是说，略微增加有利于试验某一组的证据，理论均势就会被扰动。例如，当 A 比 B 更成功的概率超过 50% 时，均势就会被打破。因此，有必要从第一个病人开始就随机分配治疗方案，以免扰乱均势。可以说，理论均势是在刀刃上的均势。

其二，理论均势最适合于简单的假说。零假说必须足够简单和"干

[①] Marquis, D., 1983, "Leaving therapy to chance", *Hastings Center Report*, 13 (4): 40-47.

八 对 Benjamin Freedman "均势"概念的解读

净",以达到良好的均势:在人群 P 中,在降低死亡率、缩小肿瘤或降低发烧方面是 A 还是 B 更优越?临床选择通常更为复杂。选择 A 或 B 取决于有效性、一致性、最小或可减轻的副作用和其他因素的组合。例如根据仔细检查有时出现,甚至目的在于检验单个假说的试验实际上涉及更复杂的、多性质的测量措施——例如 A 和 B 的"治疗指数"等。

其三,理论均势也对研究人员的注意力和感知的变化莫测高度敏感。由于其脆弱性,只要研究人员感知到不同组之间有差异——无论是否存在真正的差异——理论均势就会被打破。例如,普赖斯科特(R. Prescott)[1] 指出,在大多数试验的某个阶段,曲线显示出视觉上的差异,虽然并不显著,但足以引起伦理上的困难。然而,视觉上的差异纯粹是由收集和分析数据的时机及所采用的研究方法造成的。同样地,研究人员通常使用间隔性量表来测量那些被认为在本质上是连续的现象,例如,疼痛的五分制量表或肿瘤进展的分期。这些间隔性量表可歪曲可得证据,放大实际发现的差异,从而干扰理论均势。

其四,理论均势与个人有关,并具有个体特质性。用谢弗尔[2]的话说,当临床医生"甚至可能被贴上偏倚或预感","仅仅是直觉性质"的偏好的标签时,它就会受到干扰。忽略这种直觉的研究人员,由于他偏好 B 而不是 A 或者向病人推荐 A(或有机会随机分配到 A)而未能向病人提供建议,就已经违反了均势要求以及向病人建议最佳医疗的要求。

理论均势的问题。弗里德曼认为,这种均势概念的问题应该是明显的。要理解对均势的不同诠释,我们需要回到进行临床试验的基本理由:在临床共同体内,对病人 P 何种疗法更佳存在着相互冲突的意见。标准疗法是 A,但也有一些证据提示,B 将更优(因为它的有效性或减少不良副作用或其他一些理由)。在罕见的情况下,当一种新疗法的优越性的第一个证据完全使临床共同体信服时,均势就已经被打破了。或者临床共同体内出现了分歧,一些临床医生支持 A,另一些医生支持

---

[1] Prescott RJ., 1979, "Feedback of data to participants during clinical trials", in Tagnon, HJ. & Staquet, MJ. (eds.) *Controversies in Cancer: Design of Trials and Treatment*, New York: Masson, pp. 55-61.

[2] Schater, A., 1985, "The randomized clinical trial: for whose benefit"? *IRB: A Review of Human Subjects Research*, 7 (2): 4-6.

B。双方都承认对方有证据支持自己的立场,但双方仍认为总体上自己的观点是正确的。专家临床医生之间对首选治疗方案存在实在的专业的分歧,而设置临床试验就是要解决这些分歧。

从弗里德曼上述论述看,对理论均势概念存在着概念的混淆。我们认为,理论均势描述的是一种客观的态势,表明准备受试的新疗法与现有最佳疗法在得到证据支持方面的情况,也就是说,B(新疗法或新药)与A(现有最佳疗法或最佳药物)得到的证据支持不相上下,分不出高低。但是弗里德曼在论述时牵涉到临床医生的直觉、预感,这不会影响理论均势,仅能影响下面要谈的临床均势。在临床对照试验中我们采用双盲法,就可避免临床医生和研究人员的直觉或预感对试验的影响。因此,在随机、对照和双盲法条件下,研究人员的直觉或预感不会影响客观的临床试验过程,理论均势也不是像弗里德曼所说那样脆弱易变。关键是我们对新疗法B与现有最佳疗法A得到证据支持的情况有一个客观的评价。这个评价可以由第三方进行,以不受临床医生或研究人员的主观影响。

(四) 临床均势

弗里德曼指出,进行临床试验时就存在一种"临床均势"的状态。临床专家共同体对受试的不同药物的优劣尚未达成共识。我们可以这样说:试验开始时,对于受试疗法的优缺点必须有临床均势状态,试验必须这样来设计,使之能合理期望,如果它成功地得出结论,临床均势将被打破。换句话说,一个成功的临床试验的结果应该足以令人信服,以解决临床医生之间的争议。

接着弗里德曼解释什么是临床均势。临床均势状态与研究人员的治疗偏好不矛盾。他们必须认识到,不受他们宠爱的疗法,是那些他们认为负责和有能力的同事们所偏好的。即使中期结果有利于研究人员的偏好,例如B疗法,但只要由于样本量有限、未解决可能的副作用或其他因素,那么这些结果太弱而不能影响临床医生共同体的判断,临床均势就会持续。

到了这样的时刻,当支持B的累积证据如此强大,以至于委员会或

八 对 Benjamin Freedman "均势"概念的解读

研究人员相信，开明的临床医生在得知结果后不会仍然支持 A，临床均势被打破了。但由于人类判断和说服的随意性，有关试验终止的一些伦理问题仍将存在。例如，在一个已经确立的强大趋势面前，我们还必须因为别人盲目地效忠于一个武断的统计基准而继续试验吗？

弗里德曼认为，很明显，临床均势是一个远比理论均势更弱，也更常见的条件。当理论均势被打破时，在临床均势的基础上进行试验是否合乎伦理？或者正如谢弗尔和其他人所论证的那样，这样做是否违反了医生为病人提供最佳治疗的义务？[①] 让我们假定，研究人员已经决定偏好 B，但希望基于临床（非理论）均势存在的理由进行试验。伦理委员会问研究人员，如果他们或他们的家庭成员在人群 P 中，是否不想用他们偏好的 B 治疗他们？一个肯定的回答通常被认为对这样一个试验的前景是致命的，但研究人员的回答是肯定的。满足这种弱的均势形式的试验合乎伦理吗？

弗里德曼认为这显然是合乎伦理的。因为正如弗赖德[②]所强调的，有能力的（从而合乎伦理的）医学在本质上是社会的而不是个体的。医学的进步依赖于医学和研究共同体内逐渐进步的共识。医学实践的伦理学对基于直觉或基于公开提交给临床共同体的证据不足以及不能令该共同体信服的某种治疗偏好，不管多强大，都不赋予伦理或规范的意义。许可一个人作为医师执业，是在他们证明获得了经专业确认的知识之后，而不是在他们表现出优越的猜测能力之后。对他们行为的规范性判断——例如治疗失当行为——依赖于与医疗从业者共同体所做比较。没有遵循这个共同体没有分享的"治疗偏好"，也没有令共同体信服的信息，也就不可能有指控他在法律或伦理上有治疗不当行动的根据。良药的概念是专业共识的产物。处于临床均势状态，良药在 A 和 B 之间做出选择是没有不同的。

弗里德曼认为，与理论均势相比，临床均势是稳健的。因此，在试

[①] Marquis, D., 1983, "Leaving therapy to chance", *Hastings Center Report*, 13 (4): 40-47; Schafer, A., 1982, "The ethics of the randomized clinical trial" 307: 719–724; Schater, A., 1985, "The randomized clinical trial: for whose benefit"? *IRB: A Review of Human Subjects Research*, 7 (2): 4-6.

[②] Fried, C., 1974, *Medical Experimentation: Personal Integrity and Social Policy*, Amsterdam: North-Holland Publishing.

验开始和结束时的伦理困难在很大程度上得到了缓解。有关同意的困难仍然存在，但这些困难可能也会减少。临床均势强调的不是理论均势所要求的缺乏证据支持一个组而不支持另一个组，而是让患者了解临床医生专家之间实在的分歧。研究人员有"治疗偏好"这一事实，这是可以公开的；事实上，如果这种偏好是确定的，而且不是基于直觉，披露它可能是伦理学的强制性要求。同时需要强调的是，这种偏好并不与其他人分享。一位临床医生认为治疗这个病人偏好用 B 而不是 A，而一位有同等能力的临床医生有相反的偏好，这很可能是一个机会的问题。

临床均势并不取决于隐瞒来自研究人员和受试者的相关信息，也不取决于使用独立的数据监督委员会。相反，它允许研究人员在告知受试者时，恰当地区分被临床共同体接受的有效知识、有前景但不（或者对于新疗法来说不会）普遍令人信服的治疗数据以及仅仅是些直觉。如果被告知的患者拒绝参与，因为他们选择了一个特定的临床医生，并相信他或她的判断——超出了专业共同体共识之外——那只是患者的权利。我们并不征用病人作为临床试验的受试者。

（五）临床均势的含义

临床均势理论的提出旨在替代人类研究伦理学目前的一些观点。同时，它与许多研究和管理团体所持有的概念密切相关。因此，临床均势是许多人走向研究伦理的一种合理的表述；它并没有改变很多事情，只是说明为什么事情会是现在这个的样子。然而，临床均势理论所提供的精确性确实有助于澄清或重新表述研究伦理学的某些方面。弗里德曼认为临床均势的含义有以下两个方面。

其一，对不可信的疗法（如苦杏仁苷）[①] 进行临床试验是否合乎伦理，存在反复的争论。庸医疗法的追随者往往给进行这种试验带来巨大的政治压力。临床均势理论提示，当一种治疗方案在临床专家共同体内没有得到支持时，试验的首要伦理要求——临床均势——缺失，因此进行这样的试验是不合乎伦理的。

[①] Cowan, DH., 1981, "The ethics of clinical trials of ineffective therapy", *IRB*: *A Review of Human Subjects Research*, 3 (5): 10-11.

八 对 Benjamin Freedman "均势" 概念的解读

其二，弗里德曼曾批评，临床研究人员为了保证试验结果的有效性而过分缩小试验的条件和假说的倾向。这种倾向无法将试验结果应用于临床实践。临床均势理论为这种批评增加了一些力量。这种倾向不能满足临床研究的第二个伦理要求，因为试验的条件过于特殊，即使成功完成，也无法影响临床决策。

其三，然而，临床均势概念最重要的结果可能是缓解目前对临床试验伦理学的信心危机。正确理解均势，仍然是临床试验的一个符合伦理的条件。这与当前的许多做法是一致的。[1]

有关临床均势，弗里德曼的论述存在如下的缺点：其一，虽然在临床试验中研究人员可能同时是一位临床医生，但一个人在临床中作为一位临床医生的角色与在临床试验中作为一位研究人员的角色是截然不同的。因此，他在临床中要遵循临床伦理学的要求，与在研究中要遵循研究伦理学的要求是不同的，不可将二者混淆起来。其二，在临床试验中理论均势之存在，以及理论均势之被打破，决定于试验过程中积累的客观的科学的证据。而临床均势之存在以及临床之被打破决定于作为临床专家共同体的成员是否接受试验证据对试验各组的支持度。于是，这里必须增加一条基于理性的伦理学要求，即临床专家共同体的成员必须基于理性接受理论均势的态势，做出理性的选择，否则就是不合乎伦理的。现在对临床研究的监管规定就是基于这一伦理要求，如果试验中获得的数据打破了理论均势，药物监管部门就自然而然将试验中获胜的新药列入标准治疗之内。那就是假定临床均势同时也随之被打破。

（雷瑞鹏）

---

[1] Feinstein, AR., "An additional basic science for clinical medicine. II. The limitations of randomized trials", *Annals of Internal Medicine* (1983); 99: 544-50, New England Journal of Medicine, vol. 317, no. 3 (16 July 1987), pp. 141-5.

九　知情同意与社群同意[①]

（一）对知情同意的传统模型的挑战

国际伦理准则以及国家管理涉人受试者的生物医学和健康研究的条例都规定，知情同意是研究伦理学中一个关键的要求。与伦理审查委员会一起，知情同意被认为是在生物医学和健康研究中保护研究参与者（即"受试者"subject，国际上现在通用"research participant"，以强调受试者在研究中的贡献及其与研究人员的平等地位）的两个主要支柱之一。

知情同意的传统模型蕴含在《贝尔蒙报告》和像《赫尔辛基宣言》、国际医学组织委员会/世界卫生组织国际伦理准则以及联合国教科文组织普遍宣言这样一些国际文件之中，被一些人贴上自由主义的或个体论的标签。他们认为，这种自由主义或个体论模型的基础是对人格（personhood））概念的假定，它用理性行动以及做出独立和自愿选择的能力来定义人格的本质。一个实体被看作一个人（person），当且仅当它具有某些属性：（1）自我意识（意识到自己历时存在），（2）理性行动的能力，（3）通过语言与人沟通的能力，（4）自由行动的能力，（5）理性。这种对人基本属性的理解与约翰·洛克对人的经典分析密切相关，他说："在我看来，所谓人格就是有思想、有智慧的一种东西，它有理性、能反省，并且能在异时异地认自己是自

[①] 这是我国生命伦理学家所写的唯一一篇对"社区同意"这一概念讨论比较透彻的论文，原以英文发表在 *Encyclopedia of Applied Ethics*, 2nd edition, 2012 MacMillan 上，经主编查德威克（Ruth Chadwick）同意译为中文。

己,是同一的能思维的东西。"①(Locke,1975)这些就是区分人类和非人类动物的性质。人们认为它们是普遍适用的,并且可以跨越不同的文化。自由主义,例如罗尔斯的自由主义,也立足于明显的个体论的自我概念,正如20世纪80年代社群论思想家迈克尔·桑德尔和查尔斯·泰勒所争论的一样。似乎是这样:在大多数生命伦理学的讨论中,人格的概念都假定为自由主义和个体论的。人被设想为离散的和受限的,与另一个个体分离,每一个人都有他或她自己的私人利益,必须得到尽可能的尊重和容纳。这种图景一直被广泛用来讨论在干预措施是针对特定病人或研究参与者的临床医学或研究情境中产生的伦理问题。在这样的情况下,病人或研究参与者所处的更广泛的社会情境,例如家庭、社群或文化,往往被看作与他们的自主性不相关或是它的障碍。人格或自我的自由主义和个体论概念推出了独立的、离散的自主性,即假定个人自由地做出决定,因为他们不受社会关系(例如家庭或社群的联系)的限制。

传统知情同意潜在的假定是人格的自由主义和个体论概念与独立、离散的自主性受到了社群论、女权主义以及儒学哲学家的挑战,同时也在研究实施方面遇到了困难,特别是在非西方文化或者独特亚文化的主办国家或社群里。

1. 来自社群论者的挑战

在一篇题为"原子论(Atomism)"的很有影响力的文章中,查尔斯·泰勒反对认为"人可以在社会之外自给自足"的自由主义观点。② 反之,泰勒维护亚里士多德的观点:"人是社会性动物,甚至是政治性动物,因为他不是自给自足的,而且在某种重要的意义上来说,他不是在城邦之外自给自足的。"③ 此外,他认为,这种自我的原子论观点似

---

① Locke, J., 1975, *An Essay Concerning Human Understanding*, bk. 2, ch. 27, sect. 9, p. 335, ed. P. Nidditch, Oxford, Clarendon Press. 译文引自关文运译洛克《人类理解论》第二卷第二十七章第九节,商务印书馆1959年版。
② Taylor, C., 1985, *Philosophy and the Human Sciences: Philosophical Papers*, 2. Cambridge, UK: Cambridge University Press, p. 200.
③ Taylor, C., 1985, *Philosophy and the Human Sciences: Philosophical Papers*, 2. Cambridge, UK: Cambridge University Press, p. 190.

乎破坏了自由主义的社会，因为它未能把握自由主义假定一种情境，在这种情境下，个体是社会的成员，对社会承担义务，而社会促进特定的价值，如自由和个体多样性。幸运的是，在自由主义社会的大多数人并不真正把他们自己看作原子论的自我。

社群论者援引海德格尔和维特根斯坦的见解，认为自由主义的观点忽视了个体是在这世界中赋身的行动者。他们争辩说，我们几乎不可能实现一个预先设计并自主抵达的人生计划；反之，我们生活的大量领域事实上受处于背景之中的非选择性的惯例和习惯支配。正如迈克尔·桑德尔所说的，我们通常认为自己"是这个家庭或社群或民族或人民的成员，是这段历史的承载者，是革命的儿女，是这个共和国的公民"①。在我们成长的过程中，往往是不由自主地获得社会性依附，理性选择不起任何作用。这就开辟了深刻挑战自由主义基础的可能性。也许我们能够重新审视一些依附关系，但如果有对于我们的身份来说很重要的人，他们不能被忽略，并且任何这样做的企图会导致严重也许是无法弥补的心理伤害，那么自由主义的问题就会出现。事实上，对自由主义的这种挑战只要求社群论者能够鉴定社群依附是构成一个人身份的基本要素，不能被修改或拒绝即可。

2. 来自女权主义者的挑战

女权主义哲学家指出，这种自由主义或个体论模型的困难是个人不是真正独立的、纯粹理性的、分离的、仅关注自我利益的，而是彻头彻尾社会的。人类在历史、社会和政治的情境中发展，只有通过与其他人的参与和互动而成为人。当要求做出重要决定时，我们往往没有一组有序的价值可以合乎理性地应用。反之，我们在与他人交谈中摸索做出决定的方法。这些人帮助我们确定我们是谁，我们的立场是什么。在医学上，病人在他们的健康需要方面，不是自给自足的单元；他们的健康状况不可避免地受其特定的历史、社会和经济地位的影响。

因此，即使在寻常的医疗互动中，人的传统的个体论模型也是有

---

① Sandel, M., 1981, *Liberalism and the Limits of Justice*, Cambridge, UK: Cambridge University Press, p. 179.

九　知情同意与社群同意

限的。若干女权主义理论家认识到这一困难，提出了一个人格的关系概念，作为其认为临床和研究伦理学更为合适的概念。一些女权主义哲学家建议用不同的观点来替代基于人的分离的个体论自主性观念和人际关系契约范式，因为一个人从根本上不是单独和分离的，而恰恰是由我们是其一部分的关系构成的。"关系"意味着可区分的两个或两个以上的不同参与者之间的联系。同意理论推出，把义务看作在其他方面无联系个体之间个体协商的契约。他们认为，关系的人格概念让我们认识到，特定的社会群体中的成员资格通过与他人相互了解和回应来促进身份的构成。在把性别、种族、阶级、年龄，残疾和族群看作社会显著特征的社会中，人们会发现自己是在裂沟的特权者一边还是在弱势者一边。因此，关系人格不仅使所有人都是（至少部分是）社会建构这一点更为明显，而且也提醒我们，我们不全是平等地构建的。

同样，女权主义者坚持认为，生命伦理学讨论中使用的自主性概念，应该从关系的角度来理解，而不是在其传统的个体论表述中加以理解。关系自主性包含（而不是忽略）这样的事实，人本质上是社会的存在，处于一定政治和经济之中的存在，在社会环境中被养育，在与社会的、处于一定政治和经济之中的其他存在交往中学习发展自身的利益和价值。关系自主性不去伪称个人可以"不受"外界影响做出决定，而是鼓励我们密切关注可能影响一个人决定的各种力量。我们需要明确这样的事实，每个人的价值观都是在学自他人并与他人交往中选择的；而且，每个人都必须学习和实践在社会环境下做出负责任的选择所必需的技能。同样的，自主性是社会关系的产物，而不是一个纯粹的个人的成就。[①]

3. 来自当代儒学哲学家的挑战

当代儒家哲学家认为关于自主性的个体论观点的主要困难是它涉及这样一个观念：我们可以从关系和社会情境，甚至从被认为是至关重要的人的能动性的特质中抽离出个体，这些特质是相互联系和相互照顾的

[①] Sherwin, S & the Canadian Feminist Health Care Research Network (eds.), 1998, *The Politics of Women Wealth: Exploring Agency and Autonomy*, Philadelphia: Temple University Press.

第二编 研究伦理学

能力与需要。在许多东方社会，儒家是对人的能动性作出不同于自由主义模型理解的重要的道德和学术资源。儒家道德哲学假定人的关系性，而不是人的分离性是人类存在的本质。对他人的关怀、同情，以及责任，是界定我们是人的道德能力。中国儒家关于人格的概念本质上是非个体论的、非契约性的，具有关系的性质。

在中国的儒家传统中，人类主体从未被视作一个孤立的个体，而总是被设想为关系网络的一部分。一个人永远是"关系中的人"——这是中国哲学家吴（Wu）很好把握的一个论点，他写道："在传统上，中国人很少认为自己是一个独立的实体。他是一个具体的人，是在家庭的自然环境下活动、生活和存在的个体。"[①]

对于中国的儒家，人和动物的区别是拥有人际关系和遵循道德的能力。根据这样的理解，儒家的自我始终是一个关系的自我、一个关系的存在。它存在于一个人学习成为人，认识到自己的人性的社会关系之中。儒家自身的道德出发点是与他人的关系，而不是个人的自由和权利。正是一个人的角色关系和角色履行，使得自我发现一个人作为人的圣神性的源泉，以及自尊、自我价值和自我实现的基础。按照儒家的解释，互惠性不是一种如交换礼物或商品一样的交易。互惠性的道德基础不是一种社会契约，而是我们的相互联系和相互依存。在一个互动的、真正互惠的角色关系中，"自我"和"他人"都是建构的，以及在关系内部发生的结合和个性化中彼此构成的。在关系中乐于助人的互惠性，是中国 2000 年来构建社会和人际交往的指导原则。[②]

所有这些挑战似乎让人们相信，将个人看作做决定不考虑他或她的社会关系的决策者是得不到辩护的。对这一论点的承认体现在国际和国内研究伦理学的文件中。在《赫尔辛基宣言》[③]（2008）中，承认在知情同意的过程中，"咨询家庭成员或社群领袖可能是合适的"（第 22

---

① Wu, J., 1967, "The status of the individual in political and legal tradition in old and new China", in Moore C (ed.) *The Chinese Mind*, Honolulu: University of Hawaii Press, pp. 340-364.

② Tao, J., 1999, "Does it really care"? *The Harvard Report on Health Care Reform for Hong Kong*, Journal of Medicine and Philosophy, 24 (6): 571-590; Tao, J., 2004, "Confucian and Western notions of human need and agency: Health care and biomedical ethics in the twenty-first century", In Qiu RZ (ed.) *Bioethics: Asian Perspectives-A Quest for Moral Diversity*, Dordrecht: Kluwer, pp. 13-28.

③ Helsimki Declaratim, 2008, https://www.wmf.net.

条)。《涉及人类受试者的生物医学研究国际伦理准则》(CIOMS/WHO,2002[①])的"准则2：伦理审查委员会"中，社群在知情同意中的作用得到了承认："在主办国，伦理审查委员会必须有具有这种理解的成员或顾问；这样它将处在一个有利的地位来判定所提出的获取知情同意和在其他方面尊重潜在受试者权利的方法的可接受性，以及所提出的保护研究受试者福利的方法的可接受性。"

这在"准则4：个人的知情同意"中也得到承认："在一些文化中，研究人员唯有在获得社群领袖，或长老会议，或其他指定权威机构的允许后，才可进入社群指导研究，或接近潜在受试者以获得个体同意。"

但所有有关研究伦理的文件均没有否认从受试者个体那里获取知情同意的必要性和重要性。适当承认个体的作用并非就是个体论；同理，适当承认社群的作用，也不一定就是社群论。在社会关系中承认个体作用与承认社群作用不一定互不相容，个体论与社群论也各有合理之处。

在大多数情况下，讨论社群在知情同意中的作用，都假定存在一个相关的社群，并没有规定标准，以鉴定何时一组人构成一个社群。因此，我们得先弄清什么是社群。

(二) 定义社群

"社群"(community) 这个词来自古法语 "communite"，由拉丁文 "communitas" 演化而来，在广义上这个术语是指伙伴或有组织的社会。在社会学中，据说到20世纪50年代，这个术语大约有94种定义。在传统上，一个"社群"曾被定义为一群生活在共同地点、互动的人。这个词经常被用来指一个群体，在一个共同的地理位置内，一般在大于家庭的社会单元内，通过共同的价值观和社会凝聚力组织在一起，最容易形象化的社群类型是共享地理位置、历史、种族、文化和宗教，例如生活在一个特定领土上的部落。

---

① Council for International Organizations of Medical Sciences (CIOMS)/World Health Organization (WHO). International Ethical Guidelines on Biomedical Research involving Human Subjects, (2002-08), https://cioms.ch/publications/product/international-ethical-guidelines-for-biomedical-research-involving-human-subjects-2/.

可以从两个视角来定义社群：人的视角和社会学的视角。然而，无论在哪种情况下，社群定义的核心是成员包括谁，而谁又被排除在外。一个人成为一个社群的成员可能是出于自己的选择，就像自愿参加的社团一样。或由于他或她与生俱来的个人特征，如年龄、性别、种族或族群。因此，在任何时候，个体可属于多个社群。当参与社群活动时，人们在决定与目标社群内哪些个体合作时必须意识到这些复杂的关联。从社会学视角来看，社群是指在诸如地理、共同利益、价值观、经历或传统等若干特征内，至少有一个共同特征把他们联合起来的一群人。要理解和描述一个社群，可能涉及许多因素，这些因素与人（社会经济学、人口统计学、健康状况、风险状况、文化和族群特征）、地点（地理边界）、关联性（共同的价值观、利益和驱动力），以及权力关系（交流模式、正式和非正式的权威和影响、利益攸关者关系和资源的流动）相关。

根据人类基因组组织伦理委员会的《受益共享的声明》[1]，主要有两种类型的社群：原住社群和境遇社群。"原住社群建立在一个人出生或成长的家庭关系、地理区域、文化、族群或宗教群体上。例如，扩展的家庭构成以遗传性为基础的社群，而境遇社群是人们在后来的生活中通过选择或机会找到自己群体，这包括了基于共同利益、工作场所、工会或自愿参加的社团的群体。"

该声明解释说，这两种类型的社群可以从若干维度来定义，包括地理、种族/族群、宗教或疾病状态。例如，如果一个小镇的居民大多数都在这里出生，那么可能就是一个原住社群，或者如果大多数都是新迁居来的人，那么这个小镇可能就是一个境遇社群。患有相同疾病的人们如果有家族史，可能形成一个原住社群，如单基因疾病这种情况，或者形成一个境遇社群，多因素常见病通常就是这种情况。然而，患有多因素常见病（如心脏病、高血压、癌症或糖尿病）的人们，可能并不认为他们自己形成了社群。

维耶尔（C. Weijer）和伊曼纽尔（E. Emanuel）提出，为了医学研究—社群伙伴关系的目的，社群应被视为多多少少具有凝聚力的群体，

---

[1] Human Genome Organization, *HUGO Ethics Committee: Statement on Benefit-Sharing*, (2000-04-09), https://onlinelibrary.wiley.com/doi/abs/10.1034/j.1399-0004.2000.580505.x.

他们由于一些共同点而结合在一起，这些共同点涉及以下 10 种主要特性，每一种都有连续的变化序列：（1）共同的文化（包括语言），（2）文化的综合性，（3）与健康有关的共同文化，（4）正当的政治权威，（5）有代表性的群体/个人，（6）集体性优先设置（和决策）机制，（7）地理位置，（8）共同的经济，（9）通信网络，（10）自我认同为一个社群。①

（三）社群参与知情同意过程

从广义上说，社群参与研究是与人群协同合作的过程，以解决影响着社群中可能成为研究参与者入选福祉的问题，这些人群通过地理位置、特定利益或者相似境况而联系在一起。社群参与为以往伦理准则或文件的道德个体论，增加了对待于群体或社群的关注。

在这里新事物是这样一个伦理假设，即研究者有义务将某些社群观点和利益纳入考虑范围，以及社群的投入对于合乎伦理的开展研究是必不可少的。这就增加了保护弱势社群免于重大伤害和尊重他们完整性的义务，从而扩展了对研究的约束。社群参与已经发展到一个新的阶段，称为"社群—研究伙伴关系"（"社群参与式研究""社群合作研究"或"基于社群的参与式研究"）。它包括研究人员与东道社群之间积极的合作，双方都参与科学研究的若干重要方面。协作的范围可以从非正式的讨论（旨在相互理解和调整所提出的研究方案）到参与研究各个方面的协商——例如研究目标的选择、受试群体的认定、研究设计、数据的所有权以及研究结果的发表。与大多数研究不同，社群参与式研究涉及社群与研究人员之间权力的共享。社群参与研究必定对知情同意的过程有所影响。

社群参与知情同意过程可发生在若干情况之中。首先，社群批准是社群成员考虑是否要参与某一研究的前提。发展中国家传统社群的社会政治结构，尤其是在农村地区，完全不同于工业化国家。在发展中国家，许多社群的成员相较于工业化国家的社群成员，与他们所在的社群

---

① Weijer, C. & Emanuel, E., 2000, "Protecting communities in biomedical research", *Science*, 289: 1142-1144.

有更强烈的社会联系。而且，前者的凝聚力较之后者也更为紧密。当研究人员和他们的赞助者来到一个社群进行研究时，应该先取得社群的允许，才能与个体成员联系询问参与研究的可能性。如果他们在取得社群同意之前就联系社群成员，这就违反了社群的规则，而且通常社群成员不愿意参与研究，因为那是外来者的研究方案。因此，从一开始与社群的领导者建立伙伴关系，与他们讨论或者协商研究方案的各个方面（包括受试群体的认定和知情同意过程的描述）对研究人员来说是至关重要的。当这个研究方案成为社群自己的方案，而不是一个外来人的方案，研究人员启动的知情同意过程将会顺利进行，并且在社群成员的帮助下成功完成。

第二，当研究人员联系社群成员，视他们为潜在的研究参与者，这些成员可能感到为难，难以做出决定。他们需要与自己的家人、朋友、和/或其他他们认为知识渊博、经验丰富的社群成员商量。这是必要的，因为当来自发达国家、通晓像"原子""分子"和"基因"这样术语的研究人员接触来自非西方文化社群的潜在研究参与者时，就会产生两种不同文化（例如在中国，人们熟悉的术语是"气""阴""阳""五行"）的碰撞。在社群参与研究的实践中，包括中国在内的一些发展中国家，建立了社群顾问小组/社群顾问委员会（CAGs/CACs），为社群潜在研究参与者提供关于知情同意过程的援助和咨询。这些CAGs/CACs帮助社群成员理解研究人员所告知的信息，并向社群成员解释对于他们来说很陌生的术语。

第三，研究可能会给第三方带来伤害。现在人们认识到，社群中非同意的、非参与的成员可能会因为群体其他成员参与的研究而受到伤害。例如，美国国家生命伦理学顾问委员会的报告《涉及人类生物材料的研究：伦理问题和政策指南》[1]中说，某些类型的研究，如遗传和环境的研究，可能给受试者群体中非受试成员带来风险，比如揭示受试者人群有一种易染病体质，而导致在保险和招聘方面受到侮辱和/或歧视。在中东欧犹太人中进行所谓的"乳腺癌基因"BRCA1和BRCA2研究，

---

[1] National Bioethics Advisory Commission (NBAC), 1999, Research involving Human Biological Materials: Ethical Issues and Policy Guidance Volume 1. Report and Recommendations. Rockville, MD: National Bioethics Advisory Commission.

九 知情同意与社群同意

是引起群体伤害风险的一个例证。

这项研究的发现是，中东欧犹太女性有更高的携带这些基因的发生率，这可能导致非参与的拥有犹太血统的女性遭受各种形式的歧视，比如基于她们被认为有患乳腺癌的高风险而无资格加入健康和人寿保险。同样，在一个村庄的部分村民中进行关于艾滋病预防和治疗的研究，可能导致由于对受艾滋病侵袭的村庄的污名化和歧视，其他村民不能在市场上出售他们的农产品。为了解决这个"第三方伤害"的问题，知情同意的过程必须将受试者社群其他成员的风险纳入考虑中，而且必须鼓励潜在受试者不仅权衡自身的代价和受益，也要考虑非同意和非受试第三方的代价和受益。为了促进第三方风险相关信息的交流，也有必要咨询社群代表。

第四，研究可能给整个群体或整个社群带来伤害——所谓的"群体伤害"。这是前面讨论的第三点的一个逻辑上的延伸。群体伤害并不简单地指大多数或者全部群体成员遭受了伤害，而主要是指大多数或者全部成员由于对这个群体的认同和参与而遭受伤害。例如，遗传研究可能会挑战一个部落起源的神话，或者研究表明，与关于血统的习俗信仰相悖，某些个人或群体并不属于这个血统，这将瓦解社会文化力量和声望所依赖的宗族关系，而损害这个社群。这种伤害可能是永久性的，比活的人还持久，并且影响尚未出生的人。因此，在群体情境下，将对研究受试者的伤害最小化的责任，产生了研究人员要设法保护整个社群免受伤害的义务，这超越了来自这个社群的个体研究受试者的利益。研究人员对风险—受益的计算应包括群体伤害以及如何向潜在参与者告知群体伤害的信息，研究者应该与社群代表讨论如何使群体伤害最小化。

社群参与知情同意或社群—研究伙伴关系的优点是，它可以提高个人知情同意的质量和积极参与研究的水平。它能保护社群成员不会在同意参与研究的同时未被告知对其所属群体或社群可能的有害后果。通过让他们及其社群其他成员更全面的合作，也推进了更加合适的"研究参与者"的概念。那些有点消极的研究"受试者"实际上被更加积极地与同伴一起参与整个研究过程的"参与者"所替代。

然而，社群参与知情同意过程或社群—研究伙伴关系的缺陷可能是，由于社群的权力结构或者家长主义的盛行，这种进路可能会因为使自主的个人服从群体/社群的权威而剥夺社群个体成员决定是否参与研究的自由。个人自由决定之被剥夺可能在两种情况下发生：(1) 由于研究者与社群代表事前就关于可接受研究条件进行了合作，个人参与研究可能受阻；(2) 由于社群领导者对研究项目的支持，个体可能觉得被强迫参与了研究。

(四) 关于"社群同意"的争论

"社群同意"和"群体同意"这两个有争议的术语涉及将个体研究受试者的知情同意概念应用于他们所属的社群或群体。例如，一些人认为，如果个体的研究参与者必须被告知遗传信息所特有的社会心理含义及其影响家庭关系的可能性，那么有关改变现有社会关系对群体的风险应该以同样的方式处理；也就是说，相关群体也必须被告知这些风险。否则，将会给个人自主性的西方价值以特权，凌驾于在其他一些非西方文化中盛行的社会关系价值之上。

个人知情同意要求进行信息交换，以使参与者理解研究及其风险和受益，在这个理念的基础上，社群同意推出研究者和社群代表之间不间断的信息交换，以利于正确识别、评估和评价研究对社群的受益和伤害，以及制定伤害最小化和受益最大化的策略。这意味着应该以当地语言用可以理解的用词来解释研究。在大多数情况下，这要求早在计划研究时就与社群成员进行商议，而他们将持续参与设计、进展、实施和研究成果分配的全过程。与个人知情同意相对照，研究人员与社群结成伙伴关系是表示对社群的尊重，期望通过不断协商研究方案的修改来消解来自社群的种种意见和/或异议。

然而，尽管社群参与整个研究过程或者社群—研究伙伴关系，对于在非西方文化社群进行研究是可取的，甚至是必要的，但是不应该将它与做出同意的决定混为一谈。当处于伙伴关系的研究人员和社群代表以平等的地位讨论风险—受益比，包括个体成员（如果他们参与研究）的风险—受益比，非同意和非受试的第三方的风险利益比，以及该群体或社群的风险—受益比时，这是一回事；做出是否同意参与研究的决

九 知情同意与社群同意

定,则是另一回事。同意是一个个人的决定,这个决定是为一个个体是否参加研究而做出的。如果我们使用"社群同意"这个术语,它将会导致概念上的混淆。在实际应用中,"社群同意"这个术语将起误导作用:将会引导人们错误地认为部落、氏族或者村庄的领导有权力决定他或她的社群中哪个成员应该成为某一研究的研究参与者。在任何一个社群,其成员并不是平等的:一些人有特权或优势地位,有的人则处于脆弱或劣势地位。社群的权力结构可能使"社群同意"危害到同意的自愿性和自由。一些文化赋予公共决定比个人决定更高的价值。在一些情况下,部落的头领决定谁应该成为研究参与者,而不顾他们的意愿。这导致了强制,违反了基本的研究伦理原则。"社群同意"一词会为这种行为做出声名狼藉的辩护。研究人员所面临的选项有:(1)放弃在该社群进行研究,寻找另一个社群进行研究,(2)如果该研究非常重要,可能会给这个社群带来巨大受益,研究人员可以通过将个人同意作为他们参与研究的一个条件来帮助保护个人研究受试者免于社群的强制。例如,研究方案可允许个体研究受试者秘密决定不参与研究,而不让社群中任何人知道。

"社群同意"这样的用语也受到来自后现代主义视角的批评。不仅仅是"社群"一词掩盖了群体的异质性,而且传达了一个社群内和谐亲密的虚假感觉,从而可能隐瞒对立的状况,例如在语言上消除边缘的声音。社群可能看起来有凝聚力,但却将穷人、残疾人、被族群抛弃者以及其他受歧视的群体排除在参与之外。正式授权的社群代表往往代表着精英,而不是作为一个整体的人群。

在家庭/社群关系紧密和传统文化非常浓厚的背景下,社群融入知情同意的过程应该得到提倡。这种融入意味着在研究者接触任何将是潜在受试者的社群成员之前,应该与家庭/社群的负责人讨论研究项目,并获得他或她的允许。然而,这并不意味着社群领导有权决定哪位成员应该参与研究。是否参与研究的决定应该由个体成员自己做出。因此,"家庭同意"和"社群同意"这两个词容易让人误解。事实上,这种知情同意被称为"社群辅助同意"为宜。

（五）非西方文化社群中知情同意过程的张力

当在一个非西方文化社群中执行知情同意过程，知情同意所根据的价值观和本土文化的价值观之间的张力就出现了。当一个社群参与知情同意过程时，社群领导的权威是否损害了知情同意的原则及其实施？此外，即使潜在受试者理解那些告知的信息并同意参与研究，他或她也可能拒绝签署同意书，这可能是由于在这个文化的价值观中，口头承诺比书面的更为庄严，或者可能由于他们不识字的痛苦经历所造成——他们在签署了协议之后，被具有误导性的契约严重地伤害了。

在知情同意过程中，当处理不同文化中不同价值观之间的张力时，对文化裂沟有3种可选的进路或政策：

·传统主义进路。在这里"传统主义"的意思是对科学研究所在的发展中国家传统的文化信仰和价值观的全盘信奉。如果我们用传统主义的进路来处理知情同意原则和本土文化之间的张力，将完全违反研究伦理的国际准则，使我们处于无法保护人类受试者权利和福利的境地。因此，这种进路在伦理上得不到辩护，也是不可接受的。

·现代主义进路。"现代主义"是指对体现在西方国家研究伦理准则中西方文化的信仰和价值观的全盘信奉，而完全不顾本土文化的信仰和价值观。它会使这种张力更加严重。本土文化并不是铁板一块；相反，它可以区分为可能会使这一代本土人民受益的积极元素，以及可能会伤害他们的消极元素。考虑一下家庭价值的例子。家庭关系可对所需成员提供支持，改善他或她的福祉，尽管有时家庭可能会侵犯一个脆弱的成员的个人权利和自由，而不是公正地分配资源给脆弱成员。完全忽视本土价值观在伦理上得不到辩护，也是不可接受的。

·协调的进路。协调意味着当应用国际伦理准则时，我们应该尊重本土文化的信念和价值观，试图将其积极的元素吸收到我们的研究程序之中。唯有这种进路使我们能够解决文化张力，有效保护人类受试者的权利和福利。为了达到这个目的，我们必须将保护人类受试者的知情同意原则的硬核和它的外周加以区分。知情同意原则的硬核由以下部分组成：（1）如实告知信息，足以使患者/人类受试者做出决定，而没有歪曲、掩饰和欺骗。(2) 积极帮助他们理解所提供的信息。(3) 当患者/人类受试者有行为能力做出决定时，坚持自由的同意，而没有不正当的引诱和强迫；当他们没有行为能力做出决定时，则代理同意。硬核就是必须坚持的东西，在不同文化之间没有妥协余地。它的外周则包括信息告知的方法（使用书面材料或录像带/VCD/DVD）、表达同意的方式（附有签名的书面形式或有见证人的口头表达）、同意书中使用的用语（是否使用"研究"或"试验"等词），以及知情同意过程中家庭的/社群的参与。外周部分可以根据特定的文化而灵活变。

必须向潜在人类受试者清楚地指出科学研究（包括临床试验）与医疗之间的区别，以预防对治疗的误解，而措辞可以灵活。例如当且仅当潜在受试者已经表示愿意参与研究，但不喜欢"研究"或"试验"这样的用词时，在同意书中可使用"观察新药的安全性和有效性"或"研究基因与疾病之间的关系"这样的词来取代"药物研究"或"基因研究"等术语。

潜在受试者在理解了告知他或她的信息后，自愿参与研究，但不愿意签署同意书，宁愿采取口头同意。在这样的情况下，应该允许口头同意。正式地安排口头同意更为妥当，一个与研究无关的第三方证人可以在同意书上签字确认该人类受试者自愿决定参与研究，但不愿签署同意书。

（翟晓梅）

十　与健康相关的研究符合伦理的基准

（一）前言

与健康有关的研究伦理学是生命伦理学一个重要部分。什么是与健康有关的研究？为了诊断、治疗和预防疾病（临床试验），了解疾病病因和发病机制，以及为了维护人群健康即公共卫生而进行的研究，简称研究伦理学（Research Ethics），这是生命伦理学（Bioethics）中最先发展起来的部分，也是发展最为成熟的部分。研究伦理学还有它自己的分支，如遗传伦理学、神经伦理学、合成生物伦理学、纳米医学伦理学、医用人工智能和机器人伦理学等。此外，生命伦理学还包括临床伦理学（Clinical Ethics）和公共卫生伦理学（Public Health Ethics）。

让我们先看几个案例。

案例：食管癌的前瞻性研究

2003 年第 75 卷的美国《胸外科杂志》发表了中国医学科学院某研究所的一篇文章，题为"食管癌手术后放疗的价值：495 病例报告"[1]。文后的编者按说："这篇文章违反了十分重要的伦理标准，病人没有知情及表示自愿的同意，他们同意的是参加治疗。但编者认为该研究提供的信息非常重要和有用。本杂志坚定支持《赫尔辛基宣言》及其对参加研究的病人的保护，不会轻易发表违反研究伦理原则的研究。"在文章前面发表了一篇题为"不合伦理的研究：知情同意的重要"的长篇评论，说："这是不合伦理的研究的一例。"

问题：研究人员是否应该向受试者说明这是一项研究，不是治疗？

---

[1] Xiao, Z. et al., 2003, "Value of Radiotherapy after Radical Surgery for Esophageal Carcinoma: A Report of 495 Patients", *Annals of Thoracic Surgery*, 75 (2): 331-336.

十 与健康相关的研究符合伦理的基准

如果潜在的受试者因研究而不参加，应该怎么办？

案例：黄金大米试验

某省医科院伦理委员会 2002 年批准与美国塔夫特大学 T 教授合作对学龄儿童进行转基因大米（"黄金大米"）的试验，以观察该转基因大米是否能有效地提供维生素 A。PI 是该院客座研究员，在北京 CDC 工作的 Y、该院的 W 为中国的 PIs。试验延至 2008 年，选择在湖南某镇小学进行，受试者为 68 名 6—8 岁的学龄儿童。是年 6 月 2 日，T 将转基因大米从美国带到湖南该镇，拌入普通米饭，供学生食用。事先未告知儿童家长这是一次转基因大米试验，只说是"营养素"。学校校长、老师和厨房工作人员也不知情。[①]

问题：儿童为脆弱人群，应给予特殊保护，这一伦理要求是否做到？知情同意做到没有？中国法律不允许转基因产品入境，携带黄金大米而未经批准，是否违法？

案例：头颅移植

意大利外科医生卡纳维罗在都灵大学医学院计划进行头颅移植，即将一位病人的头颅移植到另一位脑死病人身上，为此他被大学解雇。然后他来到哈尔滨医科大学，与该校外科医生任晓平合作，进行了多次动物实验，还用尸体进行试验，计划于 2018 年在中国用中国人做世界上第一例头颅移植临床试验。除了科学（脊髓神经连不上）、法律（有可能被控谋杀、非故意杀人、尸体侮辱）问题外，伦理问题有：

问题 1：风险—受益比如何？有人说手术后死亡概率 100%，那么受益呢？与其他器官移植不同，头颅移植有一个谁受益的问题：是身体功能衰竭的 A，是脑死的身体捐赠者 B，还是 A 的头与 B 的身体结合后形成的 C？这就涉及人格身份理论问题：神经还原论认为"我就是我的脑"，那就是 A 受益；动物论强调人是动物，是一个有机体，那就是 B 受益；脑/心、身体、环境互动论认为"我"是脑、身、环境相互作用的结果，那就是 C 受益。

[①] 翟晓梅、邱仁宗：《公共卫生伦理学》，中国社会科学出版社 2016 年版，第 240—243、243—248、71—72、227—239 页。

◈◈ 第二编 研究伦理学

问题2：满足了知情同意的伦理要求没有？①

我们建议国家卫生健康委员会禁止卡纳维罗和任晓平于2018年用中国人做头颅移植的全世界第一次临床试验。

马克思的墓志铭上刻着他在《关于费尔巴哈的提纲》中的最后一句话："哲学家们只是用不同的方法解释世界，而要点在于改变世界。"②伦理学是帮助人，尤其是掌握专业权力的专业人员（医生、律师、科学家、工程师、教师等）和掌握公权力的决策者（包括监管者、司法者、立法者）做出合适的，即合乎伦理的决策。伦理学就是改变世界的哲学。伦理学不以发表文章为限，也不能满足于修身养性，必须在伦理学研究基础上倡议改变决策，通过改变决策改变世界。生命伦理学帮助掌握专业权力的医生、科学家和公共卫生人员，以及掌握公权力的监管、决策、立法人员做出合适的，即合乎伦理的决策。那么，什么样的决策是合适的呢？生命伦理学始于《纽伦堡法典》③，是对纳粹医生利用集中营受害者进行惨无人道的试验的教训总结。《法典》有10条原则，其中8条是讲医学实验之前必须对干预的风险—受益（包括研究参与者和社会的受益）比（ratio）进行评估，如果这个比合适，则要使风险最小化，受益最大化；其中2条是强调研究参与者自愿同意是绝对必要的（知情同意的雏形），以及他们可以自由退出。这两方面构成一项决策是合适的、合乎伦理的：

· 研究干预拥有有利的风险—受益比：这项决策是"好的（good）"；

· 研究参与者的知情同意：这项决策是"对的（right）"。

《法典》中的人文关怀具有普遍性。（1）对人的伤害、痛苦、不幸和苦难的敏感性或不忍之心。孔子说"仁者爱人""立己达人"；孟子说"无伤，仁术也""不忍之心""恻隐之心""仁之端也"。一个人、一个单位、一个地方、一个国家对人的痛苦和苦难的敏感性越高或忍受度越低，其道德进步程度就越高。因此，我们发展和应用科技于人，必须考

---

① 雷瑞鹏、邱仁宗：《人类头颅移植不可克服障碍：科学的、伦理学的和法律的层面》，《中国医学伦理学》2018年第5期。

② 《马克思恩格斯选集》第1卷，人民出版社2012年版，第136页。

③ 陈元方、邱仁宗：《生物医学研究伦理学》，中国协和医大出版社2003年版，第309—310页。

十　与健康相关的研究符合伦理的基准

虑人与社会的风险和受益比，尤其是要避免、降低风险（可能的伤害），使风险最小化。（2）对人的尊严、自主性和内在价值的认可度。荀子说"仁者，必敬人"。一个人、一个单位、一个地方、一个国家对人的尊严、自主性和内在价值的认可度越高，其道德进步的程度就越高。因此，我们发展和应用科技于人，必须注意对人的尊重，尊重他的自主性（知情同意）、尊严和内在价值（人不仅有外在价值、工具性价值）。[①]

与健康相关的研究为什么必须以人为对象？其一，人也是动物，但与非人动物有种属差异：人与非人动物的疾病有差异以及某些非人动物疾病模型的缺乏，人与非人动物的药物代谢、药效、毒副作用以及药物引起的基因畸变之间可能有差异，人与非人动物的免疫反应可能有差异，以及某些研究不能在非人动物身上完成，例如涉及人群的研究，心理社会因素与疾病关系的研究，人类基因组与疾病关系的研究，以及环境与人类疾病关系的研究。

为什么对与健康相关的研究要有伦理要求？当代与健康有关的技术将使我们有可能获得更为安全、更为有效的诊断、治疗、预防疾病和增进健康的手段和方法，但同时在开发和应用这些技术的过程中，尤其是与商业、市场结合时，有可能损害病人、受试者或公众的健康和利益，或具有侵犯他们的权利的倾向，于是发生利益冲突（拿红包、回扣、过度治疗、试验自己兴办或入股的药物公司的药物等）。我们有责任发展与健康有关的技术，同时也有责任保护病人、受试者和公众的权益。为此，对科研要有伦理要求。伦理要求既维护病人、受试者和公众的权益，也保护研究人员，保证科研顺利发展，促进其负责任发展，并得到公众的支持。

研究与治疗的区别。研究与治疗在概念上的区别在于，研究的目的是获得可普遍化的知识，而治疗的目的是救治具体的病人。即使是所谓的创新疗法（innovative therapy）也不是为了获得可普遍化的知识，而是为了治疗具体的病人。例如当一位医生治疗某一患严重疾病的病人时，往往会遇到用目前通用的疗法疗效不佳的问题，为了救病人于危难

---

① Macklin, R., 1992, "Universality of the Nuremberg Code", in Annas, J. & Grodin (eds.) *The Nazi Doctors and the Nuremberg Code: Human Rights in Human Experimentation*, Oxford: Oxford University Press, pp. 240-257.

之中,他就设法根据最新的文献报道,或他在其他医院同事的经验,以及他目前这个病人的具体情况,对目前通用的疗法加以修改,甚至采用一种全新的疗法,试图解决这个病人的问题。他的努力是全部针对这个病人的,希望通过他的创新来解决病人的健康问题。他并没有试图匆忙获得一个普遍化的规律来解决所有患这类疾病的病人的问题。治疗要解决的问题是:如何能够更为有效地治疗病人 p 的疾病?在语言表达方面它是一个单称命题:"对病人 p 用疗法 t 有效"。包括临床试验的研究要解决的问题是:用受试的新药是否能够更为有效地治疗所有患疾病 d 的病人?在语言表达方面它是一个全称命题:"对所有患 d 疾病的病人,用新药 m 更有效"(临床试验),或者"基因 g 在所有患疾病 d 的病人中起原因作用"(基础研究)。

在实际工作中,研究人员的角色与医生不同,受试者的角色与病人的角色也不同。作为研究人员,他必须懂得如何进行科学研究,要提出假说,然后设计试验程序来检验这个假说,尤其需要设计随机对照试验,以保证将可能的偏倚减少到最低程度。在确保研究科学性的同时,他还必须确保整个研究过程符合国际和国内的准则和规定,即确保研究合乎伦理,保证受试者的权利和利益。受试者的角色与病人也有很大的不同。病人接受已证明有效的治疗,是治疗的受益者,而受试者参加研究,他本人不一定受益,研究结果则有利于其他病人,有利于科学,有利于社会,因此他参加研究是为了利他,他是为科学事业做出贡献的志愿者。在治疗中,家长主义(即由医生来做决定)在一定情况下是必要的,例如急诊时,病人处于昏迷状态,一时找不到监护人或代理人,但在研究的情境下,如果受试者本人有行为能力,任何时候都不允许家长主义,即让研究人员代替受试者做出参加研究的决定;又如在治疗时收取病人的服务费用是合理的,但在研究情境下要求受试者缴纳费用是不允许的。

随着对受试者的保护和尊重日益受到重视,受试者的称谓也有改变。过去我们常称他们为"研究对象",但"对象"一词容易将他们视为"客体"而不是"主体",因而现在更多地称他们为"受试者",而受试者的英文"subject"与"主体"是同一个词。最近则更多地称他们为"研究参与者"(research participant),这个词更强调受试者与研究者的平等地位，他们是为研究做出贡献的研究参与者。①

与健康相关的研究符合伦理的基准②如下。

（二）研究具有社会价值

在现代社会，研究必须获得社会支持，不能仅仅满足好奇心或为研究而研究。一项符合伦理的研究必须有社会价值，即从研究成果获得的知识中可引出对疾病的诊断、治疗和预防的改进，而使一大批病人受益；他们所患疾病在某地区或全国造成很大社会经济负担，改进后大大减轻社会负担；研究疾病病因和发病机制丰富充实医学知识，有利于医务人员和公共卫生人员以及生物公司开发药物和诊疗设备，采取更为安全而有效的医疗和公共卫生干预措施。CIOMS（国际医学科学组织理事会）在其2016年发表的第4版《涉人健康相关研究国际准则》（International Guidelines on Heath-related Research Involving Humans）③ 准则1解释说，社会价值指的是一项研究可能产生的信息的重要性。信息之所以重要，是因为它与对某一严重的健康问题的理解或干预有直接的相关，或因为它对可能促进个人或公共卫生的研究有其预期贡献。这种信息的重要性可能因健康需要的意义、径路的新颖性、预期优点、解决这个健康问题其他办法的优点以及其他考虑而异。例如一项设计良好的后期试验可能缺乏社会价值，如果其终点与临床决策无关，那么临床医生和政策制定者不太可能根据这项研究的成果去改变他们的实践。研究人员、赞助者、伦理审查委员会和监管机构与决策者必须确保一项研究具有充分的社会价值，以使其相关的风险、花费和负担得到辩护，特别是对受试者缺乏潜在个人受益但却有风险的研究，必须确保其有充分的社会价值。

---

① 翟晓梅、邱仁宗：《生命伦理学导论》，清华大学出版社2005年版，第410—411、52—55、423—429页。

② Emanuel, E. et al., 2000, "What makes clinical research ethical"? *JAMA*, 283 (20): 2701-2711.

③ Council for International Organizations of Medical Sciences (CIOMS) & the World Health Organization (WHO). Guidelines for Health-related Research Involving Humans, 4th edition, 1-2, 9-14, 15-20, (2016), https://cioms.ch/wp-content/uploads/2017/01/WEB-CIOMS-EthicalGuidelines.pdf.

（三）研究设计具有科学有效性

实现上述社会价值要通过研究的科学设计来保证。研究的科学性是一项伦理要求：研究不可靠，数据靠不住，受试者遭受风险但无受益，而且浪费社会资源和纳税人的税款，不科学的设计必然也是不符合伦理的。

研究设计的科学性要求：

- 必须以已有的文献为根据；
- 事先应有先行的实验室和动物试验；
- 必须按照随机对照（单盲或双盲）试验（RCT）的黄金方法来设计；
- 提出的假设是否有根据，研究程序是否能验证假设；
- 研究应该有合适的样本量、无偏倚的测量以及数据的统计方法处理等。

要求研究人员拥有一定的资质和研究经验，学生、研究生、年轻研究人员的研究必须在导师指导下进行。

随机对照试验（randomized controlled trial，RCT）。随机对照试验要素：随机，对照，盲法，统计分析。随机对照试验是消除研究人员和病人/受试者偏倚（bias）或偏好（preference），以保证临床研究客观性和正确性的黄金方法。随机临床试验可揭露常识和常规做法的错误。20世纪四五十年代，人们认为大量供氧可预防早产儿死亡或脑损伤。1954年，临床试验证实滥用氧气引起眼晶状体后纤维增生，导致失明。另一项临床试验表明，接受甘特里辛治疗的早产儿，死亡率和智力低下率都较高，而以前不知道甘特里辛有此不良作用。

随机对照试验的方法论。随机对照试验基于求异法：

组别	因素	结果
1	ABC	e
2	AB	—
所以	C 是	e的原因

随机对照试验基于零假说（null hypothesis），即其假说是：要试验的新药物 B 与原有最佳药物 A 在安全和效度（validity，指在 RCT 情境下有效，不一定在临床情境下有效）方面等价，同时不存在比 A 和 B 更佳的 C。临床试验就是要设法证伪这个零假说，用证据证明 A 和 B 之中有一个更佳。

随机对照试验的伦理问题。伦理问题是应该做什么和应该如何做的问题。作为一个医生应该给病人提供最佳的治疗，怎能将病人随机地分到可能不是最佳的组？解决这个伦理问题用的是均势（equipoise）[①] 概念，由于要试验的新疗法与原有最佳疗法分不出高低，因此进行这种临床试验是合乎伦理的。均势有理论均势与临床均势。理论均势是指，迄今为止没有充分证据证实要检验的新疗法 B 比原有最佳疗法 A 更好或更差；或没有充分证据证伪零假说（即 A=B）；临床均势是指，临床专家共同体对要检验的新疗法 B 比原有最佳疗法 A 的优劣或高低没有一致的认识。可能一部分医生认为 A 比 B 好，但另一部分医生认为 B 比 A 好，作为医生整体对 A 和 B 孰优孰劣有意见分歧。因此，在这种均势情况下，受试者并没有接受事先已知比其他疗法要差的干预。

由此得出两个结论：如果已经有证据证实要检验的疗法比原有最佳疗法在安全性和有效性方面好或差，就不应该进行临床试验；在试验过程中如果已经获得数据证实要检验的疗法比原有最佳疗法好或差，就应该立即停止试验。

案例：心律不齐抑制疗法试验

美国每年有将近 30 万人突然死亡，大多数是由于心肌有伤疤或缺血的患者又发生心室纤维化。一些医生根据心肌梗死的幸存者门诊心电图记录观察到心室期外收缩与随后死亡率的增加有关，设想抑制其心室期外收缩会减少心室纤维化的发生率和突然死亡。研究人员决定用随机对照试验检验这个假说。在试验组，给经常发生心室期外收缩的心肌梗死幸存者服用抗心律不齐药物，观察其对心室期外收缩的效应。对照组则是服用安慰剂的病人。结果发现试验组的突然死亡率更高，在随访的 10 个月内，730 位病人中 56 人死亡（7.7%），而服用安慰剂的 725 位

[①] Freedman, B., 1987, "Equipoise and the ethics of clinical research", *New England Journal of Medicine*, 317 (3): 141-145.

病人中仅 22（3.0%）人死亡。这项试验提前结束，因为均势已经打破。这说明，光凭观察无法发现试验药物的不安全性，这也说明医生的想法不一定正确，而检验这些想法要靠随机对照试验。

安慰剂对照。安慰剂对照的好处是，试验结果比较准确；所需样本量较小；试验时间较短；试验成本较低。但以不损害受试者健康为前提。默认的立场是对照组使用业已确定的有效疗法（established effective treatment），对照组使用安慰剂的条件如下[①]：

· 没有业已确定的有效疗法，使用安慰剂通常没有争议。

· 如果有业已确定的有效疗法，可以用叠加方法使用安慰剂，即试验组和对照组都用业已确定的有效疗法，同时试验组用新疗法，对照组用安慰剂。这种叠加设计在肿瘤治疗研究上是很常见的，所有受试者都接受已确定有效的干预措施，然后加上随机化的新疗法和安慰剂。

· 当某个已确定有效的干预措施，在某个地区的安全性和有效性不得而知时，安慰剂的使用通常是没有争议的。例如，病毒常常有不同的菌株，它们在不同的地区呈现不同的类型。某个已被认可的疫苗可能在抵抗某个特定的菌株时是安全有效的，但它在应对不同地区的不同菌株时，效果却无法确定。在这种情况下，使用安慰剂对照是可以接受的，因为在这个地区使用已被认可有效的疫苗，尚具有不确定性。

· 有令人信服的科学理由使用安慰剂。如果某个试验不采用安慰剂对照，就无法区分有效和无效的干预，那么使用安慰剂对照就具有令人信服的科学理由。例如已确定有效的干预措施，其临床反应多变；症状多变，且自发缓解比率很高；或者研究中的疾病对安慰剂有较大反应。在这些情况下，如果没有安慰剂对照的话，很难判定实验的干预措施是否有效，因为疾病有可能自行恢复（自发缓解），或者观察到的临床反应可能是因为安慰剂效应。

· 不用业已确定的有效疗法，而使用安慰剂的风险限于暂时的不适或延迟症状的缓解，努力使安慰剂的风险最小化。

· 当研究目的是研发一种低廉的替代药物用于贫困国家时，也可以不用业已确定的有效疗法，而使用安慰剂（但有人对此有保留意见）。

[①] Rid, A. et al., 2010, "Evaluating the risks of clinical research", *JAMA*, 304 (13): 1472–1479.

案例：用胎儿脑组织治疗帕金森病

用胎儿脑组织治疗帕金森病是否有效，是一个长期争论而未解决的问题。不少医生在网上报告他们用移植胎儿脑组织治疗帕金森病成功的消息。后来在美国作了一个临床试验，试验组用微创外科手术将胎儿脑组织注入病人脑内；另一组则用微创外科手术将安慰剂注入病人脑内。结果两组的数据没有统计学上显著的差异，从而证实了零假说，否定了用胎儿脑组织治疗帕金森病的有效性。

（四）公平选择受试者

选择研究参与者除了要确保研究的科学性外，还要特别注意保护脆弱人群（没有能力维护自己权利和利益的人群）[①]：

· 自身缺乏或已经丧失行为能力。如婴儿、儿童、失智者、老人。

· 受外部限制：囚犯、集中营或拘留营住户、护理院或孤儿院住户、穷人、失业者等。

在历史上研究人员往往用脆弱人群作为受试者，而研究的受益却为富人和享有特权的人得到。因此招募脆弱人群时要特别慎重：必须是针对该群体的疾病或健康的研究，不能用他们试验而受益的是其他人群；但也不能因此把他们排除在研究之外，使他们不能分享科学研究的成果。在黄金大米试验中，2008年在中国用儿童试验，2009年在美国用成人（5个人）试验，没有对脆弱人群进行特别保护。

案例：SMS 药物

SMS 是一种人工合成的肽类药物，对某些垂体和胰腺内分泌肿瘤有良好疗效。药厂在美国用低剂量进行临床试验，而在中国却选择了一批病人作为受试者进行大剂量临床试验（5倍于后来临床使用的标准剂量），以观察不良反应，结果许多受试者发生了胆囊结石。以这样的方式选择研究受试者是不公平的，实际上构成了发达国家对发展中国家人民的剥削利用。

---

① 翟晓梅、邱仁宗：《公共卫生伦理学》，中国社会科学出版社2016年版，第240—243、243—248、71—72、227—239页。

（五）评估有利的风险/受益比

风险是可能的伤害，包含：身体上的伤害，如并发症、感染、残疾、死亡；精神上的伤害，如抑郁、焦虑；社会上的伤害，如被歧视、污名化；以及经济上的伤害，如借债付费，导致破产，陷入贫困。受益有对个体的受益和社会的受益。个体的可能受益有：获得较好的医疗（其中有些是研究所需的，有些是附加的）；如果受试者是患者，有可能获得更为安全、有效的疗法；精神上的满足，为科学做出贡献；还有因参加实验而获得酬劳、补偿；等等。社会受益是获得普遍化的知识（例如试验得到这样的结论，"有证据证明新疗法 T 对患疾病 D 的 80% 病人是安全和有效的"），主要指的是获得对疾病的安全和有效诊断、治疗和预防方法。合乎伦理的研究必须使受益超过风险。可是要知道在试验中谁遭受风险，谁受益，受益是否大于风险，就必须对风险—受益比进行评估。

如何进行风险—受益比的评估？

· 如果一项研究使受试者和社会都受益，那就批准研究；

· 如果一项研究使研究参与者没有受益，多少会有不同程度风险，如果风险不超过最低程度（即日常生活或常规体检可能遇到的风险），但社会受益较大，则批准该项研究。

· 如果一项研究对社会受益很大，但对研究参与者风险严重且不可逆，则不批准该项研究。

· 如果一项研究对社会受益很大，但对研究参与者风险超过最低程度，但不到严重程度，则必须对社会受益非常大，在获得研究参与者知情同意后可以批准该项研究。

可以制订一个量表来测量风险和伤害的大小。例如著名的 7 级量表：[①]

（1）可忽略的风险——在每人的日常生活中几乎都会发生，没有引起实质改变，持续时间很短；

[①] Rid, A. et al., 2010, "Evaluating the risks of clinical research", *JAMA*, 304 (13): 1472–1479.

（2）较小的风险——可能会干扰某些生活目标，但能够治疗，并持续数日；

（3）中等的风险——不能追求某些生活目标，能够治疗，但持续数周或数月；

（4）显著的风险——不能追求某些生活目标，能够治疗，但会留下某些较小的残留改变；

（5）较大的风险——干扰较小和某些重要生活目标，不能被完全治疗，且持续数月或数年；

（6）严重的风险——干扰重要生活目标，导致终身残疾；

（7）灾难性的风险——死亡或持续性植物状态。

我们需要关注的重要风险处于中间：中等的、显著的和大的风险；可忽略的和小的风险可以忽略，它们在日常生活中无处不在；严重的和灾难性风险应当排除在研究之外，即不予批准。

（六）独立的伦理审查

对研究方案的伦理审查和知情同意是保护受试者、使研究合乎伦理的两大支柱。科学审查和伦理审查不能绝然分开。研究方案不科学，同时也是不合乎伦理的：因为它会使受试者遭受不必要的风险或不便；浪费社会资源，浪费研究人员的时间和精力。即使另外成立科学审查委员会审查研究方案的科学性，也不能阻止伦理审查委员会委员在审查研究方案时对它的科学性提出质疑。

伦理审查要做出道德判断。有些伦理审查委员会不了解审查和批准/不批准一项研究方案是对该方案伦理可接受性做出道德判断。一个研究方案的伦理可接受性取决于伦理审查委员会考查该方案是否符合研究伦理学的伦理原则以及相关伦理准则，这是国家制定的有关研究的法律法规基础。因此委员会成员在伦理审查前应该知道对一个研究方案的伦理要求。这是道德判断这个术语中的"道德"要素。当我们用"判断"一词时是指当我们对研究方案的伦理可接受性做出决定时不是遵循一种已经确定的机械程序或算法，而是进行价值权衡的结果。在健康相关的研究中有不同的利益攸关者，他们有不同的利益，甚至同一利益攸关者也有不同的利益发生矛盾。我们必须对它们进行权衡。例如在审查可遗传基因组编辑试验时必须考虑未来世代的利益（风险—受益）。

伦理审查中的独立性。许多伦理审查委员会成员对我国相关文件中"独立"一词有误解。我们受机构雇用怎能独立呢？当我们访问某省大学第一附属医院时，医院的伦理审查委员会给我们看一份文件，说"我们的伦理审查委员会是相对独立的"。我们问"相对独立"是什么意思？没有回答。我们在这里说的独立是道德的独立性，要求伦理审查委员会每一位成员根据法律法规和伦理要求做出自己的决定或自由裁量（道德判断）。道德的独立性对我们的伦理审查以及我们自己的生活都是重要的。道德独立问题曾在多种语境下提出。苏格拉底有一次问道：为什么我们采取这一行动？因为上帝说我们应该做，还是因为我们认为做这一行动是对的？这就是说，一个道德行动者应该做出自己的独立的道德判断和决定，而不仅仅是跟随上帝说什么。在反思纳粹反人类罪行和今日之恐怖主义时，人们问：这些纳粹青年、医生科学家或一般恐怖主义者应该对他们的行动负责任吗？同样的问题也可以问"文化大革命"期间的红卫兵和今日在香港横行的暴徒。结论是：他们应该对他们的行动负责任，即使他们只是执行希特勒或他们领导的命令。问题现在变成：是否每一个人作为社会的一个成员，应该是一个道德行动者，对他们的行动应该独立负责任？我们认为这也是一个公民应有的责任，更是专业人员（科学家、伦理审查委员会委员）应有的责任。那么，作为伦理审查委员会一个成员，如果不是做出自己独立的判断，反之，只是看领导的眼色，或者想与研究负责人搞好关系，他就失去了作为委员会一位成员的资格，他的依赖行动破坏了伦理审查的质量。

培养伦理审查委员会及其委员的伦理审查能力。当我们访问一些伦理审查委员会以及与他们访谈时，发现他们将研究与治疗混为一谈（我们在访问某省大学附属医院时他们给我们看的同意书模板全是讲治疗）；当我们与用脑外科治疗毒瘾的外科医生辩论时，也发现他们把研究与治疗相混淆，例如他们要研究参与者交费。例如贺建奎也是不懂研究伦理学的，一位美国教授评论说，贺建奎的生命伦理学知识仅是大学一年级的水平。贺建奎似乎不知道，审查他研究方案的应该是他工作的机构即南方科技大学的伦理审查委员会，而不是其他任何一个机构的伦理审查委员会。批准黄金大米试验的某省医科院伦理审查委员会也清楚表明其伦理审查能力之缺乏。

当审查黄金大米试验时，伦理审查委员会应该关切的是：

· 在试验中研究参与者是学童，他们是脆弱人群。伦理审查委员会应该问：做过动物实验没有？为什么不先在成人身上做？据我们所知，他们2009年在美国成人身上做试验时只有5名成人参加。为什么美国的PI不在2008年拿我国儿童做试验之前在美国成人身上先做？

· 转基因产品的安全性和对环境的影响无论在世界上还是在我国颇有争论，涉及不同人群的利益冲突。对此，伦理审查委员会理当十分小心谨慎，也许他们最好请生命伦理学专家参与审查。

· 这是一个中美合作项目。我们需要考虑这项研究是否满足我国的健康需要，还是为了收集数据以应对美国的黄金大米反对者。我国有足够的菠菜和胡萝卜，似乎对黄金大米没有健康方面的需要。①

（七）有效的知情同意

为什么研究人员必须从受试者那里获得知情同意？为了使伤害最小化（防止不当利用），保护受试者；尊重受试者的自主选择：这是尊重人的问题，涉及人的尊严问题；这样做也保护研究人员。

知情同意的要素。信息部分包括：向受试者告知有关信息；帮助他们理解被告知的信息，确保受试者做出合理的决策；同意部分包括：考查受试者同意的能力；确保他们自由地同意，使受试者得到应有的尊重。

在知情同意的伦理要求方面，我们要做到有效的知情同意，这包括：

· 是否向受试者告知了准确的和完整的信息，没有欺骗、隐瞒、歪曲？

· 受试者是否真正理解了告知给他们的信息？

· 受试者表示的同意是否是自愿的、自由的，没有强迫和不正当的

---

① 翟晓梅、邱仁宗：《公共卫生伦理学》，中国社会科学出版社2016年版，第240—243、243—248、71—72、227—239页。

引诱?

在信息的告知方面,存在告知什么、告知多少等问题。研究人员必须告知受试者做出参加或不参加研究决定所需的信息,包括:

- 这是研究,不是治疗;
- 研究的目的、方法、时间;
- 预计的风险和受益;
- 选择和排除参加研究的标准;
- 研究数据如何保密;
- 对参加研究的费用有无补偿、研究中出现损伤如何赔偿;
- 参加研究完全自愿、在研究任何阶段都可以自由退出而无需理由;
- 研究人员有无利益冲突等。

信息的告知有如下要求:

- 告知的信息应该是完整的。完整是指风险和受益必须全面告知,不可"报喜不报忧"。
- 告知的信息必须是准确的。准确是指不可夸大受益面,缩小风险面,甚至隐瞒以往动物实验和先期人体试验的负面结果,更不可欺骗。
- 但不是在所有情况下都能告知所有信息:心理学研究告知后一些结果就会不同;随机对照不能告知参加哪一组。

什么时候可以不告知信息?

- 如果研究是必需的、非常重要的;告知受试者就不能得到可靠研究结果;如果受试者知情,是不会拒绝参加的;不告知受试者不会受到超过最低程度风险的。例如卫健委负责医院的官员来到基层医院调查研究服务质量和病人满意度,不能要求预先获得医院的知情同意。
- 获得伦理委员会的批准。
- 在试验结束后必须告诉受试者(推迟的同意)。

在信息的理解方面,有如下问题:

- 要了解限制受试者理解的因素,例如教育程度、文化、经验、疾病的限制等等;
- 如何帮助受试者理解所告知的信息?提供的信息应该是易懂的,避免使用过分专业的语言,应用非专业术语解释,必要时反复解释;利

十 与健康相关的研究符合伦理的基准

用图文并茂的文字材料，或录像带、CD、VCD、DVD；鼓励提问题，多交流；对受试者测试，看他是否理解了提供的信息，留下电话使受试者可随时询问。

在同意能力方面的问题有：

· 判定一个人是否有能力的标准是什么？能够理解研究的程序；能够权衡它的利弊；能够根据这种知识和运用这些能力做出决定；

· 有同意能力者除例外必须履行知情同意；

· 如没有能力，则由父母、家长或法定监护人代理同意。

在自由的同意方面的问题有：同意必须是自愿、自由的；自由的同意是指一个人做出决定时不受其他人的强迫或不正当的引诱。

强迫是指一个人有意利用威胁或暴力影响他人。这种威胁可能是身体、精神或经济上的危害或损失。什么是强迫？强迫包含威胁。A 要 B 做 X。如果 B 不做 X，A 就会使 B 的遭遇比以前糟。典型的强迫例子是："你要钱还是要命"。犯人不参加研究就会遭虐待；病人不参加研究医生就不好好治他，这就是两个强迫的例子。奖励是赠予，不是强迫。鼓励得不到治疗的病人参加研究，或鼓励死后尸检报销丧葬费或奖励家庭也不是强迫，而是赠予。如果他们拒绝，不会比以前更糟。

不正当的引诱是指用利诱等手段诱使一个人做出本来不会做出的决定。引诱是一种赠予，使某人做他本不会做的事。可以接受的引诱有：用高薪雇用一个人；大减价鼓励你买；提供奖学金让你上学。那么什么是正当的引诱，什么是不正当的引诱？区分标准是什么？不正当引诱是所给的赠予太大、太诱惑人了，以致使受试者丧失了正常的合适的判断能力；从而使他们去冒严重伤害的风险（还可能因此隐瞒本该排除的重要信息）；这种身体、精神或其他的伤害严重危及他们的基本利益（在日常生活中人们承担的风险是合理的，不会危及其基本利益）；这类同意是无效的。例如贺建奎给每对受试者 28 万元，而且要他们保守秘密。这就是不正当的引诱。

谁同意：同意的主体是谁？同意的主体应该是参加研究的个体或个人，个人的同意（consent）是不可缺少的。在特定文化条件下家庭和社区与个人关系紧密，个人同意前必须有家庭（例如丈夫、婆婆）或社区的赞同或批准，但不能代替个人同意。研究与医疗不同，不一定对自己有利，而且要承担一定风险，必须自己知情后决定是否同意。无行为能力者需家长或监护人同意，但只要本人有一定理解能力（例如 12 岁及以上的儿童），也应表示认可或赞同（assent）。

样本的二次同意有其特殊性。样本可以是：有身份标识；编码；匿名化；本来就匿名。过去用于诊断治疗的样本，如再次利用进行研究，则有身份标识的样本应另外取得同意，无或已去身份标识（即匿名化和匿名样本）则可不必。利用过去用于研究的样本再次进行另一项研究，如样本有身份标识，且产生的信息在临床上有用，那么再次同意是必要的，除非受试者已死亡或无法寻找；如果临床意义不大，可去标识，不必再次获得同意（"广同意"）。[①]

知情同意是一个过程。知情同意必须以受试者签署知情同意书为结局。不应该将知情同意看作仅仅获得一份签了字的同意书。但这个结局应该是知情同意过程的自然结局。知情同意是研究者与受试者的一个交流过程。

（八）尊重参与研究者的权利

· 制订并落实为研究参与者保密的程序。
· 确保研究参与者知晓他们可以随时退出研究而不受歧视、惩罚。
· 监测研究参与者在研究过程中身体出现问题，如发生与研究相关的损伤，则应进行免费治疗或/和进行相应的补偿或赔偿。
· 向受试者提供研究过程中产生的重要信息和研究结果。[②]

（雷瑞鹏、邱仁宗）

[①] 翟晓梅、邱仁宗：《公共卫生伦理学》，中国社会科学出版社 2016 年版，第 240—243、243—248、71—72、227—239 页。

[②] Emanuel, E. et al., 2004, "What makes clinical research in developing countries ethical? The benchmarks of clinical research", *Journal of Investigative Dermatology*, 189: 930-937.

十一　临床研究风险—受益评估方法研究

（一）对研究方案的风险—受益评估是机构伦理委员会一项最重要的任务

对研究方案的风险—受益评估是机构伦理委员会一项最重要的任务，因为研究伦理学以及相应的体制化规定，包括有关生物医学研究法律法规的制定和实施、机构伦理委员会的建立和运行，都是为了保护受试者的权益，同时也是为了促进科学研究的顺利进行。而保护受试者的权益之中，除了要尊重受试者的自主性、尊重受试者作为人的内在价值外，最重要的就是使受试者免受不必要的、严重的以及不可逆的风险和伤害，在可能的风险和伤害不可避免时如何使这些风险或伤害最小化、受益最大化。机构伦理委员会对研究方案中风险—受益的评估是保护受试者权益十分关键的一步。

《纽伦堡法典》[①] 是美、苏、英、法同盟国组成的审判纳粹战争罪犯军事法庭法官宣读的最后判决词中的一节"可允许的医学实验"，《法典》共有10条原则，除第1条强调受试者的自愿同意是绝对必要的以及第19条受试者可自由退出试验外，其余8条都是涉及避免对受试者的风险和伤害，设法使这种风险和伤害最小化。《法典》虽然本身有待完善，但其人文关怀精神具有普遍性，即对人的痛苦、伤害和不幸的敏感性和不可忍受性（即孟子所说的"不忍之心""恻隐之心，仁之端也""无伤，仁术也"），以及尊重人的自主性和人的内在价值（"天地

[①] 《纽伦堡法典》，载陈元方、邱仁宗：《生物医学研究伦理学》，中国协和医科大学出版社1947年版，第309—310页。

之性，人为贵""人为万物之灵"）。而后的《赫尔辛基宣言》《国际医学科学组织理事会涉人生物医学研究国际准则》以及各国治理研究的法律法规都是在《法典》基础上发展起来。《法典》的人文关怀精神从研究扩展到临床，再进一步扩展到公共卫生，成为拥有数千年历史的医学从以医生为中心的医学家长主义范式转换为以病人—受试者为中心范式的里程碑。①

各国机构伦理委员会的伦理审查均以本国的法律法规为依据。我国药管局制定的《药物临床试验质量管理规范》②明确要求：在药物临床试验的过程中，必须对受试者的个人权益给予充分的保障，并确保试验的科学性和可靠性，受试者的权益、安全和健康必须高于对科学和社会利益的考虑（第八条）；机构伦理委员会应审查受试者及其他人员可能遭受的风险和受益及试验设计的科学性（第十三条）。卫计委制定的《涉及人的生物医学研究伦理审查办法》③明确地规定：首先将受试者的人身安全、健康权益放在优先地位，其次才是科学和社会利益，研究风险与受益比例应当合理，力求使受试者尽可能避免伤害（第十八条）；要求机构伦理委员会审查受试者可能遭受的风险程度与研究预期的受益相比是否在合理范围之内（第十九条）；而且将"合理的风险与受益比例"作为伦理委员会批准研究项目的基本标准之一（第二十一条）。

对研究方案的风险—受益评估也是机构伦理委员会一项最困难的任务。因为审查的新疗法或新技术对人身体的潜在影响可能不是已知的。我们可能知道类似的药物或方法对受试者可能的风险和受益，但从这些试验过的药物或方法对人体的影响外推到新的药物或方法对受试者可能发生的风险和受益，在逻辑上是不完全可靠的。

涉及人的生物医学研究（下面我们简称临床研究）的目的是产生可普遍运用的科学知识，以促进医疗的完善，以期更好地服务于病人，其中具有重大的社会价值。研究伦理学主要关注的是保护受试者在实现此

---

① Institute of Medicine. , 2004, *Ethical Conduct of Clinical Research Involving Children*, Washington, D. C. : National Academies Press.
② 中华人民共和国食品药品监督管理总局：《药物临床试验质量管理规范》2013 年版。
③ 中华人民共和国卫生和计划生育委员会：《涉及人的生物医学研究伦理审查办法》2016 年版。

社会价值的活动中得到保护,而不被利用。为避免受试者被利用,研究暴露给受试者的风险相对于预期受益必须是合理的。但是这一伦理要求带来了一些伦理难题:对受试者潜在的临床受益必须要高于其所面临的风险吗?或者,为了社会受益将受试者暴露于一定的风险中能够得到伦理辩护吗?假定为了社会受益将受试者暴露于一定风险中是符合伦理的,那么风险大小有限制吗?如果有所限制,根据受试者的不同会有多大变化,他们(例如儿童)是否也能够表示同意?合适地回答这些问题对于保护受试者不被利用是至关重要的。为了保护研究受试者,机构伦理委员会需要一个方法来确定该研究在什么时间产生潜在临床受益以及研究风险在多大程度上超出了其潜在受益。但是,目前的法规都没有详细说明就如何进行风险和潜在受益进行评估。下面我们要讨论一些生命伦理学家建议的风险—受益评估方法,这对于机构伦理委员会(IRB)在审查研究方案时评估风险—受益比也许是有帮助的。

(二)对研究方案的风险—受益评估方法探讨

一般认为,风险—受益比的评估可被概括为4步法[1]:

- 风险的鉴定、评估和最小化。风险必须包含身体方面的(如死亡、残疾、感染)、心理方面的(如抑郁和焦虑)、社会方面的(如歧视)、经济方面的(如医疗费用不堪重负,引起财务灾难)。要评估伤害的程度和可能性;以及鉴定使风险最小化的机制。
- 要增大对个体受试者的潜在受益,要考虑对个体的身体、心理、社会和经济方面的受益,仅考虑研究干预带来的受益,而不考虑来自对研究目的并非必要的、附加的医疗服务或酬劳的受益。
- 如果对个体潜在受益大于风险,则研究应该进行。
- 如果对个人的风险大于受益,则评估风险与获得知识的社会受益。

然而,在实际上,研究的目的、所采取的干预措施和操作方法等方面都有不同,难以完全按照4步法进行,许多作者甚至一些国家有关研

---

[1] Rid, A. et al., 2010, "Evaluating the risks of clinical research", *JAMA*, 304 (13): 1472–1479.

究的准则都提出了一些不同的评估方法。

1. 双轨评估法

某些国家的伦理准则和一些学者主张 IRB 对研究方案的风险—受益评估采取双轨评估（double-track assessment）法。这种方法有时被称为成分分析（component analysis）法，这种方法的支持者主张，为了评估研究干预和操作的风险，应将干预分为两个不同的类别，即治疗性干预和非治疗性干预。这是一种被广泛接受的、评价构成某一项研究的各个干预和操作风险的方法。这种方法旨在确保，在一项研究中一次干预的风险不会因在同一项研究中另一次干预提供的潜在临床受益而得到辩护。也就是说，这种方法意在解决"一揽子交易的谬误"（fallacy of the package deal）。

简单来说，IRB 在审查研究方案时，

·首先要问：研究中的干预是不是治疗性的？

·如果是，那么进一步问：这种干预是否满足均势标准？

·如果回答是，就被批准；

·如果回答不是，就不被批准。

·如果研究中的干预不是治疗性的，那么进一步问：风险是否最低程度，就获得的知识而言，这些风险是否合理？

·如果回答是，就被批准；

·如果回答否，就不被批准。[1]

双轨评估的显著特征是指导 IRB 将研究干预分为两类，然后对这两类干预使用不同的标准评估既定研究中的干预和操作。双轨评估认为归类为治疗性干预的研究干预必须满足临床均势。[2] 临床均势是指，医学专家共同体对原来最佳疗法与新疗法之间在安全性和有效性方面孰优孰劣尚未取得统一的意见，即使有些医生偏向原有疗法，而另一些医生偏向新疗法。双轨评估禁止 IRB 批准那些对受试者没有医疗受益的治疗干

---

[1] Windler, D. & Miller, FG., 2008, "Risk-benefit analysis and the net risks test", in Emanuel, E. et al. (eds.) *The Oxford Textbook of Clinical Research Ethics*, pp. 503–513.

[2] Freedman, B., 1987, "Equipoise and the ethics of clinical research", *New England Journal of Medicine*, 317: 141-145; Miller, FG. & Brody, H., 2003, "A critique of clinical equipoise", *Hastings Center Report*, 33 (3): 19-28.

十一 临床研究风险—受益评估方法研究

预,即使这些干预即将带来的社会价值非常重要并且给受试者带来的净风险(指风险的值减去受益的值以后的风险量值)非常低。相比之下,双轨评估允许 IRB 批准那些归类为非治疗性的干预,即使这些干预不会给受试者带来医疗受益,比如抽血来测量研究结果。与治疗性干预不同,双轨评估允许非治疗性干预的净风险由研究即将获得的社会价值来判定。

双轨评估存在的问题。其一,不必要地使用两种伦理标准:评估研究干预风险的主要目的是确保研究干预不会给受试者带来过多的风险。为了实现这一目标,双轨评估指导 IRB 首先将正在审查的干预分为两类。尽管这一过程增加了 IRB 风险评估的复杂程度,但是并没有解释为什么将干预分为两类对于保护研究受试者是必要的。有一种解释双轨评估必要性的假说认为不应该故意让接受治疗干预的受试者遭受比常规治疗更多的风险,但是,临床研究的目的是产生普遍性知识,而不是提供最佳或标准医疗。而且,许多学者认为没有医疗受益的研究干预给受试者带来一定的风险在伦理上是可以接受的,比如随机对照试验中需要抽血或腰椎穿刺来测量研究结果。如果在这些干预的条件下将受试者暴露于净风险是可接受的,为什么具有重要社会价值的治疗干预(或安慰剂对照)是不应该被接受的?这种双轨评估方法保护受试者免于遭受更多风险的必要性并不明确。似乎没有任何理由认为治疗干预的净风险比非治疗性干预的净风险在伦理上更让人担忧。双轨评估没有解释这两种类型干预的净风险有不同的伦理地位,显然只是增加测量评估风险的复杂程度而没有增加对受试者的保护。其二,没有明确的定义:有些学者将非治疗性干预定义为那些旨在"实现公众受益"的干预。因为所有研究都是旨在让公众受益,这种定义显然将所有研究干预都归类为非治疗性干预。因此,所有干预的风险将会仅仅由它们的社会价值来判定。使用这个定义,双轨评估可能会无意地禁止那些对受试者带来的潜在临床风险—受益比合理的研究干预。其他区分治疗性和非治疗性干预的定义是基于研究者的意图。美国国家生命伦理学咨询委员会(NBAC)规定只有当"其唯一目的是回答研究问题"时,某一干预才能归为非治疗性的。但是,研究者往往会有多种意图,既有利于受试者又受益于社会。因此,这一定义没有向 IRB 提供明确的定义来区分治疗性和非治疗性干预。① 其三，导致武断的判断：双轨评估允许 IRB 批准对受试者没有医疗受益的非治疗性干预，只要净风险足够低并且即将获取的知识对于风险是合理的。相比之下，双轨评估禁止 IRB 批准对受试者没有医疗受益的治疗性干预，即使净风险很低或更低，而且即将获取的知识对于风险是合理的。例如，为了评估抑郁症的病理生理机制，研究者有时需要对诊断出抑郁症但是没有治疗的人进行大脑扫描和其他非侵入性手术。研究期间受试者不能接受常规治疗，这个研究主要的风险来自推迟了受试者接受治疗。仅当该研究只涉及非治疗性干预，双轨评估才会允许。相比之下，如果同一个受试者参加其评估不包含治疗手段的抑郁症实验性治疗的临床试验，即使其推迟常规治疗的时间、风险、研究的社会价值与那些非治疗性、病理生理机制研究相等，双轨评估也是禁止的。这种判断在伦理上太过武断，并不是以风险评估为主要目的以保护受试者免受超量风险。如果将有能力的成年人暴露在这些风险之中是可以接受的，则两种研究都能被接受。反之，如果有人认为为了社会受益将受试者暴露于这些风险中是伦理上不可接受的，则这两种研究都不能被接受。基于治疗性和非治疗性干预的区别并不能为 IRB 进行风险—受益评估提供良好的指导。

2. 直接受益评估法

有人看到这种治疗性与非治疗性的区分是不清楚的，依赖这种区分不能给受试者提供合适的保护，有学者提出了直接受益可能标准（Prospect of Direct Benefit Standard）。最近美国联邦法规就采取这一标准。大意是：当 IRB 审查研究方案时，

·首先要问：研究中的干预是否可能使受试者直接受益？

·如果回答是，进一步问：这种干预的风险—受益比是否与临床上可得的干预的风险—受益比一样有利？

　　·如果回答是，研究方案被批准；

　　·如果回答否，研究方案则不被批准。

---

① Macklin, R., 1992, "Universality of the Nuremberg Code", *The Nazi Doctors and the Nuremberg Code: Human Rights in Human Experimentation*, Oxford: Oxford University Press, pp. 240-258.

- 如果对"研究中的干预是否可能使受试者直接受益?"这一问题的回答是"否",那么进一步问:这种干预的社会价值是否使风险得到辩护?
  - 如果回答是,研究方案被批准;
  - 如果回答否,则研究方案不被批准。①

直接受益标准可能要求IRB首先必须确定既定研究中的干预是否有可能提供直接受益,如果直接受益有可能,该研究干预的风险—受益比不大于常规医疗可替代疗法的风险—受益比,则是伦理上可接受的;如果该研究干预没有直接受益的可能,当研究干预的风险足够低并且研究具有潜在的社会价值,则是伦理上可接受的。这一程序也将研究干预分成了两种类型,进而产生了两种不同的判定标准,导致类似于双轨评估的错误。

另外,直接受益可能标准存在的问题是关注研究干预提供的潜在临床受益,而不是为受试者带来的风险,因为这暗示着临床研究的伦理可接受性取决于该研究是否为受试者提供直接受益。尽管提供直接临床受益明显是个优点,但这不是临床研究干预的伦理可接受性的要求。只有研究干预会带来足够的社会价值并且不会给受试者带来超量风险才是合理的。为了实现这一目标,IRB需要一个方法评估研究干预是否带来超量风险。②

3. 净风险测试法

为了确保研究受试者不遭受超量风险,IRB应该将审查中的研究方案所包含的所有干预的风险和负担最小化。然后IRB需要一个方法来评估为受试者带来的剩余风险和负担的伦理可接受性。特别是,IRB需要一个方法来确保研究干预不会带来超量的净风险。为此,有些学者提出了净风险测试法。

至少有两种情况会给受试者带来净风险。其一,研究干预给受试者

---

① Rid, A. et al., 2010, "Evaluating the risks of clinical research", *JAMA*, 304 (13): 1472-1479.

② DeCastro, LD., 1995, "Exploitation in the use of human subjects for medical experimentation", *Bioethics*, 9: 259-268; Emanuel, E. et al., 2000, "What makes clinical research ethical"? *JAMA*, 283: 2701-2711.

带来的风险超出了其潜在的临床受益。例如，抽血没有给受试者带来潜在的临床受益，带来的净风险代表了受试者在抽血中面临的所有风险。其二，研究干预的风险—受益比大于一个或多个常规医疗中可替代疗法的风险—受益比。①

为了确定研究干预的净风险足够低以及研究的价值对于风险是合理的，IRB 需要一个方法来评估受试者面临的风险以及确保 IRB 评估了两种可能来源的研究净风险。净风险试验提供了一个三步评估法：（1）鉴定干预净风险：IRB 首先应该鉴定正在审查中的研究所包含的各个干预（即每次干预）。IRB 应该评估每个干预的风险和受益。IRB 应该评估每个干预对应的临床可得的可替代疗法的风险—受益比，然后将每个研究干预的风险—受益比和临床可得的可替代疗法的风险—受益比进行比较。如果研究干预给受试者带来的风险—受益比至少和临床可替代疗法的风险—受益比一样有利（包括不进行干预的情况），则不存在净风险。反之，研究干预给受试者带来的风险—受益比不如临床可替代疗法的风险受益比有利（包括不进行干预的情况），则存在净风险。净风险的大小是研究干预相对于临床可替代疗法的风险增加或潜在受益减少程度的变量。（2）评估干预净风险：IRB 应该确保每个干预带来的净风险不会过大，并且开展该研究干预获取知识的社会价值相对于这些净风险是合理的。（3）评估净累积风险：在一项研究中可能涉及多项操作，每一项操作带来的风险都不超过最低风险，但是，所有风险累积起来可能会很大，IRB 应该计算研究中所有干预的净风险总和，确保净风险累积不会过大。②

IRB 应该如何确定各个干预的净风险和研究的净累积风险是否过大呢？普遍认为，脆弱受试者（如儿童和无同意能力的成年人）遭受的净风险不应该超出最低风险。相比之下，为了社会受益是否应该对有同意能力的成年人所遭受的风险加以限制则缺少共识。例如，有同意能力的成年人应该同意参加具有严重净风险但有巨大社会受益的研究（比如

---

① Appelbaum, PS. et al., 1987, "False hopes and best data: Consent to research and the therapeutic misconception", *Hastings Center Report*, 17 (2): 20-24.

② Rid, A. et al., 2010, "Evaluating the risks of clinical research", *JAMA*, 304 (13): 1472-1479.

十一 临床研究风险—受益评估方法研究

探索治疗癌症的新方法）吗？允许这类研究可能会对受试者带来很大伤害。反之，如果阻止所有这样的研究似乎与在其他条件下（比如消防和兵役）允许有能力的成年人为了社会受益面对重大风险的情况不一致。未来的研究需要解决是否应该对临床研究给有同意能力成年人带来的净风险有所限制的问题，如果应该加以限制，那么如何进行界定，有哪些保护措施，例如对具有较高净风险的研究必须进行严格的知情同意评估等。

净风险试验类似于标准临床评估。这两种评估方法都会比较某干预与其可替代疗法的风险—受益比。这一相似性表明净风险试验比直接受益可能标准更让医生熟悉。与临床情境不同，有些净风险在研究情境下是合理的。也就是说，临床医疗的伦理标准要求干预的潜在临床受益能为所受风险得到辩护。而临床研究的伦理标准是要求给受试者带来的净风险不过大，并且研究带来的社会价值能使其得到辩护。因此，临床研究的风险—受益评估既与医疗的风险—受益评估类似，但又存在显著差异。有人担心净风险试验和标准临床判断的相似性会造成治疗误解（therapeutic misconception），致使病人无法区分临床治疗和临床研究。但是，净风险试验关注研究给受试者带来的风险以及这些风险是否过大，相对于双轨评估和直接受益可能标准而言，更不易产生治疗误解。例如，直接受益可能标准是基于为受试者带来的临床受益大小，这很容易使受试者和研究者将研究和临床治疗相混淆。

净风险法可概括如下。IRB 必须首先问：
- 研究方案中的干预措施是否有可能提供重要的知识？
    - 如果回答否，不批准；
    - 如果回答是，则进一步问：
- 风险是否最小化，受益是否最大化了？
    - 如果回答否，不批准；
    - 如果回答是，则进一步问：
- 风险和负担是否超过了临床受益的可能？
    - 如果回答否，则批准；
    - 如果回答是，则进一步问：
- 净风险是否足够低，且是否因有可能获得重要知识而得到辩护？

・如果回答否，不批准；
・如果回答是，则批准。①

4. 风险量化法

有些学者指出，IRB 对研究方案的风险—受益评估往往依赖的是对风险和受益的直觉，而非系统而定量的评估。例如大多数有关临床研究的法规或伦理准则，定义最低程度风险为："研究中预期的伤害或不适的概率和程度不大于在日常生活或者进行常规体格检查和心理学检查时通常遇到的伤害或不适。"一项研究程序是否引起最低程度风险或大于最低程度风险，取决于这一程序的风险是否超出在日常活动中个人所面临的风险水平。大多数学者将最低程度风险定义为个人在日常生活中遭遇的"平均的、健康的、正常的"风险。但什么风险是日常生活中个人遭遇的平均的、健康的、正常的风险？例如在日常生活中开车的风险大于骑自行车吗？在 11 岁健康儿童身上进行过敏皮试是最低程度风险吗？IRB 在评价研究干预风险上存在巨大差异。IRB 往往不进行系统和定量的风险评估，他们依赖直觉，而依靠直觉和本能反应是有偏倚的。风险取决于可能伤害的程度和遭遇伤害的可能性。为了比较不同伤害的程度，我们需要制订一个衡量程度的尺度，考虑到伤害的持续时间，减轻伤害的负担，对日常生活的干扰，对限制的适应以及适应的负担，可以列出一个 7 级量表：

（1）可忽略的风险——在每人的日常生活中几乎都会发生，没有引起实质改变，持续时间很短；

（2）较小的风险——可能会干扰某些生活目标，但能够治疗，并持续数日；

（3）中等的风险——不能追求某些生活目标，能够治疗，但持续数周或数月；

（4）显著的风险——不能追求某些生活目标，能够治疗，但会留下某些较小的残留改变；

（5）较大的风险——干扰较小和某些重要生活目标，不能被完全治

---

① Rid, A. et al., 2010, "Evaluating the risks of clinical research", *JAMA*, 304 (13): 1472-1479.

十一　临床研究风险—受益评估方法研究

疗，且持续数月或数年；

（6）严重的风险——干扰重要生活目标，导致终身残疾；

（7）灾难性的风险——死亡或持续性植物状态。

研究风险的系统评价应包括：鉴定干预的潜在伤害；对潜在伤害的程度进行分类；对潜在伤害的可能性进行量化；将研究干预的各种潜在伤害的可能性与日常生活相同程度伤害的可能性进行比较。IRB 需要关注的重要风险处于中间——中等，显著的和较大的风险，可忽略的和较小的风险可以忽略——它们在日常生活中无处不在，严重的和灾难性的风险应当排除在干预之外。这些学者认为，当我们进行研究风险系统评价时，文化差异不大，但情境（context）差异的影响大。在不同环境和国家中，伤害的程度不应当相异，例如无论在什么国家骨折或气胸都是中等的伤害，截瘫都是严重的伤害。真正使情境产生差异的是两件事：日常生活的风险——经历各种程度伤害的可能性，以及从一项研究干预中经受这些风险的可能性。从风险评估视角来看，风险的可能性和风险边界受到情境的影响，因此情境能够改变风险边界。这将改变一个干预和一项研究的风险—受益比。在有些情境下一项研究可能被视为具有有利的风险受益比，但在另一些情境下却不是。差别不在于文化，而是在于情境的不同，因而要求不同。

我们对评估临床研究的风险—受益比尚缺乏系统的研究，希望我国的临床研究专家、IRB 成员以及生命伦理学家在总结经验的基础上，系统研究风险—受益比评估方法，以提高 IRB 评估研究项目或方案风险—受益比的质量和水平。

（李勇勇、邱仁宗、翟晓梅）

十二 人类头颅移植不可克服障碍：科学的、伦理学的和法律的层面[①]

近年来，关于"换头术"的事件引起了社会各界的密切关注。由于该计划中的一名参与者为我国学者，因此我国的读者特别关注此事。他们关切的是：头颅移植（流行词为"换头术"，换头术易误解为甲乙两人互换头颅，实际上是头/身吻合术；《参考消息》称"脑髓移植"也不确切，因为头颅或头部不仅有脑髓，而且有五官以及其他系统）这一手术现时在科学上有可能成功吗？在伦理学上应该做吗？在法律上准许做吗？

（一）前言

简而言之，头颅移植术是将一个人的头颅切下来，移植在另一个头部与身躯已经分离的人的身体（颈部）上，因此也称"头身吻合术"。早在20世纪初，一位美国密苏里的外科医生将一只狗的头移植在另一只狗的颈部，创造了一只双头狗。50年代苏联外科医生重复了这项手术，狗仅活了4天。70年代，来自美国俄亥俄州的一位外科医生将恒河猴的头移植在另一只恒河猴的颈部，它活了下来，但是他未能将这两只猴的脊髓连接起来，因此它是麻痹的，9天后死亡。这些实验引发了对人类头颅移植术的尝试。

[①] 本章是本项目的阶段性成果，同时还得到国家社科基金重大项目"高科技伦理问题研究"（12&ZD117）以及华中科技大学自主创新项目"生物样本库的伦理问题与管理政策研究"（2017WKZDJC018）的支持。我们根据此项研究向政府有关部门提出了禁止人类头颅移植的建议。

本文作者后来合作发表了一篇论证更为充分的英文论文：Impassable scientific, ethical and legal barriers to body-to-head transplantation, Bioethics, 2020 (2): 172-182.

十二 人类头颅移植不可克服障碍：科学的、伦理学的和法律的层面

头颅移植术的想法完全来自卡纳维罗。卡纳维罗毕业于意大利都灵大学医学院，曾作为外科医生在都灵大学医院工作22年，并任都灵高级神经调节研究组组长，发表过100余篇学术论文。2013年他宣布实施"天堂"（HEAVEN）计划。[①] 所谓"天堂"是"Head Anastomosis Venture"（头部吻合风险计划）的缩写，体现了他的终极目标：人的长生不死。此后他被都灵大学解雇。2015年他找到了31岁的俄罗斯青年斯皮里迪诺夫（Valery Spiridi-nov），后者患有韦德尼希—霍夫曼病（Werdnig-Hoff-man disease），即脊髓性肌肉萎缩症，他感到他的生活苦不堪言，寄希望于"天堂"计划改善他的病情。可是后来他放弃了，转而寻求常规的外科手术。当他放弃参与"天堂"计划时说："我心头的一块石头落了地。"于是，卡纳维罗又一次把获得头颅移植试验受试者的希望转向中国，向媒体宣布，受试者将是一位中国人，手术将在2018年进行。[②]

按照卡纳维罗的设想，准备连接起来的捐赠者身体和头部首先要将温度降低到摄氏12—15度，以确保细胞多活几分钟。然后要将两个人的颈部切开，用一种极为锋利的刀片将双方的脊髓切断。此时，脊髓的两端用一种叫做聚乙二醇（polyethylene glycol，PEG）的化学物质融合起来，促使细胞啮合。在肌肉和血液供给成功连接后，使病人处于昏迷状态一个月，以限制新接上的颈部的运动，同时用电击刺激脊髓以加强其新的连接部。经过一个月昏迷之后，病人就能够运动，脸部会有感觉，并且可用同样的声音说话。然而，实际上与心脏和肾脏移植相比，头颅移植在技术上具有大得多的挑战性。外科医生必须将头部与新的身体上的许多组织连接起来，包括肌肉、皮肤、韧带、骨头、血管以及最重要的脊髓神经。毫不奇怪，卡纳维罗的头颅移植术设想遭到世界各国医生和神经学家的谴责："我不希望这种手术在任何人身上做。我不允许任何人在我身上做，因为这比死亡更糟"（美国新任神经外科医生联

---

① Canavero, S., 2013, "HEAVEN: The head anastomosis venture Project outline for the first human head transplantation with spinal linkage (GEMINI)", *Surgical Neurology International*, 4 (Suppl 1): S335-S342.

② Stuwart, M., Volunteer set to become the first person to undergo a HEAD TRANSPLANT admits he will NOT now undergo the surgery and says: 'That's a weight off my chest', (2017-06-21), http://www.dailymail.co.uk/news/article - 4624364/Man-undergo-head-transplant-gives-hope-surgery.html.

合会会长、西南德克萨斯大学脊髓血管外科教授 Hunt Batjer）；"这是坏科学，仅仅做实验都是不符合伦理的。将脑袋切下来，再用胶水将轴突连起来纯粹是胡思乱想"（凯斯·西部保留地大学神经外科教授 Jerry Silver）；"卡纳维罗的设想在科学上是不可能的。他没有任何办法将一个人的脑与另一个人的脊髓连接起来，并使之有功能。保守一点说，我们还差 100 年。他说能使这个人活着、呼吸、说话、运动，这是弥天大谎"（约翰斯·霍普金斯大学整形外科和神经外科教授 Chad Gordon）；"他的手术不起作用。很可能是，他收集了一堆尸体"（明尼苏达大学生物学副教授 Paul Myers）。有人批评他只是喜欢作为一名公关特技演员，暴露在闪光灯下。纽约大学医学中心伦理学主任 Arthur Caplan 说："他是一个狂人。在将一个脑袋安在另一个人身体上之前，我们大概先看到的是将一个人的脑袋安在机器人身上。"①

（二）根据目前科学水平头颅移植在不远的将来不可能成功

任晓平和卡纳维罗在 2017 年的《美国生命伦理学杂志·神经科学版》第 8 卷第 4 期 200—204 页发表了一篇题为 "HEAVEN in the making：Between the（the academe）and a hard case（a head transplant）"（"'天堂'正在建造之中：在顽固的学术界与棘手的头颅移植之间"）②的文章，这篇文章集中解释脊髓重新连接是可行的；缺血时期是可存活的；另外还讨论了心理适应和免疫排斥问题。文章对于脑髓移植的伦理和法律问题却只字未提。

---

① Caplan, A., *Head transplant: Could this irresponsible procedure really take place?* (2015-05-22), https://www.medscape.com/viewarticle/844157; Crew, B. World's first head transplant volunteer could experience something "Worse Than Death", (2015-04-10), https://www.sciencealert.com/world-s-first-head-transplant-volunteer-could-experience-something-worse-than-death; Fecht, S. No, human head transplants will not be possible by 2017, (2015-02-27), https://www.popsci.com/no-human-head-transplants-will-not-be-possible-2017; Martin, A. Human head transplant: Controversial procedure successfully carried out on corpse; live procedure "imminent". (including Jerry Silver's comment), (2017-11-27), http://www.alphr.com/science/1001145/human-head-transplant.

② Ren, XP. et al., 2017, "HEAVEN in the making: Between the rock (the academe) and a hard case (a head transplant)", *American Journal of Bioethics Neuroscience*, 8 (4): 1-12.

十二　人类头颅移植不可克服障碍：科学的、伦理学的和法律的层面

我们的回答是：在不远的未来，头颅移植在科学上是不可能的。正如 2012 年成功完成全颜面移植的纽约大学再造整形外科教授 Eduardo Rodriguez 所说，我们已经研究脊髓损伤数十年，但仍然无法治疗这些损伤；科学家今天仍然无法将同一个病人受损脊髓的两端连接起来，将两个人的两个脊髓连接起来，那就更是不可能的事。①

头颅移植面临五大障碍：

（1）供体的头部脊髓与受体的颈部脊髓的连接是最为困难的，目前可以说是不可逾越的最大障碍。头颈部的脊髓拥有数百万根神经纤维，但目前就是一根神经纤维因损伤而断裂都无法接上，尽管进行了无数次的试验，神经的再生从未成功。用聚乙二醇这种化学"胶水"将两边数百万根神经纤维连接起来，可以说是"天方夜谭"。检验这种"胶水"的效力很简单，可以将若干根神经纤维从屠宰场刚死的动物体内取出，然后在实验室用这种"胶水"包裹起来，看它是否有效即可。如果连这样简单的实验室研究都没有做，就说这种胶水可以解决神经纤维连接问题，这无法令人信服。

（2）头颅不能依靠自身活着。一旦器官从身体被摘除，就开始死亡。因此医生需要将它冷却，以便减少它的细胞所需能量。使用冷的生理盐水可保存肾脏 48 小时，肝脏 24 小时，心脏 5—10 小时。但头颅不是孤立的器官，而是身体最复杂的器官，除了连着脑、眼睛、鼻子、嘴和皮肤外，它还有两个腺体系统：控制周身循环的激素的脑垂体系统以及产生唾液的唾液腺系统。超过 100 年的动物研究显示，在将头颅切下那一刻，头部血压遽然下降，新鲜血液和氧气的大量丧失迫使大脑陷于昏迷，紧接着就是死亡。任晓平说，一个人的本质是什么？一个人是脑不是身体。但他忘记了脑是在身体之内。脑神经系统结构的形成是一个人出生三天后至 15 年内大脑与这个人的身体以及社会文化环境相互作用的产物。②

---

① Lewis, T. Why head transplants won't happen anytime soon? (2015-03-06), https://www.livescience.com/50074-head-transplants-wont-happen.html.

② Parry, S. Chinese surgeon prepares for world's first head transplant, (2016-03-18), http://www.scmp.com/magazines/post-magazine/health-beauty/article/1926361/chinese-surgeon-prepares-worlds-first-head; Wolpe, R., 2017, "Response to HEAVEN in the making: Between the (the academe) and a hard case (a head transplant)", *American Journal of Bioethics Neuroscience*, 8 (4): 13-28.

(3) 要使身体的免疫系统接受一个外来的脑袋。移植的一个主要问题是病人自己身体的反应。新器官的抗原与自己身体的不匹配，病人的免疫系统就会发动攻击。这就是为什么所有移植病人术后都要服用压制免疫的药物。头颅是如此复杂，包含那么多器官，排斥的风险是非常大的。

(4) 手术必须在 1 小时内完成。一旦脑和脊髓离开活体，失去了血液供给，就会因缺氧而开始死亡过程。外科医生必须动作迅速，才能使接受治疗的病人的脑袋连接在捐赠者身体的循环系统上，因为那时两人的身体处于心脏完全停止跳动状态。1 小时的时间对于头颅移植手术几乎是不可能的。

(5) 在应用于人以前必须先进行动物实验。① 然而，动物实验迄今没有成功。

卡纳维罗和任晓平往往说他们在动物身上、在人尸体上的实验是成功的。那么，我们就要问：你们说的成功是什么意思？成功的标准是什么？成功的证据是什么？苏联科学家德米霍夫（Demikhov）曾将一只狗的头接在另一只狗的颈部，这只双头狗活了 4 天就死了，后来他试验了 24 次都是手术后狗就死了。那么他算成功吗？如果按照卡纳维罗和任晓平的标准，手术后这只狗活了 4 天就算成功，那么手术是成功的；但如果说这只狗应该像一只正常的狗那样生活，那么就是很不成功。对于 1970 年美国外科医生怀特（Robert White）在恒河猴身上做的换头实验，卡纳维罗和任晓平也认为是成功的，但换了头的猴只活了 9 天，而且脊髓并未与它的新脑袋连接起来，因此它是麻痹的。这怎能算成功呢？正因为卡纳维罗和任晓平的成功标准非常之低，因此他们评价自己的动物实验以及最近的尸体实验时，都说是"成功的"。例如小鼠的头颅移植实验，在 80 只小鼠中仅有 12 只小鼠存活 24 小时②，而且并没有证据说明它们的脊髓和新大脑是连接上的。他们说在狗和猴身上也成功地实施了头颅移植术，也没有提供令人信服的证据，提供的照片是模糊

---

① Jane, J. Five major problems that the world's first human head transplant would face, (2017-04-29), http://www.sciencetimes.com/articles/13831/20170429/five-major-problems-that-the-worlds-first-human-head-transplant-would-face.htm.

② Ren, XP. et al., 2016, "Head transplantation in mouse mode", *CNS Neuroscience & Therapy*, 48 (21): 615-618.

十二　人类头颅移植不可克服障碍：科学的、伦理学的和法律的层面

不清的，没有提供相关的视频。他们说"使用这种技术的猴头颅移植一直是成功的"，但没有发表相关材料。他们给媒体传看一只颈部有创疤的猴的照片，声称这就是经过头/身移植的猴，但没有发表对此次实验的描述报告，人们无法考证这只猴是否真的经历了头/身移植术。最近完成的尸体头身移植，他们也声称获得了"成功"，中国销路最广的报纸《参考消息》于 11 月 19 日第 7 版[①]所用的标题是："头颅移植术在人类遗体上成功实施"。我们要问卡纳维罗和任晓平，也要问《参考消息》主编，你们说的"成功"标准是什么？用什么方法可以测试出一个遗体的脊髓与另一遗体的大脑连接上了呢？用聚乙二醇这种化学胶水涂上并包扎好，就算"成功"吗？正如你将两个不同汽车的一半连接起来，称之为"成功"，但如果你转动钥匙，这辆拼凑的汽车可能发生爆炸。

卡纳维罗和任晓平最近说，动物研究的成功已经使他们接近进行第一次人体实验。但他们大多数在啮齿动物、狗和灵长类身上做的实验都没有在科学杂志上发表。卡纳维罗说，在他用猴做的一次实验中，那只猴活了 8 天，完全正常而没有并发症，但没有提供令人信服的证据。最近，任晓平声称在 1000 多只小鼠身上进行了头颅移植，据说肩负着新的脑袋的小鼠能运动、呼吸、环顾左右和饮水，但都只活了几分钟。2016 年 1 月卡纳维罗告诉《新科学家》杂志[②]，他在中国成功进行了一次猴头颅移植术后，那只猴子没有任何神经损伤，但仅活了 20 小时，对这次研究没有提供任何细节，使得人们无法进行评价。

卡纳维罗和任晓平先是降低"成功"的标准，似乎通过手术将头颈缝上就算"成功"。如果成功标准包括脊髓感觉和运动功能恢复，以及颅内其他器官和全身相关功能的恢复，并存活足够长的时间，那么他们的动物实验没有一次有资格说是成功的。

后来卡纳维罗又说，他的韩国合作者金（C-Yoon Kim）用 PEG 使脊髓切断的小鼠部分恢复了运动功能。然而仔细一检查人们发现，其结

[①] 《头颅移植术在人类遗体上成功实施》，《参考消息》2017 年 11 月 19 日，第 7 版。

[②] Wong, S. Head transplant carried out on monkey, claims maverick surgeon,（2016-01-19）, https://www.newscientist.com/article/2073923-head-transplant-carried-out-on-monkey-claims-maverick-surgeon/.

果与对照组相比并无统计学上显著的差异。对照组的所有小鼠和 PEG 组的 3/8 小鼠都于 2 周内死亡。① 因此他们的所有动物实验都没有提供所用技术和方法安全和有效的证据,因而他们的动物实验结果都不能支持他们的技术和方法可用于人。不管他们声称如何有效,必须将他们的头颅移植的技术和方法发表在科学杂志上,接受独立的检验和恰当的分析,看看其他科学家是否可以用他们的技术和方法重复他们的结果。唯有他们的研究结果得到了其他科学家的重复,他们的工作才能被接受为科学上有效的。

正因为如此,他们的科学诚信受到了质疑,被贴上了伪科学家的标签。他们所说的成果都是他们还没有做到的;他们降低成功的标准,结果将失败的结果都说成是成功的;他们从不详细报告他们是怎么做的,到底得到什么结果;他们惯常直接向既是外行又急需耸人听闻消息的媒体发表他们的研究获得巨大"成功"的结果。

(三) 按照公认的伦理规范头颅移植在伦理学上不可能得到辩护

首先,任何一种新的干预方法在应用于临床实践之前,必须先进行临床试验。而进行临床试验的前提条件则是临床前的研究证明这种新的干预方法是安全和有效的,临床前研究包括实验室研究和动物研究。卡纳维罗和任晓平声称即将用于人的头颅移植和方法并未经过临床前的研究,尤其是动物研究证明是安全和有效的,因此不具备应用于人进行临床试验的条件。

其次,最重要的是,任何一种新的干预方法在应用于人、进行临床试验时,必须对其可能给病人带来的风险和受益进行评估,不能超过最低程度的风险,即一个人在日常生活或接受常规医学检查可能遇到的风险。如果风险大于最低程度的风险,那就要看通过试验获得的普遍性知识对社会受益有多大;如果对社会受益很大,而风险又不属于严重或不可逆,那么在知情同意的条件下让受试者接受大于最低程度的风险,这

---

① Kim, CY., 2016, PEG-assisted reconstruction of the cervical spinal cord in rat: effects on motor conduction at 1 hour. Spinal Cord 54: 910-912.

十二 人类头颅移植不可克服障碍：科学的、伦理学的和法律的层面

在伦理学上是可以接受的。但如果风险可能是严重或非常严重且不可逆的，例如死亡、终生残疾，那么不管社会受益有多大，也是在伦理学上不可接受的。

1. 对风险的分析评价问题

我们首先来考查卡纳维罗和任晓平实施头颅移植术的技术和方法可能对受试者造成的风险或伤害。在医学伦理学中，第一要义是"不伤害"，希波克拉底说："首先，不伤害"；孟子说："无伤，仁术也"；21世纪医生宪章中规定的医学专业精神第一原则是"病人福利第一"。目前没有文献表明和科学证据证明，利用动物实施头颅移植术获得成功。所以现在不是考虑将此类移植应用于临床试验的时候，更不要说临床应用了。

头颅移植是风险极大的手术。《大西洋杂志》[①] 报道，卡纳维罗说成功机会是90%多，任晓平对这种结局则不那么确定。所有移植手术都有许多风险。头颅移植手术的最大问题是两个人的大脑与脊髓的连接问题。至今神经元无法再生，断损的神经纤维无法连接，如何将两个人各自的数百万根神经纤维连接起来？哥伦比亚大学神经外科副教授温弗里（Christopher Winfree）指出，当切断脊髓后，神经细胞会立即形成疤痕，形成一道阻止脊髓两边连接的物理障碍；其他蛋白质和酶也会抑制其生长。因此，"聚乙二醇之说是一堆胡言乱语"；戈尔登（Chad Gordon）指出，"即使聚乙二醇这种胶水管用，将数百万神经连接起来也是不可能的，这一捆巨大的神经从大脑伸展到脊柱，由此再伸出分支扩展到我们身体的所有部分。因此将脊髓两端用胶水粘合起来是完全不可能的。"即使大脑和脊髓没有连接起来，病人仍可以像一个下身瘫痪病人存活短暂时间。这就是卡纳维罗和任晓平在无数动物实验中看到的他们称之为"成功"的情况。[②] 除了脊髓连接外，还有控制周身循环的脑垂体系统以及产生唾液的唾液腺系统可能在术后发生什么问题，这些问题如何解

[①] Kean, S. The audacious plan to save this man's life by transplanting his head, (2016-09), https://www.theatlantic.com/magazine/archive/2016/09/the-audacious-plan-to-save-this-mans-life-by-transplanting-his-head/492755/.

[②] Ghorayshi, A. No, head transplants are definitely not going to happen, (2015-02-27), https://www.popsci.com/no-human-head-transplants-will-not-be-possible-2017.

决,以确保这两个系统功能正常,都不清楚。在头部手术,即使脊髓连接起来,失去流到脑部的血流是更大的问题。缺血损害大脑,使人处于严重心智缺陷状态。新身体的免疫系统将视移植过来的脑袋为"异己"而加以排斥。

在目前情况下,用卡纳维罗和任晓平所使用的技术和方法实施头颅移植,唯一能够导致的结果是病人的死亡,正如他们使小鼠、狗和猴在极短时间内死亡。正是在这个意义上,卡纳维罗和任晓平已经跨越了公认的伦理学红线——与医学的首要天职"治病救人"相反,致人于死地。

头颅移植还有其他伦理问题:谁受益?移植的目的保全器官衰竭病人的生命及其人格完整性。所有其他成功的器官移植,在保全病人生命及其人格完整性方面是不存在任何问题的。但头颅移植不同。设甲患有某种严重的身体疾病,但他的大脑和头部仍是健康的。而乙则相反,他已处于脑死状态之中,他的死亡已经迫在眉睫,但他的身体是健康和完整无缺的。如果我们拥有一种既安全又有效的头颅移植技术,就可以将甲的头切下后安在也已切掉头的乙的颈部。那么,这一移植手术救治了甲的生命,而对乙并无伤害,因为他本已处于脑死之中。问题在于:一个刚刚生下来的婴儿的脑仅仅是提供一个而后大脑和意识发育的基质,而他的神经系统结构是他生下第三天到今后关键的 15 年内大脑与他身体及其社会文化环境相互作用中形成的,而后这种相互作用仍然存在。因此一个人的"自我"不是大脑自身孤立发育的产物,一个人的认知(包括意识和自我意识)受到大脑以外的身体和环境多方面的强烈影响,即一方面认知依赖于因有一个拥有各种感觉运动能力的身体而有的种种经验;另一方面这些个体的感觉运动能力本身嵌入围绕身体的生物学、心理学和社会文化环境之中。鉴于认知这种赋体和嵌入的情况,具有不同种类身体的人可因赋体的程度而有不同。换言之,同样一个大脑可因赋予的身体不同和嵌入不同的环境而形成不同的认知,包括自我。[1] 因

---

[1] Glannon, W., 2010, *Bioethics and the brain*, Oxford: Oxford University Press, pp.13-44; Glannon, W., 2011, *Brain, body, and mind: Neuroethics with a human face*, Oxford: Oxford University Press, pp.11-40; Evers, K., 2015, Can we be epigenetically proactive? In Metzinger, T. & Windt, J. (eds.) Open MIND: 13 (T). Frankfurt am Main: MIND Group.

十二　人类头颅移植不可克服障碍：科学的、伦理学的和法律的层面

此，美国生命伦理学家卡普兰（Arthur Caplan）才会这样说，"一个人的身体对他的人格身份也非常重要，头颅移植的动机本想保存你，如果保存你的唯一方法是转换你的身体，那么实际上你没有挽救你自己，你变成了另一个人。"①

资源分配问题。头颅移植的费用估计在 1000 万至 1 亿美元之间，我们将这笔钱用于救助患有脊髓损伤的病人，岂不更好？在这里我们要进一步问的是，卡纳维罗和任晓平进行那么多的动物实验，经费来自何处？卡纳维罗在意大利是一个没有单位的自由人，他的自由意味着他没有资助来源，因此他转向容易上当的中国。那么经费是任晓平筹措的吗？是他的单位或相关公共部门资助的吗？那中国纳税人的钱去实现一个被称为"科学狂人"的 100 年后也不能实现的狂想，这不是一个经济问题，而是一个伦理问题。

动物伦理学问题。我们现在还不能放弃用动物做实验，但我们做动物实验要衡量对动物可能造成的痛苦与实验可能给科学和社会带来的受益，要贯彻 3R 原则，即尽量不用动物、尽量少用动物，即使用动物也要关切动物的福利。他们利用有感受痛苦能力的动物做实验，而这些实验都不能得出有利于医学和社会的结果，不但浪费资源，也提出了应该如何正确对待实验动物的伦理问题。②

2. 有效知情同意问题

头颅移植目前不可能做到有效的知情同意。卡纳维罗企图利用知情同意来为他的计划辩护。但按他的设想去做的知情同意是否有效？这样做是否就可以免除他们的医疗执业过错呢？这是大可质疑的。知情同意要求研究者或医生将拟实施的干预有关信息充分地、全面地、诚实地告知病人或受试者，包括研究或医疗的目的，拟采取的程序或流程，可能的风险和伤害，可能的受益，有无其他可供选择的干预措施，可能的费用（如果是临床治疗干预），帮助病人或受试者理解这些信息，由病人自由地做出同意或不同意参与的决定。现在的问题

---

① Glannon, W., 2011, Brain, body, and mind: Neuroethics with a human face, Oxford: Oxford University Press, pp. 11-40.

② Amstrong, S & Botzler, R., 2008, The animal ethics reader. Oxford: Routledge.

是，其一，按目前卡纳维罗和任晓平掌握的技术和方法，移植后非常可能导致病人的死亡或在最好情况下短时瘫痪随即死亡。卡纳维罗会将这类信息告知病人或受试者吗？如果他们用降低了成功标准的动物实验结果来说服病人或受试者参加，那就是隐瞒和欺骗，由此获得的同意是无效的。其二，如前所述，移植后的许多可能后果目前在科学上是未知的，因为这方面还没有达到能够预测可能后果的水平。在许多未知的情况下，任何方式的知情同意都是无效的。在任何一种情况下，卡纳维罗和任晓平如果实施头颅移植手术后置病人于死地，都不能用病人签署的知情同意书为他们的医疗执业过错开脱，也不能为他们可能的刑事责任开脱。美国哲学家沃尔普（C. Wolpe）指出，卡纳维罗可能获得病人的同意书后置病人于死地，这种情况类似医生协助病人自杀。医生协助自杀在许多国家（包括我国）目前是非法的，因此他可能从病人那里获得的同意书是无效的。但头颅移植致死与医生协助自杀不同的是，后者是病人同意医生用医学手段帮助他结束他不想继续活下去的生命，而前者是本想活下去的病人因头颅移植失败而丧失生命。在医生协助自杀情况下，采取医学手段后病人还活着，那是失败；但在头颅移植情况下，那是成功。病人同意医生协助自杀，是确信自己宁愿死亡也不要继续活下去；而头颅移植则相反，那是病人坚持要活下去而去冒极大的风险。最后，医生协助自杀绝不会采取将病人斩首的方法，这已经远远偏离标准治疗了。[①]

也许卡纳维罗会说，病人宁愿死也不愿拖着久病的身体苟延残喘，他的同意应该是有效的。然而，在普遍的情况下，同意"做什么"是有限制的。例如一个人同意做某人的奴隶，这种同意是无效的。同理，出卖器官的同意也是无效的。最后，同意被人杀死则更是无效的。这里涉及知情同意的辩护理由的根本问题：知情同意的辩护理由，一是保护表示同意的人免受伤害；二是促进他的自主性。"卖身为奴""出售自己的器官"以及"请求他人杀死自己"，都是违背了知情同意的本意，因而都是无效的。

[①] Wolpe, R., 2017, "Response to HEAVEN in the making: Between the (the academe) and a hard case (a head transplant)", *American Journal of Bioethics Neuroscience*, 8 (4): 13-28.

十二 人类头颅移植不可克服障碍：科学的、伦理学的和法律的层面

（四）按照我国现行法律头颅移植将是犯罪行为

头颅移植面临目前无法解决的法律问题。首先，头颅移植涉嫌触犯刑法。头颅移植必须至少杀死一个本来活着的人，即他是一个身体患有极端严重疾病而头部完好的病人。头颅不能等病人死后再移植，于是正如卡纳维罗所说，为了保证移植成功，必须用极为锋利的刀片将病人的脊髓从颈部切割下来。那么这一行动是否构成刑事犯罪呢？对这一问题做肯定回答的理由如下。《中华共和国刑法》① 第232条规定：故意杀人的，处死刑、无期徒刑或者十年以上有期徒刑；情节较轻的，处三年以上十年以下有期徒刑。那么在法律上如何定义为故意杀人呢？故意杀人，是指故意非法剥夺他人生命的行为。由于生命权利是公民人身权利中最基本、最重要的权利，因此，不管被害人是否实际被杀，不管杀人行为处于故意犯罪的预备、未遂、中止等哪个阶段，都构成犯罪，应当立案追究。其构成条件为：第一，主观上是出于故意，故意的内容是剥夺他人生命，动机如何不影响定罪。可以是直接故意，也可以是间接故意。第二，在客观方面，行为人实施了杀害行为，亦即行为人的行动构成被害人死亡这一结果的原因。那么，人们可论证说，在实施头颅移植前外科医生将病人的头割下符合这两个要件：第一，在主观上，医生本意是将甲的头割下安在乙的身体上，使身体患极端严重疾病的甲死亡，以形成另一个人丙（甲的头颅与乙的身体混合体）。第二，在客观上，医生的行动是甲死亡的原因。如果移植失败，未能形成混合体丙，那么甲的死亡是医生移植行动的直接结果，而本来甲虽然疾病严重，但他仍然是一个活生生的人。有人可争辩说，医生本意是避免甲死亡，因而不能诉他故意杀人罪。那么，如果移植失败，医生也逃脱不了我国刑法中的过失致死罪。《中华人民共和国刑法》第233条规定，过失致人死亡的，处三年以上七年以下有期徒刑；情节较轻的，处三年以下有期徒刑。过失致人死亡罪，是指因过失而致人死亡的行为。考虑到"杀人"是一个自主的主

---

① 全国人民代表大会：《中华人民共和国刑法修正案（十）》2017年版，http://www.npc.gov.cn/npc/c30834/201711/3322df5da28b44859a2 48ecd7e84f4c0.shtml.

观上故意的概念,因为主观上没有杀死或者伤害他人的故意,是主观以外的原因造成的杀人,所以不称"过失杀人",而称"过失致人死亡"。人们可以争辩说,至少头颅移植成功或失败的医生都犯有"过失致人死亡罪"。虽然他本意想挽救甲的生命,但是如果移植成功,形成了一个混合体丙,而原来的甲死亡了;如果失败,那么甲就直接死亡了。虽然甲的死亡非医生故意,但是他的过失致甲死亡,他的过失是采用了既不安全又无效的移植技术和方法。

实施头颅移植的医生还触犯《中华人民共和国刑法》第302条盗窃、侮辱尸体罪,处三年以下有期徒刑、拘役或者管制。侮辱尸体罪,是指以暴露、猥亵、毁损、涂划、践踏等方式损害尸体的尊严或者伤害有关人员感情的行为。尸体是自然人死后身体的变化物,是具有人格利益、包含社会伦理道德因素、具有特定价值的特殊物,死者的近亲属作为所有权人,对尸体享有所有权。对尸体的侮辱与毁坏,既是对死者人格的亵渎,也是对人类尊严的毁损,因此,社会以及死者的亲人都是不能容忍的。世界各国民法都对人死后的人格利益给予保护,更重要的不是保护尸体这种物的本身,而是要保护尸体所包含的人格利益。① 人们可以争辩说,实施头颅移植必须将例如脑死人的头颅用锋利的刀片切割下来,我们姑且承认脑死人的身体已经是尸体,那么将脑死人的头颅割下,已构成侮辱尸体罪。

在法律上还存在身体的归属问题。新的身体,即甲的头颅与乙的身体构成的混合体丙是一个独立的第三者,还是应该归属于谁?尤其是他或她体内的精子或卵子属于谁?用上例来说明,手术后甲的头连接在乙的身体上,形成了丙,那么丙的原本是乙的身体属于谁?如果丙与某个人生了一个孩子,乙的家庭成员有探视权吗?

媒体的责任问题。卡纳维罗的策略是绕过专业的神经外科专家共同体,直接与媒体沟通,通过媒体进行公关宣传,其主要目的可能不仅是在全世界范围曝光,主要是能够获得他所设想的慈善家的资助。因为他的"天堂"计划不可能获得体制内的支持,所有有能力资助他的国家(包括我国)都已对研究项目建立科学和伦理审查制度,资助他那个异想天开、极端风险并注定会失败的项目是不可想象的。唯有通过在科学

---

① 杨立新、曹艳春:《论尸体的法律属性及其处置规则》,《法学家》2005年第4期。

十二 人类头颅移植不可克服障碍：科学的、伦理学的和法律的层面

上无知但又极想获得耸人听闻故事的记者和媒体，替他大肆宣传，有可能传播到富可敌国但极想盛名天下的慈善家那里，从而得到大量的研究资助。对于他的公关宣传，媒体当然不能置之不理，但理应对他的所言所行仔细追究考查，而不是人云亦云，替他做伪科学的传声筒。他说，他的头颅移植在动物实验上获得了成功，我们的媒体也替他吹嘘获得成功；他说，他的头颅移植在人类遗体上成功实施，我们的媒体也帮他吹嘘说在人类遗体上成功实施。① 这样，我们的媒体不仅在给伪科学家帮腔，而且忘却了兴办媒体的初心，忘却了应尽的义务：媒体要向读者传递新颖而真实的知识，而不是为了增加报纸销路而不顾一切地抢夺读者的眼球。

最后我们必须讨论我国研究机构、相关管理部门以及政府对新兴技术开发应用的管理问题。例如，按照我国卫计委的规定，国际研究项目必须经过所在国双方研究人员所属机构伦理审查委员会的审查批准。任晓平与卡纳维罗这一已经进行多年的合作研究项目是经过哈尔滨医科大学相关机构伦理委员会审查批准的吗？卡纳维罗那边是意大利哪一研究机构的伦理委员会审查批准的呢？卡纳维罗现在所属哪一个研究机构，这个研究机构的资质是否已经由哈尔滨医科大学核查过？前几年美国科学家利用我国研究管理的薄弱以及研究人员的腐化，违背我国法律偷运转基因大米（"黄金大米"）入境，与我方研究人员互相勾结违背知情同意的伦理要求，欺骗家长说他们所做的是"营养素"试验，最后恶行暴露，相关研究人员受到了行政处分。在推行未经证明和不受管理的所谓"干细胞治疗"乱象猖獗时期，也有境外人员与我国医院和生物技术公司一些人员相互勾结，利用这些伪干细胞疗法欺骗和伤害病人，掠取病人钱财。如今，又有卡纳维罗之流流窜到我国，利用我国研究管理上的漏洞，企图实现科学上没有证据、严重违反伦理规范，并且有可能触犯刑法的所谓头颅移植计划，我们对此必须提高警惕。我们应该组织专家组对任晓平与卡纳维罗的所谓合作计划以及哈尔滨医科大学对这

---

① 新华社：《首例"换头术"在遗体上完成 引发医学界巨大争议》，http://news.cyol.com/content/2017-11/20/content_ 16705647.htm; Kirkey, S. World's first human head transplant successfully performed on a corpse, scientists say, (2017-11-17), http://nationalpost.com/health/worlds-first-human-head-transplant-successfully-performed-on-a-corpse-scientists-say.

◇◇ 第二编 研究伦理学

一计划的管理情况进行调查,提出处理和改进意见;更重要的是,我们要加强对新兴技术研发和应用的管理,使得境外的伪科学家再也找不到"空子"可以钻进来为非作歹。

(雷瑞鹏、邱仁宗,原载《医学伦理学》2018年第31期。)

十三　有关药物依赖的科学和伦理学

最近20年来对可滥用的有精神作用物质成瘾的科学研究，揭示出药（"毒"）物成瘾是一种慢性的、易复发的脑病，成瘾者是自主性严重受损的病人，对成瘾唯一合适的办法是药物治疗并结合心理行为治疗以及家庭和社会的支持和关怀，"有罪化"不是一个好政策。

（一）毒瘾是慢性的、易复发的脑病

药物（drug）是影响生物学功能的化学物质（不同于提供营养或水），可来自植物，也可来自实验室。作用于精神的（psychoactive）药物是影响精神功能（情态、感觉、认知和行为）的药物。青霉素是药物，但不是作用于精神的药物。可滥用的（abusable）作用于精神的药物，是使人感到快乐、愉悦而不是用来治病的药物。氯丙嗪是作用于精神但不可滥用的药物。对人类威胁最大的可滥用药物是：尼古丁、酒精（乙醇）和阿片类药物（从鸦片罂粟汁中提出的药物，包括天然产物吗啡、可卡因、二甲基吗啡以及许多半合成同类物质，鸦片含20余种生物碱，其中吗啡含量最多）。这些作用于精神的药物滥用后引起对脑、心血管、肺等器官结构和功能的损害，更有甚者，这些物质的滥用引起行为的负面改变，甚至采取笨拙、愚蠢、顽固、暴力、自我毁灭的行动。滥用酒精、海洛因等药物后可产生这样一种精神状态，通常的谨慎和良心的约束已不管用，因而会使同一个人采取平常本不会采取的极端行动，即失去自我控制。美国有句谚语说："先是人喝酒，然后是酒喝酒，最后是酒喝人。"[1]

---

[1] Kleiman, M. et al., 2011, *Drugs and Drug Policy*, Oxford University Press, pp.1-9.

◇◇ 第二编 研究伦理学

成瘾是不顾显著负面后果而强迫性觅药和服药的病态,发展成瘾是复杂的、多因素的,受表观遗传、遗传、生物和环境因素影响。药物使用开始于试试,然后升级为继续使用,出现耐受,增加用药量,以产生原来少数剂量就能产生的欣快。过了一段时间,形成依赖,导致不可控制的使用,引起脑以及行为的变化,超越了药物最初的神经药理作用。继续觅药行为的驱动力是脑神经适应变化的结果。最后,从偶尔服药,通过戒用和复用,到成瘾状态,往往呈周期性,即成瘾周期。

我们所说的"毒品"是一类可滥用的、作用于精神的药物。由于它们被定为非法,因此给予"毒品"贬称,但不应因此而忽略其与尼古丁、酒精等作为可滥用、精神作用物质的相同基本性质。如果说因为阿片类药物对服用者有生理和行为毒性,而被称为"毒品",那么尼古丁、酒精对人同样有毒性,也应被称为"毒品"。而根据美国2004年估计,药物滥用和成瘾的社会经济损失每年分别为:非法药物1810亿美元,酒精1850亿美元,烟草1580美元。酒精的社会经济危害要大于非法药物。①

从有记载的历史开始,人类就服用有精神作用的药物,最初是医用,后来发现能提神、快乐、愉悦。但那时村落社会供应有限,仅供节日或负有特殊社会角色的人(巫师、祭司)服用。在启蒙运动以及那些有精神作用药物(烈酒)的生产工业化后,成瘾药物使用才常见。近500年伴随欧洲帝国扩展的工业化、商业化和全球化,彻底改变了精神作用药物的分布和可得性。它们被称为"帝国胶水",酒精和烟草税是国家主要财政收入。鸦片贸易是印度、英国政府的主要收入来源。在英美,最初的吗啡成瘾者是中产阶级白人妇女,她们有病或疼痛时,在医生指导下服用吗啡成瘾,那时将这些成瘾者作为病人对待,给予治疗。后来,吗啡成瘾者大多是处于社会边缘者、无业青少年,他们偷盗抢劫,引起社会不安。于是有了惩治使用这类药物的法律和执法部门,将阿片类药物的成瘾者当作罪犯、违法者对待。

经过数十年悉心的科学研究,科学家已经获得充分的科学证据证明,成瘾是一种慢性的、易复发的脑部疾病,而不是类似寻常偷盗、抢劫那样的劣行,更不是谋财害命的罪行。成瘾者由于长期服用对精神有作用的物质,使他们的脑的基本结构和功能受到严重的损害,因而使得

---

① The 2009 United states surgecn General's Repnots, https://www.cec.gov.

十三 有关药物依赖的科学和伦理学

他们产生非人的意志能够控制的行为。

对成瘾的科学研究由于神经影像学的发展而发生决定性的转折。神经影像学利用PET、SPECT和MRI等技术对脑的结构、功能和药理作用直接或间接形成影像。神经影像学分为结构影像学和功能影像学。结构影像学揭示脑部结构和诊断较大尺寸的颅内疾病（如肿瘤）和损伤。功能影像学则用来诊断较小尺寸的代谢疾病或损伤（如阿尔茨海默病），以及用于神经核认知心理研究和建立脑机接口。功能影像学使得人们能够直接看到脑中枢的信息处理过程，这些处理过程引起脑部相关区域增加代谢，在扫描时"亮起来"。20世纪末以来，尤其是21世纪，广泛应用神经影像学研究成瘾，得到了富有成果和令人信服的研究结果。

使用放射性示踪剂或配体的PET（质子发射断层扫描术）和SPECT（单光子发射计算机断层扫描术）或MRI（核磁共振影像术）可研究脑的结构变化。PET和SPECT的影像可帮助我们了解脑的化学结构，知道为什么药物使人容易成瘾以及成瘾药物对脑的效应。MRI对研究成瘾时活化的回路特别有用，例如渴求、奖赏。使用fMRI（功能核磁共振影像术）可测定某些脑区氧合血和去氧合血的水平，神经元活动需要氧，依赖血氧合水平的信号变化反映该区域的活动。与PET和SPECT不同，fMRI不与放射性接触，所以可反复扫描，使对认知作业时脑活动的研究革命化，因为它能鉴定出作为认知基础的那些脑区和回路，包括运动功能和言语、记忆、计划和冲动控制以及比较主观经验（移情）。

科学研究发现，成瘾有其神经生物学基础，与若干脑区以及神经递质的异常有关。1997年布雷特尔（H. Breiter）等[1]的开创性研究，是成瘾的第一次药理fMRI研究。他们让受试可卡因使用者服用可卡因，发现对可卡因的神经反应涉及脑的边缘区、眶额区、纹状体区，这些区是脑奖赏回路的主要部分。该项研究也鉴定了这一回路的亚区，其活动与药物（"毒品"）引起的快感和渴求相关。2005年里辛格尔（R. Risinger）等[2]发现涉及渴求的脑区还有伏隔核、扣带回。

---

[1] Breiter, HC. et al., 1997, "Acute effects of cocaine on human brain activity and emotion", *Neuron*, 19: 591-611.

[2] Risinger, RC. et al., 2005, "Neural correlates of high and craving during cocaine self-administration using BOLD fMRI", *Neuroimaging*, 26: 1097-1108.

◇◇ 第二编　研究伦理学

2001年达格利希（M. Daglish）[①]让海洛因成瘾者接触渴求时的听觉记忆，增加了眶额区脑血流量，眶额区活动增加反映了对奖赏的高度敏感性。最初的fMRI研究提供强有力的证据证明，与对照组相比，依赖酒精、大麻、可卡因、尼古丁、海洛因的人具有前额叶皮层功能障碍活动模式，前额叶区、眶额区和扣带回皮层的病理改变，反映了判断、决策能力和抑制性控制降低。研究者还发现，在使用可卡因的情况下，多巴胺D2受体会减少，而越减少，成瘾者就越要用药，形成恶性循环。以可卡因为例，神经生理学研究表明，服用可卡因后，可卡因附在多巴胺转运体上，从而阻断了多巴胺回到第一个神经元。于是多巴胺继续刺激、过分刺激第二个神经元的受体，因为它长期留在突触上。一个人从事愉快的活动（吃美味、性活动等）时，多巴胺在突触的刺激时间和数量要比平常长得多、多得多，服药后多巴胺过分刺激和数量增多，这就是产生强烈的欢快感以及可能的滥用的缘故。不同的药物影响不同的神经递质：阿片类药物是内啡肽，靶标是阿片受体；可卡因是多巴胺，靶标是多巴胺转运体；尼古丁是乙醯胆碱，靶标是尼古丁乙醯胆碱受体；酒精是伽马氨基丁酸和谷氨酸盐，靶标是伽马氨基丁酸受体和谷氨酸盐受体；大麻是内源性大麻素，靶标是大麻素受体。[②]因此科学研究证明，成瘾者对奖赏的高度敏感以及自我控制的缺乏均有神经生物学的根据。[③]

科学研究的进展彻底改变了我们对药物（"毒品"）滥用和成瘾的原有观念。莱希纳尔（A. Leshner）[④]于1997年首先提出，成瘾是一种慢性的、易复发的脑部疾病。其特点是强迫性的觅药行为，尽管出现了

[①] Daglish, MR. et al., 2001, "Changes in regional cerebral blood flow elicited by craving memories in abstinent opiate-dependent subjects 2", *American Journal of Psychiatry*, 158: 1680-1686.

[②] Hyman, S., 2012, "Biology of addiction", in Goldman (ed.) *Cecil Medicine*, 24th edition. Elsevier, pp.14-142.

[③] Goldstein, RZ. et al., 2002, Drug addiction and its underlying neurobiological basis: Neuroimaging evidence for the involvement of the frontal cortex. Am J Psychiatry 159 (10): 1642-1652; Volkow, N. et al., 2004, "Drug addiction: the neurobiology of behaviour gone away", *Nature Reviews of Neuroscience*, 4: 963-970.

[④] Leshner, AI., 1997, "Addiction is a brain disease, and it matters", *Science*, 278: 45-47.

负面结果，但仍然滥用药物，大脑的结构和功能持续发生改变。长期服用药物在脑部引起结构和功能方面的持久改变，使得使用者在戒用后容易复用。美国国家药物依赖研究所和国家酒精中毒和酒精滥用研究所现任所长支持这种认识。①

根据科学证据，我们可以得出结论，成瘾（包括尼古丁、酒精、大麻、可卡因和海洛因等所有可滥用的有精神作用的药物）是疾病，不是劣行，更不是罪行。药物使人们犯罪是因为服用药物使他们从事非理性的行动（例如醉驾）；他们需要钱买药物（偷抢钱财）；他们卷入与生产和销售非法药物相关的暴力。但需要澄清的是：药物本身不引起暴力；犯罪活动者主要是重度使用者；由于媒体的夸大报道，有关药物使用直接效应与暴力之间联系的形象往往被夸大了。

（二）毒瘾者是自主能力严重受损的病人

将非法药物（"毒品"）成瘾者当作"犯罪""违法"者对待（有罪化），其预设前提除了认为成瘾不是疾病外，还认为药物滥用和成瘾者有完全的自主性，应该对服药、成瘾以及成瘾后的一切负面行为负责，不能戒断、继续服用、一再复用，是他努力不够，没有负起责任，应该制定法律惩罚他们，迫使他们负起责任，改变思想和行为。另一种观点则认为药物滥用和成瘾者完全没有自主性，因此对服药、成瘾，以及成瘾后的一切行为都不负责任，包括犯罪活动，因此应该完全按照精神病人对待他们。

然而自主性不是零和，而有程度之分。对成瘾者的心理行为研究表明，他们不是完全没有自主性，也不是与正常人一样具有完全的自主性，而是他们的自主性严重缺损。他们起初是自愿服用药物，逐渐转化为非自愿的药物服用，到最后行为被渴求药物驱使。他们不仅花费时间和精力来寻求药物，而且也设法停止消费药物，回归正常。行为证据清

---

① Volkow, ND. et al., 2005, "Drug and alcohol: Treating, preventing abuse, addiction and their medical consequences", *Pharmacology and Therapeutics*, 108: 3-17. Gunzerath, L. et al., 2011, "Alcohol research: Past, present and future", *Annals of the New York Academy of Science*, 1216: 1-21. Carter, A. et al., 2012, "Addiction Neuroethics: The Ethics of Addiction Neuroscience Research and Treatment", *Elseview*, pp. 4-47.

楚表明，成瘾者存在"选择障碍"：成瘾是选择受到障碍的综合征，又是选择功能障碍行为的综合征。他们对自己很难有长期计划，即使有了计划也很难实现，他们不能将意志加于自己，只能"得过且过"，在每个时刻对当下的事情作出选择。他们的行为是不一致的，既花很多时间获得服用药物的机会，也下很大努力设法摆脱成瘾。这种行为模式证明他们的心理和行为有一种矛盾的摇摆的偏好结构：在偏好消费与偏好戒用之间来回。这种矛盾和摇摆的结构有其神经生物学基础，可用神经适应得到说明。由于在不同偏好之间摇摆，他们特别难以管理自己，难以约束自己，生活方式混乱，缺乏认知和经济资源，难以脱离引诱。

因此当他们在戒断症状发作时，其强迫性觅药行为不是他们能自主选择的，是他们脑的结构和功能所直接驱使的，因而他们不能对其行动及后果负有道德和法律责任。但当药瘾得到满足，自主能力或理性恢复时，他们应对所选择的行动及其后果负责。

作为自然界生物物种的一员，人具有在身体和心理上趋利避害的本能。在心理学上，人们要 feel good（感觉舒服，感觉良好），喜欢快乐、愉悦、欣快、舒服、高兴、痛快，当遇到逆境心里出现焦虑、担心、害怕、郁闷、无望、紧张、疲惫情绪时，要设法 feel better（感觉好些）。人们要喝茶、咖啡，要吸烟、喝酒，要使用非法药物，这是同一个道理，不同的是，后者会使你滥用，对它产生依赖，以致成瘾，使你的脑的基本结构和功能发生严重的损害。如果我们将他们视为犯人或违法者，监禁起来，用种种方式惩罚他们，让他们在社会上无处容身，被污名化和受歧视，被边缘化，这就驱使他们更渴求使用药物（"毒品"），这不是南辕北辙吗？

（三）成瘾是疾病，因此唯一的合适办法就是医疗并结合心理行为治疗以及家庭和社会的支持和关怀

既然成瘾是疾病，唯一合适的办法不是惩罚、教育，而是提供医疗，包括关怀和治疗，而目前唯一有效的治疗是药物治疗。阿片类药物代替疗法（OST）是让有海洛因依赖的病人服用阿片类药剂，如美沙酮、纳洛酮、丁丙诺菲、口服吗啡、二乙酰吗啡（药用吗啡）等。其

前提是把海洛因成瘾看作一种疾病。

在美沙酮维持治疗（MMT）中，美沙酮是合成化学物质，它与海洛因和其他鸦片制剂有相同的受体结合。它比海洛因的作用时间长，服用者不会经历像海洛因滥用那样欣快和渴求的快速周期。20世纪60年代美沙酮首次用于治疗对鸦片制剂的依赖，其理论是成瘾者对鸦片制剂有天生的或获得的生物化学需要，美沙酮用作代替物以改善他们的生活。

OST/MMT一开始就对占统治地位的对待成瘾的范式提出了挑战，后者的原则是从成瘾恢复必须戒用任何"毒品"。因此对于它们的治疗目标有争议：

现实主义的治疗目标：虽然要继续服用美沙酮，但病人处于一个良好的身心状态之中，且能完成社会角色，逐渐回归社会，这就是治疗的满意结局；

理想主义的治疗目标：要实现一个"摆脱滥用药物（'毒品'）""没有丑陋现象"的国家理想，因此不能接受现实主义的治疗目标。但是如果理想主义的治疗目标不能实现，那么这个治疗目标不就变成空想主义或乌托邦的治疗目标了吗？

在美国和瑞典进行的两次临床试验很能说明问题。在美国，32名待释放的囚犯参加随机对照试验，一组用美沙酮，另一组不予治疗。两组均在释放后随访12个月。4人撤出治疗组，剩下12人。12个月后治疗组无人复吸海洛因，对照组16人全部复吸。治疗组仅3人又进监狱，对照组全部又进监狱。在瑞典，共36人参加试验，试验组随访2年，17人中12人不再吸毒，找到工作或参加学习。5人退出，仍然吸毒。对照组2人退出加入另一项MMT试验。剩下17人：1人不再吸毒，12人仍然吸毒，2人进监狱，2人死亡。[①]

MMT是有效的，减少了成瘾者可能患艾滋病的伤害，改善了他们的身心状态，为他们回归社会创造了条件，减少了因强迫性觅药行为导致的犯罪行为，他们本人、家庭、社区和执法部门都感到满意。

---

① Parry, S., *Chinese surgeon prepares for world's first head transplant*, (2016-03-18), http: //www.scmp.com/magazines/post-magazine/health-beauty/article/1926361/chinese-surgeon-prepares-worlds-first-head, Press, pp. 139–152.

但是也有反对的声音："美沙酮也是'毒品',社会主义文明不允许",或者因为不能摆脱美沙酮,美沙酮不能逆转脑部病变,而认为MMT没有用处。这是一种治疗虚无主义或悲观论。"毒品"用语偏激,所有药品都有毒,许多药物治疗就是"以毒攻毒"。许多慢性病,如糖尿病、高血压不能像急性病那样治愈,都需要长期服用药物。作为慢性病的成瘾也是一样,需要长期依赖美沙酮。这些顾虑造成一些医务人员所用剂量不足,造成复吸。我们也不能对MMT过于乐观。对成瘾者的医疗不能单靠美沙酮。由于他们大脑功能受损以及长期游离于社会以外,多数人社会化程度很差或已经丧失了社会化,不清楚自己对社会的责任、义务和权利,具有"即刻满足人格特征",所以需要对他们进行心理和行为的治疗和康复,帮助他们重新社会化,培养他们对社会和对工作的正确态度,使他们在家庭和社会的支持与关怀下真正回归社会。治疗成瘾是治疗一个作为整体的人,我们必须采取综合措施,包括药物治疗、心理行为治疗以及家庭和社会的支持,使他们从治疗他们的人、机构、家庭和社会得到关怀,在整个治疗和预防过程中,平等对待他们,关怀他们,严禁任何人歧视他们,使他们在社会中得到温暖,不必去寻求药物带来的虚幻快乐或愉悦。要帮助他们矫正对自己、对家庭和对社会的态度,帮助他们就学就业,让他们有机会逐渐回归社会。①

在社会转型过程中,我们要做好对弱势群体的救助工作,尽可能减少他们所受的伤害和不公正,坚决落实"以人为本"、重视民生、建设和谐社会的方针,就能预防一些弱势群体中的人去接近这类药物。

(四)"有罪化"不是对待"毒瘾"的好政策

对待成瘾(或"毒瘾")的政策有两类模型:

医疗模型:成瘾是脑病,成瘾者是病人,这种模型认为问题出在药品对脑的伤害上,不把问题的责任归之于本人。

惩治模型:成瘾是丑恶现象,是不洁、不道德行为或劣行造成,责

---

① Parry, S., *Chinese surgeon prepares for world's first head transplant*, (2016-03-18), http://www.scmp.com/magazines/post-magazine/health-beauty/article/1926361/chinese-surgeon-prepares-worlds-first-head, Press, pp. 58-72.

任在于成瘾者自身,通过惩罚、教育让他负起责任,认为成瘾及其症状通过成瘾者自身努力和外部的约束,是可以解决的。惩治通过"有罪化"的法律,将成瘾者定义为"罪犯"或"违法者"。我国立法机构关于禁毒决定和禁毒法,都将非法药物成瘾者定义为"违法者"。

然而在将使用某类有精神作用药物"有罪化"(criminalization)时,应该先探讨一下这样的问题:公民有无寻找快乐的初始权利?公民肯定有为自己寻找快乐的初始(prima facie)权利。初始权利是指如果条件不变,那公民就可享有这项权利,但如果条件改变,公民可不享有该项权利。如自由活动是公民的初始权利,但发生 SARS 时,公共卫生、公众健康比个人自由更重要,自由活动这项初始权利可暂停行使。很难认为这种目的本身是不道德的或有害的,即使有时可能涉及某些危险。人们服用非法药物时通过改变情态和认知产生快乐情绪,很多合法活动也是如此:坐禅、爬山、攀岩、蹦极、骑摩托车、打桥牌,以及享用例如茶、咖啡、酒、尼古丁等消遣性或娱乐性药物。情态和认知的改变本身不是不道德的,也不是有害的,虽然有的风险很大,不能因快乐来源而有区别。由于其影响精神状态及其能力,消遣性药物使用有时可因其经济、心理和身体伤害而影响家庭和社区。问题是药物对他人或对自己产生的伤害是否足以压倒个人使用药物的初始权利,从而有理由使药物使用有罪化?

有罪化的好处:抑制使用和成瘾。如美国禁酒期间消费量和肝硬化等疾病发生率都下降。但有罪化代价巨大,弊大于利。

(1)有罪化产生可避免的伤害。不成功的原因之一是大量人群需要享有消遣性药物提供的快乐和宽慰。如果有强有力因素驱使人们使用药物,那么刑法惩罚是无效的(法不责众)。有罪化只能处罚和监禁其中一小部分人,例如我国登记在册的吸毒者只是一部分。

(2)催高药物价格,执法越严,价格越高。在美国大麻比银贵,每盎司比银贵 20 倍,可卡因比金子贵,海洛因更贵。在哥伦比亚每公斤可卡因 1500—2000 美元,到了美国每公斤 15000—20000 美元,再一转手可达每公斤 10 万美元。

(3)高价格意味着高利润,生产、贩卖集团为了谋取高利润,不惜采取一切手段,包括暴力。抓捕了贩卖者,更快有人填补空缺。"重赏之下，必有勇夫。"使用者则更加困苦，受强迫性觅药行为驱使，为了支持自己和获得药物，只能通过参与犯罪活动获得毒品。巨大利润可用来引诱执法人员和官员腐化。

（4）有罪化给药物使用者贴上社会标签导致污名化。WHO进行的国际调查表明，在14个社会中，药物成瘾是18种疾病和残疾中最受歧视的。

（5）药物使用者被作为社会敌人对待，他们被妖魔化，执法力度越大，越容易侵犯个人权利，也越容易导致执法人员滥用职权。

在历史上，人们曾认为使人类摆脱使用任何精神作用物质的保险办法是禁止除医疗以外任何目的的使用。首先是禁止酒精。1851年美国缅因州第一个颁布禁酒法，随即遍布全美国，然而失败了。20世纪禁止纸烟也在美国若干州实施，时间不长。美国每年花数十亿美元打击可卡因、海洛因等药物，执法很有成效，抓捕了许多人，但药物仍然易得，变成一本万利的行业。

目前法律种植、生产、贩卖、销售、使用药物是有罪的，即这一切活动是被禁止的，或是"反毒战争"。有什么改变办法呢？

改变1：种植、生产、贩卖、销售、使用药物全部合法。目前这种改变可能引起难以预料的结果，很少人建议这样做。

改变2：生产、贩卖、销售要受到刑罚，但使用或拥有少量供自己服用的无罪。但有些地方仍保留非刑事的惩罚：罚款、转诊去药物治疗。这种改变被称为去罪化（decriminalization）或去罚化（depenalization）。

去罪化存在逻辑问题和实际问题。逻辑问题是，允许消费者购买，禁止销售商出售。实际问题是，去罪化有可能增加对非法产品的需求，罪犯有更多收入，出现更多与销售有关的暴力和腐败，更多人被监禁。然而美国11个州将大麻使用去罪化，并未增加大麻消费量。解决这些问题的办法：（1）政府垄断；（2）允许自己种植，不许出售；（3）允许医生发放，并防止滥用，如出现滥用则提供治疗服务。

去罪化或合法化的法律改革可能引起的积极和消极后果有：

（1）消费量可能增加。但这种增加是否反映有问题使用量增加还是偶然使用量增加？因为关键是重度使用者的数量。对于酿酒业，每天饮一次的人比50个人每周饮一次更重要。总消费量增加几乎总是有问题消费量增加的结果。在美国饮酒最多的10%占消费总量的50%，次多的10%（每天饮2—4次）占30%，因此20%的饮酒者占消费总量80%。

（2）节约执法成本，减少有罪化引起的犯罪、暴力和腐败，加强对执法的尊重，增加对更有效措施的注意（教育、治疗、民间组织管理）。去罪化时，刑法仅用于禁止与药物有关的特别危险的活动，如醉驾和卖给青少年。

（3）成瘾引起的代价最小化，最终减少使用药物、成瘾和伤害。

（4）缓解刑法或民法强加于个人和社区的负担，保障个人自由，维护人权。

葡萄牙和荷兰的去罪化试验值得我们注意：在葡萄牙2001年改革有关药物的法律，使用者和为个人使用拥有药物不再是罪行。使用者会被转诊给一专家组，授权进行治疗，但不会去监狱。自此以后药物使用增加，但不清楚多少由于法律改变所致。可以肯定的是，此后该国的非法药物问题，较之其他欧洲国家和美国不是很大。而以前禁止拥有药物的法律并没有使药物使用减少。这并非可滥用药物合法化，出售可滥用药物仍然是违法的。因此药物使用者仍然面临黑市价格、黑市掺假和如何找到药物经销商问题。去罪化不是使海洛因成为像酒一样的商品。

荷兰原来一直将生产和销售药品有罪化。1976年允许一个例外：每次出售有限量的大麻。在名义上这仍然是非法的，但不是执法对象，大约700家"咖啡店"可公开销售少量大麻（以前是30克，1996年减为3克）。但种植和输入大麻仍然是罪行，要进监狱。结果这些咖啡店的前门是合法的，后门是非法的。由于生产和批发销售非法，催高大麻价格。在1984—1996年期间大麻使用率翻了一番，但仍然要比美国、英国、加拿大低。因同期西欧使用率都在增长，因此零售去罪化使使用增加多少难以确定。

完全合法化将增加可得性和降低价格。价格对消费的影响可能使大麻使用者增加3倍，加上污名化减少、逮捕和失业的风险降低，消费量可能增加4—6倍。海洛因、可卡因等比大麻更难获得，价格更高，合法化后的最初几年使用者增加比大麻要多。但长期效应仍难以预测，也许待去罪化以后各种后果显现后再作评估，再考虑是否和怎样合法化。

对我国政府对待成瘾的工作评价：（1）对待酒瘾：全国和地方国营电视台每天披头盖脸的酒广告，纵容官场酒文化，甚至飞机场也要以酒业命名，治醉驾、打人是"标"，"本"是酒瘾，诊断为酒瘾者应取消或不能获得驾照，对其进行治疗。①（2）对待烟瘾：国家媒体宣传教育戒烟很差，纸烟包装警示不符合要求，公共场所禁烟很多地方未执行，政府收入依靠烟酒行业不觉得可耻。（3）对待"毒"瘾：执法很努力，在抓捕种植、生产、贩卖方面有成就，但对待使用者方面有问题（但主要是立法者的过错），权力滥用、不必要地侵犯人民权利也是存在的。②

在预防和治疗成瘾工作中是否可采取强制性措施？强制性措施有法律强制（刑事、民事）、形式强制（雇主、社会协助机构）和非形式强制（家庭、朋友）。法律强制有：（1）禁止：禁酒、禁烟；（2）公共场所禁烟、不许播放和刊登烟草广告；（3）征税或提高税收。可分两个层次来考虑：

在人群层次上，采取某些强制性措施是必要的。如公共场所禁止吸烟、严惩酒驾、禁止一定规模的药物种植和贩卖等。美国杜克大学Cook教授调查，30年来，美国的酒料税增加3倍，减少杀人案件和机动车事故案例各6%，即每年防止3000人死亡。公共场所禁烟、不许媒体做烟草广告，凡是执行好的地方，也是有效的。

在个人层次上，在一定时期脱离原有环境，甚至在特定条件下强制治疗是否能够得到辩护？有人根据密尔的伤害原则加以反对："违反本人意志用权力正确施予文明社会成员的唯一目的是防止伤害他人。为了他自己的身体和道德上的好处不是充分的理由。"调查表明，90%的吸烟者想要戒烟，但他们意志薄弱，以可接受的方式强制进行治疗、保护他们，有什么不好？因为密尔也说过："看见一个人要穿过一座肯定不安全的桥，而没有时间警告他有危险，抓住他让他往后走，并未实际侵犯他的自由。"那么有人选择用药物伤害自己关别人什么事？伤害自己

---

① 邱仁宗：《呼吁重视我国的酒瘾问题》，《中国科学报》2012年10月12日。
② 邱仁宗：《立足科学和民主决策，妥善应对成瘾问题》，《中国社会科学报》2012年9月21日。

也是伤害,如果能以合理的代价防止,包括限制其采取自我伤害的行为,为什么不能干预?这是家长主义干预。我们都有家庭、朋友、邻居和同事,自我摧毁的行为不可能仅与自己有关(self-regarding),人们做出药物消费决定时并非不受他人药物消费选择的影响。

强制治疗的证据或标准:(1)成瘾者不能做出治疗决定(例如在药瘾发作时自主能力受损,不能做出理性决定或不能坚持原来的治疗计划);(2)所提供的强制治疗是有效的;(3)强制治疗没有严重的风险或伤害;(4)不进行强制治疗很可能有严重负面效应。如果符合这些标准,在一定条件下进行强制治疗是可以得到辩护的。

但对于成瘾者,不管是强制的还是非强制治疗,需要在治疗过程中不断评估其决策能力,在评估其有自主能力时应获得其对治疗的知情同意。因此当成瘾者处于不能自主决定阶段时,不排除进行强制性治疗或强制性实施已经同意的治疗计划,但在强制治疗后应定期重新评估行为能力,如评估其有行为能力则获得其知情同意。这种知情同意被称为"过程同意",在其中将成瘾者与治疗者之间的关系看作伙伴关系,要求不断协商和团队决策;不断测定病人行为能力,不管最初测定如何;知情同意是一个合作过程,而不是对病人的一次性权威判断;就病人的治疗需要作出个体化的、以证据为基础的决定。

(邱仁宗)

十四　非人灵长类动物实验的伦理问题

（一）非人灵长类动物实验的相关事实和情况

在生物学分类系统中，非人灵长类动物①属灵长目（学名：Primates，中译文为日本首创），是哺乳纲的1个目，共14科约51属560余种。英国外科医生、灵长类动物学家和人类学家克拉克（W. Clark）爵士②将未灭绝的灵长目依升序方式排序，最末端（即演化程度最高）为人类：（1）原猴；（2）猴：新大陆猴（阔鼻猴），旧大陆猴（窄鼻猴）；（3）小猿：长臂猿和大长臂猿（合趾猿）；（4）大猿：大猩猩，倭黑猩猩，猩猩，黑猩猩；（5）人：智人，尼安德特人，其他人。

每年有超过10万个非人灵长类动物用于生物医学研究，主要在美国、日本、欧洲（未包括中国数字）。在美国大概每年有7万只非人灵长类动物用于研究，另外还有4.5万只在繁殖饲养，准备用于研究，其中包括仍用于研究的黑猩猩，但数量在下降。在英国从1998年开始不允许用大猿（黑猩猩、倭黑猩猩、大猩猩、猩猩）进行研究，但仍然用猕猴进行研究，大多数来自毛里求斯、中国、越南、柬埔寨和以色列。这些海外猴类动物繁殖中心的水准各异，有些非常差。猕猴不得不经历的旅途非常漫长而且令其紧张。据1999年的统计，在欧洲用于实验的猴类动物数目分别为：原猴亚目（如眼镜猴）726只（仅在德国、法国）、新大陆猴（NWM）1353只（在比、荷、德、法、意、西、瑞典、英国）、旧大陆猴（OWM）5199只（在比、荷、德、法、意、瑞

---

① 这里使用"非人灵长类动物"一词的目的是要强调人也是"灵长类动物"。
② Le Gros Clark, WE., 1930, "The classification of the primates", *Nature*, 125: 236-237.

十四 非人灵长类动物实验的伦理问题

典、英国）、猿 6 只（仅在荷兰），原猴、猴、猿相加为 9097 只，不到实验动物总数的 0.1%。每年使用非人灵长类动物于研究或试验的有 10 万—20 万只，其中大部分在美国。[①] 目前中国已有大大小小的猕猴养殖场近 100 家，一些大的猴场存栏猴有 1 万—2 万只，估计我国利用非人灵长类做研究的数目会大大超过美国。[②]

在各国，人们对利用非人灵长类动物进行研究持不同的态度。在科学共同体内，许多科学家认为，由于非人灵长类动物与人的系统发育关系密切，它们是最佳的动物模型，在不存在可供选择的其他办法时，在某些生物医学和生物学研究领域为了给药物进行安全性评价，对它们适当的使用仍是不可缺少的。[③] 然而，动物保护共同体的意见是，其一，正由于非人灵长类动物与人这种密切关系，它们能够与人一样感受痛苦，因此反对利用它们于科学研究和产品试验；其二，它们对参加研究不能表示同意；其三，它们本身不能从研究中受益。因此，将非人灵长类动物用于试验和研究不合伦理，应该禁止或尽快逐步取消。[④]

[①] Bateson, P., 2011, *Review of Research Using Non-Human Primates*, Wellcome Trust; Bruce, M. et al. (eds.)., 2011, *Chimpanzees in Biomedical and Behavioral Research: Assessing the Necessity*, Washington (DC): National Academies Press (US); Conlee, K & Rowan, A., 2012, "The case for phasing out experiments on primates", in Gilbert, S et al. (eds.) *Animal Research Ethics: Evolving Views and Practices*, *The Hastings Center Special Report*, 42 (6): S31-S34; European Commission, *The welfare of non-human primates used in research*, Report of the Scientific Committee on Animal Health and Animal Welfare, (2002-12-17), https://ec.europa.eu/food/sites/food/files/safety/docs/sci-com_ scah_ out83_ en.pdf; Prescott, M., 2010, "Ethics of primate use", *Advances in Scientific Research*, 5: 11-22.

[②] 新浪博客：《中国实验动物的悲惨现状》，http://blog.sina.com.cn/s/blog_ec87b41a0101r8j2.html。

[③] Bateson, P., 2011, Review of Research Using Non-Human Primates. Wellcome Trust; European Commission. The welfare of non-human primates used in research, Report of the Scientific Committee on Animal Health and Animal Welfare, (2002-12-17), https://ec.europa.eu/food/sites/food/files/safety/docs/sci-com_ scah_ out83_ en.pdf; Gilbert, S. et al. (eds.), 2012, "Animal Research Ethics: Evolving Views and Practices", *The Hastings Center Special Report*, 42 (6); Knight, A., 2012, A critique of the Bateson review of research using non-human primates. AATEX (Alternatives to Animal Testing and Experimentation) 17 (2): 53-60; Weatherall, D. The use of non-human primates in research, A working group report chaired by Sir David Weatherall, (2006-12-12), https://www.mrc.ac.uk/documents/pdf/the-use-of-non-human-primates-in-research/.

[④] Bateson, P., 2011, Review of Research Using Non-Human Primates. Wellcome Trust; Gilbert, S. et al. (eds.), 2012, "Animal Research Ethics: Evolving Views and Practices", *The Hastings Center Special Report*, 42 (6); Weatherall, D. The use of non-human primates in research, A working group report chaired by Sir David Weatherall, (2006-12-12), https://www.mrc.ac.uk/documents/pdf/the-use-of-non-human-primates-in-research/.

◇◇ 第二编 研究伦理学

驱动非人灵长类动物研究的有以下因素：其一，一些科学家持有的"高保真"（high-fidelity）观念，即认为研究人类的疾病、开发药物、研究人的生物学，用非人灵长类动物最接近真实。其二，对动物伦理问题，例如对非人灵长类动物在研究或试验中遭受的痛苦及其道德地位等问题几乎从不考虑，漠然处之，对灵长类动物在实验中可能遭受的痛苦缺乏敏感性。其三，逐利的目的，我国一些人认为，当其他研究大国逐渐减少非人灵长类动物研究时，我们来繁殖饲养，一方面用于国内，另一方面可大量出口赚取外汇。

2011年有两份有关非灵长类动物的研究报告值得我们注意。一份是英国已故动物行为学家贝特逊（Patrick Bateson）爵士主持并撰写的《非人灵长类动物研究审查》[①] 研究报告。报告指出，在英国几乎70%的非人灵长类动物使用符合立法或管理的要求，但这些使用非人灵长类动物研究并不一定为达到科学目标所必不可少。报告建议，对非人灵长类动物研究的评估标准应该是：（1）科学价值；（2）医学或其他受益的可能性；（3）其他办法的可得性；（4）动物所受痛苦的概率和程度。报告指出，如果研究引起灵长类动物很大痛苦，唯有受益很大才可允许。报告在检查中发现，约9%的研究意义不大，但引起灵长类动物的痛苦很大。报告建议采取替代灵长类动物的其他办法，如脑影像术、非侵入性的电生理技术、体外和电脑模拟技术以及甚至利用人类受试者进行研究，以及其他减少研究所需灵长类动物数量的方法，例如数据共享、发表所有研究结果（包括阴性结果），以及定期检查研究的结局、受益和影响，以避免不必要的重复。然而，也有学者批评这份报告低估了非人灵长类动物在研究中所承受的伤害，忽视了这些动物的内在价值，几乎很少证据能证明这些研究对科学和医学有多大的受益。[②]

另一份是美国医学科学院利用黑猩猩于生物医学和行为研究委员会（主任委员为生命伦理学家Jeffrey Kahn教授）的报告《生物医学和行为研究中黑猩猩：必要性评估》[③]。该报告提出了使用非人灵长类动物于

---

① Bateson, P., 2011, Review of Research Using Non-Human Primates. Wellcome Trust.

② Knight, A., 2012, Assessing the necessity of chimpanzee experimentation, AATEX 29 (1): 93-94.

③ Bruce, M. et al. (eds.), 2011, Chimpanzees in Biomedical and Behavioral Research: Assessing the Necessity, Washington (DC): National Academies Press (US).

十四 非人灵长类动物实验的伦理问题

研究的三原则:(1) 获得的知识为推进公众的健康所必需;(2) 获得这类知识必须没有其他研究模型,以及研究不能在人类受试者身上合乎伦理地进行;(3) 在研究中所用动物必须维持在对动物行为学合适的自然和社会环境之中或在自然栖息地内。这些原则也是该委员会用来评估目前和未来使用黑猩猩于生物医学研究和行为研究的具体标准的基础。目前并无一套统一的标准用以评估将黑猩猩用于生物医学和行为研究的必要性。虽然黑猩猩在过去一直是一个有价值的动物模型,但根据该委员会确定的标准,目前使用黑猩猩于生物医学研究大多数是不必要的。但该委员会认为可能有两个例外:(1) 由于目前可得的技术,研发未来的单克隆抗体治疗将不需要黑猩猩。然而有限数量的单克隆抗体已经在研发之中,可能要求继续使用黑猩猩。(2) 对研发预防性丙型肝炎病毒(HCV)疫苗是否有必要使用黑猩猩未能达成共识。目前的情况表明,由于出现非黑猩猩模型和技术,黑猩猩研究的科学需要正在减少,需要持续支持研发非黑猩猩的动物模型。从未来的科学需要看,新的、正在出现的或重新出现的疾病或障碍,可能会对治疗、预防和/或控制提出挑战,这些挑战需要使用黑猩猩;为理解人的发育、疾病机制和易感性,比较基因组学研究可能有必要使用黑猩猩,因黑猩猩在基因上接近于人。但应设法多使用给黑猩猩带来伤害最小的方法。例如当生物学材料来源于现有的样本时对黑猩猩没有风险,或在从活体动物采集样本时,将疼痛和痛苦减少到最小程度。对此报告,也有人评论说,虽然该委员会说,几乎目前所有黑猩猩研究的必要性非常难以得到辩护,但仍不建议直接禁止进行这类研究;他们质疑该委员会支持有限的非侵入性的黑猩猩研究,没有鉴定在哪些生物医学研究领域非侵入性的黑猩猩研究是必要的;该委员会在得出他们的结论时很少提到非侵入性黑猩猩研究提出的动物福利和其他伦理问题。[1] 2016 年美国国会和 NIH 决定要审查有关所有非人灵长类动物的研究的政策。[2]

我国自 2002 年开始讨论动物权利问题[3],2004 年出版了祖述先翻

---

[1] Prescott, M., 2010, Ethics of primate use. Advances in Scientific Research 5: 11-22.
[2] Grimm, D. NIH to review its policies on all nonhuman primate research, (2016-02-22), http://www.sciencemag.org/news/2016/02/nih-review-its-policies-all-nonhuman-primate-research; 张荐辕:《美评估非人灵长类研究政策》,《中国科学报》2016 年 3 月 3 日。
[3] 邱仁宗:《动物权利何以可能?》,《自然之友》2002 年第 3 期。

译的彼特·辛格（Peter Singer）的《动物解放》[①]，2012年中国疾病预防控制中心发布《关于非人灵长类动物实验和国际合作项目中动物实验的实验动物福利伦理审查规定（试行）》[②]，2014—2017年我国卫计委与英国方面连续举行4届中英实验动物福利伦理国际论坛[③]，2016年中华人民共和国国家标准发布《实验动物：福利伦理审查指南（征求意见稿）》[④]。这一历程说明，我国也正在对动物福利以及与动物实验有关的伦理问题给予关切。然而，我们必须首先重视对非人灵长类动物实验中的相关问题，尤其是伦理问题加以研讨。

（二）非人灵长类动物研究存在的问题

非人灵长类动物研究存在着许多在我国很少关切和讨论的问题。首先是伦理问题。非人灵长类动物研究的伦理问题是利用非人灵长类动物于研究是否能够得到伦理学的辩护？而讨论利用非人灵长类动物于研究是否能够得到伦理学的辩护必须涉及两个问题：一是利用非人灵长类动物于研究所致伤害的问题；二是非人灵长类动物的道德地位问题。

让我们先讨论利用非人灵长类动物于研究所致伤害的问题。在做出伦理决策时必须考虑是否对无辜他人造成伤害以及可能造成的伤害有多大，这已经是没有争议的问题。在医学中希波克拉底的箴言"首先，不伤害"已成为世界各国医务人员决策的标准，而且对他人伤害的敏感性和不忍之心也已成为我们衡量一个社会道德进步的标尺，例如德国的纳粹和日本的军国主义就是道德上的大倒退，因为他们以制造他人痛苦为乐。在儒家的思想中，例如主要代表人物孟子在他说"无伤，仁术也"时，不仅指的是不要伤害无辜的人，也包括不要伤害无辜的动物。在全

[①] [美] 彼得·辛格：《动物解放》，祖述宪译，青岛出版社2004年版。

[②] 国疾病预防控制中心：《关于非人灵长类动物实验和国际合作项目中动物实验的实验动物福利伦理审查规定（试行）》，http：//www.chinacdc.cn/ztxm/lib/ggwssjgxgc_4856/201211/t20121102_71387.htm。

[③] 中国疾病预防控制中心实验动物福利伦理委员会：《我中心派员参加"中英第四届实验动物福利伦理国际论坛"》，http：//www.minimouse.com.cn/plan/2017/0329/12624.html。

[④] 中国国家标准化管理委员会：《实验动物：福利伦理审查指南（征求意见稿）》2016年版。https：//max.book118.com/html/2017/0428/102938709.shtm。

十四 非人灵长类动物实验的伦理问题

世界（包括我国）发展起来的动物伦理学，我们人类所采取的行动是否给无辜动物造成伤害，是其中一个主要的伦理问题。非人灵长类动物研究的伦理问题与一般的动物研究的伦理问题大同小异，其区别点就在于非人灵长类动物的特殊性质。非人灵长类动物拥有认知和情感能力，它们有计算、记忆和解决问题的技能，有意识和自我意识，能体验抑郁、焦虑和欢乐，有些能学习语言，而且寿命较长。它们可能被囚禁在实验室十余年甚至数十年，被反复进行实验。强有力的证据显示，包括黑猩猩在内的大猿具有类似人的复杂心智能力，例如拥有自我意识，可洞察自己的思想和感情；拥有时间和目的感，因此它们能反思过去，思考未来；拥有分享同一物种其他成员思想和感情的能力；拥有用符号进行思想和感情交流的能力（语言能力）。因此，这些能力也增强了它们感受痛苦的能力，使它们对于所遭受的疼苦有极高的敏感性，将它们囚禁于实验室并用于研究使它们感到异常痛苦。[①] 因此，在实验以及为实验做准备的整个过程中，它们遭受的痛苦要比啮齿类动物严重得多。每年有数千只亚洲猴在野外被逮住，抓到繁殖基地，再被卖到和运送到其他国家。它们在运输过程中遭受极大的伤害和痛苦，被关在板条箱内，限制饮食。它们的生理学系统要有几个月的时间才能回复到基线水平，然后它们要面对研究中的巨大创伤，感染病毒、被隔离、不能正常饮水进食，撤除药物治疗以及反复进行手术。在实验室为非人灵长类动物提供福利是非常具有挑战性的，必须有良好的环境才能确保它们的心理健康，这要解决集体安置、改善环境、照料婴儿和幼儿以及那些显现有精神悲痛症状的个体，尤其是猿。对于大多数猿猴，社会结伴（social companionship）是最重要的心理因素。因此，必须集体安置它们，除非因年老或其他病情，不得不单独安置。因此，与啮齿类动物不同，非人灵长类动物在实验或研究中不仅遭受巨大的身体伤害，而且要遭受严重的精神伤害。这是在判断非人类灵长类研究是否能够在伦理学上得到辩护时必须考虑的一个的要素：非人类灵长类在研究中受到的身体和精神伤害是否能为这种研究得到伦理学的辩护？

---

① Armstrong, S. & Boltzler, R., 2017, *Animal Ethics Reader*, the 3rd edition, Part Ⅲ: Primates and Cetaceans. Routledge, pp. 18 – 22; Gilbert, S. et al. (eds.), 2012, "Animal Research Ethics: Evolving Views and Practices", *The Hastings Center Special Report*, 42 (6).

◇◇ 第二编 研究伦理学

非人灵长类动物的道德地位问题。一个实体拥有道德地位当且仅当它或它的利益对其本身在一定程度上在道德上是重要的。例如我们说一个动物拥有道德地位，如果它遭受的痛苦对此动物本身在道德上是负面的，不管其对其他实体后果如何，因而采取不可辩护地违反它利益的行动不仅是错误的，而且是错误地对待了动物，而其他人对这个动物就应该避免采取此类行动。① 但对动物之所以应该拥有道德地位，以及人类之所以应该在道德上考虑动物利益的最为系统、最为具有说服力，并且已经不仅为主流伦理学家接受，而且为国际组织和主要国家决策者接受的论证，是澳大利亚哲学家彼特·辛格②提供的，即决定动物拥有道德地位的既不是智能，也不是理性，而是它们感受痛苦的（sentient）能力。辛格的感受痛苦能力论证与雷根（Tom Regan）的"生活主体"（subject of a life）论证在原则上是一致的。雷根论证说，与人一样，动物是它们自己生活的主体，因此也应享有它们的权利。③ 我们认为，不管是讨论动物的道德地位还是讨论动物的权利，定位在拥有感受痛苦的能力的动物比较合适。如果这样，辛格和雷根的论证都蕴含着动物本身有其内在价值，而不仅仅有外在价值或工具价值，它们不仅仅是供人使用的资源，而是有其内在的意义和价值。

在这样的论证基础上，一些哲学家论证了实体或动物之间有不同的道德地位：有些实体有完全的道德地位，有些实体毫无道德地位（如无生物），有些实体则具有不同程度的道德地位。例如有些动物没有感受痛苦的能力，它们的道德地位要比能感受痛苦能力的动物的道德地位低一些，而另一些动物不仅有感受痛苦的能力，而且有意识和自我意识能力以及社会交往能力，它们的道德地位理应更高一些。如此说来，非人灵长类动物的道德地位及其内在价值，应该大大高于小鼠那样的啮齿类动物，甚至应该拥有与人类相似或接近的道德地位。目前一般用于研究的非人灵长类动物（主要是绒猴和猕猴）虽然没有大猿那种精致的心智能力，但有无可辩驳的证据显示猴的丰富社会生活和心智能力，因使

---

① Stanford Encyclopedia of Philosophy. The Grounds of Moral Status, (2013-03-14). https: //plato. stanford. edu/entries/grounds-moral-status/.

② 彼得·辛格：《动物解放》，祖述宪（译），青岛出版社2004年版。

③ Regan, T., 2017, "A case for animal rights", in Armstrong, S. & Boltzler, R. (eds.) *Animal Ethics Reader*, the 3rd edition, Part I: Theories of Animal Ethics. Routledge, pp. 67-81.

十四　非人灵长类动物实验的伦理问题

用它们于研究而破坏它们的生活方式，有可能使它们遭受比其他实验动物更大的社会和精神痛苦。更不要说拥有自我意识、社会交往能力，有家庭有社群，是自己生活主体的大猿，它们与人类中的脆弱人群几乎没有根本性差异。而且所有的大猿以及某些猴类均属于濒危物种，这对使用非人灵长类动物进行研究或试验施加了更严重的限制。任何使用非人灵长类动物的研究和测试都要求比使用其他动物强得多得多的辩护。[1]

非人灵长类动物研究存在的科学问题

非人灵长类动物研究存在的科学问题主要是非人灵长类动物研究是否为科学所必需。对啮齿类动物的研究已经成为研究人类生理功能、代谢变化、病态改变的极佳模型，为什么非要使用非人灵长类动物进行研究呢？这是一个在使用非人类灵长类动物进行研究前必须回答的问题，即科学上的必要性问题。"高保真"的观念多半基于推理，而非有科学根据的经验事实。然而，迄今为止对使用非人灵长类动物的科学价值仅有很少的详细考查和评估。2011年美国医学科学院发表了一个里程碑式的报告，题目就是"用于生物医学和行为研究的黑猩猩：对必要性的评价"，在经过详细的评价后做出的结论是："目前生物医学研究使用黑猩猩大多数是不必要的。"[2] 同年英国的评估报告（Bateson Report）得出类似的结论说，满足科学的目标，灵长类并非不可缺少，并建议对非人灵长类研究的评估应基于科学价值、医学或其他受益的可能性、其他可供办法的可得性以及动物所受痛苦的概率和程度。[3] 正因为非人灵长类动物研究在科学上的必要性缺乏评估，2016年美国国会和国立卫生研究院（NIH）决定要审查有关非人灵长类动物研究的政策。虽然在生物医学和行为研究是否有必要使用非人灵长类动物是一个科学问题，但同时也是一个伦理问题。如果评估的结论是在生物医学和行为研究中没有必要使用非人灵长类动物或必要性很小，那么非人灵长类动物研究

---

[1] 因此，动物伦理学主要是关于有感受能力的动物的伦理学，这与佛家的思想是不同的。例如，我们不认为蚊子或苍蝇本身有什么道德地位，它们也没有感受痛苦的能力，唯有在它们成为生态系统一环时，即唯有它们被整合入生态系统时才有价值。那时拥有道德地位的是生态系统，不是它们孤立的个体。但生态系统的道德地位是另一个问题，不在本文赘述。

[2] Bruce, M. et al. (eds.), 2011, *Chimpanzees in Biomedical and Behavioral Research: Assessing the Necessity*, Washington (DC): National Academies Press (US).

[3] Bateson, P., 2011, Review of Research Using Non-Human Primates. Wellcome Trust.

◇◇ 第二编 研究伦理学

就是不合伦理的;如果在生物医学和行为研究中有必要使用非人灵长类动物,那么我们就要进一步研究在什么条件下非人灵长类动物研究是可以在伦理学上得到辩护的。

非人灵长类动物研究存在的经济问题

非人灵长类动物的供养非常昂贵。美国8家国立灵长类研究中心从NIH获得总额320亿美元的预算。照料供养它们每天每只20—25美元,而大小鼠每天才0.20—1.60美元。许多非人灵长类动物研究价值有问题,未经仔细评价和辩护。许多科学家询问:这些资金用于能代替非人灵长类动物的若干技术以及动物模型岂不更好?2011年,甚至NIH院长Francis Collins都指出,动物模型的缺点是既慢又昂贵,与人类生物学和药理学不那么相干;而采用高通量径路可克服动物模型的这些缺点。[1] 高通量径路是对传统径路的一次革命性改革,例如它可一次对几十万到几百万条DNA分子进行序列测定,同时高通量测序使得对一个物种的基因组和转录组进行细致而全面的分析成为可能,所以又被称为深度测序(deep sequencing)。高通量研究可被定义为一种自动化实验,使大规模的反复成为可能,因为生物科学研究者面对的大数据,例如人类基因组含有2.1万基因,它们对细胞功能或疾病都有作用,为了理解这些基因如何相互作用,哪些基因参与,在哪里起作用,必须拥有从细胞到基因组的研究方法。高通量筛查是一种尤其用于有关发现药物以及与生物学和生物化学有关的科学实验方法,利用机器人、数据加工/控制软件、流体操作装置和敏感的探测器,高通量筛查可使研究人员快速地进行数百万次化学、基因或药理测试。通过这一操作,人们可迅速鉴定调节特定生物分子通路的活性化合物、抗体或基因。这些实验结果可提供药物设计的出发点,以及理解特定生物化学过程在生物学中的相互作用或所起的作用。因此,与动物实验相比,高通路筛查高效快速,成本低廉,且与人体生物学和药理学密切相关。[2]

---

[1] Conlee, K & Rowan, A., 2012, The case for phasing out experiments on primates, in Gilbert, S et al. (eds.) "Animal Research Ethics: Evolving Views and Practices", *The Hastings Center Special Report*, 42 (6): S31-S34.

[2] Seo, J. et al., 2018, "High-throughput approaches for screening and analysis of cell behaviors", *Biomaterials*, 153: 85-101.

（三）评价在研究中使用非人灵长类动物
相关决策的伦理标准

在研究中使用非人灵长类动物的基本伦理问题与使用其他动物是一样的，但其问题更为突出：我们人类在使用非人动物于研究中使它们遭受疼痛、痛苦、不幸、伤害，目的是减轻或防止人类的痛苦或推进科学知识。那么这在伦理学上能否得到辩护呢？对此的回答各种各样：（1）所有动物实验都是不道德的；（2）只要有益于人类，所有动物实验都可以得到辩护；（3）逐步做到不用或少用动物实验（第一步将是使大猿，然后是所有非人灵长类动物退出实验），在必须用时要满足一定条件，要有科学和伦理上充分的论证和辩护，要经过伦理审查。我们支持第（3）种观点，因此我们需要确定评价在研究中使用非人灵长类动物相关决策的伦理标准，即建立评价在研究中使用非人灵长类动物相关决策的伦理原则。

在《中国疾病预防控制中心关于非人灵长类动物实验和国际合作项目中动物实验的实验动物福利伦理审查规定（试行）》[①] 中第六条提到动物伦理审查委员会审查依据的基本原则，其中提到：动物保护原则，动物福利原则，伦理原则，以及综合性科学评估原则；在综合性科学评估原则中又包括：公正性、必要性以及利益平衡。在利益平衡这一条说："以当代社会公认的道德伦理价值观，兼顾动物和人类利益；在全面、客观地评估动物所受的伤害和应用者由此可能获取的利益基础上，公正负责地出具实验动物或动物实验伦理审查报告。"这里存在着概念的混乱和许多不必要的重复。其一，这样的行文会误导读者认为动物保护和动物福利不属于伦理范围。动物保护和动物福利是在讨论动物伦理学的过程中提出的话题，与伦理是两件事。实际上，在"伦理原则"的行文中也还是涉及动物保护和动物福利的内容。其二，虽然在第六条的标题是一般原则，但其（三）则以"伦理原则"为标题，那么这条

---

① 中国疾病预防控制中心：《关于非人灵长类动物实验和国际合作项目中动物实验的实验动物福利伦理审查规定（试行）》，http：//www.chinacdc.cn/ztxm/lib/ggwssjgxgc_4856/201211/t20121102_71387.htm.

◇◇ 第二编 研究伦理学

的内容稍嫌贫乏，似乎动物伦理仅限于动物保护和动物福利两个问题，比动物保护和动物福利更深层的问题是：是否承认非人灵长类动物应有的道德地位或内在价值问题。其三，在列出的原则中混淆了科学问题和伦理问题。是否有必要使用非人灵长类动物进行生物医学研究，这是一个科学问题，当然这个科学问题有伦理意义，但其本身不是伦理问题。伦理问题是应该做什么和应该如何做的问题，即实质性伦理问题和程序性伦理问题，其中包括从根本上是否应该或禁止用非人灵长类动物进行生物医学研究，还是允许用非人灵长类动物进行生物医学研究；如果允许，那么在什么条件下用非人灵长类动物进行生物医学研究是能够得到伦理学辩护的。在"利益平衡"这一条中，既没有说"当代社会公认的道德伦理价值观"是什么，也没有说如何才能"兼顾动物和人类利益"，更没有说如何"全面、客观地评估动物所受的伤害和应用者由此可能获取的利益"，在原则中使用抽象而模棱两可的语言会使人无所适从，使这些原则变成一纸空文。

我们建议如下的评价在研究中使用非人灵长类动物相关决策的伦理标准：

一、伤害—受益比评估。对于一项涉及使用非人灵长类动物的研究方案，必须进行伤害—受益比的评估。这里的伤害—受益比的评估，是指应在非人灵长类动物研究时将使人类受益这一价值与避免伤害非人灵长类动物这一非人灵长类动物利益另一价值之间加以权衡。其内容可包括：（1）如科学上不必要，则非人灵长类动物研究的伤害—受益比的值就高于不用非人灵长类动物的伤害—受益比的值，前者就得不到辩护。（2）如果在非人灵长类动物研究时确实可使人类受益，那么要看研究给在非人灵长类动物带来多大伤害，如果研究可造成非人灵长类动物研究死亡或残疾，则这项研究就得不到伦理学的辩护。（3）伤害—受益比评估必须检查非人灵长类动物研究全过程是怎样做的，要计算或估计全过程非人灵长类动物可能受到的伤害；还要看人类由此获得的受益是否重要，还是价值不大。（4）评估非人灵长类动物在研究过程中所受到的净伤害，净伤害是非人灵长类动物在研究过程中受到的伤害减去人类受益后获得的伤害值，净伤害越大，非人灵长类动物研究越得不到辩护。（5）就总体而言，人类应减少利用非人灵长类动物于生物医

十四　非人灵长类动物实验的伦理问题

学研究和其他产品的试验,但在特定情况下可接受的非人灵长类动物研究应该满足如下条件:对人类社会价值很大;科学上必要,没有其他办法可替代;带来的伤害可接受(一般来说是最低程度伤害,高于此者,则必须对社会价值非常大)。

二、3R 原则的落实。一项涉及使用非人灵长类动物的研究方案必须有落实 3R 的内容。3R,即在动物实验中用其他方法代替(Replacement)、在实验中减少实验动物的数量(Reduction)以及在全实验过程中改善动物福利(Refinement)已经成为全世界科学界普遍接受的动物伦理学原则。最早是在英国生物医学家梅多沃(Peter Medawar)爵士指导下由英国动物学家拉塞尔(William Russell)和伯奇(Rex Burch)提出的,在梅多沃的鼓励之下为英国大学动物福利联合会于 1959 年正式采纳。1969 年梅多沃预言在 10 年内实验室动物使用将达到高峰,然后下降。他论证说,动物研究使研究人员有可能获得最终导致代替实验室动物使用的知识和技能,果然 2010 年实验室动物使用为 1970 年的 50%。[①] 最近研究发现,从 2006 年到 2010 年,12 家最大的制药公司减少实验动物 53%,相当全世界每年减少使用 15 万只大鼠,同时更多采用计算机模拟和体外的方法。[②] 在生物医学研究和测试产品器件使用非人灵长类动物方面实施 3R 原则,开发和应用新方法也有进步,但仍存在科学的、实际的和文化障碍。考虑到非人灵长类动物的高度感受能力以及社会对其使用的关切度,应将克服这些障碍视为一种道德律令。为此,要求研究人员有更强的意识来研发实施 3R 的方法,增加开发新的研究模型和工具、完善基础设施和训练的资助;对涉及非人灵长类动物研究方案进行更为健全的科学和伦理的审查,对非人灵长类动物研究积累的经验教训进行系统的回顾性评估。这样才能提高非人灵长类动物研究的质量,改善对这些研究成果的转化,提高工作效率以及增加公众的支持。[③]

---

① Conlee, K. & Rowan, A., 2012, "The case for phasing out experiments on primates", in Gilbert, S et al. (eds.) "Animal Research Ethics: Evolving Views and Practices", *The Hastings Center Special Report*, 42 (6): S31–S34.

② Prescott, M. et al., 2017, Applying the 3Rs to non-human primate research: Barriers and solutions. Drug Discovery Today: Disease Models 23: 51–56.

③ Törnqvist, E. et al. Strategic focus on 3R principles reveals major reductions in the use of animals in pharmaceutical toxicity testing, (2014-07-23), http://journals.plos.org/plosone/article?id=10.1371/journal.pone.0101638.

三、非人灵长类动物的道德地位和内在价值。在一项涉及利用非人灵长类动物的研究方案中，必须体现对非人灵长类动物的道德地位和内在价值的承认。鉴于非人灵长类动物不仅具有感受痛苦的能力，而且具有意识和自我意识的能力以及社会交往的能力，然而它们难以与人类沟通，我们建议将它们视为类似人类的"脆弱群体"，可由研究非人灵长类动物的动物学家和富有经验的动物管理人员担任它们的监护人，作为委员参与动物伦理审查委员会，或为它们参与研究做出代理决策。也可邀请保护动物组织的代表作为独立代表参与动物实验伦理审查委员会审查会议。我们反对在现阶段禁止一般非人灵长类动物参与研究，因为一则非人灵长类动物本身的疾病需要研究。人类本身为了他人和社会利益也在被利用来进行临床试验和其他临床研究，但我们受到知情同意伦理要求以及其他一系列有关研究的法律法规保护。我们也可以设置代理同意制度以及其他相应的法律法规来保护非人灵长类动物参与研究。但鉴于大猿目前处于濒危状态，可考虑禁止利用大猿进行实验和研究（但也不排除个别的例外，然而必须严格控制条件，并经特别委员会审查批准）。

四、责任。人与动物、人与自然必须维持和谐，他们之间的任何分裂、冲突，和人与人之间的分裂、冲突一样，都是危险的，最终会导致人类的毁灭。因此，所有科学家、研究赞助者和管理者以及政府和代表人民的立法机构，都有责任保护动物，维护动物的福利，关心有感受痛苦能力、意识和自我意识能力以及社会交往能力的动物的权益，使非人灵长类动物仅用于绝对必要的（即没有其他方法可得时）、伦理学上得到辩护的以及所用数量和动物所受痛苦保持在最低限度的研究。为此，必须制定相应的保护非人灵长类动物参与研究的法律法规，非人灵长类动物研究机构的科学和伦理资质必须严格审定，这些机构必须建立具备足够资质的动物伦理审查委员会，委员会中需有非人灵长类动物监护人或代理人参加。

五、伦理审查。对于所有利用非人灵长类动物进行生物医学研究的方案必须进行严格的伦理审查，经批准后方可进行研究。伦理审查的内容包括：使用非人灵长类动物科学上是否必要？设计方案是否合乎科学？伤害—受益比是否有利？净伤害值是否很高（伤害是否严重或不可逆)？科学、医学和社会受益是否很大？3R 的措施是否充分？每次操作期间和之后对它们的照护如何？研究的终点是什么？它们的最后命运是什么？被处死，重新利用，重回居处，或其他？是否经监护人或代理人同意？

我们建议，鉴于非人灵长类动物的道德地位、内在价值及其濒危状态，基本战略目标应该是逐渐让非人灵长类动物退出研究。在此过程中，如果一项研究必须使用非人灵长类动物而无其他办法替代，就应提供充分的科学和伦理的论证和辩护，在我国尤其有必要对非人灵长类动物的饲养、管理和它们之使用和参与研究进行全面而系统的评估。①

(雷瑞鹏、邱仁宗，原载《科学与社会》2018 年第 2 期。)

---

① 中华人民共和国驻欧盟使团：《欧盟研究报告倡导坚持非人类灵长类动物实验 3R 原则》，http：//www.fmprc.gov.cn/ce/cebe/chn/kjhz/kjdt/t1401684.htm；季维智、邹如金、商恩缘、门红升、杨上川：《非人灵长类在生物医学研究中的应用及其保护》，《动物学研究》1996 年第 4 期；陈乾生：《非人灵长类动物实验中的动物福利》，《生物多样性保护与利用高新科学技术国际研讨会论文集》2003 年版，第 249 页；莫妮克·布鲁耶特（著），胡砚泊（译）：《科学家呼吁公开灵长类动物研究数据》，https：//www.cdstm.cn/gallery/hycx/qyzx/201708/t20170801_540065.html。

十五 临床研究案例分析

（一）子宫移植技术

2013年，22岁的杨华（化名）因从未来过例假，到第四军医大学西京医院妇产科就诊。B超检查结果表明她先天性没有子宫和阴道。2015年该院妇产科等11个学科、38位专家协作，成功将病人43岁母亲的子宫移入女儿体内，新移植子宫成活。整个手术历时14个小时。该手术是在国内首例，在世界上是第12例人子宫移植。2018年杨华顺利产下一个男婴。[①] 这里要问的问题有：子宫移植是一项新技术，实施这项新技术存在哪些伦理问题？如何鉴定、评估和降低风险，达到可接受的风险—受益比？如何从病人那里获得有效的知情同意？具备哪些条件才能在临床实践中应用？

1. 子宫移植技术的发展

2014年瑞典团队宣布子宫移植成功后第一个孩子顺利诞生[②]，这时对子宫移植的研究已经进行了50年。20世纪60年代人们开始用狗做试验，但进展甚微。2006—2010年用小鼠和大鼠进行同种异体移植试验，2009年微型猪子宫移植后能长期存活，2011年羊子宫移植成功。这证明了子宫移植对于哺乳动物的可行性。2013年发表了有关灵长类子宫移植试验第一份报告，对18只雌性狒狒进行了子宫切除术、双侧输卵

[①] 《中国首例人子宫移植手术成功：母亲子宫给女儿》，http://www.china.com.cn/guoqing/2015-11/26/content_ 37165594. htm.

[②] 《为医学点赞！中国首例添宫宝宝诞生 子宫移植成功产下男婴》，https://www.0771ch.net/hot/206994.html.

管卵巢切除术、双侧子宫髂内动脉和卵巢静脉移植。移植受体分三组：无免疫压制治疗，单药治疗，用三联疗法作诱导免疫治疗。手术后狒狒全部存活，40%恢复了激素周期性，然而都有不同程度的移植排斥。这次研究第一次表明灵长类活体子宫移植的可行性，但尚没有满意的抗免疫办法。2000年第一次人子宫移植在沙特阿拉伯进行。1994年一名26岁妇女在剖腹产后大出血，要求切除子宫，供体是46岁妇女，但手术失败，再次切除子宫。第二次尝试是2011年在土耳其，一位年轻妇女先天没有子宫，接受供体子宫后定期来月经且没有排斥。之后接受了两次胚胎转移（移植前体外受精），但均小产。这些试验说明人子宫移植是可行的，于是正式进行子宫移植的临床试验。2012—2013年进行了第一次前瞻性临床研究。9人参与，8人没有子宫，1人因宫颈癌切除；其中4个供体是病人母亲，供体都是绝经的。所有受体都接受标准化的抗免疫治疗。术后，2个受体由于并发症要求摘除，7人在6个月随访期子宫存活恢复行经，移植12—18个月后行胚胎转移，2014年其中一人成功产子。2018年12月报道在巴西第一次利用尸体子宫进行移植成功，诞生了一个正常的孩子。[①]

从研究转化到临床需要解决的伦理问题有以下几项。

2. 子宫移植的有利风险—受益比

对一项新的干预措施，在伦理学上首先要求我们做的是对其风险—受益比的评估，包括对风险的鉴定，有哪些可能的风险，其发生的概率和严重程度如何，有哪些可能的受益，对谁有受益，受益的意义如何，

---

① Woessner, J. et al., 2015, "Ethical considerations in uterus transplantation", *Medicolegal and Bioethics*, 5: 81-88; Zaami, S. et al., 2017, Ethical and medico-legal remarks on uterus transplantation: may it solve uterine factor infertility? *European Review for Medical and Pharmacological Sciences*, 21: 5290-5296; American Society for Reproductive Medicine, 2018, "Statement on Uterus Transplantation: a Committee Opinion", *Fertility and Sterility*, 110: 605 - 610; Lefkowitz, A. et al., 2012, "The Montreal criteria for the ethical feasibility of uterine transplantation", *Transplantation International*, 25: 439-447; Lefkowitz, A. et al., 2013, "Ethical considerations in the era of the uterine transplant: an update of the Montreal criteria for the ethical feasibility of uterine transplantation", *Fertility & Sterility*, 100: 924-936; Ejzenberg, D. et al., 2018, "Livebirth after uterus transplantation from a deceased donor in a recipient with uterine infertility", *The Lancet*, 392 (10165): 2697-2704.

然后评估风险—受益比是否可接受。但我们先要了解子宫移植与其他器官移植不同的特点。

子宫移植的特点之一是，子宫不是维持生命的器官（如心脏、肝脏或肾脏），它只是一种"工具性器官"，其唯一的功能是生育，子宫移植的目的是恢复不孕妇女的怀孕能力。这与其他的器官移植不同，其他器官移植是挽救生命，病人因器官衰竭而濒临死亡，如果不进行移植，病人就会丧失生命，而子宫移植并非救命，而是满足病人要生一个在遗传学上与她有联系的孩子的愿望，即为了生育。这一方面会使子宫移植在社会和伦理学上的可接受性比之其他器官移植差一些；另一方面又使子宫移植在技术和伦理学上比之其他器官移植复杂。技术上更复杂导致更大的风险，例如需要行许多手术，例如先在供体行子宫摘除术，后在受体行移植术，最后成功生出孩子后还要在受体行剖宫术和子宫摘除术，因为不能让受体终生接受抗免疫疗法，且不说连带的血管吻合术等其他手术。因此，这项手术有重大的风险，这使它成功的可能性相对较低。还有与手部移植类似的一种特殊的心理风险，一些接受过这种手术的病人后来要求切除移植的手，不是因为其组织兼容性有问题，而是因为病人认为移植的手不属于自己的身体而产生的心理问题。伦理学上的复杂是因为在子宫摘除术中除了供体、受体需要关怀外，还有未出生的孩子胎儿需要关怀。

受益。在临床上推广一项新技术，首先因为它有潜在的、有重要意义的受益，为人造福。（1）对供体没有健康生命意义上的受益，但有精神上的受益。供体不管是亲属还是陌生人，捐赠子宫是他们做了超出义务以外的（supererogatory）好事或中文意义上的"行善"，他们因实现自己乐于助人的价值而得到精神上的满足，对于亲人的供体她们还有为亲人作了贡献而在感情上得到满足。（2）对于受体则有非常重要的受益。子宫移植为患子宫因素不育症的妇女提供除领养和代理母亲以外一个新的治疗选项，使这些妇女生出的孩子与她有遗传联系。所以，子宫移植确实能给一部分妇女及其家庭带来非常重要的、改善其生活质量、促进家庭美满的受益。在许多文化中不育不孕往往被人轻视、贬损甚至歧视，而纠正这种偏见不是一朝一夕能够做到的，子宫移植如果成功也是不孕妇女及其家庭有免遭歧视获得的社会受益。（3）帮助一个孩子平安出生也使孩子受益。

2010年全世界4800万对夫妇不育。1/3不育的原因是男子的精子量

十五 临床研究案例分析

不足或缺乏运动力；1/3 由于妇女卵子质量低下、排卵困难、解剖异常影响到卵的正常轨迹，或影响到受精卵从输卵管植入子宫；1/3 由于双方的因素以及不明原因。患子宫因素不孕症（uterus factor infertility，UFI）妇女的特定解剖异常，大约影响到所有不孕妇女的 3%，在美国 6200 万名育龄妇女中有 950 万名。UFI（子宫因素不全症）可由于天生的、与疾病有关的或医源性原因引起。例如有的妇女天生没有子宫（Mayer-Rokitansky-Kuster-Hauser 综合征），或因治疗癌症而被摘除，或产后出血，或因创伤行紧急子宫摘除术。对此类不孕唯有领养或代理母亲才能解决有孩子问题，但领养无遗传联系，而许多国家禁止代孕，二者均不能使母亲有妊娠体验。因此子宫移植成为一个必需的替代办法，随着安全性逐步提高，需求越来越大。在该手术尚未显示成功前，美国的一次临床试验在招募志愿受试者时，就有 500 名妇女申请参加。现在子宫移植技术逐步得到改进，业已从临床前研究阶段进入临床试验阶段。虽然在人身上行子宫移植的可行性已经得到证明，但在手术中以及手术后可能发生的风险还是很大的，因此将临床试验转化为临床实践必须小心谨慎为好。在我国，由于代孕非法，因子宫因素不孕而不能怀孕的妇女只能求助于子宫移植，有利于她们行使生殖的权利。从伦理学的视角来看，因子宫因素不孕与因其他因素不孕者都应该能够求助辅助生殖技术，既然目前相关规定禁止代孕，子宫移植可以消除这一不平等、不公平的状况。

风险。子宫移植风险巨大，这使得有必要从动物试验开始一个漫长而周密的实验阶段。经过几十年的前临床研究，子宫移植现已进入临床研究。子宫移植不同于其他器官移植的一个特点，就是涉及供体、受体和未来孩子，对他们的健康和生命都需要仔细照护。

供体：子宫摘除对活体供体是有风险的，可能引起多种并发症，如血凝，感染，过量出血，对麻醉的不良反应，手术中损伤泌尿道、膀胱、直肠或其他骨盆结构而要求手术修补，即使卵巢没有摘除也可能引起过早停经等。使用尸体子宫可消除对供体的风险。

受体：子宫移植会给受体带来较大的健康和生命风险。与其他器官移植一样，子宫移植术后可能出现出血、导致严重疾病甚至死亡的感染或最终移植器官被摘除。术后在整个妊娠期直到分娩以前都必须服用抗免疫药物，而这些药物会削弱免疫系统使感染的治疗和组织的恢复更为麻烦，而且还会出现各种并发症，例如高血压、糖尿病、白内障、骨质疏松症、肺栓塞、心肌梗死、纤维性颤动、胸膜积液等。子宫移植手术进入临床研究的时间较短，相关手术有待改进，例如连接血管的吻合术，而子宫的血管很难重新连接。为了避免长期服用压制免疫药物，在分娩后要摘除移植子宫，这样受体需要经受至少两次大的腹部外科手术（移植和摘除），这就使风险增加。为了避免终生使用抗免疫治疗，必须采取两项后续的程序：剖宫产和子宫摘除。然而子宫不像肾脏和肝脏是静态的器官，一旦移植入受体大小和宽度不会改变，在怀孕时子宫的大小和宽度都会增加。而摘除子宫又有大出血、对肠子和膀胱的损伤、血栓、不良麻醉反应，甚至死亡的风险。当然，对于一些患子宫因素不孕症的妇女来说，这些风险再大，也不比生出一个与她有遗传联系的孩子更重要。

未来的孩子：与正常妊娠或借助辅助生殖技术妊娠不同，子宫移植后怀孕的孩子会受到额外因素的不利影响。为防止器官排斥必须对受体进行抗免疫治疗，虽然抗免疫不会致畸，但仍然可能影响胎儿的发育或引起并发症，包括早产、低体重的风险，甚至严重时必须将这个未来的孩子流产。

因此，子宫移植团队必须认真而仔细地鉴定对供体、受体和未来孩子的可能风险，对风险的严重性和概率做出尽可能精确的评估，并采取降低风险、使风险最小化的办法，使得有一个有利的可接受的风险—受益比。为此，有的医院的移植团队在临床试验中分成两组，一组关怀供体，努力保护供体的最佳利益，如果对特定的供体风险太大，甚至危及生命，则拒绝采用供体的器官；另一组关怀受体，对受体要测试其医学和生理学的适宜性，评估对受体的风险和受益，努力维护受体的最佳利益，如果对于特定的受体风险过大，而成功生出一个孩子的希望不大，则应拒绝对受体进行子宫移植。[①]

[①] Woessner, J. et al., 2015, "Ethical considerations in uterus transplantation", *Medicolegal and Bioethics*, 5: 81-88. Zaami, S. et al., 2017, "Ethical and medico-legal remarks on uterus transplantation: may it solve uterine factor infertility"? *European Review for Medical and Pharmacological Sciences*, 21: 5290-5296. American Society for Reproductive Medicine, 2018, "Statement on Uterus Transplantation: a Committee Opinion", *Fertility and Sterility*, 110: 605-610. Lefkowitz, A. et al., 2012, "The Montreal criteria for the ethical feasibility of uterine transplantation", *Transplantation International*, 25: 439-447. Lefkowitz, A. et al., 2013, "Ethical considerations in the era of the uterine transplant: an update of the Montreal criteria for the ethical feasibility of uterine transplantation", *Fertility & Sterility*, 100: 924-936.

有关尸体子宫与活体子宫的争论。对于尸体子宫和活体子宫何者为优，一直有争论。人们怀疑尸体子宫质量是否有保证。2018年12月22日英国《柳叶刀》(The Lancet) 杂志发表了一篇世界首例利用尸体供体成功生出一个女孩的论文，该论文说明尸体子宫质量一如活体子宫。该例子宫移植手术在2016年9月实施，2018年生出一个正常的孩子。这个案例显示移植来自尸体供体的子宫与活体相比有若干优点，包括消除了对活体供体的健康生命风险；此外，尸体供体作为移植子宫的来源要比活体供体好得多。在该案例中，早一点植入受精卵可减少服用抗免疫药物的时间，有助于减少副作用和费用。研究表明，如果子宫来自与受者有血缘关系的供体，例如姐妹或母亲，那么移植成功的概率会更高。虽说子宫不是与生命有关的器官，但捐赠将对供体的身体健康、完整性甚至生命产生不利影响。权衡起来，能够获得尸体供体的子宫应该是更好的选择。

3. 有效的知情同意

按照有效的知情同意的条件，首先要向供体和受体提供有关子宫移植的全面、充分的信息。"全面"是指要将子宫移植手术以及其他相关手术对供体的风险和受益，与移植手术相关的治疗对受体的风险和受益以及其他可供选择的办法的信息分别如实地告知供体和受体，不可夸大受益，缩小风险。"充分"是指所提供的信息足以使供体和受体分别做出捐赠的决定和接受子宫移植的决定。首先，要向她们说明子宫移植目前尚属实验性质，要向供体说明手术对她自己的健康没有受益，而摘除子宫可能有多种风险，包括失败的概率；对受体尤其要说明，她需要经受三种侵入性手术，即子宫移植、剖宫产和子宫摘除，医生应该让他们的病人非常清楚这三种医疗程序都可能会导致并发症和副作用，此外还要告知受体抗免疫治疗的使用情况及其对受体和胎儿的可能风险。子宫移植临床研究中的退出办法要比其他移植更复杂。如果妊娠时发生排斥，医生需要决定是否和何时终止妊娠，以挽救排斥移植子宫的病人。要求医生提供给受体的信息量和复杂性远远超过其他器官移植。其次，要帮助供体和受体理解告知她们的信息，可以用提问和测验等办法了解她们对信息的理解程度。最后为她们提供充足的时间就是否参与做出理性的、经过充分考虑的自愿和自由的决定,不要使她们处于胁迫或不正当利诱的情况下。目前子宫移植仍处于临床研究(即临床试验)阶段,必须从供体和受体那里分别获得本人签署的同意书。但知情同意是一个过程,不能将它归结为仅仅取得一份同意书,而是要认真地经历告知信息、帮助理解信息和自由同意这一全过程的三个阶段,否则即使取得同意书,这个同意也是无效的。

另外,由于移植子宫的需求大大超过供应,申请参加子宫移植的妇女往往要排很久的队,要告知这些妇女需要漫长的等待,很难预测需要多长时间才能进行真正的手术。由于要移植的器官必须与受体相匹配,往往不可能按照预定时间安排手术,这种不确定性会引起情绪和心理紧张,必须让受体了解这一点。

因此有些国家为子宫移植设立专门的专家委员会负责处理与子宫移植有关的知情同意问题,检查供体和受体是否都被告知全面而充分的信息,她们是否已经理解了这些信息,她们的同意是否都是自愿的和自由的。医疗团队要把有关临床病例所有可能的信息、涉及的风险因素、移植的结果、供体和受体的存活率、出生孩子的成功率等相关数据向该专家委员会汇报,这样有利于总结经验,改进子宫移植技术。

其他伦理问题还有:

公平可及问题:从目前子宫移植技术发展趋势来看,其成功率正在不断提高。从临床试验转化到临床应用,也可能为期不远。然而由于子宫移植手术复杂,费用也比较高,而目前在我国所有辅助生殖费用都不为医疗保险覆盖,一旦允许在临床广泛应用,必定会出现可及不公平问题,使得生物医学技术的成果只能为一小部分有钱人享用,而将大多数中低收入病人排除在外。这就扩大了本已存在的社会不公正情况。

资源分配问题:子宫移植不是救命的技术,而且目前其成功的概率很低,因此有人认为大规模投资于子宫移植技术研究妨碍了有限的资金流向成功率更高的技术或手术,是不合伦理的。这需要对子宫移植技术进行成本—效果(cost-effectiveness)评估,即资金投入后能得到多大的健康受益,主要指标是能延长该病人群体多少经过质量调整的生命年(QALYs),以便就是否进行投入以及投入多少做出合适的决策。

商品化和商业化问题：一旦子宫移植被批准在临床应用，而求大于供的局面必然会形成，这样可能会产生将子宫商品化的压力，即将子宫作为一种商品来对待。在我国更令人担心的是将子宫移植的临床应用商业化，将其作为营利的来源，很容易出现类似前几年干细胞乱象的恶劣情况。这样不仅伤害病人，破坏子宫移植手术的可信性，也是对妇女尊严的亵渎，将妇女看作制造孩子的工具。①

4. 对子宫移植技术研究和应用的治理

对子宫移植技术的研究和临床应用需要监控和治理。应该有专业的监控和治理、机构的监控和治理，以及国家的监控和治理。目前唯有意大利对子宫移植有监控和治理的法律，其余的监控和治理规定都是属于专业性的。例如，2012 年一些国家的专家制定了《蒙特利尔子宫移植伦理可行性标准》②，以指导临床医生和研究人员合乎伦理地进行子宫移植。随着子宫移植的临床试验向前推进，一组专家聚集在印第安纳波利斯，讨论与子宫移植的当前和未来状态相关的问题，他们提出了《印第安纳波利斯共识》，呼吁"持续而仔细地对移植进行伦理反思、评估和批准"③，此后更新了蒙特利尔标准。④ 大致内容为：（1）受体。为育龄女性，无移植医学禁忌证；存在备有证明文件的先天性或后发性子宫因素不孕症，且所有现行标准治疗和保守治疗均失败；在个人或法律上不能进行代孕和领养，具有想要一个孩子的愿望；申请子宫移植是体验

---

① American Society for Reproductive Medicine, 2018, "Statement on Uterus Transplantation: a Committee Opinion", *Fertility and Sterility*, 110: 605-610; Lefkowitz, A. et al., 2012, "The Montreal criteria for the ethical feasibility of uterine transplantation", *Transplantation International*, 25: 439-447; Lefkowitz, A. et al., 2013, "Ethical considerations in the era of the uterine transplant: an update of the Montreal criteria for the ethical feasibility of uterine transplantation", *Fertility & Sterility*, 100: 924-936; Lee, K. Uterine transplantation and regulatory questions, (2017-12-15), https://blogs.bcm.edu/2017/12/15/uterine-transplantation-regulatory-questions/.

② Lefkowitz, A. et al., 2012, "The Montreal criteria for the ethical feasibility of uterine transplantation", *Transplantation International*, 25: 439-447.

③ Del Priore, G. et al., 2013, "Uterine transplantation—a real possibility? The Indianapolis consensus", *Human Reproduction*, 28: 288-291.

④ Lefkowitz, A. et al., 2013, "Ethical considerations in the era of the uterine transplant: an update of the Montreal criteria for the ethical feasibility of uterine transplantation", *Fertility & Sterility*, 100: 924-936.

妊娠、生出一个与自己有遗传联系的孩子的一种措施，并了解子宫移植在这方面的局限性；做出子宫移植的决定经专家心理评价不认为不合理，不存在干扰诊断检查或治疗的心理疾病；没有明显不适合做母亲的因素；可服用抗排斥药物，并以负责任的方式与治疗团队进行随访；且有足够的责任心去表达同意，已被告知和理解足够的信息做出一个负责任的决定。(2) 供体。为育龄妇女，对捐赠无医学禁忌证；多次检查证明她同意捐赠；签署了一项关于死后器官捐赠的事先指令；无子宫损伤或疾病史；能负责任地表示同意，足够知情以做出负责任的决定，而不是在胁迫之下。(3) 医疗团队。所属机构稳定可靠；能够就风险、潜在后果和成功与失败的机会向供体和受体提供充分的信息并从她们那里获得有效的同意；与任何一方均无利益冲突；如果供体或受体没有明确放弃这一权利，则有义务保持匿名。

2018年美国生殖医学会发表《子宫移植声明：委员会意见》如下：子宫移植是一种治疗绝对子宫因素不孕的实验性手术；子宫移植应该在机构审查委员会批准的研究方案内进行；子宫移植团队应该协调一致，多学科合作；在尝试人类受试者体移植之前，动物模型和/或尸体实验室的外科训练是必要的；子宫移植过程中使用的器官可以来自在世或已故的捐赠者；透明的纳入和排除标准应该指导移植受者的选择；需要对子宫移植的结果进行标准化报告以评估与此手术相关的真实风险、受益和结局；需要收集每一例子宫移植有关数据以及新生儿和孩子长期存活及其健康的数据，纳入网络平台与他人共享。

根据以上论述，我们可以得出这样的结论：唯有满足下列条件，将子宫移植从临床试验转化为临床应用才能在伦理学上得到辩护：(1) 在临床前研究基础上，临床试验的风险大为降低，尸体子宫移植成功率大为增加，移植子宫存活率和生出一个正常孩子的成功率大为提高并稳定；(2) 经过多年反复的临床试验已经可以据以制定子宫移植的技术规范；(3) 已经形成一个对动物实验和临床试验经验丰富和技术熟练的医疗团队；(4) 该团队是属于一家综合性的、具有相关学科的研究性医院；(5) 该团队所属医院已经建立行之有效、能够进行独立审查、伦理审查质量较高的机构伦理审查委员会；(6) 该团队已经拥有较丰富的获得有效知情同意的能力；(7) 作为一种辅助生殖技术，子宫移植应纳入我国辅助生殖管理办法进行监管和治理,该办法应补充有关子宫移植的条款。

(雷瑞鹏、邱仁宗)

(二)异种移植

国际科学杂志《自然》于2018年5报道,作为猪心脏移植的临床前动物模型的狒狒在接受了移植的猪心脏后活了3个多月。这是一个重大的成就,因为以前的异种移植最长存活时间是57天。1981年成功实施人同种心脏移植的德国布罗诺·莱哈尔特教授自1998年来就参与异种移植研究,希望有朝一日猪的心脏能够用来挽救心脏衰竭的病人的生命。他说,人的心脏不过是一个泵,但由美妙的肌肉组成,没有一部人造的机器能够运作80—90年。异种移植要克服物种差异引起的免疫排斥问题。猪在地球上已经进化了9000万年,人类这个物种要年轻得多。他们的团队对猪的供体进行了基因修饰,对狒狒进行了免疫压制,并设法让猪的器官停止生长,因为猪比狒狒大得多。另外猪的血压要比狒狒低,因为它们四脚着地。他们还采取措施防止猪心脏处于缺血状态。虽然这次试验是迈向人体试验的一大步,但仍有许多工作要做,因为我们完全不知道人体对一个移植进来的猪心脏会做何反应。还有其他重要问题需要关切,例如猪的 DNA 内有病毒(如 PERVs),可能通过移植传播给人,有人用基因编辑改变 PERVs 基因,但并未完全解决问题。围绕异种移植,还有许多伦理问题有待讨论。

1. 异种移植是解决移植器官供求严重失衡的较好选项

器官移植是一项成熟的手术。目前,器官移植的成功率已达到 80%~90%。捐赠一次器官有可能挽救8个人的生命。器官移植技术有较高的成本—效果比,干预后病人能够过许多年质量较好的生活。然而,可供移植的人体器官的供求关系严重失衡。以美国为例,每年有12万余人等待器官移植,只有3万人可获得器官移植,6500人即每天21人因没有可供移植器官而死亡。在我国求大于供的问题可能最为严重,据估计可能达30∶1。虽然据调查在美国和中国愿意死后捐赠器官

◇ 第二编　研究伦理学

的人数在增加，但仍有大概50%的人不愿意在死后捐赠器官。于是人们想到是否可以研制人工器官，然而数十年的经验表明，人工器官质量差而费用高，无法解决器官供求失衡问题。也许利用其他动物的器官移植到人体是一个解决供求失衡的较好选项。简单地说，异种移植是将器官、组织或细胞从一个物种的机体内取出，植入另一物种的机体内的技术。从20世纪20—30年代和60—70年代，欧美各国大多数异种移植都是用猩猩或狒狒作为动物源，用于器官移植，但均以失败告终，存活效果极差。用灵长类动物做移植器官来源，费用非常昂贵，难以推广应用。于是人们想到用猪或羊的器官作为异种移植来源，猪或羊的器官与人类器官大小近似，而且容易繁殖饲养（尤其是猪），可以说取之不尽，费用比较低廉，容易推广使用。

2. 异种移植的伦理问题

如果以猪器官为异种移植来源，首先在风险—受益比上需要慎重考虑。最大的风险是免疫排斥和跨物种感染。免疫排斥是异种移植面临的首要问题。交换组织、器官的物种之间的差异越大，排斥问题就越大，解决起来就越难。目前猪被视作最适合的异种器官供源。但猪与人之间的物种差异很大，猪器官移植进人体后会立即产生超急性排斥。目前，克服超急性排斥的方法之一是敲除"排斥基因"。迟发性排斥发生在临床移植之后的几周、几个月或几年内，导致移植器官的坏死，目前对这些类型排斥的免疫机制还不是很清楚。跨物种感染则是另一个严重问题。现在已知猪体内带有的人—非人动物互传的微生物有18种，还有其他细菌和寄生虫，而病毒感染的问题更为麻烦。许多病原可以通过供体猪的培育过程排除，但有一种猪内生逆转录病毒PERV（Porcine Endogenous Retrovirus）存在于每一头猪的每一个细胞中，并插入猪的遗传物质DNA内。现在人们已经知道猪身上存在有至少三种内生逆转录病毒，它们对猪无害。研究表明，有两种PERV的变体可以在体外感染人的细胞和细胞系。此外，猪的器官移植后能否实现原来人器官的生理功能，也是要考虑的一个问题。其他伦理问题可能有：在实施异种移植时，医生和科学家试图帮助病人利用猪器官解决其器官衰竭问题，但移植猪器官后可能感染猪的逆转录病毒而对公共卫生造成威胁，应如何处理二者之间的冲突？我们是否应该给参加研究的受试者的自由加上诸种限制，如剥夺受试者随时退出研究的自由，规定受试者必须接受终生的公共卫生监测，不能进行无保护的性活动，不允许捐献血液或其它组织等？最后还涉及动物伦理学问题，即人类利用动物为人类提供器官是否可在伦理学上得到辩护？尤其对于那些因采取不健康行为方式而导致器官衰竭，却要非人动物（人也是动物）为他们牺牲生命的情况，是否可以以及怎样才能得到伦理学上的辩护？

3. 对异种移植临床试验和临床应用的监管

一方面，异种移植解决器官供求失衡问题之前景被看好，也是千百万器官衰竭病人的紧迫需要，另一方面，异种移植又存在着比较严重的安全性、有效性问题，这些问题不仅涉及个人安危，而且涉及更大人群以及全社会甚至全球的公共卫生问题。因此，目前异种移植主要集中于基础研究和临床前研究，尤其是动物研究，不轻易进入临床试验，更不要说临床应用了，各国以及国际组织都对异种移植临床试验施加了许多条件，对如何监管异种移植之应用于临床试验和临床应用提出了许多建议。其中主要有：

（1）必须确保非人动物移植入人体内有一个有利的风险—受益比，即移植后的动物器官能够发挥正常的生理功能，从而使病人受益，同时跨物种感染和免疫排斥得到很好的解决。目前在人体细胞如何感染猪PER病毒和其他猪病原体以及如何防止人体细胞感染猪PER病毒和其他病原体方面虽然已经取得很大进展，但仍不足以确保猪的细胞、组织或器官移植到人体后的安全性。因此，为转化到临床试验阶段，科学家和医生仍需要努力获得改善目前风险—受益比的新证据，以便降低目前招募病人参与临床试验的严格标准。为了改善临床异种移植试验的风险—受益比，要求确认在接受异种移植物的病人中不存在感染，或者拥有临床前动物模型有效性改善的可重复证据。在异种移植的不良风险—受益比改善到可接受水平前，在伦理学上和治理上均不允许进入临床试验阶段，即使在动物研究方面已经有了上述德国科学家取得的进步。风险—受益比的要求为异种移植进入临床试验提出了非常重要的、任何从事异种移植的科学家和医生不可回避的规范性规则：在临床前研究阶段没有获得充分的科学证据证明移植后对受试者有可以接受的风险—受益比，就禁止转入临床试验阶段。

（2）对异种移植的临床试验必须严加监管。目前唯有新西兰有受到监管的异种移植临床试验，那也只限于腹膜内猪胰岛移植到受体病人的临床试验。目前接受猪胰岛的 14 位受体病人没有发现安全问题。新西兰的批准和监管机制比较全面，但有关报告未表明拥有明显的有效性证据。目前尚未有报道其他受监管的异种移植临床试验。而在世界许多地方，不受监管的异种移植仍然在做广告并在实施着，这公然违抗世界卫生大会的决议（WHA57.18），该决议说：成员国"仅当由国家卫生行政机构监管的有效的国家法规控制和监测机制到位时才可实施异种移植"，这些试验也忽视了 WHO《长沙公报》表达的伦理要求以及许多学术机构和组织管理异种移植临床试验的大多数指南性文件的精神，这些指南要求进行监管监督、微生物检测以及为此而建立样本库。到目前为止，对接受不受监管的活的异种移植物的病人没有可信的有效性证据的报告，对这些异种移植活动引起的具体的健康风险或可疑的广泛流行或局部流行的综合征未进行检测。而缺乏具体的监督或监测活动使人们不可能发现异种细胞、组织或器官对人造成的已知或未知的风险。缺乏相关的数据就不可能使我们达到这样暂时的共识，即从异种移植带来的有症状或无症状的接触性感染的风险似乎很低。不严格监管异种移植活动，不但使病人受到可能的身体、精神和经济上的伤害，而且影响对异种移植的科学研究。正如在"干细胞乱象"期间，尽管用未分化的成人干细胞治疗了数万病人，但病人根本没有受益，身体、精神和经济上备受伤害，由于这些所谓疗法在未经监管下进行，各单位几乎没有将治疗后的病人情况科学地记录下来，因此无法了解病人可能受到的已知或未知的风险和伤害。对异种移植进入临床试验的监管制度要求，也是提出了非常重要的、任何从事异种移植的科学家和医生不可回避的规范性规则：在没有建立有效的监管制度的国家和地方，禁止进行异种移植的临床试验。对于不受监管的异种移植临床试验或临床应用，国家必须采取行政或司法的手段加以惩处。

目前的情况证明，WHO 在《长沙公报》中为异种移植提出的原则是有效的：（1）成功的异种移植具有治疗多种严重疾病的潜力，例如糖尿病、心脏病和肾病等疾病;成功的异种移植可以为目前得不到移植器官的人提供移植。(2) 潜在的动物可以充足供应现成的、高质量的细胞、组织和器官以供移植。动物的基因修饰可以提高这种异种移植物的有效性。异种移植中使用的动物应来自一个封闭的群体,繁殖该群体的目的就是异种移植,它们居住在得到良好控制、无病原体的环境中,享有高标准的动物福利。应广泛测试源动物,以确保其不感染已知的病原体,合适的安保和监测措施要到位,以确保其继续不受传染病感染。(3) 异种移植是一个复杂的过程,它会带来风险,包括移植排斥反应、移植物功能不全以及将已识别或未识别的传染病传给接受者;还存在着发展成严重的或新型感染的风险,这种感染不仅会感染移植接受者,而且也会感染密切接触者或更广泛的人类或动物种群。(4) 由于这些更广泛的群体风险,需要有效地监管异种移植临床试验及其操作程序。没有政府有效的监管,不应该进行异种移植。监管应该有法律依据,有权禁止不受监管的异种移植活动,并按照监管要求强制执法。监管制度应该透明,必须包括科学的和伦理的评估,并应由公众参与。(5) 由于群体的风险,在建议的异种移植临床试验中预期的受益应该大大高于风险。对受益的预期水平应该与风险水平相称。安全性水平和有效性水平应该符合国际科学共同体的建议,并要求使用最相关的动物模型进行严格的临床前研究。试验提案人必须提供监管机构要求的全部信息,以评估风险并确定如何能够使风险最小化。(6) 异种移植临床试验的提出者必须能够清楚地为其在特定病人群体身上进行一项特殊的试验进行辩护。病人的选择应该基于知情同意,并鼓励病人愿意接受这种试验所要求的特殊条件,遵从相应规则,并将对自己和社会的风险最小化。(7) 参与异种移植通常要求长期储存动物和病人的样本、治疗前和治疗后的情况以及记录;要求对接受异种移植物的病人以及他们的密切接触者进行终生的随访;必须严格分析试验结果。异种移植物的接受者必须是在合适的数据库中注册,并具有对供体动物的可追溯性,但要确保病人的隐私得到保护。(8) 医疗团队必须具备合适的专业知识,并了解对病人、他们自己和群体的风险。因为对群体有感染疾病的风险,必须有一个到位的警戒和监视系统以及应急计划,以及时识别和回应与异种移植相关的感染。(9) 需要有一个全球系统来交换信息,防止不受监管的异种移植，对各国提供支持，协调对异种移植的警戒、监视以及对可疑的感染做出应对。(10) 由于异种移植成功的潜在受益，从一开始就要考虑未来这种治疗的公平可及性，应该鼓励政府部门支持异种移植研究和开发。这是 WHO 这样一个国际组织在我国国土上制定的有关异种移植的良好规则，希望我国从事异种移植的人员和机构以及监管部门严格执行。

（雷瑞鹏、邱仁宗）

第三编　新兴科技伦理学

十六　对精确医学批评的辨析

（一）澄清事实

在正式讨论精准医学及对它的批评之前，需要澄清若干事实，而为了澄清事实，我们首先对精准医学和精准医学研究计划有一个基本的了解。

根据美国的"精准医学倡议"（Precision Medicine Initiative），精准医学是"研究疾病治疗和预防的一种新兴的径路，这种径路考虑到每一个人在基因、环境和生活方式上的个体变异性"①。精准医学的研究计划首先由美国推出。美国的精准医学倡议（Precision Medicine Initiatives）计划在2016年向美国国立卫生研究院（NIH）、食品药品监督管理局（FDA）和国家健康信息技术协调办公室投入2.15亿美元，内容包括建立百万余人的全国自愿研究队列（队列研究是在大量人群中进行的前瞻性研究，以研究疾病与基因、环境、生活方式、微生物组的关系，确定风险因素与健康结果的联系），以推动对健康和疾病的理解，并为共享数据进行研究的新方法建立基础；加强找到导致癌症基因组突变的研究，并运用获得的知识研发更为有效的癌症治疗方法；建立优质专业数据库以支持精准医学创新和保护公共卫生所需的管理结构；研发建立保护隐私和跨系统数据安全交换的共同标准。② 我国在2017年启动精准医学研究计划，包括：生命组学技术研发；大规模人群队列研究；

---

① Genetic Home Reference. What is precision medicine? （2017 - 12 - 12）, https：//ghr. nlm. nih. gov/primer/precisionmedicine/definition.

② The White House. What is the Precision Medicine Initiative? （2016 - 03 - 13）, https：//obamawhitehouse. archives. gov/node/333101.

精准医学大数据的资源整合、存储、利用与共享平台建设；疾病预防诊治方案的精准化研究；以及精准医学集成应用示范体系建设。政府对此研究计划投入 6.42 亿元，如有其他公私机构参与合作，则资金可接近 20 亿元。①

有两件事实需要澄清：

事实 1：2017 年 5 月 31 日我国"健康界"网站名为时占祥的作者发表了一篇题为《美国为何不叫"精准医疗"，改成这个名字?》的博文，文中声称："美国国立卫生研究院（NIH）是精准医疗项目的倡议者和基金资助机构，却难以自圆其说'精准'医疗而备受质疑"，"现在，NIH 不得不将精准医疗更名为'我们所有人的研究项目'（All of US Research Program）。准确体现项目内涵的名称应当叫'全民健康研究项目'"，"为了正确引导美国、乃至全球生物医学界'精准医疗'的蓬勃发展，去年 10 月，NIH 已经悄悄地将'精准医疗'项目更名为'我们所有人的研究项目'（All of US Research Program，简称为'All of US'）"，"在此，我们建议采用'全民健康研究项目'为好。"② 这篇博文被其他网站广泛转载，引起了网友们极大的思想混乱。除了文章中其他许多错误、不准确、概念和字义混乱之外，与本文要讨论的问题有关的是，作者将"精准医学研究计划"（Precision Medicine Initiatives）、"我们大家的研究计划"（All of Us Research Program）与"全民健身计划"（National Fitness Program）这三个完全不同的概念混为一谈了。2016 年 10 月 26 日 NIH 宣布精准医学研究计划中的队列研究这一部分改名为："我们大家的研究计划"（All of Us Research Program）。第一，NIH 并不是将整个精准医学研究计划，而仅是将其中一部分建立百万人研究队列改名为"我们大家的研究计划"，目的是便于吸引百万美国人参与队列研究。第二，"我们大家的研究计划"与"全民健身计划"根

---

① 中华人民共和国科学和技术部：《"精准医学研究"重点专项 2017 年度项目申报指南》，http://www.most.gov.cn/tztg/201603/t20160308_124542.htm；有关精准医学的概念、理念、前提，美中两国的精准医学研究计划及其可能的伦理和管理问题，在下文有比较详细的论述；邱仁宗、翟晓梅：《精准医学：对伦理和管理的挑战》，《中国医学伦理学》2017 年第 4 期。

② 时占祥：《美国为何不叫"精准医疗"，改成这个名字?》，http://www.cn-healthcare.com/article/20170531/content-492797.html?appfrom=jkj&from=timeline。

十六 对精确医学批评的辨析

本是两码事,"我们大家的研究计划"是精准医学研究计划的一部分,而"全民健身计划"是鼓励全民锻炼身体,促进健康,这不是精准医学研究计划的一部分,而是与之完全不同的两个项目或计划。第三,以上改名并非"悄悄地"进行的,而是在网上公布的,任何人都查找得到。①

事实2:2016年10月28日署名为韩健的作者在科学网发表了一篇题为"两篇捅破'精准医疗'泡沫的重要文章"②,这篇文章使得人们不禁要问:精准医学是泡沫吗?他介绍的两篇文章是在论证精准医学是泡沫吗?关于第一个问题,虽然作者在博文中提出一些值得我们注意的意见,例如目前依据分子特性分析的个体化肿瘤治疗疗效并不鼓舞人心;企业已经将所谓的精准医疗检测推向市场。但根据围绕精准医学掀起的喧闹和炒作或他说的"泡沫"就断言精准医学是"泡沫",是缺乏根据的。文章显示出,作者对精准医学的理解是错误和狭隘的,即理解为仅仅基于病人个体基因分析的医学,而不是在对基因组、环境因素、生活方式、微生物组等诸因素在健康和疾病中的作用与相互作用理解基础上的医学;他也不理解即使早已实施的个体化医学在总体上处于研究阶段,目前精准医学并非作为常规医疗加以实施;不能否认在基因分析基础上的肿瘤治疗对一些癌症是有效的,而他说的"几个折扣打下来,最后受益的病人仅占所有病人的1.5%",并不是客观的科学证据,而是他介绍的第一篇文章作者的主观估计。那篇文章的作者普拉萨德(V. Prasad)③说:基于生物学标记物将一定药物给予患多种复发肿瘤的病人,仅30%病人有反应,存活时间为5.7个月;根据这一反应率,将接受靶向治疗的病人百分比翻番,他估计精准肿瘤学使患者复发的、难治的实体瘤病人受益的约为1.5%。这位作者文章的题目为:"精准医学幻想",但他在文中又说,"精准肿瘤学许诺将肿瘤病人与靶向病人肿瘤的特异突变配对,希望获得长期的缓解及延长病人生存期限",

---

① NIH. PMI Cohort Program announces new name: the All of Us Research Program (2016-10-12), https://www.nih.gov/allofus-research-program/pmi-cohort-program-announces-new-name-all-us-research-program.

② 韩健:《两篇捅破"精准医疗"泡沫的重要文章》,http://blog.sciencenet.cn/blog-290052-1011293.html.

③ Prasad, V., 2016, "The precision-oncology illusion", Nature, 537: S63.

完全不提环境因素和生活方式的作用，说明作者对精准医学有同样错误的狭隘理解，而他的结论是："精准肿瘤学仍然是一个需要证实的假说"。如果是一个需要证实的假说，那就不是幻想。科学都是从假说开始的。该文作者最后将精准医学比作时光倒转，二者均是"不可行的、成本—效果差的，未来的成功是没有保证的"。这里存在事实和逻辑的混乱。精准医学与时光倒转完全是两码事。精准医学是已经在实践之中，但其有效性有待改进，而时光倒转则是纯粹幻想，那是"不可行的""未来的成功是没有保证的"，对于它不存在"成本—效果差"的问题。而博客根本没有提及的是，紧接着普拉萨德的文章，另两位作者在《自然》杂志发表了文章《分子医学：精准肿瘤学不是幻想》。[①] 虽然这两位作者也对精准医学作了狭隘的理解，但他们指出：目前美国有40多种精准肿瘤学药物，这些疗法以特异分子异常为靶标而帮助了数万美国病人。这两位作者说，根据一些试验成功有限来谴责肿瘤学的个体化医学是不合理的。这些失败更可能是由于方法学的缺点。因此，精准医学不是幻想，相反它已经是现实。尤其是博客介绍的第二篇文章，题为"个体化癌症医学的局限"[②]，该文的两位作者正确地指出目前精准医学的局限，批评了在美国存在的围绕精准医学的一窝蜂现象，但他们并没有认为精准医学是幻想或泡沫，他们最后说："我们不是建议完全放弃个体化医疗，而是建议进行一些小规模的、经过精心设计的合作研究，来试图对付上面提到的局限。同时，也应该给病人一个明确的信息：肿瘤的个体化治疗还没有显示出实质性的疗效，还处于临床验证阶段。"

这说明，非专业人员看到一些新术语，读到一些新发表的文章，不能理解其确切含义，往往望文生义，牵强附会，生搬硬套，混淆视听，使广大公众对严肃的科学研究计划造成误解。

下面根据主要是美国学者在学术杂志上发表的批评精准医学和美国政府"精准医学倡议"以及我国学者批评我国精准医学研究计划的意

[①] Abrahams, E. & Eck, S., 2016, "Molecular medicine: Precision oncology is not an illusion", *Nature*, 539: 357.

[②] Tannock, I. & Hickman, J., 2017, "Limits to Personalized Cancer Medicine", *New England Journal of Medicine*, 376: 95-97.

见，来讨论对精准医学的批评以及我对这些批评的分析，其中包括："精准医学"术语本身的问题；精准医学中存在的生物学决定论或基因决定论的问题；精准医学的经济问题；以及商家参与精准医学引起的利益冲突问题。

（二）"精准医学"术语本身的问题

使用"精确医学"这一术语本来是为了避免人们对"个体化医学"的误解，但使用"精准医学"一词本身会引起新的误解。其实，医学从来就是谋求"个体化"和力求"精准"的。西医有过这样的名言："治疗每一个病人都是一项研究"，因为每一个病人都是一个独特的人，即使患同一疾病，不同的病人显现的体征和症状也有差异。但过去我们仅仅根据病人病史、体征和症状特点以及家族史来谋求医疗的精准性。[1] 而中医的"辨证施治"和"同病异治"等概念蕴含着个体化的思想。当然，基因组测序、生物样本数据库、药物基因组学、基因编辑技术的研发和应用，以及对疾病决定因素的深入研究，其中包括环境、生活方式、微生物组、社会经济状况在健康和疾病中作用的研究成果，使得当代医生可以在一个全新的平台和科学的基础上追求医学的精准性。然而，精准医学的"精准"仍然是相对的。由于涉及人类健康和疾病的因素众多，相互作用复杂，以及动态多变，虽然精准医学能够使我们比过去要精准一些，但未知因素仍然很多。正如我国学者指出的，现在的精准医学是将病人群体按照其不同的基因组、环境接触和生活方式分成若干亚群，按照每一亚群的独特性给予不同的药物，类似我们已经从制造均码的衣服进展到制造不同号码的衣服，但还没有到量体裁衣的程度。同一病人亚群之间的差异仍然是存在的。因此医学本身的概率性质仍然存在，虽然可能会有所降低。[2] 精准医学一词有可能引起医学专业人员和公众误解，产生过分的期望，容易被一些人用来炒作，尤其是追

---

[1] Gorski, D., 2015, "Precision medicine": Hope, hype, or both? https://science based medicine.org.

[2] Lei RP. Balancing Benefits and Burdens in Precision Medicine, Presented at Centre for Bioethics, CityUniversity of Hong Kong 1-2 December 2017.

求耸人听闻的媒体和从中看到赢利商机的企业。

　　类似的教训在历史上早已存在。17世纪培根就曾许诺说，一旦我们理解了疾病的真正机制，就能无限延长人的生命，笛卡尔甚至说可以延长到1000岁；1971年尼克松总统启动的"抗癌战争"以失败告终；2003年美国国立癌症研究所所长冯·埃森巴赫（Andrew von Eschenbach）提出在2015年消灭癌症；2016年9月20日微软公司宣布了一项2026年治愈癌症的倡议。其中医学遗传学比任何其他科学都更乐观，给出的许诺更多，引起的期望更高。在达尔文的进化论、门德尔的遗传定律、DNA双螺旋结构、基因工程技术、人类基因组研究、基因编辑技术等发现或发明之后，都会有人声称马上就能控制生命的基本过程。①

（三）精准医学中的基因决定论

　　尽管美国遗传学家、人类基因组研究计划（HGP）的负责人、NIH现任院长柯林斯（Francis Collins）强调："我希望大家明白精准医学不仅是你的DNA，它也包括你的环境接触。它也有关你如何选择饮食、吸烟、锻炼等。但这还不是全部，它还必须包括表观遗传学，许多在特定组织、特定时刻打开和关闭基因的机制，往往是容易和可能接受人控制，而且操作便宜的机制，包括微生物组，万亿个无形的在你体表体内的生命形态，它们不仅能消化你的食物，而且是免疫系统的一部分，保护你免受外来有毒物质伤害，甚至有助于塑造你的大脑和行为……要点是要鉴定影响健康的一切。"② 然而，在精准医学研究计划的实施和不少专家对精准医学的论证或反论证中，我们可以看到的是，人们仍然将精准医学的焦点集中于基因上，而不是在环境因素、生活方式、微生物组和表观遗传因素上。奥巴马在2015年1月提出"精准医学倡议"时就说，精准医学倡议的目标是"将癌症的治疗与我们的基因密码相匹

---

　　① Plunkett, S., 2016, The Overhyping of Precision Medicine. The Atlantic, https://www.theatlantic.com.

　　② Powledge, T., 2015, "That 'Precision Medicine' initiative? A reality check", *Genetic Literacy Project*,

十六 对精确医学批评的辨析

配",而未提其他环境、生活方式、表观遗传等其他因素,造成人们对精准医学的概念作了狭隘的理解。而将精准医学定义得很窄的结果,就是将精准医学局限于:将病人的基因组进行测序,发现基因改变,以这些改变为靶标进行治疗。换言之,"一切就是基因组,基因组,基因组"①。精准医学的狭义理解就是"生物学决定论",表现为"基因决定论"。记者普兰盖特(Suzanne Plunkett)说:对精准医学的这种狭义理解,导致"对复杂问题只有一种解决办法,生物学是解决一切问题的关键,这是一种生物学决定论:一切在你的基因之中,或一切在你神经元之中"②。

在支持和反对精准医学的辩论中,正反两方举的例子也都是有关基因分析的医学例子。例如,支持者举出依伐卡托(ivacaftor)的例子,依伐卡托是一种可缓解一组特殊的囊性纤维化病人(大约5%)症状的新药。奥巴马于2015年1月宣布启动精准医学倡议时曾为这个药物唱赞歌,称它逆转了过去认为无法中止的病情,宣布精准医学"提供给我们最大的机会来做出史无前例的新的医学突破"。而精准医学反对者也以依伐卡托为例说明按此路径研发的药物存在致命缺陷。研发这个药物花了几十年,每年每个病人花费30万美元,对95%的病人毫无用处,因为他们的突变与依伐卡托对其有效的那些病人的突变是不同的。而且在《新英格兰医学杂志》发表的最近一项研究发现,它对目标病人的帮助大体相当于三种低技术的可普遍应用的药物:高剂量的布洛芬、雾化生理盐水和抗生素阿奇霉素。这些药物的费用仅是高技术药物的零头。③

对精准医学缺点争论的根源在于13年前的人类基因组研究计划(HGP),总共花了30亿美元(1991年的美元价)。精准医学这一术语来自个体化医学,而个体化医学是HGP的应用,因此精准医学这一术语具有先天性的缺陷。基于HGP,科学家设计了一条捷径,用尽可能少的测序将特定基因变异与特定的疾病联系起来。这条捷径称为

---

① Gorski, D., 2015, "Precision medicine": Hope, hype, or both? https://science based medicine.org.

② Plunkett, S., 2016, The Overhyping of Precision Medicine. The Atlantic, https://www.theatlantic.com.

③ Interlandi, J., 2016, "The Paradox of Precision Medicine", *Scientific American*,

GWAS，即全基因组关联研究法。这种方法是寻找基因组微小的变异，即单核苷酸多态性（single nucleotide polymorphisms or SNPs），这种变异往往发生在患有特定病的病人而不是未患这种疾病的人身上。但这种办法寻找疾病的遗传根源效果不佳。因为人有许许多多的基因变异，任何一次变异都会使人易感某种疾病。因此通过研究基因变异来大规模开发靶向治疗不起作用。精准医学的支持者争辩说，GWAS 的范围过于局限，建议考察整个基因组，总共 60 亿个核苷酸。而且在由此获得的信息上还要加上家族史、所接触的环境因素、生活方式、栖息在体内所有微生物的基因（microbiome）以及影响基因活性的表观基因组等信息。唯有将所有这些信息在众多的个体之间进行比较才能最佳地鉴定致病的动因以及如何设计针对疾病的治疗。精准医学倡议中百万人队列研究就是为此设计的。要做到这一点，要求我们将现有的兆兆字节的健康数据整合起来。然而，临床医生很难做到这一点。如果医生知道病人如何生活，在哪里工作，你的遗传倾向是什么，你的皮肤上和消化道内栖息着哪些微生物，也许就能给病人提供精准的疗法。但这需要很长时间。虽然精准医学对于疑难疾病和治疗费用昂贵的疾病有意义（例如自体免疫疾病），但就总体来说，简单的治病方法更好，因为费用低，可使更多的病人受益。比方说，我们找到一种能使糖尿病风险降低 2/3 的药物，但每个病人每年得花费 15 万美元。而简单的办法是注意饮食和锻炼，同样可以使风险降低。过去 50 年人的寿命增加 10 年，这方面的改善与 DNA 无关，而是由于控烟、注意饮食和增加锻炼等老办法。因此，人们批评精准医学是"射月医学"（Moon Shot Medicine）。这种类似对月发射火箭的雄心勃勃的研究计划具有研究价值，而无公共卫生意义。[①]然而，对"射月医学"的批评也不完全中肯，对人体健康和疾病的生物学奥秘、对月球和宇宙的奥秘，还是要探求的，对月球发射火箭也还是要发射，而且人类也确实登上了月亮，还会有人继续去登月。

问题是集中于疾病的基因基础是否能为医学或医疗卫生以及人民的

[①] Joyner, M., 2015, "'Moonshot' Medicine will let us down", *The New York Times*; Joiner, M., 2015, "Why 'precision medicine' initiative will fall short of hype", *The New York Times*; Maranto, G., 2015, "'Moonshot Medicine': Putative precision vs. messy genomes", *Biopolitical Times*,; Graber, C., 2015, "The problem with Precision Medicine", *The New Yorker*,

十六 对精确医学批评的辨析

健康提供最佳的"性价比"？美国明尼苏达大学梅约医学中心的麻醉学和生理学家乔伊纳（Michael Joiner）指出，集中于疾病基因基础的基本理念是，我们都有基因变异，使我们增加或减少患种疾病的风险或使我们对特定的治疗有更多或更少的反应。如果我们能读懂某人的基因编码，就应该能够提供更为有效的治疗和预防方法。在 20 世纪 90 年代和 21 世纪初，人们认为将会发现一些基因变异来解释许多疾病风险。然而，对例如糖尿病、心脏病以及大多数广为传播的疾病，对极大多数病人来说，没有出现清晰的基因作用机制。年龄、性别、体重以及一些血样检查是Ⅱ型糖尿病的预报者，它们要比基于你有多少有风险的 DNA 片段的基因评分好得多。对有糖尿病风险的人的忠告仍然是多运动，少吃不利于健康的食物。① 他又指出，"向癌症开战"的理念就是，深刻理解癌症的基本生物学，就会使我们研发靶向疗法，治愈癌症。不幸的是，虽然我们今天比 40 多年前知道得更多，癌症死亡率的统计学难以置信地顽固不变。唯一的亮点是烟草控制大大减少了癌症死亡率，这突出了文化、环境和行为在预防癌症中的支配作用，而我们大多数人相信生物学宿命。医学问题及其基础生物学不是一项线性的工程，解决它们不仅仅是一个眼光、金钱和意志问题。我们将更多的资源用于解决人作为个体和群体应采取何种行为方式的复杂问题会更好。我们几乎肯定能在控制如何锻炼、饮食和吸烟方面比控制基因组方面做得更多。②

这一针对将精准医学作狭隘理解的批评，是非常中肯的。这就对我们提出这样一个挑战：在发展高端医学（基于 HGP 的医学）与发展大众医学（重点放在初级医疗，以预防为主，包括早发现、早诊断、早治疗，对全民的健康教育和鼓励全民健身，减少通过空气、水、土壤与环境有害因子的接触，改变有害健康的生活和行为方式等）之间如何平衡？这是一个美国、中国以及其他许多国家有待解决的政策问题。例如预防和减少癌症和心血管疾病的发病率和死亡率，是依靠高端医学，还是依靠大众医学，或者对于前者和后者各放置多少权重？人们担心，精

---

① Joyner, M., 2015, "'Moonshot' Medicine will let us down", *The New York Times*.
② Joiner, M., 2015, "Why 'Precision medicine' initiative will fall short of hype", *The New York Times*.

准医学引起过度治疗，减少对常规医学研究和公共卫生的支持。① 这是合理的担心。对高端医学的炒作甚至过分炒作，利用高端医学之名（例如干细胞治疗）行大肆赢利之实，以及过分看重高端医学，而忽视大众医学，这些现象在我国是存在的。

（四）精准医学的经济问题

一个政府如何更好地分配和利用公共资源，这既是一个经济学问题，也是一个伦理学问题。如果没有一个标准来判定一项建议的政策或公共投资是否产生社会效用，那么政府的决策者就难以确定公共资源配置的优先次序。在确定公共资源配置的优先次序方面，首先出现的是成本效益分析法。例如修建一座水坝。成本效益法要求以货币为单位计算成本和效益，对成本—效益比是否有利做出判定。但这种方法用于预防和控制疾病可能导致采取糟糕的政策。因为这方面的公共政策应该追求公共卫生目标，如挽救生命、预防疾病和失能，而不是体现在成本效益分析内的纯粹与效率、赢利有关的目的。于是一些卫生政策专家提出成本效果分析法（costt-effectiveness analysis，CEA），集中于评价与健康有关的结局及其与成本的比。其中所谓的效果包括：在公共资源投入后挽救的生命数目、挽救的生命年、无疾病存活的时限（如癌症治疗后）、死亡率减少数或急性病周期减少数。一旦相关健康结局得到了鉴定，CEA 的目的是确定一项健康干预的集合成本与其产生的健康结局的改变的比值，从而可给决策者在必须决定如何利用有限资源于使健康受益最大化时提供建议。那么我们现在拿数亿元或者最终可能是数十亿元纳税人的钱投给精准医学，是否真能达到精准化预防、诊断和治疗的目的，达到减轻更多的社会疾病负担的效果？如何恰当地把握基因和环境、生活方式在疾病中的相对作用？成本—效果（延长健康的生命年）比究竟会如何？会不会造成过度医疗或我们生活的医学化？在我国至今基本

---

① Powledge, T., 2015, "That 'Precision Medicine' initiative? A reality check", *Genetic Literacy Project*,; Joiner, M., 2015, "Why 'precision medicine' initiative will fall short of hype", *The New York Times*,; Garber, K., 2016, The perils and promise of Precision Medicine, Clinical Laboratory News.

十六 对精确医学批评的辨析

医疗的实际覆盖面仍不理想，初级医疗投入严重不足，对精确医学的投入与对初级医疗的投入二者之间哪一个能有更佳的成本—效果比？这些都是需要我们关切的问题。美国和中国似乎都没有采用成本—效果分析法或其他方法对精准医学研究计划巨额公共资金投入和产出比进行事先的评估。我们需要对此巨额资源的配置进行经济学和伦理学两方面的评估，对精准医学做出积极而审慎的决策。①

这里需要指出的一点是，正如许多批评所指出的，基因在疾病中的作用远比我们想象的要复杂得多，因而在精确医学中对疾病的基因分析是非常烧钱的，几乎是一个无底洞。乔伊纳指出，疾病的现实要比政客和卫生官员设想的复杂得多。癌细胞在遗传学上是不稳定的，它们会将基因突变积累起来。结果，活检可发现数十个突变，但你不清楚哪些突变是"过路人"（passenger，即对癌症不起作用），哪些是驱动癌症的。唯有靶标针对后者才能制止癌症的生长和扩散。而知道哪些突变时驱动者、哪些是"过路人"是非常复杂的。再者，突变在一个肿瘤中的不同部位是不同的。但肿瘤医生不愿意去做很多的活检。因为这些程序可能引起疼痛和并发症，例如感染，而要做多少活检才能捕捉所有致癌突变，至今没有严格的研究。驱动癌症的突变可能正好发生在细胞内离取活检的地方一毫米以外。而癌症细胞有积聚突变的趋势，会引起转移，而原发性肿瘤的遥远后代（衍生物）可被不同的突变驱动，因此需要不同的药物。②

肿瘤内异质性使科学家面临的问题更为复杂。来自人的多种肿瘤的不同区域或来自原发癌和转移癌的活检样本的分子特性均具有实质性的异质性。同样，在同一病人的肿瘤位点的先后活检样本也有很大的基因组异质性。肿瘤内异质性的发展给基于肿瘤样本分子分析来将突变的通路作为靶标施加了重大限制。从一个肿瘤的单个活检样本的分子分析不

---

① 有关精确医学的概念、理念、前提，美中两国的精准医学研究计划及其可能的伦理和管理问题，在下文有比较详细的论述；邱仁宗、翟晓梅：《精准医学：对伦理和管理的挑战》，《中国医学伦理学》2017 年第 4 期；WHO. Guide to Cost Effectiveness Analysis, http://www.who.int/choice/publications/p_ 2003_ generalised_ cea. pdf；翟晓梅、邱仁宗：《公共卫生伦理学》，中国社会科学出版社 2016 年版，第 139—165 页。

② Gorski, D., 2015, "Precision medicine": Hope, hype, or both? https://science based medicine. org.

能代表它的其他部分,基于这种分析的治疗,即使是一个有效的药物,也可能受益有限。未能明白疾病的复杂性(其中肿瘤内异质性是主要例子)是治疗失败的关键因素(进入Ⅰ期临床的抗癌症药物批准上市的不到10%)。科学帮助科学家了解基因在疾病中作用的机制,而了解越深入,就会发现未知的领域越宽广,因而需要比预期更多得多的投入。这导致投入于以基因组学为基础的分子生物医学与改善人健康的产出之间差异太大。①

精准医学以队列研究为起点,对基因组、环境、生活方式、体表体内微生物组、其他表观遗传因素在人类健康和疾病中的作用及其相互作用进行研究。然而,这方面的研究既耗时又烧钱。一方面,要收集百万人的基因组、环境、生活方式、体表体内微生物组以及其他表观遗传因素的兆兆字节数据,然后需要由专业机构对这些海量大数据进行分析,研究所和医院无力胜任;另一方面,队列研究是前瞻性的,需要10—20年,什么时候拿出成果还是未定之数。在此基础上,还需要对基因组、环境、生活方式、体表体内微生物组、其他表观遗传因素在人类健康和疾病中的作用及其相互作用进行机制研究。这又是一笔可观的投入。

另一重要问题是,精准医学研发的新药物将以越来越高的价格在市场出售,昂贵的药物可能是成本—效果比很好的(如治疗黑色素瘤的伊马替尼和治疗乳腺癌的曲妥单抗),但研发和营销治疗效果微不足道的昂贵药物则将资源从研发更为有效的疗法转移开。以基因分析为基础的个体化医学的应用将涉及巨大的成本,尽管肿瘤样本的分子分析会更为便宜和更为有效,但根据异常的通路来选择多种分子靶向的药物来治疗癌症将是极为昂贵的。由于上述的肿瘤内异质性等理由,目前情况并不乐观。即使能够开发出昂贵的有效药物,还会产生另一个问题:精准医学研究会不会形成新的技术鸿沟,加剧原已存在的社会不公正?高端技术的健康受益者似乎主要是富人,而不是穷人。即使基因组测序费用现在已降至1000美元,对于许多中国老百姓仍是一笔不小的花费,他们既不能也不愿意负担这笔费用。更不要说,精准化的预防、诊断和治疗

---

① Tannock, I. & Hickman, J., 2017, "Limits to Personalized Cancer Medicine", *New England Journal of Medicine*, 376: 95-97.

方法，除了这笔测序费用外，还有其他许多费用。精准化的预防、诊断和治疗这笔不菲的费用如果可以在我国目前的基本医疗保险制度内报销，会不会使我们的基本医疗保险机构不堪重负？如果不能报销，是否会在精准医学研究成果的可及方面形成贫富鸿沟，加剧本来已存在社会不公平？

（五）商家参与精准医学引起的利益冲突问题

精准医学的过分炒作的一个原因是，许多商业在其中看到了商机。生物技术的巨大商机和丰厚利润是炒作的推手。DNA双螺旋结构发现者之一、诺贝尔奖获得者、美国遗传学家沃森（James Watson）在回忆录《躲避无聊的人》（Avoid Boring People，2007）中就说："吸引钱财的莫过于寻求治愈可怕疾病的良方。"在生物技术和信息技术方面，人们往往"根据流言来购买，根据新闻来出售"。于是，精准医学变成了一个营销术语。[1] 大型制药公司自其中看到了商机，辉瑞、美可保健（Medco Health Solutions）、诺华、癌症诊断公司（Genoptix）等都先后成为战略伙伴；初创公司和研究人员匆匆获得专利[2]，而我国一些公司似乎已经在销售未经证明、未被审判的精准药物。

商家参与高端医学的研发，也存在着一个悖论：一方面，高端医学的创新、研发和应用离不开企业和市场，因为单凭政府公共基金的投资是不够的；但另一方面，企业的价值与医学的价值存在着无法调和的利益冲突：企业本身要谋求资本增值和赢利，因为它们对股东负有责任；但医学是"仁术"，药物的配送要按病人客观病情需要的标准，而不能根据购买力的标准，否则就会违反医学的核心价值。前几年，我国数百家医院、数百家生物技术公司，提供未经证明的"干细胞疗法"给绝望的病人，科学家、医生、公司获利甚丰，可是患绝症的绝望病人在健康和经济上都备受损失。卫生部一再要求进行临床试验，可他们依然进

---

[1] Gorski, D., 2015, "Precision medicine": Hope, hype, or both? https：//science based medicine. org； Plunkett, S., 2016, The Overhyping of Precision Medicine. The Atlantic, https：//www. theatlantic. com.

[2] Maranto, G., 2015, "'Moonshot Medicine': Putative precision vs. messy genomes", *Biopolitical Times*,

行，最后只好命令他们停业一年整顿。这说明，我们需要一个合适的政策，既要吸引商家参与，使他们有钱可赚，又要坚持医学的核心价值，维护病人和受试者的健康、生命以及避免因病致贫或返贫的权益。

(邱仁宗，原载《医学与哲学》2017年第40期。)

十七　对优生学和优生实践的批判性分析

（一）优生学的简史和日本优生法的演变

"优生"一词，来源于希腊文"eugenes"，意为"生而优良"。关于优生的思想，最早可以追溯到古希腊哲学家柏拉图，他在《国家篇》中指出：国家负有民族选优的责任，为了使人种尽可能完善，应对婚姻进行控制和调节；要让最好的男人和最好的女人在一起。[①]"优生学"（eugenics）这一术语由英国遗传学家高尔顿（Francis Galton）提出，他在1883年发表的文章《人的能力及其发育研究》（Inquiries into human faculties and its development）[②] 中提出优生学是"改良血统的科学，……使更为适合的种族或血统拥有更好的机会迅速胜过那些不那么适合的种族或血统"。高尔顿坚信"进化论"和"适者生存论"同样适用于人类社会，提出了运用自然科学的技术成果来实现人类优生的观点。[③]

19世纪末20世纪初，优生学和优生运动从英国开始，随即席卷欧洲大陆，并扩展到其他洲。优生学在美国最为发达，因而美国学者称纳粹优生学的根源在美国。[④] 美国优生学和优生运动倡导人达文波特（Charles Davenport）、洛夫林（Harry Laughlin）和格兰特（Madison Grant）等人极力鼓吹对"不适应者"、遗传病患者、残障者采取强制绝育，禁止他们移民美国等办法，来维护美国种族的纯洁性（racial

---

[①] 柏拉图：《柏拉图全集·国家篇》（第1卷），王晓朝（译），人民出版社2002年版，第442页。

[②] Galton, F., 1883, Inquiries into human faculties and its development. London：Macmillan. 电子版2001. p. 17.

[③] 潘光旦：《优生概论》，上海书店1989年版，第6页。

[④] Black, E., 2003, The horrifying American roots of Nazi eugenics. Histoty News Network.

purity)。1914年洛夫林发表了一份优生绝育法样板,主张将"对社会不合适的人"(socially inadequate),即低于正常标准或社会不能接受的人,以及"低能者、疯子、罪犯、癫痫病人、酗酒者、患病者、瞎子、聋子、畸形人以及依赖他人的人"进行强制绝育。① 由于他对"种族清洗科学"(Racial Cleansing Science)的贡献,1936年被德国海德堡大学授予名誉学位。1916年律师格兰特出版了《伟大种族的逝去》一书,被称为"科学种族主义的宣言"(Manifesto of Scientific Racism)。② 早在1907年美国印第安纳州就制定了绝育法,自1927年在具有里程碑意义的 Buck vs Bell③ 一案中,弗吉尼亚州的凯丽(Carrie Buck)被认定为"痴呆傻人"(feebleminded,原意是智力低于正常者,在英语里是一个贬义词,类似 idiot,imbecile,moron,与我国称呼这些人为"痴呆傻人"相仿),法官判决对她实施强制绝育。此后有11个州制定了强制绝育法。从20世纪初到70年代,64000人被绝育。④ 实施优生学的国家有瑞典、丹麦、芬兰、法国、冰岛、挪威、瑞士、爱沙尼亚、苏联等,以及澳大利亚、加拿大、巴西等,也包括日本。

  优生学和优生运动在德国发展到了极点。德国"优生学家"要建立一门新的卫生学,称为"种族卫生学",是维护日耳曼优等种质的预防医学,采用强制患身体或精神残障者绝育或实施"安乐死"的手段防止"劣生"(inferiors,指有病的、患精神病的、智力低下的人)繁殖。他们将健康的、精神健全的、聪明的人称为"优生"(superiors)。1933年7月希特勒采纳了他们的建议,颁布了《防止具

---

① Lombardo, P. Eugenic sterilization laws, http://www.eugenicsarchive.org/html/eugenics/essay8text.html.

② Grant, M., 1918, The Passing of the Great Race. Burlington, Vermont: Charles Scribner's Sons.

③ The hidden history of eugenics: the Supreme Court case that changed America, (2016-08-09), http://www.abc.net.au/radionational/programs/earshot/the-supreme-court-case-that-changed-america/7575000.

④ Bouche, T. & Rivard, L. America's hidden history: The eugenics movement, (2014-09-18), https://www.nature.com/scitable/forums/genetics-generation/america-s-hidden-history-the-eugenics-movement-123919444; KO, L. Unwanted sterilization and eugenics programs in the United States, (2016-01-28), http://www.pbs.org/independentlens/blog/unwanted_sterilization-and-eugenics-programs-in-the-united-states; Eugenics in the United States, https://courses.lumenlearning.com/culturalanthropology/chapter/eugenics-in-the-united-states/

十七　对优生学和优生实践的批判性分析

有遗传性疾病后代法》，即绝育法，拉开了纳粹德国严酷迫害残疾人的序幕。希特勒在《我的奋斗》中宣称，我们必须宣布那些身心不健康、无价值的人将疾患传递给他们的孩子。1935年10月颁布《保护德意志民族遗传卫生法》，即婚姻卫生法，禁止德意志人与其他种族通婚。在1934—1939年间，约35万人因执行该法律而被迫绝育。强制绝育是滑坡的顶端，接着就是强制"安乐死"，最后是滑坡的底部，即大屠杀。①

在第二次世界大战中，日本与德国均持有认为人与人之间、不同种族之间不平等以及种族主义的意识形态，在这种意识形态影响下先后制定了《国家优生法》（The National Eugenic Law）和《优生保护法》（The Eugenic Protection Law），给诸多被强制绝育者带来了不可逆的身体、精神和社会上的伤害和痛苦。这些优生法的立法宗旨是防止增加所谓"劣等"后代，后来日本将强制绝育对象从遗传病患者扩大到精神病患者和麻风病患者。② 1996年对《优生保护法》进行了大幅度修改，法律的名称也改为《母体保护法》（The Maternal Protection Law），原法中的优生学概念和术语也被悉数删除。③ 1940—1945年实施的强制绝育术近500例，1948—1996年达25000例。遭强制绝育的受害者，最年幼的女孩为9岁、男孩为10岁，许多是11岁儿童，且未成年人占比超过一半。控告日本政府的来自宫城县的女性受害者被绝育时15岁，被定为"遗传性智力低下"，此后她经常感到腹痛，身体状况不断恶化，因无法生育而一直未能结婚，饱受精神痛苦。这名女性自20年前便已着手向政府要求索赔事宜，而日本政府以该法律"在当时是合法的"

---

① Friedlander, H., 1997, *The origins of Nazi genocide: From euthanasia to the final solution*, Chapel Hill and London: The University of North Carolina Press; 亨利·弗莱德兰德（著），赵永前（译）：《从"安乐死"到最终解决》，北京出版社2000年版；Weindling, P., 2012, "German eugenics and the wider world: Beyond the racial state", in Bashford, A. & Levine, P., *The Oxford Handbook of the History of Eugenics*, Oxford: Oxford University Press, pp. 315-331.

② Robertson, J., 2012, "Eugenics in Japan: Sanguinous repair, in Bashford", A. & Levine, P., *The Oxford Handbook of the History of Eugenics*, Oxford: Oxford University Press, pp. 521-543.

③ Morita, K., 2001, "The eugenic transition of 1996 in Japan: From law to personal choice", *Disability & Society*, 16 (5): 765-771.

◇◇ 第三编 新兴科技伦理学

为由加以拒绝。① 他们对日本政府提起法律诉讼，要求给予赔偿和谢罪是完全可以得到伦理学辩护的。

2017年3月在维也纳举行的"纽伦堡法典之后70年的医学伦理学，从1947年到现在"的国际学术会议②上，世界各国的学者进一步揭露了纳粹德国在其占领区推行的优生实践，对优生学的理论和实践做了进一步的批判。此次日本优生法受害者起诉日本政府，也引起各国人民、媒体和学界对优生学和优生实践的同声谴责及进一步的反思。形成鲜明反差的是，自2011年以来，我国出版的一些"医学伦理学"教材却继续赞美优生学和优生实践。这在世界上是少有的，在世界上更为罕见的是对优生学和优生实践的赞美却出现在"医学伦理学"的教材之中。

"医学伦理学"教材赞美优生学和优生实践的事实。这些教材充斥着"劣生""劣生儿""劣质个体""呆傻人""无生育价值的父母"等歧视性词语；称"优生学（eugenics）是一门由遗传学、生物医学、心理学、社会学和人口学相互渗透而发展起来的科学"③，"高尔顿创立了这一研究改善人类的遗传素质，提高民族体魄和智能的科学。100多年来，优生学已成为一门综合性多学科的发展中的科学"④。他们认为"一个生命质量极低的人，对社会和他人的价值就极小，或者是负价值，他的存活不仅对社会对他人不能负担任何义务，还要不断地向社会和他人索取，只能给社会和他人带来沉重的负担"⑤，因此对他们必须"按照优生学原则的要求，凡是患有严重遗传性疾病的个人，都必须限制以

---

① Abbamonte, J. Victims of Japan's former 'Eugenics Protection Law' speak out and demand compensation, (2018-03-08), https://www.pop.org/victims-japans-former-eugenics--protection-law-speak-demand-compensation/.

② Herwig, C. et al., 2018, Medical Ethics in the 70 Years after the Nuremberg Code, 1947 to the Present. Wiener Klinische Wochenschrift.

③ 郭楠、刘艳英：《医学伦理学案例教程》，人民军医出版社2013年版，第126—127页。

④ 王丽宇：《医学伦理学》，人民卫生出版社2013年版，第93页。

⑤ 郭楠、刘艳英：《医学伦理学案例教程》，人民军医出版社2013年版，第126页。我们发现有的医学伦理学教材在讨论安乐死时，使用的是非常类似的语言，如"一个患者当他身患当时的'不治之症'而又濒临死亡时，从他对社会、国家、集体应尽的道德义务来说，不应无休止地要求无益的、浪费性的救治，而应接受安乐死……患者的亲友基于上述道德义务，也应同意患者接受安乐死"（焦雨梅、冉隆平：《医学伦理学》第2版，华中科技大学出版社2014年版，第202页）

十七 对优生学和优生实践的批判性分析

至禁止其生育子女,其中最彻底的手段是对其实施绝育手术"①。为预防有严重遗传病和先天性疾病的个体出生……通过社会干预,用特殊手段对"无生育价值的父母"禁止生育。这些手段包括限制结婚、强制绝育,"无生育价值的父母"主要包括:有严重遗传疾病的人、严重精神分裂症患者、重度智力低下者、近亲婚配者、高龄父母②。早已废弃的甘肃省"关于禁止痴呆傻人生育的规定……这一法规公布后在国内外引起很大反响,在各阶层、各领域都存在争论,更多的是支持和赞许"③。我们不怀疑这些教材的作者们关注我国人口质量的良好意愿,但他们在撰写教材前没有搜集阅读有关优生学和优生实践的文献,也不了解我国制定有关条例和法律的争论实况。

(二)优生学是一门科学吗?

优生学概念的分析。首先我们必须澄清"优生学"(eugenics)与我国的"优生优育"是两个完全不同的概念。我国的"优生"意指"健康地出生"(healthy birth),与高尔登的"优生学"(eugenics)意义完全不同。④ 高尔登的"优生学"是用国家机构强制推行绝育措施,使"优等种族"有更好的机会得到繁衍,而我们是通过提供母婴医疗卫生措施生出一个健康孩子。这就是为什么我国权威机构接受我国生命伦理学家建议,明确指示不再使用"eugenics",并建议我国"优生优育"中的"优生"的英译应为 healthy birth。在政策上我国的优生优育是帮助父母生出一个健康的孩子,在提供遗传检测、咨询、处理意见中遵循知情同意原则,其中既不存在认为我们是优等民族、其他是劣等民族的

---

① 王彩霞、张金凤:《医学伦理学》,人民卫生出版社 2015 年版,第 150 页。
② 沈旭慧:《医学伦理学》,浙江科学技术出版社 2011 年版,第 131 页。
③ 刘云章、边林、赵金萍:《医学伦理学理论与实践》,河北人民出版社 2014 年版,第 114 页;不同程度支持优生学和优生实践的"医学伦理学"教材还有:吴素香:《医学伦理学》,广东高等教育出版社 2013 年版,第 123—125 页;张元凯:《医学伦理学》,军事医学科学出版社 2013 年版,第 191—192 页;刘见见:《医学伦理学》,辽宁大学出版社 2013 年版,第 198—199 页等。值得注意的一个现象是支持优生学和优生实践的"医学伦理学"教材作者往往同时支持安乐死义务论,因为这两者之间存在逻辑联系,有关安乐死义务论应在另外一篇文章加以讨论。
④ 邱仁宗:《遗传学、优生学与伦理学试探》,《遗传》1997 年第 2 期。

种族主义，也不存在人民中有"优生"和"劣生"的不平等思想，尽管我们个别的法律法规存在着一些混乱的术语。如果我们取高尔登对优生学的经典定义并结合优生实践来看，不难看出优生学（eugenics）不具备作为一门科学的特征。一门科学应是对宇宙界某一领域现象做出可检验的解释和预见的知识系统，应具备客观性、可验证性、确切性、系统性、道德中立性等特点。高尔登对优生学的经典定义是"改良血统的科学……使更为适合的种族或血统拥有更好的机会迅速胜过那些不那么适合的种族或血统"。对这个定义可以提出如下问题：什么是"血统"（stock）？什么是"更为适合的种族""不那么适合的种族"？根据什么标准来区分"更为适合的种族"与"不那么适合的种族"？根据什么理由要使"更为适合的种族"胜过"不那么适合的种族"？在美国有些优生学者看来，"更为适合的种族"是 Nordic 人，即西北欧的种族（丹麦、瑞典、挪威、芬兰），而不适合的种族是黑人和印第安人；而在德国优生学者看来，适合的种族是雅利安人，可是雅利安人原本是印度—伊朗人种，是不同人种混合的结果，而希特勒则专断地说，雅利安人包括德意志人、英格兰人、丹麦人、荷兰人、瑞典人和挪威人，而南欧人、亚洲人、非洲人，尤其是犹太人和吉普赛人则是不适合的种族。优生学者从来没有正式地、明确地回答这些问题。他们除了应用不断发展的遗传学语言之外，从来没有发展出以自己特有的术语构成的知识系统。因此，它完全缺乏客观性、可验证性、确切性、系统性、道德中立性等特点。由于其术语的不确切性和多义性，就连"优生"这个最为重要的关键词，至今也没有一个确切的定义。因此，与其说优生学是一门科学，不如说它是一种意识形态，即一组支持国家、政党、集团某项社会政治政策的观念或信念，而且是一种残暴的、反人类的臭名昭彰的意识形态，不是一种开明、和谐、以人为本的意识形态。优生学的历史远不是一部值得骄傲的历史，优生学的开创者和倡导者怀着种族偏见和对弱势者的偏见，实施着残酷而不人道的强制绝育和种族隔离计划，导致数十万被认为拥有不够标准基因的人被强迫进行绝育，更糟的是优生学以"种族医学"的形式，从谋害有残障的"雅利安"（德意志）人开始，最后在大屠杀中杀害数百万人。有人可能会说，这是优生的方式问题，优生学本身没有错。问题是，怎样能使"优生"人群、"优等"种族或民族得以繁衍，而让"劣生"人群、"劣等"种族或民族绝育呢？这必须动用国家的权力和强力。新版《韦伯斯特新世界学院词典》就定义优生学为"通过控制婚配的遗传因子来改良人种的运动"①。正由于以上原因，1998年在我国举办的第18届国际遗传学大会建议科学文献中不再使用"优生学"（eugenics）这一术语。② 事实也如此，除了批判性用法外，"优生学"一词再也没有出现在科学文献之中。

（三）优生学错在哪里？

优生学是遗传决定论或基因决定论的一种表现，认为人的性状（包括智力）都是由遗传因素或基因决定的。现代遗传学已经澄清，人的基因型与表型是不同的，基因的表达受体内体外环境的作用和影响。为研究基因组以外的因素如何影响基因的表达，已形成了一门专门的科学学科，即表观遗传学（epigentics）。在决定人们健康的因素中，医疗卫生因素占20%，个人生活方式或行为因素占20%，环境和社会因素占55%，遗传因素仅占5%（这是总体的情况，对于某些疾病遗传因素的作用要大一些，例如对于所有癌症，遗传因素的作用占5%—10%，对于长寿可占至25%）。③

优生学本身违反遗传学。高尔顿提出优生学之时尚未发现基因的双螺旋结构，因此他不知道，基因有显性与隐性之分，也不知道基因本身会发生突变，也会在环境因素作用下发生突变。他以为只要让健康的人有机会大量繁殖，将有残障的人绝育，那么这一国家的人口质量就会提高。然而，他不了解：其一，他认为是健康的人或健康种族的成员，也许其家庭及其所有成员看起来都很健康，但不能保证他们的后代之中不会出现有残障的成员，因为这些成员都拥有可能会引起疾病的隐性致病基因。其二，即使把一个国家所有遗传性残障人士都强制绝育了，也不能保证人口中不出现有残障的人，因为人的基因本身会发生突变，环境

---

① *Webster New World College Dictionary*, 5th edition. Boston, MA: Houghton Mifflin.
② 邱仁宗：《人类基因组研究与遗传学的历史教训》，《医学与哲学》2000年第9期。
③ Sowada, B., 2003, A Call to be Whole: The Fundamentals of Health Care Reform. Westport, CT: Praeger, p. 53.

因子也会以某种方式作用于基因,引起它们发生致病的突变。

人类基因组研究的证据已经将优生学的理论证伪。人类基因组计划的研究成果之一是证明,所有人 99.9% 基因是相同的,仅有 0.1% 的差异,94% 的变异发生在同一人群(例如种族或民族)的个体之间,仅有 6% 的变异发生在不同人群的个体之间。[①] 因此高尔登将种族分成"合适的种族"与"不那么合适的种族"或纳粹将种族分成"优等种族"与"劣等种族"已经被人类基因组研究的证据证明是假的。以上三点说明优生学缺乏科学性。

优生学将人分为"优生"与"劣生"以及将种族分为"优等"种族与"劣等"种族,严重违反所有主要文明共同坚守的人与人平等的基本价值,尤其反映其对残疾人的严重歧视,以及根深蒂固的种族主义。人与人在身体、心理以及其他性状方面有差异,不能构成在道德地位和法律上的不平等、不公平和歧视。人们在健康、能力上的差异,应该看作人类多样性的表现,而不应该看作人在道德地位和法律上有高低。

优生学仅视人有外在价值或工具性价值,而否认人固有的内在价值。在这一点上,纳粹学者的论述与我国"医学伦理学"教材作者的论述如出一辙。德国律师 Carl Binding 和医生 Alfred Hoche 出版了一本题为《授权毁灭不值得生存的生命》的书,在书中他们说道:"不值得生存的人"是指"那些由于病患和残疾其生命被认为不再值得活下去的人,那些生命如此劣等没有生存价值的人","他们一方面没有价值,另一方面却还要占用许多健康的人对他们的照料,这完全是浪费宝贵的人力资源。因此,医生对这些不值得生存的人实施安乐死应该得到保护,而且杀死这些有缺陷的人还可以带来更多的研究机会,尤其是对大脑的研究"[②]。而我们的《医学伦理学》教材作者说,"一个生命质量极低的人,对社会和他人的价值就极小,或者是负价值,他的存活不仅对

[①] Highfield, R. DNA survey finds all humans are 99.9pc the same,(2002 – 12 – 20), https://www.telegraph.co.uk/news/worldnews/northamerica/usa/1416706/DNA-survey-finds-all-humans-are-99.9pc-the-same.html.

[②] Friedlander, H., 1997, *The origins of Nazi genocide: From euthanasia to the final solution*, Chapel Hill and London: The University of North Carolina Press; 亨利·弗莱德兰德(著),赵永前(译):《从"安乐死"到最终解决》,北京出版社 2000 年版,第 43—46 页。

社会对他人不能负担任何义务，还要不断地向社会和他人索取，只能给社会和他人带来沉重的负担。"① 其实，就社会价值而言，残疾人、精神病人不一定比所谓健康人低，我们只要考虑一下英国科学家霍金和荷兰画家梵高就可以明白。如果他们的父母因有遗传病或精神病而被强制绝育，霍金和梵高就不能来到人世，对人类是否是重大的损失？

（四）优生学实践真有改善人口质量的效果吗？

至今没有证据证明优生实践提高了美国、德国、日本的人口质量。理由之一，在强制绝育实践中，优生学鼓吹者往往把罪犯、妓女、酒徒、乞丐、小偷甚至"问题少年"列为强制绝育对象，其实这些人的行为是"社会病"，与遗传病不相干。理由之二，正如上面所述，即使健康人也会拥有致病的隐性基因以及基因本身或在环境因子影响下发生突变。理由之三，以强制绝育最为严重的德国汉堡为例，根据汉堡遗传病专家与我国学者交流的信息，当时在执法人员实施强制绝育过程中往往出现非遗传病患者被拉去实施强制绝育充数，而有权有势的家族则通过关系或贿赂使得他们有遗传性残障的家庭成员免除强制绝育。我国《医学伦理学》教材作者称，应对5类"无生育价值的父母（有严重遗传疾病的人、严重精神分裂症患者、重度智力低下者、近亲婚配者、高龄父母）"进行强制绝育②，那么有没有客观标准来测定遗传疾病严重到多大程度，精神分裂症严重到多大程度，智力低下严重到多大程度，父母年龄高到多大程度，应该定为"无生育价值呢"？作者没有说。认为有4类"无生育价值的父母"的作者③也没有说。

以优生为目的的强制绝育收获的是：对受害者长期的身体、精神和社会的伤害；在社会引起的长期分裂以及久久不能平息的伤痛；以及实施强制绝育的国家永远负载着这一段臭名昭著的历史。

---

① 吴素香：《医学伦理学》，广东高等教育出版社2013年版，第125页；刘见见：《医学伦理学》，辽宁大学出版社2013年版，第199页。
② 沈旭慧：《医学伦理学》，浙江科学技术出版社2011年版，第131页。
③ 吴素香：《医学伦理学》，广东高等教育出版社2013年版，第125页；刘见见：《医学伦理学》，辽宁大学出版社2013年版，第199页。

(五)我国某些省的优生条例值得赞许吗?

甘肃省《禁止痴呆傻人生育条例》业已废除,我国再也没有类似的法律法规颁布。但有些医学伦理学家却称"关于禁止痴呆傻人生育的规定……这一法规公布后在国内外引起很大反响,在各阶层、各领域都存在争论,更多的是支持和赞许"[①],所以我们认为有必要了解甘肃省《禁止痴呆傻人生育条例》的实际情况。该条例发布后,有生命伦理学家和妇产科医生在卫生部科教司支持下去甘肃进行了调查。调查者发现:(1)调查者将社会经济发展相对缓慢与智力低下者人数比例相对高的因果关系倒置了。调查者认为社会经济发展相对缓慢是由于智力低下者人数比例较高。这使北京去的调查者非常惊异。调查者就向受访者提出了"智力低下者人数比例较高是社会经济以及相应的教育、医疗、文化发展缓慢的结果还是原因"的问题。(2)调查者走访了陇东的所谓"傻子村"(这是歧视性词汇,但为便于行文,我们暂且用之),发现在村子里所见到的疑似克汀病患者,克汀病是先天性疾病,但不是遗传病,这种病是孕妇食物中缺碘引起胎儿脑发育异常,当地医务人员也确认了是克汀病。(3)对严重克汀病女患者实施绝育有合理理由,因为当时农村将妇女视为生育机器,而且妻子是可买卖的商品,穷人买不起身体健康的妻子(需要上千元),而买一个患克汀病的女孩仅需400元。这些女孩生育时往往发生难产,有时因此死亡,即使生下来也因不会照料致使婴儿饿死、摔死,如不能生育就会被丈夫转卖,有的女孩被转卖三次,受尽折磨和痛苦。因此绝育可减少她们的痛苦,既然是好事,那为什么要强制绝育,不对本人讲清楚道理,或至少要获得监护人知情同意呢?(4)调查者发现当时甘肃遗传学专业人员严重缺乏,那

---

① 刘云章、边林、赵金萍:《医学伦理学理论与实践》,河北人民出版社2014年版,第114页;不同程度支持优生学和优生实践的"医学伦理学"教材还有:吴素香:《医学伦理学》,广东高等教育出版社2013年版,第123—125页;张元凯:《医学伦理学》,军事医学科学出版社2013年版,第191—192页;刘见见:《医学伦理学》,辽宁大学出版社2013年版,第198—199页等。值得注意的一个现象是支持优生学和优生实践的"医学伦理学"教材作者往往同时支持安乐死义务论,因为这两者之间存在逻辑联系,有关安乐死义务论应在另外一篇文章加以讨论。

十七 对优生学和优生实践的批判性分析

怎么去判断智力低下是遗传引起的且足够严重呢？他们的回答是，不用做遗传学检查，三代人都是"傻子"，那就是遗传原因引起。这使我们想起 Buck vs Bell 一案中法官所说的"三代都是傻子就够了"，必须实施强制绝育。但后来发现凯丽一家根本不是"傻子"，凯丽被绝育前生的女孩在学校读书成绩良好。[①]

这一优生条例存在的问题有[②]：

根据当时全国协作组的调查，在智力低下的病因中，遗传因素只占17.7%，占82.3%的病因是出生前、出生时、出生后的非遗传的先天因素和环境因素。因此从医学遗传学角度看，对遗传病所致智力低下者进行绝育对人口质量的改善仅能起非常有限的作用。要有效地减少智力低下的发生，更大的力量应放在加强孕前和围产期保健、妇幼保健以及社区发展规划上。有些地方采用 IQ 低于 49 作为选择绝育对象的标准，完全缺乏科学根据，IQ 不能作为评价智力低下的唯一标准，也不能确定 IQ 低于 49 的智力低下是遗传因素致病；根据"三代都是傻子"来确定绝育对象，但"三代都是傻子"并不一定都是遗传学病因所致；没有把非遗传的先天因素和遗传因素区分开（克汀病是环境因子所致，补碘即可防止）。

对智力严重低下者的生育控制应符合有益、尊重和公正的伦理学原则。对智力严重低下者绝育，可符合她们的最佳利益。例如，她们因有生育能力而被当作生育工具出卖或转卖，生育孩子因不会照料而使孩子挨饿、受伤、患病、智力呆滞，甚至不正常死亡。智力严重低下者无行为能力，他或她不能对什么更符合自己的最佳利益做出合乎理性的判断，因此只能由与他们没有利害或感情冲突的监护人或代理人（一般就是家属）做出决定。不顾他们本人或监护人的意见，贸然采取强制手段进行绝育，违反了这些基本的伦理原则。

就智力严重低下者生育的限制和控制制定法律法规，应该在我国宪法、婚姻法以及其他法律法规的框架内。如果制定强制性绝育法

---

① Lombardo, P., 2010, *Three generations, No imbeciles: Eugenics, the Supreme Court, and Buck v. Bell*, Baltimore: Johns Hopkins University Press.
② 《全国首次生育限制和控制伦理及法律问题学术研讨会纪要》，《中国卫生法》1993 年第 5 期。

律，就会与我国宪法、法律规定的若干公民权利，如人身不受侵犯权和无行为能力者的监护权等相违背。而制定指导与自愿（通过代理人）相结合的绝育法律，就不会发生这种情况。立法要符合医学伦理学原则，符合我国对国际人权宣言和公约所做的承诺；立法的出发点首先应当是保护智力严重低下者的利益，同时也为了他们家庭的利益和社会的利益；立法应当以倡导性为主，在涉及公民人身、自由等权利时不应作强制性规定，应取得监护人的知情同意；立法应当考虑到如何改善优生的自然环境条件、医疗保健条件、营养条件和其他生活条件、教育条件、社会文化环境以及社会保障等条件，而不仅仅是绝育；立法应使用概念明确的规范性术语（如"智力低下"）而不可使用俗称（如"痴呆傻人"）；立法应当规定严格的执行程序，防止执行中的权力滥用；等等。在我国遗传学家和生命伦理学家建议下，2004年国务院颁布的《结婚登记条例》取消了遗传学婚检，而2019年新颁布的《中华人民共和国婚姻法》仅一般规定称"患有医学上认为不应当结婚的疾病"禁止结婚，既未特指遗传病，也未要求做遗传学婚检。

  人们也许要问：为什么某些医学伦理学家会在他们的《医学伦理学》书中表达如此错误的、远远落后于世界潮流的观点？我们认为，其关键是，他们没有与时俱进，不了解伦理学界进入了生命伦理学时代，医学已经从医学家长主义、以医生为中心的范式转入以人为本、以病人为中心的范式，在以人为本、以病人为中心中，我们要求医学和医学专业人员以及管理医学的行政人员必须意识到，医学中的人文精神，不仅体现出对人（不管是病人、受试者还是健康人）在干预中可能受到的伤害和受益的关注，而且体现在对人的尊重，对人自主性的尊重，对人的尊严的尊重，而人的尊严是绝对的和平等的，尤其是要认识到人本身是目的，具有内在的价值，而不仅仅是手段，不仅仅具有工具性价值或外在价值。这就是人与物的不同。物可以因对人和社会没有价值而被舍弃，而人则不能因对他人和社会没有使用价值而被强制绝育，而被义务"安乐死"。

  在文章最后，我们要引用我国领导人表达的我国政府对残疾人的基

十七 对优生学和优生实践的批判性分析

本立场①以及中国人类基因组社会、伦理和法律问题委员会的四点声明。②

1998年时任国家主席江泽民在致康复国际第11届亚太区大会的贺词中指出:"自有人类以来,就有残疾人。他们有参与社会生活的愿望和能力,也是社会财富的创造者,而他们为此付出的努力要比健全人多得多。他们应该同健全人一样享有人的一切尊严和权利。残疾人这个社会最困难群体的解放,是人类文明发展和社会进步的一个主要标志。"我们相信,从事医学伦理学教学和研究的学者都会同意贺词中所体现的对残疾人的"人文关怀"。

中国人类基因组社会、伦理和法律问题委员会于2000年12月2日发布了四点声明:

1. 人类基因组的研究及其成果的应用应该集中于疾病的治疗和预防,而不应该用于"优生"(eugenics);

2. 在人类基因组的研究及其成果的应用中应始终坚持知情同意或知情选择的原则;

3. 在人类基因组的研究及其成果的应用中应保护个人基因组的隐私,反对基因歧视;

4. 在人类基因组的研究及其成果的应用中应努力促进人人平等、民族和睦及国际和平。

这四点声明将有利于我们应用伦理学的最新成果为人类造福,而避免优生学的干扰。

(雷瑞鹏、冯君妍、邱仁宗,
原载《医学与哲学》2019年第40期。)

---

① 邱仁宗、张迪:《〈纽伦堡法典〉对生育伦理的人文启示》,《健康报》2016年9月23日。

② 邱仁宗:《生命伦理学在中国的发展》,刘培育、昊文川(主编):《中国哲学社会科学发展历程回忆续编1集》,中国社会科学出版社2018年版,第304—332页;邱仁宗:《人类基因组研究和伦理学》,《自然辩证法通讯》1999年第1期。2018年7月3日重新发表于中国社会科学网(http://www.cssn.cn/zhx/zx_kxjszx/201610/t20161025_3249964_6.shtml),这篇文章对中国人类基因组社会、伦理和法律问题委员会四点声明做了阐述。

十八　我们对未来世代负有义务吗：反对和支持的论证
——从生殖系基因组编辑说起

（一）前言

2018年11月26日，来自中国南方科技大学的生物物理学家贺建奎宣布，他用编辑过的胚胎细胞创造了一对名为露露和娜娜的双胞胎。他敲除了她们的CCR5基因，该基因会产生一种蛋白质，引导艾滋病毒进入细胞核。然而，另一个能产生CXCR4蛋白的基因，同样能将艾滋病毒导入细胞核。CCR5还具有非常重要的积极免疫功能，可防止婴儿感染其他传染病，如流感。目前的基因组编辑技术还不够成熟，具有相对较高的脱靶率，并可能损害正常基因的功能。贺建奎检测了从露露和娜娜的脐带血中所提取出的仅80%的基因组，而剩下20%的DNA并没有测序。他的编辑结果极有可能损害露露和娜娜及其下一代或子孙后代的健康。如果确实如此，他是否违反了其所在的现在世代（present generation）与未来世代（future generations）之间的代际公正？由于他的鲁莽干预，他可能会损害他的试验目标艾滋病患者（targeted HIV patients）的下一代或子孙后代的健康，使他们的境况比原本更糟。他是否应该对露露和娜娜的下一代或子孙后代可能受损的健康负责？他是否对露露和娜娜患有艾滋病的父亲及其母亲的下一代或子孙后代负有道德义务？

最早关于我们的行动可能影响未来世代的问题是英国著名哲学家帕菲特（Derek Parfit）在他的书《理和人》（Reasons and Persons）第4篇未来世代[①]之中提出的，但他并未涉及当时因使用能源技术不当产生的

[①] Parfit, D., 1984, *Reasons and Persons*, Oxford: Clarendon, pp.351–380.

十八 我们对未来世代负有义务吗：反对和支持的论证

温室效应，即现在的气候变暖对未来世代的影响问题。即使如此，他和其他哲学家对有关未来世代的哲学思考是非常重要的。随着科技的发展，我们的行动不但影响现在世代及其子孙，而且影响未来世代的效应越来越明显了。这样，科学技术的进步或政策的选择使得哲学思考的主题转向了与现实生活有关的问题和一些我们不得不去面对的问题：全球气候变暖、人口政策、表观遗传学（epigenetics）和生殖系（germline）基因组编辑。所有这些发展都预示了，由于科学技术向纵深进一步发展，我们今天采取的行动可能会影响到那些尚无身份标识和我们对他们一无所知的未来世代那些人的健康和生活质量。

（二）代际关系与同时代人之间关系的区别

公正原则应该实施于同代人之间已经不存在任何争论了。那么公正原则是否也应该在不同世代的人之间实施呢？即是否存在代际公正呢（intergenerational justice）？这曾经是一个有争论的问题。有些哲学家认为公正原则似乎并不适用于代际关系，其理由如下：(1) 非同时代人的世代之间缺乏直接的互惠性。例如，非同时代的人之间没有相互合作，也没有产品和服务的交换。(2) 现在世代的人与未来世代的人之间权力关系存在着不对称性，而这种不对称性是持久不变的。例如，现在世代人滥用化石燃料，造就了全球气候变暖，这不仅危及目前某些动物物种以及某些地方的人类（如太平洋一些小岛屿的居住者）的生存，而且将使未来世代的生活质量远低于现在世代时，就可以说他们对未来世代行使了权力。这样，现在世代就有效地操纵了未来世代的利益。相比之下，未来世代不能对现在活着的人施加这种影响，在这个意义上讲，现在世代与未来世代之间的权力关系是根本不对称的。同样，现在活着的人也不能对过去的人施加影响。未来人们的存在本身都受现在活着的人的影响。这些现在活着的人会影响未来的人存在本身（不管未来人是否会存在）、未来人的数量（未来人会存在多少）以及未来人的身份（谁会存在）。简言之，未来人们的存在、数量和特定身份取决于（依赖于）目前活着的人们的决定和行动。可以想象，现在世代的人作出的决定可能会导致人类生命的终结；制度化的人口政策有着悠久的传统，其目标是控制未来世代的人数，包括国家一级的限制性人口政策和一对夫妻是否生育子女的决定。此外，我们的许多决定间接影响将有多少人活下来和他们是谁，因为我们的许多决定会影响到谁与谁相见，谁决定与谁生孩子。为了说明这种"不同人的选择"，帕菲特（Derek Parfit）采纳了人格身份的遗传身份观点：一个人的身份至少部分是由其 DNA 所构成的，该 DNA 是在创造这个人的过程中卵子被某个精子授精的结果。因此，我们的行动会对未来人的遗传身份产生影响，因为它们影响未来人从哪些特定对的细胞生长发育出来，以及任何直接或间接影响人类生殖选择的行动都会产生影响。我们对未来的认识是有限的。虽然我们可能知道以前和现在存在的人的特定身份，但我们通常无法谈及有特定身份标识的未来人。事实上，涉及遥远未来的诸多预测较之更为接近的未来，更有可能是真的。例如，某些政策将会改变或某些资源将被耗尽的预测在遥远未来更有可能是真的。尽管如此，我们不可能知道遥远未来的这些人的特定身份。我们对未来缺乏知识，这也意味着我们通常最多只能知道可供选择的长期政策在规范性意义上相关后果的可能性。

区别的规范性含义。我们之间的关系与我们对后继世代或先行世代的关系之间的这些区别引起了一些重要的规范性问题。其中包括：

第一个问题涉及不可改变的事实的规范性意义，这一事实是遥远未来的人和已故的人对现在活着的人甚至没有行使权力的可能性。由此，在一些哲学家看来，非同时代人之间不可改变的权力不对称性，将排除未来的非当代人和已故的人有可能对现在活着的人提出权利要求。

第二，如果未来人依赖于目前活着的人的决定和行动，例如未来人的存在、身份或数量取决于现在的决定和行动，那么人们能说前者在什么程度上受到后者的伤害呢？此外，目前存在的人在做出这种决定时能否以未来人的利益为指导？这些问题构成了所谓的"非同一性问题"的基础。

第三，我们对未来的有限知识也意味着，往往最多只能知道可供选择的长期政策规范性意义上的后果。我们应该如何与在风险和不确定条件下生活的未来人发生关系呢？因为我们最多只知道可供选择的政策产生不同后果的可能性，那么应该如何评估施加于未来人们的不同风险以

十八 我们对未来世代负有义务吗：反对和支持的论证

及可能的或不确定的受益呢？

第四，鉴于我们既不知道未来人们的个人身份也不了解他们的特殊偏好，有什么动机来履行对他们的义务呢？

（三）反对我们对未来世代负有义务的论证

1. 不存在论证

第一个论证被称作不存在论证或时间定位论证。它声称我们没有理由关心未来世代，他们对我们来说无关紧要。他们甚至尚不存在，并且等他们存在的时候我们已经死亡了。父母可能会关心他们的子辈和孙辈，但是没有理由为超出子孙之外的人操心。最简单的理由是，子孙后代（尚）不存在，我们对他们没有义务。这一论证可以概括如下：

1. 未来的人尚未存在；
2. 我们对任何尚未存在的事物都没有义务；所以
3. 我们对未来的人没有义务。

这个论证是有效的，它的第一个前提也为真。但因前提 2 为假，所以它是错误的。以未成年人怀孕为例，这当然对母亲不好；但更重要的是，这对潜在的孩子也不好。有责任感的人在没有准备好抚养孩子的时候努力避免怀孕，部分是因为他们承认有义务照顾他们的孩子——甚至在这些孩子存在之前。因此，显然我们对那些还不存在的人负有义务，前提 2 为假。这个论证由此失败。这个失败的论证告诉我们，对未来世代的义务实际上就是对未出生的孩子的义务——尽管不一定是我们自己的孩子。

2. 无知论证

无知论证声称，我们不知道未来人们想要什么；也许他们更喜欢一个满是高速公路和大型购物中心的世界，而不是国家公园和湿地，那么为什么要为他们保存一些他们甚至可能不会喜欢的东西呢？可以这样总结：

1. 仅当能够知道那些人喜欢什么以及他们需要什么或想要什么，我们才能对他们负有义务。

2. 我们不知道未来的人们会是什么样子，他们需要什么或他们想要什么。所以

3. 我们对未来的人没有义务。

前提 1 也许没有问题。如果我们对一类人一无所知，那么就不可能知道什么对他们好或不好，也就没有对他们负责任地采取行动的根据。但前提 2 为假。基于人类的全部既往史以及人类生物学、生理学和心理学，我们有大量的证据证明未来的人们会是什么样的，他们需要什么或想要什么。我们能够确定，例如——至少对于未来几个世纪的人们来说——他们需要食物、衣服、住所以及干净的水和空气。他们更偏好一个没有受到有毒或放射性物质污染的环境。鉴于我们目前对人类的了解，他们很多人想要开阔的空间和自然美景，这是非常可能的。因此，我们清楚地知道对未来的人要负有责任。

3. 找不到受益者论证

这条推理路线最初是由帕菲特提出的，他用它并不是为了驳斥对未来世代负有义务的观念，而是要提出一个哲学论点。该论证可概述如下：

1. 不同的行动将导致不同的人生活在遥远的未来。

2. 当不同的行动导致不同的人时，我们不可能使任何一个特定的人变得更好或更糟。

3. 我们不能使任何一个特定的人在遥远的将来变得更好或更糟。（1，2）

4. 我们只对那些我们能使其变得更好或更糟的人负有义务。

5. 我们对遥远未来的人没有义务。（3，4）

从 1 和 2 到 3 的推论是有效的，但是前提 2 有问题。如果采取一项政策使一个人生活在地狱般的世界里，这也许使他比他从未存在更糟。有些人的生活可能充满了痛苦，以至于不值得活着。但要点不在这里。要点是，从 3 和 4 到 5 的推论是无效的，因为结论忽略了前提 3 中的限定条件。前提 3 是关于"任何特定的人"。如果结论 5 陈述得当，它将会是这样的：我们对在遥远的未来任何特定的人都没有义务。

为什么这个论证失败了？这个结论是从 3 和 4 有效地推导出的，而

十八　我们对未来世代负有义务吗：反对和支持的论证

且事实上也是相当合理的——我们何以能针对遥远未来某个特定的人塑造我们的行动？但是5并不由3和4推出。因为，在给定3和4的情况下，我们仍然有理由假定对任何可能生活在遥远未来的人负有义务，而非特定的人。那么，这是反例。这个论证也失败了，主要是因为第二个推论是无效的。不过至少，找不到受益者论证提出了一个有效的论点：对遥远的未来世代的政策不可能合理地指向特定的受益人。相反，它必须旨在为所有未来的人创造尽可能好的条件。不受控制的全球气候变暖、伴随的急遽气候波动、全球农业的破坏、海平面上升以及日益恶劣的天气，将为未来世代创造出可以预见的远非最佳的条件——即使他们的偏好与我们大相径庭。相反，如果我们现在就采取有效行动遏制全球气候变暖，那么生活在未来的任何人都将从中受益。

4. 对未来世代无身份标识的成员的伤害

请考虑一项以使用可耗竭资源以增加目前活着的人的福利为目的的政策。这项政策会伤害未来的人们，理由是这项政策将可预见地恶化他们的生活条件。这种政策的拥护者可能会这样回应：即便我们不做这些行动，许多条件都不仅会对未来人的生活境况产生（间接）影响，而且对他们的组成即未来人的数量、存在和身份产生影响。对据称伤害未来人的行动也是如此。如果不采取据称有害的行动本来会导致据称受害的人不存在，则不能说该人因此而受到伤害。一些哲学家鉴定出一种是伤害的历时性概念（diachronic notion）和一种是虚拟—历史性概念（subjunctive-historical notion，与历史的基准进行虚拟性比较）。这两个概念都要求，被伤害的个人作为个体存在与起伤害作用的行动或政策是无关的。

伤害的必要条件是什么？根据伤害的历时性概念，下面的公式成立：（i）一个（历时性的）行动（或不行动）在t_1时刻对某人造成了伤害，仅当行动者使该人在后来的某个时刻t_2所受伤害比在t_1之前更糟。根据伤害的虚拟历史性概念，伤害相应的必要条件是：（Ⅱ）（虚拟历史性的）某个行动（或不行动）在t_1时刻对某人造成了伤害仅当行动者使这个人在之后的某个时刻t_2受到的伤害比如果该行动者对这个人根本没有采取行动这个人本来会在t_2时的情况更糟。

是否有可能排除现在的人伤害未来的人的情况？当认为未来的个体是可能的个体时，那么伤害的历时性和虚拟—历史性的概念都将排除现在的人伤害未来人的可能性，因为要求得到尊重其利益和权利的（未来的）人在现在的人作决定时，并不处于特定的安康状态——他们在那时并不存在。但是：根据（Ⅰ），除非我们能够声称此人在我们作决定时即在 t_1 时处于一种特定的安康状态，我们不能说由于我们在 t_1 时的决定，此人在 t_2 时情况变得更糟。（Ⅱ）也是如此：除非我们能够声称，有一个特定的人，他的情况在 t_2 要比如果我们没有对其采取任何行动这个人实际上在 t_2 时的情况更好，否则这种伤害的概念是没有意义的。采用历时性或虚拟—历史性伤害概念，排除了当我们在对未来人民生活质量有显著不同后果的长期政策中做出选择时有伤害未来人们的可能性。至于那些其存在取决于据称有伤害作用行动的人，他们不可能由于这种行动而比如果不采取行动的情况更糟（或者实际上更好）。因为在那种情况下，他们本来不会存在。

（四）无诉求论证

有人曾论证说，未来的人不能对现在活着的人提出道德诉求，因为他们还没有权利。如果假定未来的人还没有权利，而任何义务必须以其他人的某些权利为基础，我们可以得出结论，我们对未来的人没有义务。但前提也许遭到驳斥。人们可以合理地争辩说，未来的人将在未来拥有权利；如果他们存在的话，将拥有权利（这也许被认为是理所当然的），且如果人权的概念将成为一种强有力的道德传统（这是人们也许非常希望的）。人权概念本质上属于丰富的非物质文化思想，未来世代应该将其视为他们的道德遗产。

所有人权都可能被未来的全球独裁政权抛弃的观点，与因为人类物种可能会因为核战争而灭绝所以我们不应该关心未来世代的论证一样站不住脚。这两个论证之所以都是站不住脚的，是因为我们不能通过想象一种会使任何道德行为变得毫无意义的道德灾难来拒绝道德义务。因此，我们应该假定未来的人将持有他们希望行使的权利。这种未来的权

十八 我们对未来世代负有义务吗：反对和支持的论证

利意味着今天的义务。如果是这样，那么这个"无诉求"的论证也失败了。①

（五）对未来世代负有义务的论证

过去我们较少考虑对未来世代的义务，也很容易对此类义务采取反对或怀疑的态度，因为由于技术低下我们看不到目前的行动会对未来的世代产生什么影响。现在就大为不同了。我们目前对未来世代的影响已经昭然若揭了，例如使用化石燃料的能源技术已经使气候大为变暖，而有些技术对未来世代的影响正在越来越明显地揭示出来。

1. 我们如何影响未来

未来问题主要源于关于未来人的两个事实：（a）他们还不存在；（b）他们的存在依赖于我们现在做什么。我们对未来人们的义务当然依赖于如何通过我们现在做什么来影响他们。我们可以在4个相互关联的行动/政策领域做到这一点：毁坏环境，改变人口的规模和结构，采取不健康的生活/行为模式，以及采取不适当的技术干预（如生殖系基因组编辑）。我们今天越来越意识到，我们对环境的破坏最终会对未来的生活质量产生严重影响。因此，对未来人的道德义务有助于为保护环境的政策辩护。我们究竟应该为未来保护什么样的自然资源，这是一个进一步的问题。但显然，我们不能将公平分享石油等不可再生资源的权利归于所有未来世代。首先，正如我们不能确定一块蛋糕的公平份额，除非我们知道有多少人分享它，我们也不能确定我们可以公正地耗费的自然资源份额，除非我们知道将来会有多少人。但是，尽管在遥远未来的人们没有权利获得我们社会所依赖的不可再生资源，但他们必须有权获得可再生的自然资源，而这正是任何人类生活方式的基本条件。我们在道义上应该为他们保留完整的海洋、森

---

① Moral Obligations toward the Future, http：//global.oup.com/us/companion.websites/9780195332957/student/adtlchapter/pdf/Future_ Chapter.pdf; Konrad, O., 2009. Essential Components of Future Ethics, in Ng, YK. & Wills, I. (eds.) Welfare Economics and Sustainable Development. Oxford：Bolss Publisher, 139-160; Herstein, OJ., 2009. The Identity and (Legal) Rights of Future Generations. The George Washington Law Review 77 (5/6)：1173-1215.

林、河流、土壤和大气。

未来的生活质量也受到人口政策选择的影响。虽然环境政策和人口政策是相互关联的，但它们是相互独立的因素。我们可以在不增加人口的情况下破坏环境，而且我们可以——也许不是现实的，但至少在原则上——推行一些人口政策，使世界在生态规定的限度内拥挤不堪。不把人口问题造成的苦难强加给未来世代的道德义务是人口政策的终极辩护。

我们选择不健康的生活/行为模式会对未来世代产生负面影响。表观遗传学与未来世代的关系是一个非常有趣的新课题。表观遗传学是最近发展起来的很有前途的科学研究领域，它探索生物化学环境（食物、有毒污染物）和社会环境（压力、虐待儿童、社会经济地位）对基因表达的影响，即基因是否会以及如何"开启"或"关闭"。表观遗传修饰可以对生命后期的健康和疾病产生重大影响。最为令人惊异的是，有人提出，一些人一生中获得的表观遗传变异（或"表观突变"）可能会遗传给后代，从而对未来世代的健康产生长期影响。表观遗传学是科学发现中最具科学、法律和伦理学重要意义的前沿学科之一。表观遗传学将环境和遗传对个体性状与特征的影响联系起来，新发现表明，大量的环境、饮食、行为和医疗经历可显著影响个体及其后代的未来发展和健康。一项研究报告称，在11岁之前开始吸烟的父亲与那些吸烟较晚或从不吸烟的父亲相比，他们的儿子在9岁时平均体重较重。该研究还表明，父系吸烟确实会诱发男性生殖系跨代反应（germ-line transgenerational responses）。另一项研究发现，祖母在胎儿期吸烟其孙辈在出生后的前5年患哮喘的风险增加。表观遗传学正在证明我们对基因组的完整性负有责任。现在，我们做的每一件事——吃的、吸的、喝的所有东西——都会影响我们的基因表达和未来世代的基因表达。表观遗传学将自由意志的概念引入我们的遗传学理念中。

我们不当的生殖系基因组编辑会对未来世代造成负面影响。正如贺建奎所做的那样，他从孩子露露和娜娜身上敲除了CCR5基因，但因为该基因具有免疫功能，可以防止感染流感等传染病，所以她们的孩子、孙辈、后代和未来世代可能比那些生殖系基因组未经编辑的祖先的孩子更容易感染传染病。由于Crispr-Cas9技术尚不成熟，贺建奎也许损害了

十八 我们对未来世代负有义务吗：反对和支持的论证

其他正常基因的功能，对露露和娜娜子孙后代的健康产生负面影响。根据伤害原则，我们有义务不以任何方式伤害未来世代。

2. 我们与未来人在道德上没有区别的论证

这个论证是基于这样一个理念：未来的人们在与道德相关的方面与我们没有任何不同。换言之，出生时间和出生地、部落、国籍、宗教或性别一样与应该如何评价一个人无关。既然理智的人同意，我们对目前活着的人负有义务（不杀害他们，不偷他们的东西，不对他们造成不必要的伤害等等），由于未来的人在与道德相关方面没有任何不同，所以我们对未来的人负有义务。

论证如下：
1. 我们对所有目前活着的人都负有义务。
2. 未来的人和目前活着的人在与道德相关方面没有什么不同
3. 我们对所有未来的人都负有义务。

3. 未来世代的人也是权利持有者

虽然未来的人还不存在，但作为人，他们像我们一样是权利持有者。当他们存在时，他们显然会有道德权利，这些权利与他们同时代人的道德义务有关。问题是他们的道德权利是否也与我们现在所承担的道德义务相关——甚至在这些权利的持有者存在之前。我们可以通过类比来处理这个问题。为了论证的方便，假设只有人属于道德共同体，人类胎儿在分娩前没有人的价值和权利，但是在分娩后，根据中国的观点，他们成为人。这是否得出结论，它所遭受的某些伤害不会是错误的呢？当然不是！那么这个胎儿在成为一个人之前就被伤害了，这些伤害使胎儿受到了虐待，并且有人可代表他控诉他的身体完整性被侵犯了。在帕菲特的例子中，如果"我在一片树林的灌木丛中留下一些碎玻璃"，一百年后这些碎玻璃伤害了一个孩子，我的行动就伤害到了这个孩子。

互惠不是我们履行义务的条件。反对这一观点的人可能会说，与胎儿不同，遥远未来的人们不可能与我们进行道德交流。例如，那个孩子不能起诉我要求赔偿，她也不能以任何方式给我回应。但是，为什么我们必须假定，道德共同体的成员资格仅限于那些与我们有道德交流的人呢？

孩子们通常被认为对父母有权利，但这很难说是因为当他们的权利没有得到满足时可以得到补偿，或者是因为他们后来承担了照顾年迈父母的义务。因此，如果道德允许对儿童权利的无条件、单方面的尊重，那么就不能理解，未来人们的权利可以因假定的互惠道德原则而被剥夺。这里有一个反例：假设 A 国发射了一枚导弹，杀死了 B 国无辜的居民，他们的生命权受到了侵犯。现在再假设 A 国发射导弹，只是这一次它沿着太空轨道飞行，直到它在两个世纪后杀死 B 国无辜的居民。如果在前一种情况下，受害者生命权遭到了的侵犯，那么在后一种情况下这肯定也是对这些未来受害者生命权的侵犯。导弹在发射后两个世纪击中目标的事实在道德上不是不相干的。同样，目前对环境的破坏和人口控制的缺乏将在未来侵犯受其影响的人的权利——除非我们纠正这种境况。

4. 时间视角与地理视角论证

也许对出生时间的道德无关性的最好理解是认识到对我们的前辈来说，我们是未来的人。毕竟，过去与未来之间的区别不是终极的和绝对的，而是相对于时间视角而言的。在这方面，它就像"外国人"的称谓，这是相对于地理的视角。谁是外国人依赖于我们居住的国家，同样，谁算是一个未来的人依赖于我们居住的时间。所有人对于他们自己国家以外的国家的人来说都是外国人。同样，所有人都属于他们前辈的未来世代。有一些未来世代的范例。碰巧的是，一些现在不愿意加入对抗全球变暖的努力中来的国家的前辈们，在道德上已经进步到足以将现在世代纳入他们的道德考量之中。例如，美国的开国元勋们在设计宪法时就考虑到了未来世代。同样，1916 年《国家公园服务法》（National Park Service Act）明确规定，公园的目的是"保护其中的风景、自然景观和历史文物以及野生生物，并以使其不受损害的方式供未来世代同样享用"。现在的美国人，甚至到过那里的外国人，都属于这些未来世代。我们高兴地看到英国威尔士政府已经任命了一位负责未来世代的部长，这是世界上第一位这样的部长。①

---

① Balch, O. Meet the world's first 'minister for future generations'. The Welsh government has given Sophie Howe statutory powers to represent people who haven't yet been born, https://www.theguardian.com/world/2019/mar/02/meet-the-worlds-first-future-generations-commissioner

十八　我们对未来世代负有义务吗：反对和支持的论证

不确定性不是一个问题。但是，即使我们能够达成一致意见，对未来世代负有义务，这些义务是什么或者我们如何履行这些义务并不是显而易见的。首先，未来存在很多不确定性——未来越遥远，不确定性就越大。我们甚至不能绝对肯定未来世代将存在。人类可能会由于战争、疾病、小行星撞击等毁灭。但是，这种不确定性只是在程度上而不是在性质上不同于我们在对已经存在的人做出决定时所面对的不确定性。例如，父母通常认为自己有义务在孩子上大学之前为孩子的大学教育存钱——也就是说，在这个时候，他们的孩子能否上大学还没有定论。事实上，许多道德考虑都指向未来可能永远不会实现的场景。因此，未来世代可能不存在这一事实并不是一个有效的反驳；十有八九，他们将存在。

义务会随着时间的推移而减少吗？是的，我们对真正遥远的未来世代知之更少，能做的也更少，因此有充分的理由相信，我们的义务在更遥远的未来变得更弱。但这并不新奇。义务也会随着空间距离的增加而减少。我们对朋友、家人、同事——以及一般来说对那些我们能够有效帮助或伤害的人——比对那些与我们没有任何联系的其他国家的人负有更大的义务。这并不是因为与我们没有关系的远方的人没有我们认识的人那么重要，而是因为对于我们认识和关心的人，我们处于一个更好的位置去做一些有益的事情；他们依靠我们的方式是远方的陌生人所不具备的。尽管如此，我们对远方的陌生人也负有义务——不杀害或伤害他们，不降低他们的生活品质，甚至可能偶尔帮助他们。[①]

（六）从事和批准未来世代可遗传基因编辑工作的科学家/医生和政府的责任

· 改进基因编辑技术：降低脱靶率，将正常基因功能干扰降到最低。

[①] Moral Obligations toward the Future, http://global.oup.com/us/companion.websites/9780195332957/student/adtlchapter/pdf/Future_ Chapter.pdf; Konrad, O., 2009. Essential Components of Future Ethics, in Ng, YK. & Wills, I. (eds.) Welfare Economics and Sustainable Development. Oxford: Bolss Publisher, 139-160; Herstein, OJ., 2009. The Identity and (Legal) Rights of Future Generations. The George Washington Law Review 77 (5/6): 1173-1215.

- 改进临床前研究，特别是动物研究，提高其有效性，为证明在动物中的可遗传基因编辑技术的安全性和有效性提供可靠的证据。
- 加强动物研究向临床试验的转化，提高临床试验的有效性，为人类可遗传基因编辑的安全性和有效性提供有力的证据。
- 可遗传基因编辑的程序和方案必须由机构、省/市和中央三个层面的伦理审查委员会进行审查。
- 基因组被编辑的婴儿及其后代的终生健康应由科学家/医生和卫生部门负责。
- 在制定可遗传基因编辑的程序和方案之前，必须得到立法机关和政治协商机构的批准。
- 可遗传基因编辑程序应引起人们的广泛讨论，并通过全民公决予以批准。
- 减少和消除对带有遗传缺陷和遗传疾病残疾人和患者的污名化和歧视。
- 该程序和方案应交由国际咨询委员会进行评议。

（张毅、邱仁宗、雷瑞鹏，原载《人类基因组编辑：科学、伦理学和治理》中国协和百科大学出版社 2019 年版。）

十九 合成生物学的伦理和治理问题

（一）前言

合成生物学是当代最有前途的新兴技术之一，可是它的发展遭到诸如"扮演上帝的角色""合成生物产品不自然"或违反"敬畏生命"等谴责。然而，本人拟一反这些排斥的言论，在为发展合成生物学进行伦理辩护的同时，也根据伦理学的探讨，对其监管和治理提出若干建议。科学技术的研究没有止境，然而科学技术毕竟是一把双刃剑，对其创新、研发和应用中伦理问题的探讨，以及探索对其监管和治理的方案，有利于发挥其积极效应，避免、限制和缩小其消极效应，并在其中体现对人的尊重、对人的尊严和权利以及人的内在价值的认可。

（二）合成生物学的概念

1. 合成生物学的发展

美国生物技术家、生物化学家、遗传学家和企业家文特尔（Craig Ventor）2010年在《科学》杂志发表论文，宣布他们制造出了世界上"第一个自我复制的合成细菌细胞"[①]。他们的文章发表后就引起科学界的争论：文特尔的工作是"创造"了一个合成细胞吗？他们的工作是用计算机设计基因序列，据此用已经存在的基因组装成一条完整的基因组（只有473个基因），然后将它植入另一细菌（最小的细菌细胞支原体）内，合成的人工基因组发挥了功能。科学界一些人认为，这种用现

---

① Gibson, D. et al., 2010, "Creation of a bacterial cell controlled by a chemically synthesized genome", *Science*, 329 (5987): 52-56.

存的基因材料组装,植入现存的细胞内的做法,不能称为"创造一个合成的细菌细胞"。虽然这一成功十分重要,但代价也非常大:20 位科学家用 10 年的时间花了 4000 万美元。① 在第一篇论文发表一周后,他在《新科学家》杂志的社论中说,"我们没有从无到有创造生命。我们是将现存的生命转化为新的生命……结果是一个活的、自我复制的细胞,大多数细菌学家会发现难以把它与它的祖细胞区别开来,除非他们去测它 DNA 的序列。"他称他所做的仅是一小步(a baby step)。② 他们实际上纠正了他们先前的说法。但合成生物学家到底能不能从无到有制造或创造生命这一有争议的想法,在一些合成生物学家中似乎是挥之不去的。

2. 合成生物学的特点

鉴于这样的情况,人们当然要合理地问:合成生物学到底是什么?1912 年就有人用过合成生物学一词,但 2004 年以来,科学家有意给人制造一种感觉,似乎这个领域与以前的例如基因工程等领域并没有根本不同,也许这是为了减少公众的担忧和外部的监管。合成生物学这一术语的意义多有不同,科学家指出有若干类型的合成生物学,例如改变现成的有机体,以获得有用的功能,例如生产有用的化学物质;利用小的化学建筑砖块合成基因或整个基因组,将之置于细胞内,制造一个合成有机体;通过删除多余的基因将自然存在的有机体的复杂性简化,以便产生精简的微生物,它们具有最小的基因组,在执行特定功能时高度有效。根据最近一些科学领域的权威性著作,人们认为,合成生物学是指设计和制造自然界不存在的生物的组件和系统,以及重新设计和制造现在存在的生物系统,旨在应用标准化的工程技术于生物学,借以创造一些新的和专门化的有机体或生物系统,以满足无穷的需要。因此,合成生物学是一个新兴领域,它利用分子生物技术、生物化学工程、基因组学和信息技术来创造新的工具和技术,使人们可通过利用更为绿色的能源和合成疫苗等,以新的办

---

① Anon. Scientist, "We didn't create life from scratch", From CNN reports, (2010-05-21), http://www.cnn.com/2010/HEALTH/05/21/venter.qa/index.html.

② Craig, V., 2010, "Synthetic genomics: Where next"? *New Scientist*, 2762: 3.

法解决最棘手的全球问题。① 人们可以从中看出，合成生物学的特点是（1）将工程技术的方法应用于生物学；（2）改造原有的生物系统或用原有生物系统的材料组装成新的生物系统；（3）这些新的生物系统具有新的功能（例如产生蛋白质、药物或疫苗的前体、作为能源的油类的原料等）；（4）这些新的功能具有解决人类面临的全球问题（粮食、营养、药品、能源等问题）的潜能。这样一来，合成生物学就与传统的生物学迥然不同：传统生物学是设法认识生物系统，而合成生物学是设法改造生物系统。如果"合成生物学"这一名称在科学界得以成立，那么"生物学"进而"科学"这个概念，以及科学与技术、工程的界线是否需要加以重新界定，就成为一个需要讨论的问题（这属于生物学哲学问题，已经超出了生命伦理学这门学科）。

3. 合成生物学发展的径路

推动合成生物学发展起来的科学家有四类：不满足于认识生物系统的生物学家，热衷于对生物系统进行化学分析的化学家，喜欢改造自然基因的"创作家"以及积极将工程方法应用于生物系统的工程师。他们对合成生物学各有各的想法，但归结起来有两种径路：（1）自下而上的径路。例如上面提到的文特尔的研究，科学家从构成生物系统（例如细胞）的零件开始，用自然界业已存在的生物系统零件（如DNA）使它形成新的基因序列，即合成新的基因组，然后将它植入细胞中，形成一个新的细胞。以文特尔为代表的这一径路的工作有：建造完全合成的有机体，建造大片段的DNA和整个基因组，他们的工作有：利用传统的重组DNA技术；创造最小的基因组；建造一条合成基因组；基因组转移；制造第一个合成细胞；设计和建造最小的细菌基因组；设计建造酵母染色体等等。（2）自上而下的径路。以麻省理工学院美国合成生物学家恩迪（Drew Endy）为代表。将传统的工程原则与分子和细胞生物学结合起来以降低生物系统的复杂性和增加它的可预测性与可靠性。他们的合成生物学基于小的标准化零件，由此建构合成生物系统。2016年登记的零件达2万个。其目的是利用数千个DNA零件以缩短研

---

① Mclennan, A., 2018, Regulation of Synthetic Biology: BioBricks, Biopunks and Bioentrepreneurs. Edward Edgar, Cheltenham UK, pp. 25-26, 251-299, 129-171.

发费用和降低成本。还有一种难以归类为以上两种径路的是代谢工程（metabolic engineering），这是将细胞内的代谢重新定向以产生特定的化学物质和降解环境污染物的径路。①

4. 合成生物学的应用

合成生物学有哪些方面的应用？（1）医学：合成疫苗研发，合成药物研发，利用工程化的细菌和病毒作为"预编程序细胞机器人"（pre-programmed cellular robots）以患病细胞为靶标进行治疗；（2）能源：使用工程化的微生物，通过合成代谢通路，产生具有燃料特征的化学物质；（3）环境治理：将细菌工程化，使之成为生物传感器，可检出环境中的污染物，并加以降解；（4）农业：将作物工程化，使之抗干旱、抗盐碱化，增加产量，增加营养成分，对环境友好；（5）化学：如利用工程化的大肠杆菌产生多种化工原料，用以生产新产品，或更为有效而成本低廉地生产原有化工产品；（6）军事和安保：利用工程化微生物检出爆炸物或制造合成细菌武器等。

5. 对合成生物学的基本态度

如何看待合成生物学的兴起？合成生物学的目的是创造自然界中不存在的新颖有机体和生物系统，并以实质性的方式重新设计自然有机体。这个领域在它提供的新工具和技术以及它允许我们进行生物学实验的规模上都是革命性的。我们现在能够在比传统基因工程更高的程度上改造有机体。科学家们已经从修改一个或几个基因发展到对基因组进行大规模的改变，甚至设计和构建全新的合成基因组。合成生物学是新工业革命，即"信息—基因组革命"的一部分。合成生物学家的目标是使生物学"易于工程化"（设计制造），使有机体更像机器。"合成生物学"实际上是实现这一目标的一系列方法的集合：用脱氧核糖核酸（DNA）砖块建造生命机器，从零开始建造人造基因组和细胞，并利用大规模基因工程制造新产品。支持这些方法的是使我们能够根据自己的设计编写和建造 DNA 的种种技术。

---

① Mclennan, A., 2018, Regulation of Synthetic Biology: BioBricks, Biopunks and Bioentrepreneurs. Edward Edgar, Cheltenham UK, pp. 25-26, 251-299, 129-171.

（三）合成生物学的伦理问题

1. 合成生物学的概念性伦理问题

伦理问题是应该做什么和应该如何做的实质性和程序性规范问题。概念性伦理问题涉及制造生命有机体的正当性问题：是否应该合成新的能独立存活的有机体？虽然文特尔报告的还不是合成或创造新的人工有机体，只是变更、修改和转移已经存在的基因，但是许多科学家仍然梦想从非生命的分子制造出一个有生命的细胞，而且得到了基金会和大学领导的支持。2017年9月，荷兰7所大学启动了建造一个合成细胞的项目，得到了2500万欧元的支持。无独有偶，2017年7月，多所欧洲大学在德国一座城堡聚会上计划申请10亿欧元资助来建造一个合成的细胞。在大西洋彼岸，美国各种各样的基因工程师也在是年7月于加州理工学院聚会，准备启动一个"建造一个细胞"（Build-A-Cell）的项目。这些努力有一个共同目的，就是构建具有某些细胞特性的有机体，比如分裂和将信息传递给后代的能力。科学家还可以定制这些新的创造物，建造细胞来做一些自然界中可能不会发生的事情。但也许最有趣的是，他们可能会制造出某种符合我们对"活的"定义的东西，但看上去与现有细胞完全不同：也许它有一个不同于DNA的信息存储分子，或者它不是由脂质而是由蛋白质包裹着。创造和研究这样一个东西可能有助于回答一个基本的问题：说东西是活的，是什么意思？[①] 换句话说，生命是什么？

生命的概念。我们至今没有一个令人满意的生命概念。恩格斯在《反杜林论》一书中指出："生命是蛋白体的存在方式，这个存在方式的基本因素在于和它周围的外部自然界的不断地新陈代谢，而且这种新陈代谢一停止，生命就随之停止，结果便是蛋白质的分解。"[②] 这个定义因基因的发现而遭到质疑，在生命中不可或缺的是基因还是蛋白质？有没有可能由另一种形式的基因复制出另一种形式的类似蛋白质的东西，它们与其周围的外部自然界不断地新陈代谢，并且能繁殖自己。这

[①] Swetlitz, I. From chemicals to life: Scientists try to build cells from scratch, (2017-07-28), https://www.statnews.com/2017/07/28/cell-build-from-scratch/.

[②] 恩格斯：《反杜林论》，人民出版社2018年版，第82—84页。

是否也是生命，但不同于现在存在的生命？一些科学家想做的就是这样的工作：创造一种类似 DNA 和蛋白质的东西，但与目前的 DNA 和蛋白质的构成完全不同。它们可以新陈代谢，也可以繁殖，那是不是生命？如果回答是生命，那么就可以定义生命是可以与其周围的外部自然界不断地新陈代谢，并且能繁殖自己的东西。它们可能是 DNA 和蛋白质，也可能是其他的物质构成物。如果是这样，那么从无到有地制造生命，在逻辑上是有可能的。

生命在宇宙中的突现。如果科学家想"从无到有"地复制我们地球已有的生命，那就是另外一回事了。这里我们来看看波普尔（Karl Popper）的突现理论（emergence）。[1] 波普尔认为科学提供给我们的一幅宇宙的图景，表明宇宙是有发明性和创造性的，在宇宙中会在新的层次突现新的事物。例如，巨大恒星中心的重原子核、有机分子、生命、意识、人类精神产品（如艺术、科学）都是不同层次的突现。突现不是一般的出现，有如下的特点：（1）突现出来的是新事物，与现有的事物有质的不同，所以波普尔强烈反对《旧约》中说的"太阳底下没有新事物"[2]；（2）新事物的出现是突然的，仿佛从它隐藏的地方显露出来；（3）新事物的出现往往是不可预测的，可能是引发它的因素太复杂，存在着许多不确定性，或者这些因素相互之间的依赖关系过于复杂、难以把握；（4）新事物的出现往往对宇宙的演化或自然和社会的发展有非常重要的影响。就生命起源而言，生命在宇宙中的突现（emergence）是依赖于当时许多复杂的、至少目前不可模拟的条件及其相互作用。因此，合成生物学家试图从无到有制造地球上现有的生命似乎是不可能的，因为我们不能复制当时生命出现的条件，其中许多条件还不为人所知。合成生物学制造目前形式的人工生命，必须利用现有生命有机体的原材料。

生物学生命与社会生活。2009 年欧洲委员会下属的一个科学和新

---

[1] Popper, K., *Natural Selection and the Emergence of Mind Delivered at Darwin College*, (1977-11-08), http：//www.informationphilosopher.com/solutions/philosophers/popper/natural_selection_and_the_emergence_of_mind.html.

[2] Popper, K. & Eccles, J., 1977, *Self and Its Brain：An Argument for Interactionism*, New York：Springer Verlag, p. 15.

技术伦理学研究组①讨论了合成这种新的能独立存活的有机体对生命概念的可能影响。该研究组认为，根据不同的理论情境，对"生命"的概念有多种诠释。从生物学观点看，生命是区分活的有机体与无机物的条件，但生物学意义的生命与社会情境中的生命（即生活）是不同的。例如，在希腊文中 Zoe 用于所有生物共有的生命过程（类似中文的"生物"），而 Bios 是社会和文化层面的人类生命（类似中文的"生活"）。从语义学看，前者是"作为客体的身体"（bodies-as-objects），后者是"赋体的存在"（embodied beings），是与个人的、不可归约的自我经验相联系的身体。且不说制造高级动物或人的生命，即使制造或变更简单生命体，对人类这一具有社会和文化层面的生命会有什么影响？例如，我们制造生命后，会不会肆意对待所有生命，包括人类生命？据此，一些生命伦理学家认为，我们不应该将人体归结为生命科学和生物技术的生命概念，因为人体也是社会和文化生活的一种表达，理应受到特别的关切和尊重，这是人的尊严的核心。关键的是在决定我们与"人"有关的行动方针时要有责任心，并且要看到我们的行动可能引起后果的不确定性、潜在性和复杂性。欧洲委员会研究组报告指出，"生命"与"生活"之间在概念上的区别是有意义的。这对合成生物学家可以起告诫作用，但对他们在具体研究时做出的决策似乎并没有直接的作用。目前合成生物学家的工作还停留在合成基因组和修改细菌或细胞的阶段，距离社会和文化的生活尚有很长的路要走。

反对合成生物学的论证。由于篇幅的关系以及本文讨论的重点，本文不拟详细讨论人们不应该"扮演上帝的角色"、制造的生命是"不自然的"或合成生物是不"敬畏自然"等，而仅仅指出这些反对的论证是不能成立的。例如，我们②曾论证"扮演上帝的角色"的说法实际上不具备有效论证的条件，即普遍性、理性和清晰性；我们也曾分析过"不自然"论证的无效性③；如同前面两个论证一样，"敬畏上帝"的论

---

① European group on Ethics in science and new technologies to the European commission. Ethics of Synthetic Biology, (2009-11-17), file:///C:/Users/Administrator/Downloads/gp_eudor_WEB_KAAJ090253AC_002.pdf.en.pdf.
② 邱仁宗：《论"扮演上帝角色"的论证》，《伦理学研究》2017年第2期。
③ 雷瑞鹏、冯君妍、王继超、王姗姗、韩丹：《有关自然的观念和论证》，《医学与哲学》2018年第8A期。

证也存在诸多模糊之处,例如,什么是"敬畏",是不是对所有生命都要敬畏,这里的生命指什么也是含糊不清的。

2. 合成生物学的物理性伦理问题:风险与受益的评估

实质性伦理问题。在合成生物学的创新、研发和应用中,有两个基本的实质性伦理问题:其一,合成生物学给人类可能带来什么样的受益和什么样的风险?如何评价其风险—受益比?其二,在合成生物学的研究和应用中,我们如何做到尊重人的自主性、人的尊严、人的内在价值以及维护社会公正?

合成生物学对社会和人类可能的受益。首先它能促进生物学基本知识和制造新的产品。第一,合成生物学有助于理解生命如何开始,一堆化合物如何成为活的生命,以帮助我们了解生命究竟是什么;第二,合成生物学可创造新的能源、新的可生物降解的塑料、清洁环境的新工具,有助于研发制造药物和疫苗,以及制造武器的新方法。这些产品不仅是全新的,而且更干净、更好、更便宜,即"多快好省"。因此,从上面合成生物学的应用看,其带来的社会受益将是非常巨大的。例如,有希望解决粮食问题、营养问题、能源问题、防病治病问题。其可能使社会和人类受益巨大,使得各国的决策者认为发展合成生物学应该是他们的一项道德律令(moral imperative)。

对社会和人类可能的伤害或风险(可能的伤害)。合成生物学的危险有多大?有人说,合成生物学可能比化学武器或核武器更危险,如哈佛大学医学院教授遗传学家和分子工程师丘奇(George Church)说:"尽管它(指合成生物学)能带来诸多好处,但这些生物可以自我复制,在世界各地迅速传播,并自行突变或进化。"[1] 那么,风险究竟有多大?能否降低,最小化?是否可控?[2]

首先是生物安全(biosafety)问题。合成生物学的产品可能对人的健康和环境有风险,例如合成的病毒或细菌对人有致病性,或者其产品

---

[1] Church, P. & Regis, E., 2013, *Regenesis*: How Synthetic Biology will Reinvent Nature and Ourselves, Basic Books, p. 231.

[2] European group on Ethics in science and new technologies to the European commission. Ethics of Synthetic Biology,(2009-11-17),file:///C:/Users/Administrator/Downloads/gp_eudor_WEB_KAAJ090253AC_002.pdf.en.pdf.

十九　合成生物学的伦理和治理问题

严重伤害某些种类的动物或植物，破坏了食物链，扰乱了生态平衡；合成微生物与环境或其他有机体可能产生始料不及的相互作用，从而对环境和公共卫生造成风险；合成微生物释放入环境可能引起基因水平转移和影响生态平衡，或发生演变产生异常功能，对环境和其他有机体产生前所未有的副作用。

其次是生物安保（biosecurity）问题。合成生物学的生物安保问题是指，因使用合成的致死的和有毒的病原体进行恐怖主义袭击，或个人为私仇进行报复等种种恶意使用，尤其是当生产这些病原体的知识和技能唾手可得时。例如，媒体广为报道的美国某实验室工作人员将炭疽杆菌装在信封内通过邮寄发送给许多单位和个人就是一例。合成生物学这种目的的使用包括生产生物武器，例如新的或改变了的致病病毒或细菌以及制造产生毒素的合成有机体。与寻常技术（例如生产电视机）不同，作为一种新兴技术的合成生物学的知识和技术具有"双重"用途（dual use），既可能用于使人和社会受益，也可能用于伤害人和社会。例如，合成病毒可用于疫苗研制，也可能有人故意制造致病力强的病毒伤害他人。这引起了哪些研究应被允许以及哪些研究成果允许发表的争论，例如科学家对抗疫苗的鼠痘的基因工程和小儿麻痹病毒的人工合成的研究成果应不应该发表的问题就有不同意见。①

合成生物学的安全和安保问题可因允许个人成立数百甚至上千个"自己动手"（Do It by Yoursenf，DIY）实验室而变得更为复杂。因为合成生物学的技术和方法比较简便，设备要求不高，耗资不多，一个人或几个人在家里就可以做起来。估计在美国就有3万个热心人、追随者、生物骇客（biohackers）以及公民科学家（citizen scientists，指喜欢从事科学活动的老百姓）在从事合成生物学的活动。②

---

① The Woodrow Wilson International Center for Scholars. Ethical Issues in Synthetic Biology：Overview of the Debates，（2009-06-03），http：//www.synbioproject.org/site/assets/files/1335/hastings.pdf；中国科协学会学术部编：《合成生物学的伦理问题与生物安全》，中国科学技术出版社2011年版。

② Kolodziejczyk，B. Do-it-yourself biology shows safety risks of an open innovation movement，（2017-10-09），https：//www.brookings.edu/blog/techtank/2017/10/09/do-it-yourself-biology-shows-safety--risks-of-an-open-innovation-movement/.

3. 合成生物学中与尊重人有关的伦理问题

与尊重人有关的（非物理性）伦理问题关系到对人的自主性、尊严和内在价值的尊重（包括隐私的保护）、公正（包括分配的公平、平等）诸问题。具体问题有如下：

当使用人对合成生物学的产品进行研究或使其商品化进入市场时，就有一个如何尊重人的自主性、尊重受试者的知情同意、尊重消费者的知情选择以及保护他们隐私等问题。

合成生物学产品的公平可及是一个公正问题。即合成生物学的产品不但应该是安全的、有效的、优质的，而且是能够为老百姓可及和可得的。合成生物学的科研成果应该使老百姓都能受益，而不仅仅是有钱人的特权供品。否则就会扩大已经在社会中存在的贫富之间的不公平，影响社会的安定。

合成生物学的专利和知识产权是一个比较重要的问题。专利和知识产权制度有利于鼓励创新，并且也是对做出创新的科学家和投资者的回报。但是，目前有些人获得专利后，并不从事科学研究，而是坐收专利费用，成为专利寄生虫。有鉴于此，一部分科学家，例如以恩迪为首的合成生物学共同体反对专利，在他们建立的共同体内科学家可以自由地分享彼此的新发明的技术和方法，交换各自获得的新知识。专利和知识产权制度的改革是一个应该置于议事日程的重要问题。

商品化、商业化问题。当合成生物学的科研成果转化为商品、进入市场，科学家及其创办或入股的公司一方面满足消费者和社会的需要，另一方面便有可能获得丰厚的利润。当合成生物学家或生物工程师进入市场机制时，便会产生利益冲突，即他们在谋求自己或公司的利益时，有可能危及消费者或受试者以及大众和社会的利益。如何避免和防止利益冲突，是科学、技术和医学进入市场机制后面对的共同问题。

不确定性。合成生物学与其他信息技术一样具有不确定性的特点。不确定性是指对未来事态的决定因素缺乏知识的一种精神状态。这些决定因素可能太多、太复杂、太相互依赖而不能把握，或者我们根本缺乏观察它们的手段。风险也是涉及未来事态，但与不确定性迥然有别。什么情况下我们面临不确定性？当我们不能判定所采取行动的可能结局或每一种结局的相对概率时,这是不确定性。风险则是我们可以了解行动结局的特性(正面或负面,严重程度)及赋予它们发生的概率。当结局的特性和概率可以了解时,可以用定量风险分析法做出决策。与之相对照,不确定性可包括"对未知的事情未知"(unknown unknowns)的情况,在这种情况下风险分析没有用处,还可能起到危险的误导作用。最令人关切的不确定性是,难以预测始料不及的不良后果的可能性或概率,尤其难以预测积累效应。不受控制的使用是不确定性的另一层面。双重用途使这方面问题越加严重。例如,上面提及的合成流感病毒可用来研制疫苗,也可用来制造武器。①

(四)合成生物学的治理问题

1. 合成生物学创新、研发和应用的径路

治理或监管要解决一个径路问题。在我国,发展科学技术往往是"技术先行",根本不考虑科学技术以外的问题。当制订"863 规划"时,参与制订规划的本文作者之一曾制订一个耗资 120 万元的人类基因与疾病关系研究的伦理、法律和社会问题研究的子课题,被当时科技部的领导人"以现在不是考虑伦理问题的时候"为名取消。那么,我们现在有多少科学家和监管人仍然持有这种观点呢?恐怕仍然不少。贺建奎是"技术先行"的样板,这个样板本身证伪了"现在不是考虑伦理问题的时候"的论点,而确认了科技尤其是新兴技术的创新、研发和应用必须"考虑伦理问题"。

主张"技术先行"的人有一种论点,认为国家的最大风险是技术得不到迅速发展,丧失了增长的机遇。问题是如果不顾伦理规范,像贺建奎那样,技术能得到发展吗?像贺建奎那样,不顾伦理,技术先行,技术非但不可能得到迅速发展,而且根本得不到发展,科学本身固有的纠错机制也遭到了破坏。②

---

① Mclennan, A., 2018, Regulation of Synthetic Biology: BioBricks, Biopunks and Bioentrepreneurs. Edward Edgar, Cheltenham UK, pp. 25-26, 251-299, 129-171.

② The Woodrow Wilson International Center for Scholars. Ethical Issues in Synthetic Biology: Overview of the Debates, (2009-06-03), http://www.synbioproject.org/site/assets/files/1335/hastings.pdf.

◈ 第三编 新兴科技伦理学

我们的主张则是反其道而行之：对于像合成生物学那样的新兴技术的创新、研发和应用，必须"伦理先行"。在科学家采取行动，启动研发时，必须先制订暂时性的伦理规范。这种规范是暂时性的，因为制订这些规范时我们缺乏充分的信息，而且新兴技术具有不确定性，我们可以随着科研的发展，及时进行评估，修订规范。因此，在这个阶段不宜采取立法的形式制订规范，而以部门规章为宜，因为需要与时俱进，及时修改，以便不脱离科技发展的实际。启动时他们的创新、研发和应用研究方案必须经过所在机构具有法律效力的机构伦理审查委员会审查和批准，有些对人的健康和环境风险较大的研发方案还需要经过所属省市的伦理委员会甚至国家卫生健康委员会一级伦理审查委员会的审查批准。所有这些伦理审查委员会的委员必须经过有效的生命伦理学的培训和教育。对于这些伦理审查委员会必须进行检查和评估，以确保其伦理审查的质量。也就是说，"伦理先行"要求建立一个有效的和优质的科研伦理规范及其实施系统。

2. 合成生物学治理的若干问题

对于科学家在合成生物学方面的研究是否必须进行监管？

我们的回答是肯定的。我们对这个问题的肯定回答有两方面的意义。其一，我们不同意例如文特尔那样的科学家，希望外部不要干预科学家在合成生物学方面的研究，即使要干预，干预也应该是最小程度的。[1] 这种观点可能在中国也不是少数。因为合成生物学这类新兴的技术可能引起的安全、安保风险，其不确定性以及可能对人的尊严和权利的侵犯，唯有依靠监督才能防止、降低和管控。其二，我们也不同意加拿大的民间组织"侵蚀、技术和专心行动组织"（Action Group on Erosion, Technology and Concentration, ETC）反对合成生物学，呼吁暂停合成生物学的研究。该组织特别反对文特尔将合成生物学商品化，用于赢利。它关注生物经济（bioeconomy），即在其中生产原材料不是靠化石植物材料而是靠活的生物材料（biomass，原意是一定地区有机体的总质量），这对生物材料丰富的南方国家有严重不良影响。这是一种

---

[1] Mclennan, A., 2018, Regulation of Synthetic Biology: BioBricks, Biopunks and Bioentrepreneurs. Edward Edgar, Cheltenham UK, pp. 25-26, 251-299, 129-171.

十九　合成生物学的伦理和治理问题

新的圈地运动。生物材料不是一种可再生资源，大规模利用生物燃料将对这些国家的可持续发展产生严重的消极影响。该组织也怀疑对合成生物学监管的正当性和有效性。① 该组织关切环境是对的，但暂停发展合成生物学的建议，是不可取的，也是不切实际的。

3. 对于科学家在合成生物学方面的研究是否必须进行外部监管？

不少科学家和科学共同体愿意进行自我监管，这是非常积极的现象。但科学家和科学共同体必须理解，自我监管是不够的。因为其一，科学家往往需要集中精力和时间解决创新、研发和应用中的科学技术问题，这是很自然的和可以理解的，可是这样他们就没有充分的精力和时间来关注伦理、法律和社会问题；其二，现今科学技术的伦理问题要比例如哥白尼、伽利略甚至牛顿时复杂得更多，而伦理学，尤其是科学技术伦理学或生命伦理学也已经发展为一门理性学科，有专门的概念、理论、原则和方法，不经过系统的训练是难以把握的；其三，现今的科技创新、研发和应用都是在市场情境下进行，这样科学家就会产生利益冲突，没有外部监管，只有自我监管，就会出现"既当运动员，又当裁判员"的情况。外部监督有两类：一类是政府对新兴科技自上而下的监管，这是最为重要的，要建立一套监管制度，自上而下的监督也包括人民代表机构和政治协商机构的监督，这是我们缺少的；另一类是利益攸关方自下而上的监管，利益攸关方包括人文社科诸学科相关研究人员、有关民间组织和公众代表。

4. 现有的科技治理规则和机制是否足以用来治理合成生物学等新兴技术的创新、研发和应用？

我们认为，已有的规则（法律、法规、规章）和机制用于监管例如合成生物学那样的新兴技术是不充分的。与其他科技比较，合成生物学既有大受益，也有大风险。它可以帮助解决社会和全球长期面临的重大问题，如饥饿、营养、能源、防治疾病；同时它可能引起的风险是大规模、超大规模而且是严重的（制造毒性超强的病毒，传播范围广而速度

---

① Mclennan, A., 2018, Regulation of Synthetic Biology: BioBricks, Biopunks and Bioentrepreneurs. Edward Edgar, Cheltenham UK, pp. 25–26, 251–299, 129–171.

快,例如合成1918年曾杀死4000万人的西班牙病毒、合成能抗疫苗的病毒等);合成生物学产品的风险具有不确定性,我们无法预测什么时候会出现这些产品,不知道会有怎样的风险,不知道风险的概率及其严重性;专利制度对合成生物学的研发和应用以及公平可及有严重的副作用;等等。现有的监管规则和机制没有考虑到这些问题。因此必须建立与合成生物学贴切的专门的监管机制,尤其是政府监管机制。

4. 有无应对不确定性的监管办法?

应对不确定性办法之一就是采取防范原则(precautionary principle)。20世纪70年代的德国国内法首先采用,后被国际法采用。防范原则指导监管者应对潜在伤害的不确定性。防范径路既不是预防(preventive)径路(如"直到一切可能的风险已知和消除为止才能研发"),也不是促进(promotion)径路(如对于可能的伤害或风险类型已知、概率可定量时)。当我们为监管辩护时,需要证据(不能仅根据假设性或推测性证据,风险也应该是严重的),也要考虑其他方面的风险(例如把资源都用于预防合成生物学的风险是不可行的)。合成生物学的情况是:其一,潜在伤害类型已知,但因果关系未知或不确定,因而不能估计概率;其二,影响范围已知,但其严重程度不能定性估计,这时我们要采取防范原则,对合成生物学的研发和应用采取一定的限制性措施,但在应用防范原则时要考虑可得的科学证据,要先对问题进行科学方面的考查。如上所述,初期的监管措施是在数据不完全的基础上制订的,因此我们对它们的不完善性和可错性是有心理准备的。应对具有不确定性的监管必须与时俱进,对此称作"有计划适应"(planned adaption),即在监管制度中建立一个机制,要努力随时获得与政策及其产生影响有关的新知识,并及时修改政策和规则以便与这些新信息相适应;在有不确定性的地方,政策和监管措施应该被看作实验性的,政策要根据情况的变化、新获得的信息及时更新,这种情况的变化可以是政治的、经济的、生物学的或技术的;有计划适应要求改变我们可能有的刻板思维,从而将政策决定看作"最后的"改变为"开放的"。[1]

---

[1] Mclennan, A., 2018, Regulation of Synthetic Biology: BioBricks, Biopunks and Bioentrepreneurs. Edward Edgar, Cheltenham UK, pp. 25-26, 251-299, 129-171.

5. 专利对发展合成生物学起什么作用？

我们的监管既有避免或减少风险的目的，也有增加受益的目的。专利制度本意就是要促进科技的创新，增加受益。然而，人们对专利有两大关切：其一，哪些发明可申请专利？如发现一段基因序列，可申请专利吗？其二，专利持有者如何使用他们的权利？有些被称为专利流氓或专利囤积者，他们不利用发明或使发明商业化，而是用作勒索赎金收取高额费用。还有人担心专利使得科学家越来越不愿意分享他们的研究。例如，如果我们对基础性知识、技术和工具实行广泛的专利，那么其一，如果专利太广泛，包括基础性的知识、技术和工具，就会对科学进步起阻碍作用。因此，基础性工具或技术不应属于可申请专利的范围。近10年来，人们一直在争论：人的基因序列专利对基因研究是否有损害性影响。如给可能引起乳腺癌和卵巢癌的 BRCA1 和 BRCA2 突变基因赋予专利，阻碍了对病人的治疗、对这些癌症检验方法的改善。其二，专利诉求的范围过宽，连 DNA 的一些短片段（如 BRCA 突变基因）也可申请专利，已经违反原来规定的专利对象应该具有发明性的原则。我们认为，虽然目前对如何改革专利和知识产权制度尚需进行仔细研究，但我们的监管机构应该支持目前科学家已经建立的分享机制，作为专利的另一种可供选择的径路。由于公共资金大量投资于合成生物学，以及标准生物学零件作为基本建造砖块的性质，公共机构应该采取措施促进这种有利于创新的分享努力。①

（雷瑞鹏、邱仁宗，原载《医学与哲学》2019 年第 401 期。）

---

① Mclennan, A., 2018, Regulation of Synthetic Biology: BioBricks, Biopunks and Bioentrepreneurs. Edward Edgar, Cheltenham UK, pp. 25-26, 251-299, 129-171；翟晓梅：《合成生物学的伦理和管治问题》，中国科协学会学术部（编）：《合成生物学的伦理问题与生物安全》，中国科学技术出版社 2011 年版，第 87—91 页。

二十 神经伦理学的主要议题

（一）前言

神经系统（nervous system）主要分为两类：中枢神经系统和周围神经系统。中枢神经系统包括脑（brain）和脊髓。脑位于颅骨内，通过脊髓发送和接收信号，调节机体功能。骨、软组织和脑脊液保护脑和脊髓。信号从中枢神经系统发出后，由周围神经系统传递。周围神经系统包括颅神经（从脑[①]发出）和脊神经（脊髓发出）。这些神经将感受器细胞中的感觉信息传递给中枢神经系统；同时将中枢神经系统的运动原冲动传递给机体，肌肉和腺体将对这些信号做出反应。脑是所有脊髓动物和大多数非脊髓动物的中心。脑位于头颅内，接近视觉、听觉、味觉、嗅觉和平衡觉感官。脑是体内最复杂的器官。人脑中最大的部分是脑皮层，估计有150亿—330亿个神经元，每一个神经元通过突触与数千个其他神经元相连接。这些神经元通过称之为轴突的长长的原生质纤维彼此沟通，将称之为动作电位的信号脉冲传至脑或身体的远端，直至特定的接收细胞。从进化生物学观点看，脑的功能是对身体的其他器官实施中枢控制，通过肌肉活动或分泌化学物质（内分泌）作用于身体其他部分来迅速协调对环境变化的反应。从哲学观点看，脑的特殊之处是它产生了心，使人有理性感情、七情六欲。虽然对单个脑细胞的运作已经了解得很详细，但对数百亿的脑细胞如何集体活动仍知之甚少。最有希望的研究方法是把脑看作生物计算机，但其机制与电子计算机完全不同，尽管从环境获得信息、储存信息、处理信息等许多方面是类似的。脑具有认知、情感、运动控制、觉醒与睡眠的调整、体内平衡（内稳态）、激励和奖惩机制、

---

① 脑（Brain）包括大脑、小脑、脑干等。

二十 神经伦理学的主要议题

学习和记忆、全身控制以及心、意识、精神等功能,是自我意识所在之处,以至有的哲学家认为"我就是我的脑"。[①]

神经科学(neuroscience)是对神经系统的科学研究,它将生理学、解剖学、分子生物学、发育生物学、细胞学、数学模拟、心理学等科学技术结合起来以理解神经元及神经回路。研究脑的方法有解剖(染色)法;脑电图(EEG)法,从皮层测量群体突触活动的大规模变化,对皮层下活动不敏感;脑磁图(MEG),缺点是神经元产生的磁场很弱,仅能获取接近皮层表面的信号;功能性核磁共振影像术(fMRI),使用强有力的磁体可将脑活动定位于小到几立方毫米的区域,是了解哪些脑区域参与某一行为的非常好的工具,且具有非侵入性,但其时间分辨率差;脑部损伤后的效应(癫痫、裂脑)观察;计算机比拟,用信息加工方法来了解脑的功能;研究基因与脑的关系;等等。神经科学是神经系统的科学研究,传统上是生物学的一个分支。然而,它现在是一门与化学、计算机科学、工程学、语言学、数学、医学以及相关学科如哲学、物理学和心理学等其他领域合作共事的跨学科科学,其分支有:行为神经科学、细胞神经科学、临床神经科学、认知神经科学、计算神经科学、文化神经科学、发育神经科学、分子神经科学、神经工程学、神经影像学、神经信息学、神经语言学、神经生理学、神经病理学、社会神经科学、系统神经科学等。

20—21世纪对脑的研究有很大进展。20世纪下半叶,化学、电子显微镜、遗传学、计算机科学、功能脑影像技术以及其他领域的发展为了解脑的结构和功能开辟了新的窗口。在美国20世纪90年代被称为"脑的10年",以纪念脑研究的进展,并促进对脑研究的资助。进入21世纪以来,基础的和临床的脑科学的惊人进展使人越来越关注这种进展提出的生命伦理学和医学哲学问题的争论,其中包括:精神药理学的发展和应用,即研发治疗或增强认知和情态的药物;对脑的非药物干预,如脑外科微创手术、脑芯片、脑—机接口;对成瘾的研究说明成瘾是脑的慢性病变;以及脑的影像技术的广泛应用等。这些问题影响到对什么是"人"的理解,影响到个人、社会,以及科学、医学与社会在未来

[①] The Brain and Nervous System Robert Biswas-Diener, https://nobaproject.com/modules/the-brain-and-nervous-system.

的相互作用。在这种情况下，一门新的学科——分支神经伦理学应运而生。①

（二）神经伦理学的定义

"神经伦理学"一词是21世纪在伦理学家和哲学家之间口头和书面的通信中发明的。他们说，神经伦理学是关注神经科学和技术对人类生活的其他方面，尤其是个人责任、法律和公正可能有的作用或影响。他们声称到了2020年神经伦理学问题会变得严重起来。21世纪初对神经科学伦理学的兴趣遽然上升，出现了许多会议、出版物和学术团体。2002年美国科学促进会、《神经元》杂志、宾州大学生命伦理学研究中心联合伦敦皇家学会认知神经科学研究中心、斯坦福大学和Dana基金会举行过若干次会议，吸引了一些神经科学家和伦理学家讨论神经伦理学。最大的一次会议是2002年在美国旧金山举行的第一次神经伦理学学术会议，讨论了社会行为的神经基础、伦理学含义、神经伦理学、还原论、突现和决策能力、阿尔茨海默症的伦理问题、神经技术、电子人（cyborg）和自我感、神经伦理学的未来等。与会的有著名科学哲学家和生命伦理学家Albert Jonsen，Patricia Churchland，Kenneth Schaffner，Arthur Caplan，Bernard Lo，Erik Parens，Paul Wolpe等。会后出版了《神经伦理学：绘制领域》（Neuroethics：Mapping the Field）一书。《经济学家》发表了有关神经伦理学的封面故事，神经科学杂志，尤其是《自然神经科学》《神经元》《脑和认知》开始发表有关神经伦理学的文章。2003—2005年神经伦理学会议和出版物继续增长。神经科学学会启动了在年会上作神经伦理学的专题讲演，使该会38000多名会员承认了神经伦理学的重要性。第一次讲演的是《科学》杂志主编Donald Kennedy。此后围绕神经伦理学的计划和课题建立了若干网络，例如美国生命伦理学和人文学科学会建立了神经伦理学小组，伦敦经济学院的

---

① Giordano, J. & Gordijn, B., 2010, *Scientific and Philosophical Perspectives in Neuroethics*, Cambridge University Press, pp. 1-65, 230-270; Nuffield Commission on Bioethics, 2013, *Novel Neurotechnologies: Intervening in the Brain*, 10-41, https://www.nuffieldbioethics.org/publications/neurotechnology.

学生建立了神经科学社会网络,斯坦福大学开始出版月刊《斯坦福神经伦理学通讯》,宾州大学建立了网站 neuroethics.upenn.edu,神经伦理学和法律博客(Neuroethics and Law Blog)也启动了。2003年加拿大健康研究所、神经科学、心理健康和成瘾研究所建立了 Neuroethics New Emerging Team(NET)。2006年成立了神经伦理学学会(Neuroethics Society),这是科学家、学者和学生参与的国际学术组织,其使命是"通过更好地理解神经科学的能力和后果来促进神经科学的发展和负责任的应用",由海曼(Steven Hyman,前哈佛大学校长和 NIH 国立精神卫生研究所所长)担任首届会长。2007年加拿大温哥华大不列颠哥伦比亚大学成立国家神经伦理学核心组,研讨前沿神经科学的伦理学、法律、政策和社会的含义。2008年美国华盛顿特区成立神经科学—伦理学、法律和社会问题联合体,每年举行年会讨论神经影像学、神经遗传学和神经蛋白质组学、深部和穿越颅的磁刺激、纳米神经科学方法、新颖药理试剂和药物、脑—机界面以及认知机器系统中的伦理学、法律和社会问题。2008年11月14—15日神经伦理学学会在华盛顿特巴召开,来自美国、加拿大、中国(我国邱仁宗和翟晓梅教授参加)、日本、英国、墨西哥、意大利和其他国家的200人参加会议。2009年1月牛津大学建立 Wellcome Centre for Neuroethoics,中心的目的是探讨神经科学和神经技术对人类生活各方面作用的问题。其研究集中于5个关键领域:认知增强;边界意识和严重神经损伤;自由意志、责任和成瘾;道德和决策的神经科学以及应用神经伦理学。神经伦理学是今天生命伦理学中发展最快和最为激动人心的研究领域,因为它直面处理与我们是谁以及我们如何生活两个最重要的主体:脑和心(brain and mind)。同年,宾州大学建立跨学院的神经科学与社会研究中心,使命是通过研究和教学增进对神经科学影响社会的理解,并鼓励负责任地使用神经科学以造福人类。2011年2月神经伦理学学会改名为国际神经伦理学学会(International Neuroethics Society)。2011年11月10—11日在美国华盛顿举行国际神经伦理学学会年会。讨论的话题有:成瘾神经伦理学、全球健康与神经伦理学、老年痴呆症的预测性生物指标、认知增强、神经科学与国家安全、神经科学与自由意志等。

然而,对于神经伦理学的定义是什么,一直存在着不同意见。不同的学者对神经伦理学下了不同的定义。例如：

·神经伦理学是对人脑的治疗、完善和不受欢迎的侵犯或令人担忧的操纵的对与错、好与坏的考查。（Safire，2002）

·神经伦理学不仅仅是脑的生命伦理学……它是对"我们如何处理疾病、正常、死亡、生活方式等社会问题的考查，以及通过我们对大脑潜在机制的理解而形成的生活哲学"。（Gazzaniga，2005）

·根据帕特尔（Van Rensselaer Potter）对生命伦理学的定义提出更一般的定义，即"一门将神经生物学知识的探索和发现与人类价值体系相结合的学科"。（Illes，2006）

·神经伦理学促进对新颖和新兴技术的探索，探索新技术对公共政策的伦理、社会、经济和法律的含义，促进学术网络的建立，这是所有新兴领域的关键要素。（Fischbach，2006）

我们认为这些定义将伦理学的概念混淆了，将伦理学变成一个能将任何研究内容都装进去的大口袋。不明确一门学科的性质和特点，就会不利于这门学科的发展，类似库恩所说的前科学时期。我们认为，神经伦理学应定义为，对应用新兴技术于治疗与脑有关的疾病、与脑有关的生物医学研究以及将有关脑的干预技术和脑的知识用于精神卫生和教育的规范性问题（包括实质性伦理问题和程序性伦理问题）的研究，帮助神经精神科临床医生、与脑相关的研究人员和精神卫生与教育工作者，以及相关监管者、决策者和立法者做出合适的，即合乎伦理的决策。

与神经伦理学的定义直接相关的问题是神经伦理学研究的范围问题。目前神经伦理学研究的范围分两部分：神经科学的伦理学和伦理学的神经科学，前者处理神经科学实践的伦理学、我们对脑功能的理解对社会的含义、将神经科学知识与伦理和社会思想整合起来。后者处理的是伦理学的神经科学，进入神经哲学领域，考查道德认知的神经学基础（Roskies，2002）。Federico，Lombera，Illes则认为神经伦理学的这种两分观点过分简单；不应将伦理学与神经科学分开，也不应该比其他领域的神经科学研究，如成瘾或神经退化性疾病研究，有更高的标准。

（三）神经伦理学的研究范围

关于神经伦理学的研究范围，有以下不同意见：

·作为神经伦理学基础的最重要目标是实践的目标：需要改进特殊病人人群的治疗方式。因此，始终应该根据其对病人和公众的利益（good）的潜在促进来讨论技术的进展。神经伦理学首先是用来促使临床医生更注意神经学和精神病学病人的需要，尤其是为了保护病人不遭受可能有害的新干预（Racine，2008）。

·有两类神经伦理学问题：一类是从我们能够做什么之中出现的，另一类是从我们知道什么之中出现的。"我们能够做什么"问题有：功能性神经影像、情态及相关功能的药物增强、认知增强、脑植入物和脑机接口方面的进展提出的伦理问题；"我们知道什么"问题有：我们对行为的神经基础、个人责任的概念、人格、意识和心灵超越状态的日益理解所提出的伦理问题（University of Pennsylvania，2008）。他们指出，神经伦理学家将始终面对技术至上命令：如果某项技术存在，就使用它。但他们需要记住生命伦理学的箴言：不是你能做什么，而是你应该做什么。[①]

关于神经伦理学的研究范围，Fischbach & Mindes（2012）[②] 同意 Joseph Fins 的观点，即并非所有神经伦理学问题都属于"敲响警钟"的范畴。Fins 对神经伦理学提出了警告，认为神经伦理学"对那些可能受益于神经科学进展的处于边缘地位的病人，会产生压制临床进展的意外后果"（Fins，2003、2005）。Gazzaniga 提出"通过我们对潜在脑机制的了解来丰富生活哲学"，即"一种基于脑的生活哲学"（Gazzaniga，2005），Fin 认为这种扩张的立场"令人担忧"。他发现，倡导以脑为基础的"普遍伦理学"让人联想到一种神学构想（Fins，2008）。

Fischbach & Mindes 认为应该从 Schiavo 案例中吸取教训：

---

① Levy, N., 2007, *Neuroehtics*, Cambridge University Press, pp. 1 – 68, 133 – 156, 222 – 288; Stanford Encyclopedia of Philosophy, 2016, Neuroethics, https://plato.stanford.edu/entries/neuroethics/.

② Fischbach, R. & Mindes, J., 2012, "Why neuroethicists are needed"? Illes, J. & Kahajan, B., *Oxford Handbook of Neuroethics*, Oxford: Oxford University Press, pp. 292 – 320.

◇◇ **第三编　新兴科技伦理学**

　　Terri Schiavo 案涉是美国从 1990 年到 2005 年发生的死亡权利法律案件。Schiavo（1963 年 12 月 3 日至 2005 年 3 月 31 日）是一名处于不可逆的持续性植物人状态（persistent vegetative state）的妇女。她的丈夫和法律监护人认为，如果没有康复的希望，她不会想要延长人工维持生命的时间，于是决定拔掉她的进食管。Schiavo 的父母对她丈夫的断言提出了异议，并对 Schiavo 的医学诊断提出了质疑，他们认为应该继续给 Schiavo 人工补充营养和水分。Schiavo 的父母提出了一系列旷日持久的法律挑战，这些挑战最终涉及州和联邦政府的政治人物，一直到了乔治·布什总统。这些挑战导致 Schiavo 的进食管被最终拔掉之前，她的案件被拖延了 7 年。1990 年 2 月 25 日，时年 26 岁的 Schiavo 在佛罗里达州圣彼得堡的家中心脏骤停。她被成功地救活了，但由于脑缺氧造成了大面积的脑损伤，最后昏迷了。经过两个半月没有好转，医生诊断她为持续性植物人状态。在接下来的两年里，医生们尝试了各种疗法希望能让她恢复知觉，但没有成功。1998 年，Schiavo 的丈夫请求佛罗里达州第六巡回法院依照佛罗里达州的法律，撤除 Shiavo 的进食管，但遭到了她的父母的反对。法庭判定 Schiavo 并不想继续采取人工延长生命的措施。2001 年 4 月 24 日，Schiavo 的进食管第一次被拔掉，几天后又重新接上了。2005 年 2 月 25 日，Pinellas 县的一名法官再次下令拔掉她的进食管。随后出现了几次上诉和联邦政府的干预，其中包括美国总统乔治·布什（George W. Bush）返回华盛顿签署法案，将此案移交联邦法院。经过联邦法院的审理决定，维持撤除进食管的最初决定，Pinellas Park 临终关怀中心的工作人员于 2005 年 3 月 18 日撤除了进食管，Schiavo 于 2005 年 3 月 31 日去世。Schiavo 一案涉及 14 项上诉和佛罗里达州法院的无数动议、请愿和听证会；联邦地区法院的 5 起诉讼；以及佛罗里达州立法机关、州长杰布·布什、美国国会和总统乔治·布什等广泛的政治干预。最后，新的神经学标准和方法出现了，这些标准和方法有助于区分持续性植物状态（Persistent vegetative state，PVS）和最低意识状态（Minimally conscivus state，MCS），以"避免由于临床无知或意识形态意图而导致的诊断缺陷"。此外，导致 MCS 的脑损伤的预后，曾经被认为是不可治愈的，现在被认为在共预后是可以改变的，有可能对脑深部刺激作出反应。

Fischbach & Mindes 将神经伦理学问题分为五大类：

·技术驱动的问题，对社会有广泛含义，主要与生命伦理学有关；

·临床驱动的问题，与医学伦理学有关；

·应用哲学的、定义性的（defnitional）、法律的、跨文化的和心理学问题，主要与人格和症状学有关；

·伦理学驱动的问题，主要与保护参与研究的人和动物有关；

·伦理学驱动的涉及心、脑、身统一性的"新框架"问题，主要与整合医学有关。

第1类问题是技术驱动的对社会有广泛含义的问题，主要与研究伦理学有关，例如：（1）神经伦理学家如何能够帮助公众更好地理解发射型计算机断层扫描（ECT）和减少他们的担心，使病人及其家庭做出更知情的治疗选择，同时也理解很少的治疗是完善的？但我们要说这是医生们的工作，不是神经伦理学家要做的工作。（2）脑刺激的安全性和受益问题，例如由于我们只是部分理解治疗神经精神病的脑刺激程式，一个必然要问的问题是，成本—受益比是否好到足以与其他疗法加以比较？（3）神经伦理学家如何能够促进这项有前途的技术，同时要看到存在技术至上命令以及脑刺激程式可能引起严重并发症这一现实？（4）如果保险公司或老年人医疗保障制度开始覆盖强力性肌炎综合征（TMS），与不那么昂贵的药物治疗或其他治疗抑郁的疗法相比，这种高昂费用能够得到辩护吗？（5）社会如何处理有希望但昂贵疗法的公平对待问题？我们认为这些问题涉及神经科学技术应用的后果和公平可及问题，应该是神经伦理学研究的范围。

第2类是临床驱动的问题，主要与临床伦理学有关。例如，16号染色体短臂上29个基因片段的缺失发生在大约1%的自闭症人群中。这种结构变异是高度外显的：有这种缺失的人很有可能（在30%—50%之间）落在自闭症谱系中的某个位置。其他具有相同缺失的人可能表现出智力低下或不同的发育障碍。一位40岁以上的丈夫和他38岁的妻子可以选择体外受精和植入前基因筛选来消除16p缺失的胚胎。涉及的问题是：神经伦理学家如何与临床团队合作，帮助夫妻做出这些极其困难的选择？我们认为，问题应该是，神经伦理学家如何与神经科医生合作研究自闭症的临床决策问题。然而，我们是帮助医生做出合乎伦理的决策,而不是越俎代庖去帮助病人家属做出决策。

第3类是应用哲学的、概念的、法律的、跨文化的和心理学问题,主要与人格和症状学有关。这里的问题涉及:(1) 2013年版本的《美国精神障碍诊断和统计手册》①的修改中,有关自闭症的修改如何影响自闭症以及许多其他精神卫生疾病的诊断和治疗?所有的修改是否更好一些?(3) 非医学的神经增强是否合乎伦理,是否可能是合适的?如果是,在什么年龄,为了什么特定的目的?(4) 在法律和哲学上增强了的人格性状,在多大程度上是真正的?使用这种增强的人们在多大程度上在法律上是自主的?我们认为在这里 Fischbach & Mindes 没有分清描述性的科学问题与规范性的伦理问题;在规范性问题中没有分清不属于伦理学的哲学问题与伦理问题;也没有分清伦理问题与法律问题。

第4类是伦理学驱动的问题,主要与保护参与研究的人和动物有关。他们认为其中的问题有(1) 在涉及人的研究中,神经伦理学家应该如何帮助修改涉及偶然发现的研究方案以及知情同意书,以及他们如何能够帮助教育受试者?(2) 在涉及动物的研究中,神经伦理学应该要求科学和社会给研究动物提供的合乎伦理又负担得起的住宿、照护、减轻疼痛以及合法保护的标准是什么?(3) 通过将人脑细胞植入高级灵长类动物脑中创造嵌合体是符合神经伦理学的吗?如此等等。我们认为,这些问题无疑属于神经伦理学研究的范围。

第5类是伦理学驱动的、未来导向的涉及心、脑、身统一性的"新框架"问题,例如(1) 神经伦理学家如何能够促进将来自心理学的减少应激和情绪功能正常与认知、情感和社会神经科学更加整合起来,使得创伤后应激障碍和其他疾病的神经精神医疗多样化?(2) 神经伦理学家如何能够促进对脑和行为的本性的新观点整合起来,以重新界定药物在精神卫生和神经病医疗中的作用,即使它们的生物学受益最优化,重新界定疾病的性质和神经健康,减少医学化的负面影响?我们认为这些问题过于宽泛,不宜列入神经伦理学研究的范围。

我们认为,之所以需要神经伦理学家,是因为将新颖神经技术应用于治疗神经精神疾病、研究脑的结构和功能,以及应用于精神卫生或教

---

① American Psychiatric Association, 2013, Diagnostic and Statistical Manual of Mental Disorders. (DSM-5), https://www.psychiatry.ory/psychiatrists/prnctice/dsm.

育所引起的伦理问题具有特殊性，神经精神病学专业医生、科研人员、精神卫生工作人员以及相关的监管者和决策者难以解决，不具备新颖神经科学知识的一般生命伦理学家也难以解决，所以需要更加专业化的神经伦理学家。

我们的意见是，神经伦理学是用来研究神经科学技术研究和应用中的伦理问题，如应该做什么和应该如何做的问题，对这些问题的研究关系到政策和管理。与社会学、心理学等描述性学科不同，伦理学、生命伦理学、神经伦理学是规范性学科，但也不同于也属于规范性学科的法学，法学根据法理学以及发生的法律问题来研究制定更为合适的法律、法规，它们的制定与伦理学探究关系密切。有人称之为应用神经伦理学，是例如精神药理学、电刺激、深部脑刺激、精神外科、功能性神经、影影像学、脑植入物、脑—机接口技术以及对成瘾的神经科学研究提出的伦理问题。

现在属于神经伦理学研究范围的许多问题应该是神经哲学问题，而不是伦理问题。神经科学新进展还提出许多其他问题，包括：人的精神、思维、情感活动是否就是脑部神经元活动？人的精神、思维、情感活动是否是由脑部神经元活动决定的？因此人没有自由意志，人对自己的行动不能负责任？人的道德判断、合乎伦理的行动、做善事，也是由脑部神经元活动决定的，或至少有由脑部神经元活动作为基础的（这部分称之为"伦理学的神经科学"）等等。这部分可称为神经哲学，是生命哲学的一部分或子学科。这些问题难以有一个答案，因为这涉及物质与意识关系这一哲学的基本问题。正如恩格斯所说："终有一天，我们可以用实验的方法把思维'归结'为脑子中的分子的和化学的运动，但是难道这样一来，就把问题的本质包括无遗了吗？"[①]例如，当我们将认知归结为神经元活动时，怎样回答"自我"（self）的问题："我"在哪里？"我"是神经元吗？于是神经伦理学就会陷入这些无休止的哲学争论，而忽略了对有关神经科学技术的政策、监管和治理问题。

神经伦理学学科性质。瑞典乌普萨拉大学生命伦理学研究中心主任、哲学家 Kathinka Evers 说："神经伦理学是脑科学、心哲学、伦理学与社会科学的交叉，由于其跨学科性质，可视它为神经科学、哲学或生

---

① 恩格斯：《自然辩证法》，人民出版社1984年版，第151页。

命伦理学的一门子学科，这视人们要强调何种视角而定。"① 这个定义中的主要问题是没有将科学（包括社会科学）与伦理学、哲学与伦理学、描述性与规范性学科区别开来。②

（四）对脑的干预

在神经科学技术的研究和应用中，我们的焦点应该放在对脑的干预上：对作为神经系统和人体中枢的脑的干预，比之对末梢神经的干预引起更多的伦理问题。对脑的干预有：

· 手术干预。早在旧石器时代，人们就发明了一种环钻，用它切下片状颅骨，用来治疗癫痫。19世纪开始有医生试图用神经外科手术治疗精神疾患，称为精神外科（psychiatric surgery）。20世纪40—50年代，脑前叶白质切除术曾被用来治疗精神分裂症，例如诺贝尔奖获得者、葡萄牙医生莫尼斯（António Moniz）和美国医生弗里曼（Walter Freeman）。前几年中国的外科医生试图用脑外科手术治疗药瘾，用精神外科手术治疗精神障碍，对此一直有争议。

· 脑的电刺激。20世纪50年代，西班牙神经科学家德尔加多（José Delgado）将电极插入精神病人颅内，显示对病人脑的电刺激可激起运动动作和情感经验（恐惧、愤怒和性欲）。他称之为"脑信号刺激接受器"（stimoceivers）的装置，既能监测脑的电活动，也能对脑进行电刺激。这种双向交流开启了将神经活动模式的信息与调节这种活动的干预联系起来的可能性。

· 精神药物。20世纪60年代，一系列精神活性药物问世，如氯丙嗪、氨甲丙二酯、咪丙嗪、选择性5—羟色胺再吸收抑制剂等，不仅能有效地治疗某些精神疾病，而且似乎为人们提供了一种理解大脑的新途径。然而，药物的长期疗效不尽如人意。由于缺乏分子水平的研究，医

---

① Evers, K., 2009, *Neuroéthique: Quand la matière s'veille*, Collège de France, Odile Jacob. pp. 23-78.
② Levy, N., 2007, *Neuroehtics*, Cambridge University Press, pp. 1-68; Ruth Fischbach & Janet Mindes, 2012, *Why neuroethicists are needed*? Illes, J. & Kahajan, B., *Oxford Handbook of Neuroethics*, Oxford: Oxford University Press, pp. 292-320; Stanford Encyclopedia of Philosophy, 2016, *Neuroethics*, https://plato.stanford.edu/entries/neuroethics/.

药公司对于研发新药物的动力大大降低，精神病药物的发展开始放慢。

·功能性磁共振影像技术。这是使用核磁共振技术（fMRI）来探测与血流相关的变化以测量脑活动的功能性神经影像技术，因为脑血流与神经元活动有耦合关系。fMRI使正常和病理脑活动可视化，大大推动了脑干预技术的发展。

·经颅磁刺激技术。经颅磁刺激技术（transcranial magnetic stimulation, TMS）是用磁场（磁场发生器置于病人头部）刺激脑神经细胞改善抑郁症状的非侵入性方法，一般用于其他治疗方法无效的抑郁病人。

·脑深层刺激手术。脑深层刺激术（deep brain stimulation, DBS）是1987年开始采用的神经外科技术，将神经刺激器（有时称脑起搏器）植入，将电脉冲传至脑的特定靶标，以治疗运动和神经精神障碍，可治疗对其他疗法无效的精神障碍，如帕金森病、特发性震颤、肌张力障碍、慢性疼痛、重度抑郁和强迫症。

·脑机接口。脑机接口技术（brain-computer interface, BCI）是在加强的或连线的脑与外部装置之间的一种直接通信路径，往往用于研究、测绘、协助、扩展或修复人的认知或感觉—运动功能。

·神经干细胞治疗。神经干细胞治疗（neural stem cell therapy, NSCT）是通过分离、富集和扩增同质神经干细胞群，设法将它们整合入受损大脑中，治疗神经退行性疾病。①

从目的上来说，对脑的干预可以有治疗（恢复到正常）的和增强（超越正常）的；从内容上来说，有作用于认知的，有作用于情态的；从手段上来说，可以有电的、药物的、手术的和脑—机接口的。对脑的干预引起的伦理问题有些与以前就有的伦理问题一样，如运动员服用兴奋剂，或身材短小的人服用人体生长激素。但也有一些新的伦理问题。

1. "认知自由"

"认知自由"（cognitive liberty）问题，即人有无服用精神药物的权利和自由？人有无不"被"服用精神药物的权利和自由？认知自由

---

① Nuffield Commission on Bioethics, 2013, *Novel Neurotechnologies: Intervening in the Brain*, 10-41, https://www.nuffieldbioethics.org/publications/neurotechnology.

的定义是,"每一个人有独立和自主思考、充分发挥他或她的心智,以及选择多种思考方式的权利。享有认知自由的人可拥有自由使用他们选择的任何方法改变其意识状态的权利,包括但不限于冥想、瑜伽、作用于精神的药物、祈祷等。也决不能强迫这样的个体违反他们的意志改变他们的意识。例如,强迫儿童服用利他林,该儿童就不享有认知自由;也不能强迫一个人服用抗精神障碍药物,以使他适合受审;或强迫面临刑事罪责和处罚的人服用改变精神的药物以改变他们的意识状态"①。

美国心理学家利里(Timothy Leary)提出分子时代新的戒条是:第一,你不要改变别人的意识(Thou shalt not alter the consciousness of thy fellow men);第二,你不要阻止别人改变自己的意识(Thou shalt not prevent thy fellow man from changing his or her own consciousness)。② 我们认为强调"认知自由"是片面的,用任何方式改变身体状态或精神状态,不能只考虑当事人的"自由"。必须首先考虑这种改变是否符合当事人的最佳利益,而首先要防止本可避免的伤害,要求风险—受益比应该是有利的。

2. "美容精神药理学"

美容精神药理学(cosmetic psychopharmocology)的问题是,是否允许人们即使没有疾病,也可从一种精神状态转变到另一种精神状态?美容精神药理学是指将"人们从一种正常的,但不那么合意的或社会回报不大的状态转变到另一种正常的,但较为合意的或社会回报较大的状态。例如从抑郁寡欢的状态转变为更为自信的状态,从认知慢到认知快的状态"。这里美容就是增强(enhancement)的意思。是否允许人们精神美容呢?美国总统生命伦理学理事会(President's Council on Bioethics)2003 年的报告题为《超越治疗:生物技术和追求幸福》(Beyond Therapy: Biotechnology and the Pursuit of Happiness)③,批评了美容

---

① Ienca, M., 2017, "Preserving the right to cognitive liberty", *Scientific American*, August 1, http://www.scientificamerican.com/articles/preserving-the-right-to-cognitive liberty.

② Leary, T., 1968, *The Politics of Ecstasy*, Berkeley, California: Ronin Publishing, p. 95.

③ President's Council on Bioethics, 2003, *Beyond Therapy: Biotechnology and the Pursuit of Happiness*, http://bioethicsarchieve.georgetown.edu/pcbe/reports/beyongtherapy/chapter6.html.

精神药理学的使用，认为美容精神药理学必将切断幸福感与我们在世界中的行动和经验之间的联系。但有学者认为该理事会没有提供充分的论证，并可能忽略了美容精神药理学也许实际上加强了幸福与经验之间的联系，认为不应先验地拒绝正常人使用药物增强情态和个性，反之对每一种药物对个体的效应必须使用合理的伦理推理和可得的最佳证据来衡量。[1] 我们认为，这个问题与认知自由有类似之处，必须首先考虑这种改变是否符合当事人的最佳利益，而首先要防止本可避免的伤害，要求风险—受益比应该是有利的。

（五）精神药理学的伦理问题

近年来，已经开发出若干增强认知和情态药物，例如：

· Prozac（百忧解）：用于治疗抑郁，增强情态。世界卫生组织估计患抑郁症的人占20%，新的抗抑郁症药物研发显著增加，这种新药比老一代的抗抑郁症更有效，更少副作用。这些药物对正常人的生活质量有正面影响。类似的药物可控制情绪和情态，保持高昂情绪。

· Ritalin（利他林）：治疗多动症，增强注意力。正常人服用后，可使智力劳动更有效率。

· Provigil（莫达非尼）：治疗嗜眠症，延长觉醒状态。正常人服用后可日以继夜工作。

· Tacrine（他克林）：治疗早老性痴呆患者的记忆障碍。正常人服用可增强记忆。

· 增强记忆和促使遗忘的药物。

使用药物增强认知和情态存在如下的伦理问题：

1. 是否应该研发、销售以及允许人们服用增强记忆或促使遗忘的药物？或者应该有条件地服用，那么这些条件应该是什么？增强记忆是否都是好事？是否有些痛苦记忆还是遗忘为好？但遗忘也有诸多不好之

---

[1] Cerullo M., 2006, "Cosmetic psychopharmacology and the President's Council on Bioethics", *Perspectives in Biological Medicine*, 49 (4): 515-523. doi: 10.1353/pbm.2006.0052.

处。瑞典生命伦理学家埃弗斯（Kathinka Evers）教授[①]以利用 β 阻断剂治愈精神创伤后的紧张症为例讨论了神经药理学中有关记忆和遗忘的伦理问题，她讨论了四种在伦理学上反对"治疗性遗忘"（将遗忘作为一种治疗手段）的论证：

·身份论证：治疗性遗忘威胁到个人身份，可能使得使用者连自己也忘了，因为记忆使我们知道我是谁；

·真相论证：治疗性遗忘把过去的事件真相也忘了，而知道事件真相很重要；

·发展论证：记忆对个人的全面发展是不可缺少的；

·容忍论证：对不幸事件的容忍是培养应对能力所必需的，治疗性遗忘使我们对不幸事件无法容忍，也就降低我们的应对能力。

2. 广泛利用认知增强药物是否会破坏社会的公平？例如，广泛利用认知增强药物是否会破坏公平考试制度。这要求我们考虑这样一些问题，例如重新思考考试的作用是否必要和重要，目前的考试制度是否鼓励人们使用认知增强剂；改善脑功能的药物被学生广泛使用，是否需要像通过随机药物检测限制服用兴奋剂或娱乐性非法药物（毒品）一样来检测增强认知的药物；未来对成绩 100 分的学生要不要像对运动员那样作尿检？教师和父母是否可能会迫使成绩差的学生服用增强药物？一旦有一部分人使用认知增强药物，其他人是否就会受到也使用这种药物的压力，因为没有这种药物，他们担心不能在社会上进行平等的竞争？结果，对正常认知能力的态度就会发生负面的变化。正常的能力倒被认为缺陷，被作为病态对待，需要治疗。很可能有钱人家孩子服药，穷人家用不起，引起新的社会不公正。

3. 通过药物手段诱发的情感是否是"真正的"情感？即使这些情感是真正的，使用药物诱发情感是否将自己工具化，丧失了自主性（类似"卖笑"一样）？当我们的情态逐渐变成技术的产物时，我们的个性的真实性会不会受到损害（你表现出的种种情态不是真实的你，而是药物作用）？这种进展会不会扩大精神病学诊断和治疗的范围（例如去管男女之间情感问题）？

[①] Evers K., 2007, "Perspectives on memory manipulation using beta blockers to cure post-traumatic stress disorder", *Cambridge Quaterly of Healthcare Ethics*, 16 (2): 138-146.

4. 使用药物增强认知和情态会不会使社会问题医学化？自从20世纪90年代研发使用新的抗抑郁药物后，鉴于其有效、副作用小，对人们的生活质量有良好作用，现在医生比以前更容易开出这种药物的处方，还可能今后人们进一步要求控制自己的植物性功能，如睡眠、饮食和性生活。把我们生活中的问题"医学化"（medicalization），是否是好事？在《美国精神障碍诊断和统计手册》①中列出了反社会行为症、多动症等，人们就问：为什么孩子多动？可能是家庭环境不好、老师讲课枯燥、在学校受歧视等社会原因造成的。我国将网络的过度使用诊断为"网瘾"，也是把社会问题医学化的一种倾向。

5. 是否应该迫使人使用增强认知或情态的药物？美国军队已经表示对在战斗人员中服用增强认知药物的兴趣，这些药物很可能会增强战斗力和保护士兵不受伤。在伊拉克服役的美国飞行员服用增强注意和减少睡眠的药物。我国部队也已开发出这类药物。在其他职业领域，雇主可能想利用这些药物改善员工的业绩；雇员要保持饭碗，获得提升，有所成就，也可能"自愿地"服用增强认知的药物。也可能会使家长迫使孩子服用这类药物，以便获得高分；孩子自己也可能"自愿"服用这类药物。②

我们认为增强认知或情态的药物的使用需要在临床和社会层次制定相应的政策。在临床层次，涉及的伦理问题是：使用这类药物对病人的风险—受益比如何以及必须满足知情同意的伦理要求，是否符合病人的最佳利益；在社会层次，需要研究这类药物在家庭、学校、企业和军队使用引起的群体健康以及社会公平问题。

（六）非药物的治疗和增强

利用精神外科来治疗精神病，用相对非侵入方法深部脑刺激来治疗神经和精神病，近年来得到迅速的发展。我国曾有人用精神外科治疗精

---

① American Psychiatric Association 2013, *Diagnostic and Statistical Manual of Mental Disorders*, 5th edition, American Psychiatric Publishing.

② Glannon W., 2007, *Bioethics and the Brain*, Oxford: Oxford University Press, pp. 76-115; Morein-Zamir S. & Sahakian B., 2012, "Pharmaceutical cognitive enhancement", Illes, J. & Kahajan, B., *Oxford Handbook of Neuroethics*, Oxford: Oxford University Press, pp. 201-214.

神分裂症和毒瘾。脑—机接口处于前临床试验阶段，使得麻痹病人有可能用思想控制计算机和机器人。虽然这也是为了治疗，但美国军方想要以此增强士兵的能力。这里，我们主要讨论用精神外科治疗物质使用障碍（"手术解读"）以及脑—机接口的伦理问题。

1. 用精神外科治疗物质使用障碍的伦理问题

21世纪初我国有20余家医院用精神外科治疗物质使用障碍（手术戒毒），接受治疗者达738人，存在着混淆研究与治疗、不认真进行受益—风险比评估、违反知情同意原则、医疗机构急于盈利、所收费用很高、随访仅3—6月等严重问题。2005年3月2—3日卫生部在西安召开专家研讨会，会上6家医院报告说，有效率均为85%以上，但6家医院在病人的脑内伏隔核所摘除的点都不一样。与会的生命伦理学家指出，如果我们相信你们每一家医院的报告所说，摘除一个点85%有效，那么加起来你们都没有效，因为还有5个点没有摘除。与会的神经生理学家说，人类进化数十万年形成的目前脑的结构，伏隔核不是专为吸毒准备的，有其正常的功能，摘除其中一个点必将影响其本来要发挥的功能。中央电视台的记者到各地调查发现，手术后的病人或不仅对毒品没有兴趣，对生活中的一切都不感兴趣，整天蹲在墙角；或依然吸毒；或发生严重的并发症或副作用。会议结束时卫生部宣布禁止将手术戒毒作为常规医疗。"手术戒毒"存在的伦理问题有三：其一，不少医生没有严肃认真考虑风险—受益比。手术本身不可逆，毁损某个靶点的同时，也可能破坏其他正常功能，甚至会导致术后出现性格改变、情感改变或人格改变。有的医院术后随访时间只有3个月，有的戒毒者术后还在服用美沙酮等药物，因此戒毒者从手术中究竟受益几何仍有待考证。其二，一些医院没有严格做到知情同意。一方面，向戒毒者提供片面的信息，如夸大手术疗效、贬损药物等其他治疗手段的效果，同时对手术的可能后果、可能出现的并发症和后遗症却语焉不详；另一方面，知情同意书的签署在个别医院形同虚设，甚至以入院通知书、手术同意书等充数。其三，手术戒毒中存在利益冲突。开展手术不是为病人最佳利益服务，而是为医院创收服务。作为临床研究，戒毒手术本身并没有被证明一定比其他疗法安全有效，这意味着病人要承担相应的风险，他们是为临床研究作贡献，如果还向其收费显然违背伦理学原则。而有的医院的戒毒手术每次要收2万至4万元，已变成医院创收的重要来源。①

2. 脑—机接口的伦理问题

脑—机接口的定义

让我们先看三个脑—机接口的案例。

案例1：2012年2月21日浙大宣布让猴子通过大脑控制机械手成功。向猴子大脑皮层植入2个与200多个神经元相连接的芯片，单个芯片的面积小到4mm×4mm。每个芯片有96个电机针脚。芯片的另一头连接着一台计算机，它实时记录猴子一举一动发出的神经信号。猴子用抓、勾、握、捏4种不同的手部动作，控制半米外一只机械手的动作，分别抓住试验人员递过去的塑料瓶、书本、胶带圈和小饰物。这对改善残障人士的假肢使用有非常良好的前景。

案例2：美国布朗大学约翰·多诺霍的实验室里坐着四肢瘫痪的马修·内格尔。在他的头顶有一个基座插头，连接到一个插座和一台电脑。通过一种叫做"脑之门"（BrainGate）的技术，马修完全可以通过他的脑波来移动光标。他变得如此熟练，以至于当一位连线的记者来参观实验室时，他在一个视频游戏中击败了这位记者。②

案例3：弗雷德里克·吉尔伯特是一名澳大利亚伦理学家，他在塔斯马尼亚大学研究脑—机接口。他访问了6名参与首次预测性脑机接口临床试验的病人，以帮助了解与监测脑活动的电脑一起生活如何直接影响病人的心理。6号病人说，"它变成了你的一部分"。她说的"它"是指这种使她在经历了45年的严重癫痫之后停止了癫痫发作的技术。电

---

① 国家卫生健康委员会，2004，《手术戒毒目前不能作为临床服务项目》，20004-11-02，http：//www.nhc.gov.cn/wjw/zcjd/201304/e0fc8f8663e540e9a1e80ca6309e1ac8.shtml；卫生部，手术戒毒临床研究专题研讨会会议纪要，2005，https：//xueshu.baidu.com/usercenter/paper/show? paperid=b2d4cbf2525d1224c7eb366a9a2703bc&site=xueshu_se；邱仁宗，2005，《手术戒毒要过三道"伦理槛"》，2005-04-19，https：//xueshu.baidu.com/usercenter/paper/show? paperid=ed82945a778b 437b4241b23ef5481868&site=xueshu_se；Glannon, W., 2007, *Bioethics and the Brain*, Oxford：Oxford University Press, pp.116-147, 45-75.

② Paul R. Wolpe, *Ethical and Social Challenges of Brain-Computer Interfaces*, Aug 2004, https：//journalofethics.ama-assn.org/article/ethical-and-social-challenges-brain-computer-interfaces/2007-02.

◇◇ 第三编 新兴科技伦理学

极被植入她的脑表面,当电极发现有癫痫发作的迹象时会向手持设备发送信号。6号病人一听到该装置的警告,就知道要服用一剂药物来阻止即将到来的癫痫发作。她说:"你会慢慢地适应它,习惯它,所以它就会成为每天的一部分。""它变成了我。"吉尔伯特描述她和脑机接口的关系是一种"共生关系"。然而,提供脑机接口设备的公司破产了,临床试验被迫终止。6号病人悲惨地说:"我失去了自我。"在6名病人中有1名病人拒绝使用这套设备,其他5名病人中有一位变得喜欢赌博了。吉尔伯特认为,自从使用这套脑机接口设备后,实际上成为一位新的人,不是原来的人了,是这家公司创造的一位新的人。[1]

早在20世纪80年代末,法国科学家将电极植入晚期帕金森氏症患者的脑中,目的是让电流通过他们认为会引起震颤的区域,以抑制局部神经活动。这种深部脑刺激可能有效:在电极被激活的那一刻,剧烈的、使人衰弱的震颤往往会消退。1997年,美国食品药品监督管理局批准了深部脑刺激用于帕金森病患者。从那以后,这项技术被用于治疗其他病症,如强迫症和癫痫,目前正在研究是否用于抑郁症和厌食症等心理健康问题。1998年控制论教授凯文·沃里克将一个硅片转发器植入他前臂,硅片与他办公室有无线联系,当他一踏进办公室,他的计算机就会启动,电灯就会打开,取暖器就会发动。2002年在他手臂的正中神经植入100个电极阵列,使他能操纵一个远程控制的假肢手臂,并可以感觉到植入他妻子依列娜的植入物发出的信号。[2] 这是各种各样脑机接口中的一些实例。

脑机接口是神经科学研究中迅速发展的一个领域。对于脑机接口的定义并没有共识。脑机接口可被视为一组不能交流或瘫痪的人(如肌萎缩性脊髓侧索硬化症或脊髓损伤患者)的辅助技术。该技术也有增强性能和娱乐的用途,例如用于游戏或与健康有关的目的。然而,有几个因素是研究人员和学者普遍同意的。这些关键要素是脑机接口(1)直接探测脑的活动,(2)实时(real-time)或近时(near-time)提供反馈,

---

[1] Liam Drew, "The ethics of brain-computer interfaces", *Nature*, 2019, 571: 519-521, https://www.nature.com/articles/d41586-019-02214-2.

[2] 邱仁宗:2005,《手术戒毒要过三道"伦理槛"》,2005-04-19, https://xueshu.baidu.com/usercenter/paper/show?paperid=ed82945a778b437b4241b23ef5481868&site=xueshu_se.

(3) 对脑活动进行分类,(4) 向用户提供提供其是否成功达到目标的反馈。因此,我们可以说,脑机接口是一种探测传达意向的脑信号并通过机器将其转化为可执行输出的设备。换句话说,它是人的神经组织和人造设备之间的直接连接,在计算机和脑之间建立了非肌肉沟通通道。脑机接口在患者的日常生活中具有重要的意义。例如,可使脑机接口帮助无法与人交流的人,帮助闭锁或瘫痪的人与他人沟通,并可以通过肌肉的人工刺激帮助脊髓损伤的人恢复运动。与其他相关装置不同,在脑—机接口中使用者与系统之间通过双向反馈产生身体的变化,因此可以恢复那些失去四肢、大面积瘫痪或神经系统严重受损的人某些运动或语言思想交流。所以,接口技术分为"读"脑,记录脑活动并解码其意义的技术;以及给脑"写"些什么,以操纵特定区域的活动并影响其功能。①

脑机接口有三种主要的方法来记录脑信号:(1) 非侵入性记录方法记录来自头皮的信号;包括脑电图(EEG)、功能性磁共振成像(fM-RI)和近红外光谱(NIRS)。侵入性记录方法或者(2) 通过皮质电描记术(ECoG)从皮质表面记录信号,或(3) 借助微电极阵列从皮质内部记录信号。随着该方法更具侵入性,信噪比也会提高;然而,与非侵入性脑机接口相比,侵入性脑机接口有更多的风险,因为包括需要手术、随之而来的风险或可能造成神经胶质瘢痕。因此,脑电图虽然具有较低的信噪比,但由于其安全性、便携性、成本—效果比高以及高时间分辨率,在脑机接口中应用非常广泛。

3. 脑机接口技术的伦理问题之一:风险及风险-受益比

脑机接口有几大伦理问题:安全性、人性和人格、自主性、知情同意、责任、隐私和安保、歧视和公正。除此以外,由于"写"给脑的

---

① 卫生部《手术戒毒临床研究专题研讨会会议纪要》,2005,https: // xueshu. baidu. com/usercenter/paper/show? paperid = b2d4cbf2525d1224c7eb366a9a2703bc&site = xueshu_ se; Burwell W. , Matthew Sample & Eric Racine, *Ethical aspects of brain computer interfaces: a scoping review*, BMC Medical Ethics, 2017, 18: 60 - 70, https: // bmcmedethics. biomedcentral. com/articles/10. 1186/s12910-017-0220-y; Glannon W. , "Ethical issues with brain-computer interfaces ", *Front Syst Neurosci*, 2014; 8: 136, https: // www. ncbi. nlm. nih. gov/pmc/articles/PMC4115612/.

技术要应用人工智能，因此会遇到机器学习和算法方面的问题，还有脑机接口被用于增强能力，可能会有人利用脑机接口使人向超人（posthuman）转化，形成自然—电子杂交人或电子人（cyborg）的问题。① 由于篇幅关系，我们在这里主要讨论两个主要伦理问题，即一是使用脑机接口的风险—受益比（包括安全和安保）问题；二是与尊重人有关的问题，涉及人性和人格、自主性、知情同意、责任等问题。

使用脑机接口给使用者可能带来的受益以及伤害或风险（伤害的可能）：

受益。脑机接口技术对运动、认知、语言、情态有严重障碍的病人可能会有很大的好处，使他们在不同程度上恢复这些能力，从而提高他们的生活质量。例如，脑机接口技术可使四肢瘫痪病人恢复某种程度的行动能力，这种装置可为病人提供相关类型的反馈，使病人能够将意向转化为行动，尽管她或他无法进行身体的随意运动。② 在将脑机接口用于帮助使用者控制假肢时，就可以将行动前的计算交给脑机接口装置去做，并预测使用者下一步会做什么，这样假肢的动作更为有效。一个简单的工作例如捡起一个咖啡杯，实际上都是高度复杂的，其中人下意识地进行许多计算。安装传感器和自动产生连贯运动机制的假肢，帮助使用者更容易完成作业。但这也意味着机器臂所做的事实际上并不是受使用者指导的。脑机接口可利用算法帮助使用者操作假肢进行预测，在使用者手机上会产生一些短信，这些短信对使用者操作假肢有用，也可节省时间，但有时或发生差错。③

伤害。脑机接口可能对使用者造成直接的伤害风险，特别是对于需要手术干预的设备。对于必须植入皮肤或颅骨下的设备，潜在的并发症包括植入处反映周围组织感染和脑的急性创伤等。对于长期留存的植入物，受影响的神经组织也可能发展成胶质瘢痕，这可能使脑机接口的功

---

① Nuffield Commission on Bioethics, 2013, *Novel Neurotechnologies: Intervening in the Brain*, 10-41, https://www.nuffieldbioethics.org/publications/neurotechnology.

② Liam Drew, "The ethics of brain–computer interfaces", *Nature*, 2019, 571: 519-521, https://www.nature.com/articles/d41586-019-02214-2.

③ Paul R. Wolpe, *Ethical and Social Challenges of Brain-Computer Interfaces*, Aug 2004, https://journalofethics.ama-assn.org/article/ethical-and-social-challenges-brain-computer-interfaces/2007-02.

能存在障碍。即使是非侵入性装置也可能造成严重的伤害；对于仍在发育中的儿童甚至是成年人的脑，其可塑性有可能因脑机接口的使用而引起未知的负面影响。而这些副作用是否具有可逆性又带来了另一种担忧：在脑机接口撤除后，使用者的脑是否能恢复正常？① 在利用深部脑刺激治疗病人时会产生一些副作用，例如少数帕金森病人变得性欲过强或发生其他强迫性问题，一名慢性疼痛病人性格变得冷漠，有一名病人治疗后变得喜欢赌博了。②

脑机接口被认为是一种具有内在风险的技术，因为这种技术具有不确定性，其后果在科学上具有未知性。无论是受益还是风险都缺乏可预测性，风险的范围、程度和概率也无法预测。例如，无人也无法预测的黑客的攻击，即来自外部的人控制了脑机接口设备。使用无线通信标准就会使使用者有暴露给他人干扰的风险。这些外人可能是恶意行动者、不道德的雇主，也可能是某个执法人员。除了提取信息，有害的利用可能导致脑机接口设备发生故障或被操纵以伤害使用者。因此，一些学者认为有必要提出"神经安保"（neurosecurity）的概念。脑机接口技术还会产生一些非医疗性安全问题。例如对使用者进行高强度训练和认知集中时的潜在严重伤害。因需要定期和具有挑战性的训练，可能会给使用者和他们的家庭带来身体、情感和经济负担。设备故障可能会把使用者置于特别困难的情况——例如当使用者正在过马路时脑机接口轮椅发生故障，就可能会有致命的后果。随着使用者越来越依赖这项技术，部分设备故障或差错就变得越来越重要了。③

一个关键的伦理问题是如何对脑机接口技术使用的风险—受益比做出评价，以帮助使用者做出决策。现在越来越多的人利用脑机接口治疗运动失能以及情态、行为和思维障碍，因此必须权衡可预见的受益与干预引起的预期风险，但这种权衡必须按照每个病人的具体情况进行，并

---

① Liam Drew, "The ethics of brain-computer interfaces", *Nature*, 2019, 571: 519-521, https://www.nature.com/articles/d41586-019-02214-2.

② Paul R. Wolpe, *Ethical and Social Challenges of Brain-Computer Interfaces*, Aug 2004, https://journalofethics.ama-assn.org/article/ethical-and-social-challenges-brain-computer-interfaces/2007-02.

③ 邱仁宗, 2005, 手术戒毒要过三道"伦理槛", 2005-04-19, https://xueshu.baidu.com/usercenter/paper/show?paperid=ed82945a778b437b4241b23ef5481868&site=xueshu_se.

告知病人。在根据对风险—受益比的评价做出决策时,要考虑到如下的情况:其一,在某些情况下,患者和医生对于通过脑机接口恢复运动功能的期望可能不合理。当受试者产生行动的欲望和意向没有实现时,就会造成心理伤害。其二,用于探测和回应运动皮层神经信号的不同类型电极涉及不同程度的侵入性和不同的风险—受益比,则必须根据这项技术可能的成功或失败加以权衡。其三,神经功能障碍患者用脑机接口进行交流,引发了这样一个问题:他们的反应是否能证明他们有能力对自己的医疗做出知情的决定。其四,脑机接口利用有线或无线系统来探测运动皮层中的信号并将信号传输出去转化为行动,这些系统对病人的受益和风险的重要性并不取决于侵入性的类型,而是取决于它们的程度。非侵入式包括基于头皮的电极,这是记录脑电图所需的设备的一部分,因为它们不需要进行颅内手术,也不需要将设备植入脑中,所以没有感染或出血的风险。但与此同时,由于头盖骨可能会对运动皮层的信号产生影响,设备可能无法轻易地读取这些信号。①

4. 脑机接口技术的伦理问题之二:对人的尊重

人格改变。我国最近颁布的《民法典》,其中专门有一条是确定公民拥有人格权,人格权的实质就是对人的尊重。但脑机接口技术使用会引起一些独特的与尊重人有关的伦理问题。神经伦理学家发现,脑机接口技术应用后的一个副作用是人格改变(personality change)。上面第三个案例中有一名病人一受到深部脑刺激就会强迫性地喜欢赌博,把他家里的存款全部输光也不在乎,一直到停止刺激以后才终止。② 这里病人提出的严重问题是,这项技术如何影响到她或他对治疗提供同意的能力。如果这个病人愿意这样治疗下去,那么家庭成员或医生是否能够否决病人的决定?如果病人以外的人可以违反病人意愿终止治疗,这意味着这项技术降低了病人为自己做出决定的能力。这提示,仅当电流改变他的脑活动时他才这样想,那么那些想法并不反映一个真实自我(au-

---

① Glannon W., "Ethical issues with brain-computer interfaces", *Front Syst Neurosci*, 2014; 8: 136, https://www.ncbi.nlm.nih.gov/pmc/articles/PMC4115612/.

② Liam Drew, "The ethics of brain-computer interfaces", *Nature*, 2019, 571: 519-521, https://www.nature.com/articles/d41586-019-02214-2.

thentic self)。① 这种情况对于医生是非常棘手的：究竟什么是病人真正的意愿？一个神经性厌食病人来找医生说，我现在的最高价值是瘦身。然后医生用深部脑刺激治疗她，治疗后病人改变主意了。那么改变主意真正是病人批准的吗？或者问：这个病人（及其身份）还是原来那个人（及其身份）吗？② 这样的问题在使用人工智能时也会发生。例如将决策装置插入某个人的脑内，尤其是当这些闭合回路越来越多使用人工智能软件，就会产生这个人是否依然是自己在管自己的问题。如果用一个监测血糖的仪器来自动控制胰岛素的释放以治疗糖尿病，那么毫无疑问这个决策是代表病人的。但是对脑的好心好意干预并不总是受欢迎的。这种干预会使一个人不再是一个独立的由自己做出决策的行动者（agent）。③

自主性。自主性是指一个人自我决定的能力。在脑机接口的情境下，我们没有必要因神经调控对脑和精神的影响而修改伦理学中的自主性概念，然而我们也应该考虑一下主要由或仅由一个装置产生的一个人的行动是否能够真正归因于这个人。脑机接口对人的自主性既有积极作用，也有消极作用。人们经常谈到，脑机接口的辅助应用通过赋予能力而增加自主性。一直作为脑机接口治疗对象的疾病——肌萎缩性脊髓侧索硬化症、脊髓损伤、中风等——对运动和交流能力有着深远的影响。脑机接口作为辅助技术增加了病人的独立性，并导致病人生活质量的改善。障碍本身抑制了个人按照自己的愿望行事的能力而破坏了个人的自主性。因此，对自主性的实际威胁是由患者自身的情况造成的，而脑机接口使患者有可能表达自己的想法和行为来缓解这一威胁。这样，脑机接口就是通过发展人的行动能力来有助于实现人的尊严。但我们也要注意到，如果一个脑机接口装置决定一个人的决策，那么这也有可能对自

---

① Liam Drew, "The ethics of brain-computer interfaces", *Nature*, 2019, 571: 519-521, https://www.nature.com/articles/d41586-019-02214-2.

② Paul R. Wolpe, *Ethical and Social Challenges of Brain-Computer Interfaces*, Aug 2004, https://journalofethics.ama-assn.org/article/ethical-and-social-challenges-brain-computer-interfaces/2007-02; Liam Drew, "The ethics of brain-computer interfaces", *Nature*, 2019, 571: 519-521, https://www.nature.com/articles/d41586-019-02214-2.

③ Liam Drew, "The ethics of brain-computer interfaces", *Nature*, 2019, 571: 519-521, https://www.nature.com/articles/d41586-019-02214-2.

主性起消极的作用。同样地，这个装置可能工作得太好了：也许我们正常的脑—肌肉—动作系统有一些固有的审查特性，而脑机接口则直接从脑接收信号输入，可能导致不合适的行动，而这些行为通常会被考虑，但不会实际执行。总而言之，人们担心使用脑机接口对自主性可能产生的副作用。①

知情同意。脑机接口触发了关于知情同意的广泛伦理讨论，可能是由于人们认识到该技术及其目标人群特有的伦理困境。许多脑机接口的终端用户是无法交流的患者，例如那些处于闭锁状态的患者，他们表示同意的能力明显受损。有人建议，如果可能的话，患者应该对使用脑机接口表示认可（assent），但这不足以表示同意。总的来说，大多数研究人员都认为非侵入性脑机接口目前的受益大于风险。尽管如此，目前大家接受的知情同意原则仍要谨慎对待：一些闭锁和不能交流的患者可能不想要脑机接口，尽管医生声称它有好处。此外，如果一个本来不能交流的患者使用了脑机接口，并且可以使用它来达到基本的交流水平，是否足以获得知情同意以进行进一步的治疗，这是值得怀疑的。这些脑机接口用户可能仍然非常脆弱，而且很难确定他们是否仍然有能力做出知情的决定，更不用说他们是否能够充分地表达自己的决定并与人交流。②

对于哪些人是合适的受试者以及他们同意的能力究竟如何也提出了类似的担忧。患有严重残疾的病人很容易接受较高的风险，包括手术风险和认知障碍，希望得到一些最小的受益。由于四肢瘫痪、处于闭锁状态和其他重大残疾患者是脑机接口辅助技术的主要终端用户，人们担心他们可能出于绝望而选择使用脑机接口并参与脑机接口研究。必须采取步骤，确保他们不因绝望而使自愿性受到削弱，导致不合适的同意。③

自愿性。病人同意的自愿性也会受到不切实际的受益期望的影响。

---

① 邱仁宗，2005，手术戒毒要过三道"伦理槛"，2005 - 04 - 19，https：//xueshu. baidu. com/usercenter/paper/show？paperid = ed82945a778b 437b4241b23ef5481868&site = xueshu_ se.

② 邱仁宗，2005，手术戒毒要过三道"伦理槛"，2005 - 04 - 19，https：//xueshu. baidu. com/usercenter/paper/show？paperid = ed82945a778b 437b4241b23ef5481868&site = xueshu_ se.

③ 邱仁宗，2005，手术戒毒要过三道"伦理槛"，2005 - 04 - 19，https：//xueshu. baidu. com/usercenter/paper/show？paperid = ed82945a778b 437b4241b23ef5481868&site = xueshu_ se.

目前脑机接口是一种实验性治疗方法，其治疗可行性尚未得到证明。这可能会导致受试者的治疗误解（therapeutic misconception），他们期望通过一项新发明的技术来治愈他们的疾病，而实际上这项技术只有15%-30%的机会，对某些特定个体则完全不起作用。那些高期望没有得到满足的受试者可能会因此发生抑郁。媒体渲染造成的期望差距可能助长了这种治疗误解。新闻频道，甚至社交媒体，经常被科学家和研究人员用作与公众沟通的桥梁，而企业的 CEO 则往往利用媒体进行营销，夸大受益，有意缩小风险。因此，我们必须设法确保公众不会对当前脑机接口技术开发产生毫无根据的预期。目前，追求轰动效应的媒体对脑机接口的报道往往是夸大的，经常说什么"读心"和"治愈"，这是对该技术能力的明显夸大。实际上科学家记录到了病人脑中的神经活动信号，但对于这些信号究竟意味着什么，仍然知之甚少。这些情况产生的过高期望降低了受试者准确理解被告知信息的可能性，这可能导致信息未被充分理解的同意。①

5. 脑机接口的治理问题

目前已有文献表明，对伦理问题讨论较多，但对如何解决这些伦理问题意见较少，从而影响了对脑机接口技术的监管和治理的充分讨论。首先，有人指出，神经伦理学家的目标是将该技术的受益最大化和伤害最小化，这是在医学实践中根深蒂固的，也是伦理治理的目的之一。而商家的策略则是尽可能掩盖风险，尽可能回避政府有关部门和公众的监管和监督。② 第二，现在脑机接口技术公司正在研究销售量大的脑机接口装置的可行性，这是一个重要的时刻。当一项技术处于萌芽阶段，很难预测该项技术的结局，而当该技术成熟时即市场规模大或监管不足，在社会上已经牢固盘踞，那时就难以改进。例如纳米技术现在业已广泛应用，我们提出的进行纳米毒理学研究，制订实验室和车间纳米浓度标准，对纳米材料的制造要有准入标准，准入前应暂停开工，对纳米技术实验室人员以

---

① 邱仁宗，2005，手术戒毒要过三道"伦理槛"，2005-04-19，https://xueshu.baidu.com/usercenter/paper/show? paperid = ed82945a778b 437b4241b23ef5481868&site = xueshu_ se.

② Nuffield Commission on Bioethics, 2013, *Novel Neurotechnologies: Intervening in the Brain*, 10-41, https://www.nuffieldbioethics.org/publications/neurotechnology.

及制造纳米材料的车间工人进行一次普遍的肺部体检等建议,有关人员根本不予理会。在脑机接口技术普遍推广之前,已经有充分的知识对该技术的治理制订必要的、暂时的、初步的伦理规范和法规规定,正如我们多次强调的"伦理先行"那样。例如脑机接口在应用于人之前必须进行临床前研究;动物实验必须遵循 3R 原则并经动物伦理审查委员会批准;临床试验首先应用于患有严重运动、认知、情感或交流障碍的病人;必须建立伦理审查委员会审批临床试验方案等。

(七) 神经影像技术的伦理问题

神经影像技术(Neuroimaging)包括使用种种技术(PET,质子射线断层影像仪)、fMRI(功能性核磁共振仪)、MEG(核磁脑电图)直接或间接将脑的结构、功能和药理作用情况用影像显现。神经影像技术分两大类:结构影像:处理脑的结构和颅内大范围疾病(例如肿瘤)与损伤的诊断;功能影像:用于诊断代谢病和小范围病变(例如早老性痴呆)。功能影像技术能使人们直接看到脑中枢处理信息的情况。这种处理引起与脑相关区域增加代谢,在扫描时"发亮"。对神经影像技术最有争议的使用之一是研究"识别思想"或读心(read mind)。

功能性核磁共振技术(fMRI)依赖氧化和去氧血红蛋白的顺磁性质,使人们看到与神经元活动相关联的血流变化的影像。这使得所产生的影响反映在不同作业完成时哪些脑结构被激活和如何激活。大多数 fMRI 扫描研究使受试者接触不同的视觉图像、声音和触觉刺激,以及作出例如按钮或移动操纵杆等不同的动作。于是,人们能够用 fMRI 来显示与感知、思维和行动相关联的那部分脑的结构和过程。fMRI 既用于研究健康受试者,也用于疾病的医学诊断,而且用于临床的越来越多。因为 fMRI 对血流特别敏感,因而对局部缺血引起的脑部早期变化(血流异常低下)特别敏感,例如中风以后的变化。中风的早期诊断在神经学中越来越重要,因为要在某些类型中风发生后最初几个小时使用溶解血栓的物质,而在这以后使用则十分危险。fMRI 上看到的脑部变化可帮助我们决定用哪些药物进行治疗。

神经影像技术用于诊断和治疗疾病时,伦理问题与其他医疗技术基本相同，如风险—受益比的评价、知情同意、保密等，我们不拟在这里重复讨论这些问题。其特殊的伦理问题主要有以下若干方面：

(1) 利用 fMRI 来"读心"时发生的伦理问题。神经影像技术这种新应用是基于脑的活动与有意欺骗之间的相关。一些不同的研究组已经鉴定出在实验室作业中有意欺骗的相关 fMRI 脑活动，比传统测谎器更有效。尽管有专家质疑这项技术已经商业化了，即"神经营销"（neuromarketing），根据脑影像能够测量到人们有意识或无意识对产品的欲望。可口可乐和宝马公司开始扫描顾客脑活动对新设计反应的影像。与此有关的就是"脑指纹"的问题：保险公司能否利用脑扫描来查看投保人有关个人信息是否真实？法庭上脑影像能否作为证据？安全部门能否利用脑影像来对嫌疑人进行测谎？研究者还发现众多不同的心理性状，包括个性、智能、精神状态脆弱性、对特定民族群体的态度以及对暴力犯罪的偏好等脑影像相关模式，对种族的无意识态度在脑活动中表现了出来。脑影像技术能否预测人的未来行为？例如杀人犯、恐怖主义者的脑活动是否显示异常模式？因此美国正在研究利用这种技术进行防恐。脑影像技术这些实际和潜在的能力和可能的应用提出了不少伦理问题。最明显的关注是隐私。例如雇主、营销者和政府对知道某些人的能力、个性、真相和其他精神内容有强烈的兴趣。那么，是否应该、何时和如何确保我们自己"心"的隐私？

我们认为，首先，"读心"一说也许有些夸大，也许可以显示人们是否喜欢这一新产品，说话时是否在撒谎，对少数族裔是否有厌恶感等等情绪和态度，这些我们可以从人的行为举止也可以读出，目前的新技术也还不能达到"读心"这一地步。我们认为在原则上不能排除脑影像技术在这些方面的应用，要在实践中提高其特异性和敏感性，减少假阴性和假阳性，避免和减少对受试者或当事人可能伤害的风险，并在确保知情同意和保护信息隐私方面制定伦理规范和法规规定。在程序上，则要首先进行详细的比较长期的试验，才能在实践中应用。

(2) 将神经影像技术用于研究伦理学引起的问题。起初研究人员发现，人们就具有道德内容（如"法官判无辜的人有罪"或"认为老人无用"）与中性内容（如"这位画家用他的手作画笔"）的话做出判断的健康成人的 fMRI（即其特有的脑活动）是不同的。最著名的实验是将fMRI影像技术用于检测受试者对富特（P. Foot）[①]电车思想实验回应的脑部影像。该项思想实验分两部分，第一部分是拉闸难题：有一辆失控的无轨电车，左侧轨道上有5个人在工作，右侧轨道上有一个人，你在铁道岔口旁边，应该做什么？

·选项A：你什么都不做，电车向左侧轨道行使，5人全部死亡。

·选项B：你在岔口拉一下闸，电车向左侧轨道行使，撞死上面1个人。但这5个人就会活命。

第二部分是天桥难题：有一辆失控无轨电车朝前开去，前面有5个人在轨道上工作，车子需穿过一座天桥，桥上站着一位大胖子，你在大胖子后面，应该做什么？

·选项A：你什么都不做，5人全部死亡。

·选项B：你把大胖子推下去，挡住车子去路，5人可全部救活，但大胖子死了。

问题：你认为在哪一种选项是道德上可接受的，或在道德上不可接受的？

神经影像技术用于道德推理实验的结果是：在实验中大多数受试者认为"拉闸"这个选项是道德上可接受的；而把大胖子"推"下去的选项是道德上不可接受的。研究者发现，认为这个行动合乎道德或不合乎道德时，脑部活动有不同的模式。这里的哲学问题是：你认为某种选项合乎道德是由你的神经元活动决定的；还是你在做出推理时决定了神经元活动模式？

（3）精神影像技术还有三个哲学问题：其一是"神经还原论"问题：人的特定思维活动是否能与神经活动模式等同起来或还原为神经活动？其二是"神经实在论"问题：某物仅当能被电子设备测量到时才是实在的。一个人声称疼痛或性欲低下，或有不愉快的情绪，仅当这些症状得到脑扫描的支持时，才是实在的。如果在脑扫描中不能发现其相关物，那么他说的那些症状就不是实在的。其三是自由意志和道德责任问题。一些神经科学家（如Greene和Cohen）认为，神经科学的研究表明，人做出决定的过程完全是机械程序，结果完全由预先的机械程序

[①] Food, P., 1967, "The problem of abortion and the dorctrine fo the double effect", *Oxford Review*, (5) 5-15.

所决定,基于此他们认为神经科学会削弱人们关于存在自由意志的常识。但 Broome 等认为,现在讨论神经科学的进展如何影响我们的道德责任观念,为时过早。Buller 应用心哲学理论表明,自由意志的假定不会受神经科学进展的影响。与某些学者(Greene 和 Cohen)声称的相反,经验证据不可能用来反驳自由意志的存在,因为经验证据只告诉我们是什么,没有告诉我们必须是什么。在神经生物学层次的决定论不一定是认知层次的决定论。[1]

(雷瑞鹏、寇楠楠)

---

[1] Giordano, J. & Gordijn, B., 2010, *Scientific and Philosophical Perspectives in Neuroethics*, Cambridge University Press, pp. 1-65, 230-270; Nuffield Commission on Bioethics., 2013, *Novel Neurotechnologies: Intervening in the Brain*, 10 - 41, https://www.nuffieldbioethics.org/publications/neurotechnology; Burwell S., Matthew Sample & Eric Racine, *Ethical aspects of brain computer interfaces: a scoping review*, BMC Medical Ethics, 2017, 18: 60 - 70, https://bmcmedethics.biomedcentral.com/articles/10.1186/s12910-017-0220-y; Glannon W., 2011, *Brain, Body and Mind: Nureuethics with a Human Face*, Oxford: Oxford University Press, pp. 72-114; Haynes, J-D., 2012, "Brain reading: Decoding mental states from brain activity in humans", Illes, J. & Kahajan, B., *Oxford Handbook of Neuroethics*, Oxford: Oxford University Press, pp. 25-33; Clausen, J. & Levy, N., 2015, *Handbook of Neuroethics*, Dordrecht: Springer, pp. 201 - 286.

二十一 纳米伦理学概述

（一）纳米技术的发展和应用

纳米，英文为 nanometer，"纳"一词来自希腊文 nanos，意为矮子。1纳米是1米的10^{-9}或10亿分之一，比一根头发的直径小75000倍。1纳米的距离可容纳3—6个原子。碳—碳键或碳原子之间间隔约为0.12—0.15纳米，DNA双螺旋的直径约为2纳米，最小的细胞生命形态支原体的长度为200纳米。1纳米与1米好比一个玻璃球与地球。纳米技术（nanotechnology 或简称 nanotech）是制造和利用纳米大小的装置，或控制原子或分子尺度物质的领域。现在也称纳米科学（naoscience），我们这里暂用纳米技术这一术语包括纳米科学和纳米技术。一般来说，纳米技术处理相当或少于100个纳米大小的结构，开发这样大小范围内的材料或装置。纳米伦理学（Nanoethics）是探讨纳米科学技术中伦理问题的领域。

人类已经无意之中应用纳米技术达数千年，如炼钢、上油漆、硫化橡胶等。这些过程依赖纳米尺度的随机形成的原子集合的性质（与化学不同）。1917年 Zsigmondy 发表了他用高倍显微镜观察金溶胶及其他纳米材料的结果，小至20纳米，他首次用纳米一词并测定为1毫米的100万分之一。1959年诺贝尔奖获得者 Feynman 提出有可能开发出操纵个别分子和原子的能力。尺度很小时引力不重要，而表面张力和范德瓦尔引力更重要。1965年英特尔公司创始人之一 Gordon Moore 提出 Moore 定律：在下一个10年晶体管数量每18个月翻一番。结果1971—1981年晶体管从2000增加到4000万，但电子元件从几毫米减少到数百纳米。2007年晶体管从10微米缩至45—65纳米。同时，化学、生物化学和分子遗传学能够在试管或生物机体内进行合成。20世纪最后25年人们能够控制和操纵光，能产生短到几个 femtoseconds（飞秒，$1fs=10^{-15}s$）的光脉冲。光也有大小，为数百纳米的尺度。这三项技术在纳米尺度上相遇，可能使电子学和生物学革命化。

1959年诺贝尔奖获得者 Feynman 提出有可能开发出操纵个别分子和原子的能力。他提供了两笔奖金，每笔1000美元，用来进行两项挑战。挑战1是制造纳米机（nanomotor），出乎他意料的是，William McLellan 于1960年11月完成了。挑战2是将字母缩小到可将大不列颠百科全书按在针尖上，由 Tom Newman 于1985年完成。

1974年东京科学大学 Norio Taniguchi 定义纳米技术为用原子或分子使材料分离、巩固和变形的过程。当时纳米技术的尺度在100纳米左右，显现量子力学的特点，称为量子点（quantum dots）。20世纪80年代纳米技术创始人 Eric Drexler 深入地在概念上探讨了用决定论而不是随机方法操纵个别原子或分子的纳米技术，他的纳米技术概念是分子纳米技术。他预见了分子机器的制造，利用分子制造系统可建造小于细胞的计算机，作为修复细胞的装置。他创建先见之明（Foresight）研究所，鼓励负责任地发展纳米技术，提高对纳米技术发展中伦理问题的重识。

20世纪80年代，两大进展使得纳米技术和纳米科学蓬勃发展：cluster science 的诞生和隧道扫描显微镜（STM）的发明。这导致1985年发现富勒烯和碳纳米管的结构，以及半导体纳米晶体管的合成及对其性质的研究。90年代，Huffman 和 Kraetschmer 发现了如何大量合成和纯化富勒烯，这使得研究富勒烯的特征和功能成为可能。1992年 T. Ebbesen 描述了碳纳米管的发现及其特征。于是以纳米管为基础的纳米技术得到进一步发展。纳米技术可能有5个阶段：准确地控制原子数量在100个以下的纳米结构物质；生产纳米结构物质；大量制造复杂的纳米结构物质；制造纳米计算机；研制出能够制造动力源与程序自律化的元件和装置。

1990年第一届国际纳米技术会议在美国加州举行，讨论了原子的显微镜研究、分子结晶的自我装配，蛋白质工程和微机器。Drexler 乐观地预测用纳米技术可研制出：几乎免费的消费品；比今天快几十亿倍的计算机；安全和支付得起的空间旅行，疾病、衰老和死亡的终止；减少污染和污染物的自动清理；饥荒的终止；对儿童的超级教育；重新引入绝灭动植物；改造地球和太阳系。同时，Drexler 也警告：What is possible（可能），what is achievable（可行），what is desirable（合意），取决于安全、道德、人权、尊严和宗教等要素。

纳米技术可应用于很多领域，例如：

纳米医学：纳米技术可提高药物的生物药效率（目前仅20%），减少副作用，减少浪费（每年650亿美元）。纳米可使药物到达病变部位；纳米药物可进入细胞膜，可确定癌症部位，杀死癌细胞；纳米材料可帮助检测仪器形成更清晰影像，改善诊断质量；纳米材料和激光未来可代替手术。实验研究表明，用纳米材料和激光可使两块鸡肉长成一块，没有瘢痕；纳米技术可帮助再生或修复受损组织，用纳米材料和生长因子刺激细胞繁殖，即组织工程，可代替器官移植和人工植入物；医用机器人可进入人体修复缺损，清除感染，杀死细菌病毒、癌细胞；细胞修复机可拆卸损坏细胞，重建健康细胞，以组织器官。

纳米技术应用于环境、能源领域：例如纳米粒子可有利于污水处理、空气纯化和能量储存；利用纳米技术可减少能源消费，增加能源生产的效率：目前使用的灯泡仅将5%的电能转化为光，最佳的太阳能电池利用率仅为40%，商用只有15%—20%。利用纳米结构可大大增加光—电能转换效率。

纳米技术应用于信息领域：利用碳纳米管开发超高密度记忆，称为纳米随机存储器（random-access memory），利用纳米材料可使硬盘数据储存密度达到十亿字节（gigabyte），或使计算机具有磁性随机可及记忆（磁性随机存储器，maguetoresistive random access memory）。例如英特尔开发出可将芯片电路元件缩小到只有32纳米（目前是45纳米）的制作流程，使晶体管更节能、更精密、更高效；惠普已经研制成功用新的纳米元件"忆阻"（memristor）替代晶体管，可大幅度提高电脑性能，预计三年内投放市场。

纳米技术在工业中的应用：在交通方面，纳米技术为航空、宇航、运输工具提供更轻、更坚固的材料，设备小型、微型化，使用纳米材料可使滑翔机减少一半重量，但增加强度和坚韧度。可使飞机、车辆更快、更安全，发动机更耐用和更抗热。在纺织工业方面，已经利用纳米纤维制造抗水、抗污渍、抗皱、耐磨的织物，经纳米技术处理的纺织物品可不必经常洗涤，可低温洗涤。在食品方面，有纳米混合物涂层的薄膜，含抗细菌剂，可改善食品包装，可检出食品内生物化学改变。在家务方面，纳米陶瓷粒子可改善瓷器和玻璃设备的光滑性和耐热性。

纳米技术科学家还预计，纳米技术给人类带来的未来受益包括：普遍提供洁净的水，改善环境；用纳米技术制造的食品和作物生产率高，所花劳动少；"聪明"的食品更富营养；产生便宜和更强大的能源；制造业更干净、高效；可极大改进药物制造，大大改进诊断；拥有大得多的信息储存和通信能力；制造"聪明"的仪器，通过汇聚技术增强人的能力。[1]

（二）纳米技术的伦理问题

纳米技术具有一些特殊性，例如风险和受益可能都比较巨大；技术本身以及与社会相互作用有许多不确定性，许多因素未知，影响因素复杂，对未来难以预测，一些因素虽然已知也不能控制；另外存在着开发和应用的现实可能与抽象可能两种情况。例如，虽然 Drexler 指出要注意什么是可能的，什么是可实现的，什么是合意的，但 1990 年第一届国际纳米技术会议上他乐观地预测用纳米技术可研制出几乎免费的消费品；比今天快几十亿倍的计算机；安全和支付得起的空间旅行，疾病、衰老和死亡的终止；减少污染和污染物的自动清理；饥荒的终止；对儿童的超级教育；重新引入绝灭动植物；改造地球和太阳系。在其中有些具有现实可能，有些仅是是抽象可能，也许在遥远的将来有可能，有些也许是科学幻想。伦理学只能考虑现实的可能，难以考虑抽象的可能。

对纳米技术研究和应用的伦理关注有：对研究人员和使用者的安全

---

[1] Samer Bayda. et al., 2020, "The History of Nanoscience and Nanotechnology: From Chemical-Physical Applications to Nanomedicine", *Molecules*, 25 (1): 112; National Nanotechnology Initiative, *Nanotechnology Timeline*, (2014), https://www.nano.gov/timeline; Drexler, E., 1986, *Engines of Creation*, New York: Anchor Books; Drexler, E., 1991, *Unbounding the Future*, New York: Quill; Feynman, R., *There's Plenty of Room at the Bottom*, (2002-03-03), http://www.zyvex.com/nanotech/feynman.html.

和健康风险；对环境的可能影响；研究和应用的风险—受益比；研究和使用者的知情同意；纳米科学技术成果受益的公平分配等。

1. 对人类健康和安全的潜在风险

对研究人员和使用者的潜在健康安全风险的关注是合理的、有根据的，因为纳米颗粒小、移动性强、反应性高。纳米颗粒有可能穿透生物膜进入细胞、组织和器官。通过吸入和消化，纳米材料可进入血液。有些纳米材料可透过皮肤。痤疮、湿疹、剃须伤口或严重晒斑可加速皮肤吸收纳米材料。一旦进入血流，纳米材料可周身运输，被脑、心、肺、肝、肾、脾、骨髓和神经系统吸收。纳米材料有可能被细胞线粒体和细胞核吸收，引起 DNA 突变，诱发线粒体重大结构损伤，甚至导致细胞死亡。纳米颗粒进入蛋白质，影响酶和其他蛋白质的调节机制。纳米颗粒可使体内吞噬细胞不堪重负，触发应激反应，引起炎症，降低身体对病原体的防御。

碳纳米管类似石棉，针状纤维形状。动物实验结果表明，将碳纳米管引入小鼠腹腔，结果表明长而薄的碳纳米管显示有与长而薄的石棉纤维同样效应，接触碳纳米管可导致间皮瘤（石棉接触者可患此病）。英国科学家发现直径为 29.5±6.3 纳米的钴铬纳米颗粒可不穿透保持完整的细胞壁而使人体成纤维细胞 DNA 受损。[1]

尤其是中国医师在欧洲医学杂志上报道，在北京 7 名年龄在 18—47 岁之间的女工暴露在纳米微粒的环境中工作了 5—13 个月，之后出现了呼吸短促、胸腔积水等症状。送进医院后，在其肺部均发现纳米微粒。其中两名女工在医治无效后死亡[2]，引起世界各国科学家和伦理学家的关注，而在我国却几乎没有讨论。

根据以上叙述，我们可以提出以下应该做的事情：（1）迫切需要开展或大力加强纳米毒理学研究。纳米毒理学是研究纳米材料潜在健康风险的领域。纳米颗粒的行为与它们大小、形状及与周围组织的表面反应性有

---

[1] Poland, CA. et al., 2008, "Carbon nanotubes introduced into the abdominal cavity of mice show asbestos-like pathogenicity in a pilot-study", *Nature Nanotechnology*, 3 (7): 423–428; Bhabra, G. et al., 2009, "Nanoparticles can cause DNA damage across a cellular barrier", *Nature Nanotechnology*, 4 (12): 876.

[2] Song Y., et al., 2009, "Exposure to nanoparticles is related to pleural effusion, pulmonary fibrosis and granuloma", *European Respiratory Journal*, 34: 559–567.

关。不能降解或降解很慢的纳米颗粒积聚在器官内会发生什么，与体内生物学过程会发生怎样的相互作用，应进一步研究。（2）保护研究人员健康。研究开发纳米技术的科研人员天天与纳米颗粒打交道，他们是否穿戴防护服装，是否曾受到纳米颗粒影响，他们的健康状况有无改变，值得我们关注和关心，需要定期对他们进行健康检查。（3）研究环境中有无纳米颗粒漂浮在空中，有无黏着在各种设备、装置上，浓度如何？浓度多大对人体健康会有影响？需要从劳动卫生、环境卫生角度进行分析、测量。（4）保护使用者的健康。在这种情况下，将纳米技术广泛应用于制造商品，广泛投入市场，对生产者和消费者都不是适宜的。应该建议，制定纳米产品的技术标准，纳米产品上市前，必须经国家有关部门进行产品检验，对已经上市的进行抽检。

在纳米技术的研究和应用过程中对人类健康和安全的可能风险，是由于纳米粒子小、移动性强、反应性高。例如，微小的纳米粒子能穿透生物膜进入细胞、组织和器官。通过吸入和消化，纳米材料可进入血液。有些纳米材料可透过皮肤、痤疮、湿疹、剃须伤口或严重晒斑可加速皮肤吸收纳米材料。一旦进入血流，纳米材料可周身运输，被脑、心、肺、肝、肾、脾、骨髓和神经系统吸收。业已证明纳米材料对人体组织有毒性，增加氧化应激，产生炎症，使细胞死亡；进入肺引起慢性呼吸障碍。纳米材料也能被细胞线粒体和细胞核吸收，引起 DNA 突变，诱发线粒体重大结构损伤，甚至导致细胞死亡。纳米粒子进入蛋白质，影响酶和其他蛋白质的调节机制。纳米粒子可使体内吞噬细胞不堪重负，触发应激反应，引起炎症，降低身体对病原体的防御。

在纳米技术研究和应用过程中对人类健康和安全的潜在影响首先是个科学和经验问题。伦理要求是，第一，要设法鉴定这些可能的健康和安全是什么，性质有多严重，程度有多大，与纳米技术给人类带来的受益相比，其风险—受益比是否可以接受。第二，如果其风险—受益比可以接受，要设法使风险最小化，受益最大化。

2. 纳米技术应用中的安保问题

技术应用的安全（safety）问题往往是由于对新技术的缺乏知识或其不确定性，而对研究者或消费者的健康发生伤害或风险问题。与安全问题不同,安保问题则是有人或组织(例如恐怖主义组织)恶意使用该项技术,有意伤害个人或群体或国家。与其他新兴技术一样,安保问题源自这些新兴技术具有双重用途性质,即善意的使用和恶意的使用。这是与常规技术不同的地方,例如制造家用电器技术难以用来恶意伤害个人或国家。在国家层面上的安保问题,则涉及利用纳米技术制造纳米武器,对他国构成安保威胁。这需要在国际层面像缔结国际禁止化学武器和生物武器条约那样加以处理。①

3. 纳米技术的环境问题

纳米废物对环境的可能污染,称为"纳米污染"。纳米污染物是制造或使用纳米材料过程中产生的所有废物的通称。由于其体积小,这类废物可能非常危险。它能漂浮在空中,容易渗入动物和植物细胞,引起未知效应。大多数人造纳米粒子从未出现在自然界,因此生命有机体没有相宜的手段对付纳米废料。如何处理纳米污染物和纳米废料可能是对纳米技术的一大挑战。

在纳米技术和应用过程中产生的纳米废物对环境可能的污染作用是一个现实问题。伦理学的要求是,任何研究和应用纳米技术的单位都必须同时分配必要的资源于检测和研究纳米废物在环境中的存在、变化,与周围物质的相互作用。既不关注纳米材料对人体健康可能的影响,又不考虑纳米废物对环境的可能污染,这种做法是不允许的。

分子机器造成的污染更为特殊。纳米机器容易成为纳米垃圾,难以清除,可引起健康问题,并像病毒一样无休止地自我复制,泛滥成灾。纳米技术有可能使人们有朝一日有可能制造分子组装机,这种机器可在分子或原子尺度重新制造物质,其风险是自动复制的纳米机器人(纳米虫)失去控制,无限复制自己,消耗掉地球上所有物质,形成"grey goo",即纳米复制机的全球吞噬现象(ecophady,吃掉环境);或人工的病毒、细菌、浮游生物、藻类、磷虾、昆虫等充斥地球,杀死、取代现有生物,导致世界末日。分子机器对地球的吞噬现象,在很大程度上是未来的事情,甚至是科学幻想中的事情。但这提醒我们注意在进一步

---

① Kosai, M., 2016, "The security problem of nanotechnology", *Bulletin of the Atomic Scientists*.

发展纳米技术中可能发生的问题。因为许多"科学幻想"都已成为现实。对此，我们应采取"防范性原则"（precautionary principle），当出现研究分子机器成为一种必要时，即使目前没有过硬的证据证明对环境这种污染的情况一定会发生，但我们也要采取必要的措施防止出现这种严重问题。如果出现这种问题的可能性是存在的，但目前还没有有效办法防止，那么我们就应该推迟这种技术的发展。

4. 纳米技术引起的社会问题

纳米技术引起的社会问题首先是其军事应用。美国陆军投资5000万美元研究含纳米材料的"外骨骼"，帮助士兵抵挡子弹。纳米技术可帮助军队使枪炮、炸药、导弹微型化。纳米技术有可能在未来设计和制造分子拆卸机，在分子层次攻击人体或生物有机体，使其瓦解。这样，就会造成各国在纳米层次的军备竞赛，而在这种竞赛中，经济、科技强国可能成为世界霸权。

其次，纳米技术是否开辟了技术拥有者和公司统治的世界？目前，日本NEC和美国IBM两家公司拥有碳纳米管（纳米技术目前基石之一）的专利，任何人要制造和出售碳纳米管，首先必须向它们申请批准。尤其是这些掌握纳米技术的公司与追求纳米霸权的政府结合起来形成复合体时，就会对世界、世界秩序产生巨大的负面影响。

最后，纳米技术对发展中国家是把双刃剑。纳米技术可给发展中国家缺乏基本服务（如安全用水、可靠能源、医疗保健和教育）的千百万人提供解决办法，联合国提到纳米技术在帮助这些国家实现千年目标中的作用。[①]

但纳米技术的受益不会平均分配，很可能仅为富裕国家享有。大多数纳米技术的研究和开发，以及纳米材料和产品专利集中在发达国家和少数跨国公司。发展中国家不可能获得支持纳米技术研究和开发所必需的基础设施、资助和人力资源。这加剧了各国之间的不平等。如果开发纳米技术来替代自然产品（包括橡胶、棉花、咖啡、茶），会使发展中国家

---

① Task force on science, technology and innovation, UN Millenmium Projec, "Innovation: Applying knowledge in development", (2005-02-21), http://unmp.forumone/eng_ task_ force/ScienceEbbok.pdf.

生产者的利益受损,对这些国家的经济产生负面影响。因此,国际组织需要采取措施,在促进纳米技术开发利用时避免扩大全球不公正。

5. 科研中对风险/受益的评价

纳米科研项目进行前,应进行风险—受益比的评价。风险包括对科研人员的身体、心理和社会可能的伤害以及对环境的可能影响,受益主要考虑纳米产品应用后是否提升人民的福祉,而不是首先考虑经济效益。科研项目唯有在受益超过风险或风险/受益比为正值时方可进行。

科研进行时,要经常对纳米颗粒对科研人员的身体的影响、实验室内空气中纳米颗粒的浓度以及纳米废弃物处理后都环境影响进行监测。无论从事纳米研究或纳米材料生产,都要努力使风险最小化。

6. 研究和使用者中的知情同意

在纳米科学技术的研究过程中,应该向所有参与纳米科研的人员告知纳米颗粒对人体的可能危害,以及所采取防范措施的有效性,由他们理解这些信息后自由表示愿意参加研究。

纳米产品必须贴有标签,说明纳米颗粒可能对人体、环境造成的危害,让消费者有机会进行知情选择。

7. 纳米技术成果的公正分配

纳米技术成果能否或如何做到公正分配,避免出现器官移植那样的情况:预后好的病人因没有钱只能坐以待毙;而有钱人即使无适应症也可以浪费器官。如果不能做到公正分配,就会扩大社会不公正。在国际和全球层面,如何避免公司垄断和全球不公正。例如 NEC 和 IBM 两家公司拥有碳纳米管(纳米技术目前基石之一)的专利,任何人要制造和出售碳纳米管首先必须向它们申请批准。纳米技术是否开辟了技术拥有者和公司统治的世界?纳米技术是否会促使全球更为公正,还是更不公正?[1]

---

[1] The European Group on Ethics in Science and New Technologies to the European Commission. Opinion on the ethical aspects of nanomedicine, (2007-01-17), https://op.europa.eu/en/publication-detail/-/publication/4d7d9c99-2129-42e1-993e-c815b91f256b; Woods, D., 2008, *Nanotechnology: Ethics and Society*, CRC Press; Malsch, I., 2012, *Ethics and Nanotechnology: Responsible Development of Nanotechnology at Global Level in the 21st Century*, LAP LAMBERT Academic Publishing.

（三）纳米技术的治理

1. 对纳米技术管理的选项

如上所述，纳米技术可能使人类社会有巨大的受益，但这些受益目前仍然是潜在的，能否实现具有不确定性。但同时纳米技术给人类社会带来的风险也是巨大的，虽然目前这类风险也是不确定的。这给管理工作带来困难。

在科技管理者面前有四种可能的选项。

选项1：禁止

由于发现纳米技术有可能对人体、环境以及人类社会产生不良影响，而禁止纳米技术的研发和应用，这能得到伦理学辩护吗？由于可能产生不良影响而禁止一项技术是难以得到伦理学辩护的。我们不仅应注意它可能产生的不良影响，也应该注意它可能对人类和社会产生的积极影响，以及对它可能产生的不良影响有无有效的预防和治理办法。除非这项技术可能产生的不良影响非常巨大，而其对人类和社会的有益影响相对不大，并且对其不良影响不存在有效预防和治理办法时，禁止该技术的研发和应用才能够得到伦理学辩护。

选项2：依靠科学家和公司自律

考虑到纳米技术对人类和社会的巨大效益，以及对其不良影响有可能预防和治理，我们应该发展纳米技术，但要防止纳米技术对人体和环境的破坏性影响。科学家和公司应该自律。要求科学家和公司自律是对的，但问题是科学家和公司的自律是否是防止纳米技术破坏性影响的充分条件？根据历史的经验教训，以及科学家和公司各自追求的价值，他们的单纯自律是远远不够的，虽然他们的自律是必要的。

选项3：政府监管

在要求科学家和公司加强自律的同时，政府应加强对纳米技术的研究、开发和应用的管理。当代新兴的尖端技术一般对社会具有高受益和高风险的特点，因此必须由政府来进行管理。政府管理首先需要根据科学或经验的事实，制定具有明确目的和价值的条例或管理办法，需要建立有伦理学家、环境保护专家参加的委员会来审议对人体的健康、安全以及环境可能有严重影响的纳米技术研究、开发和应用方案。

选项4：公众参与

这一选项与选项3并不矛盾，而是有必要将二者结合起来。纳税人及其代表应该了解用他们的税金资助的纳米技术的研究、开发和应用，对人体和环境会有怎样的影响，以及在上游就参与管理过程。与纳米技术的研究、开发和应用相关的机构，应该有公众或保护人体健康以及保护环境的民间组织代表参加其管理委员会，研究、开发和应用纳米技术的单位都应该在其网站上报告在纳米技术的研究、开发和应用过程中有关对人体和环境影响的信息，并接受公众的监督。

2. 从管理到伦理治理

从社会学角度看，科技、生命伦理学是对科学技术知识的社会控制。不同于古代，当代科技既是能造福人类和社会的巨大力量，也是有可能危害人类、破坏生态的可怕力量，尤其在不适合用市场分配资源（例如医疗卫生）的领域，它们与商业结合，往往具有违反人权的倾向。因此各国都提出了对科学技术进行管理的要求，最近又提出了伦理治理（ethical governance）的概念。治理（governance）不同于管理（management）、监管（regulation）。普林斯顿大学Macedo教授在2008年10月北京国际善治学术会议上说："首先我要区分广义上的治理与管理、监管。后两者，尤其在政府机构中，它们是治理的一些方面。'管理'这个词提示在特定的行政机构内一些在组织、预算和行政方面的具体技巧。管理技巧和过程是重要的，但是比起那些涉及政治权力组织的治理的基本问题来说，远没有那样的根本和富有政策性。"管理强调效率、有序、成本效益等具体方面，前者则更为宏观，强调要实现重要的具有根本性的价值或目的。

在我国，有关纳米技术的治理首先要解决两个问题：

其一，有关纳米技术的治理是谁的事？纳米安全性和环境问题是否可以仅仅通过科技本身的发展来得以解决，因而只是科学家和工程师的事？我们认为不是。在这个问题上，技术决定论和社会决定论都不适用。单靠技术或单靠社会都不能决定，应协调合作使科学技术的开发应用更为负责和最优化。其中要区分科学技术问题与社会伦理问题，即区

二十一 纳米伦理学概述

分"是什么""能干什么"与"该干什么"的问题。"是什么"和"能干什么"是科学技术问题,"该干什么"是伦理学和法律问题。

其二,要确定发展纳米技术的基本方针,是"干了再说"的径路(proactonary approach),还是防范的径路(precautionary approach)?我国发展纳米技术基本上是"干了再说"的径路,并没有事先想好如果一个实验室或车间纳米粒子浓度太大,会不会对研究人员或工人的身体造成伤害,而且造成了伤害也没有及时补救。我们觉得也许防范的径路更好一些。防范原则(precautionary principle)是"事先小心谨慎"(caution in advance),"在不确定性的情境下小心谨慎"(caution practised in the context of uncertainty)或"知情的审慎"(informed prudence)。其中有两个关键的要素:要素之一是表达了决策者需要在伤害发生前得到告知,这意味着举证倒置:应该是支持研发某技术的人有义务来告知决策者,所建议的研发活动不会产生或十分不可能产生显著的伤害。要素之二是确定了决策者为预防这种伤害(如果伤害水平较高)并使之最小化而采取行动的义务,即使缺乏科学的确定性使我们难以预测伤害发生的可能以及伤害的水平如何;随着可能的伤害水平和确定性程度增高,就更需要采取控制措施。

从1992年联合国环境和发展会议发表《关于环境和发展的里约宣言》开始,对防范原则有如下的叙述。

1992年联合国发表的《里约宣言》第15条原则指出:"为了保护环境,各国应根据它们的能力广泛采取防范的径路(precautionary approach)。在存在严重或不可逆损害的威胁的地方,不应利用缺乏完全的科学确定性作为理由来延误采取具有成本—效果的措施来防止环境恶化。"①

1998年1月15日在美国Wingspread举行的一次会议上,发表了有关防范性原则的Wingspread声明,声明中将防范性原则定义为:"当某一活动对人类健康或环境产生伤害的威胁时,应该采取防范措施(precautionary measures),即使其因果关系尚未被科学完全确定",并指出防范性原则是保护人的健康和环境的决策基础,其中5个要素是:面对科

---

① The United States Conference on Environment and Development, Rio Declaration on Environment and Development,(1992-06), http://www.cbd.int/doc/ref/rio-declaration.shtml.

学上的不确定性时,事先采取预防伤害的行动;探究其他可供选择的选项,包括"不作为"(no action)的选项;考虑随着时间的推移对人的健康和环境影响的全部成本;促进公众参与决策;以及由活动的支持者承担提供证据的责任。[1]

欧洲委员会于2000年2月2日发出的通报中指出,无需等待所有必要的科学知识可得时就决定采取措施显然是基于防范的径路。决策者经常面临平衡个人、公司和组织的自由和权利与需要减少或消除对环境或健康不良作用风险的难题。找到正确的平衡方法使得决策相称、无歧视、透明和连贯,同时又能要求决策过程拥有详细的科学信息和其他客观信息。做到这一点需要有风险分析的三个要素:风险的评估、风险管理策略的选择和风险信息的沟通。风险的任何评估都应该基于现有的科学和统计学数据,大多数决策在采取合适的预防措施时已有充分的信息,但在其他情况下这些数据在若干方面还不具备。防范原则应用于如下情况的决策:科学证据不充分、不具定论性或不确定,而有指标显示对环境、人类、动物和植物健康的可能影响是危险的,与所选择的保护水平不一致。[2]

防范原则是否适用于纳米科技的治理?启动防范原则需要哪些早期风险指标?什么水平的风险可以接受?多少相关数据才能够证明该行动或该技术是"安全的"?国际技术评估和地球之友研究中心2007发表《纳米技术和纳米材料监管原则》(Principles for the Oversight of Nanotechnologies and Nanomaterials)研究报告指出,以下8条原则可为新兴纳米技术领域包括业已广泛商业使用的纳米材料的合适和有效的监管和评估提供基础:防范基础(precautionary foundation),强制性的专门针对纳米的监管条例(mandatory nano-specific regulations),公众和工人的安全(health and safety of the public and workers),环境保护(environmental protection),透明(transparency),公众参与(public par-

---

[1] Steven, G., *Precautionary Principle*: *Wingspread Statement*, https://www.healthandenvironment.org/environmental-health/social-context/history/precautionary-principle-the-wingspread-statement.

[2] Commission of the European Communities, *Communication from the Commission*: *on the Precautionary Principle*, (2000-02-02), https://eur-lex.europa.eu/LexUriServ/LexUriServ.do?uri=COM: 2000: 0001: FIN: EN: PDF.

ticipation），包括广泛的影响（inclusion of broader impacts），制造者的法律责任（manufacturer liability）。防范径路是基本的。防范径路要求强制性的、针对纳米的监管机制来应对纳米材料的独特特性。在这些机制中，为了保护公众健康和工人安全，必须致力于关键性的风险研究，并立即采取行动减少潜在的接触，直到证明安全为止。在保护自然环境方面也必须采取类似的行动。在整个过程中，监管必须透明，并向公众提供有关决策过程、安全检测和产品的信息。在每一层面，公众的公开、有意义和充分参与都至关重要。这些讨论和分析应该考虑纳米技术的广泛影响，包括伦理和社会影响。最后，开发商和制造商必须对其生产过程和产品的安全与有效性负责，并对由此产生的任何不利影响承担法律责任。政府机构、组织和有关各方应实施全面监管机制，尽快制定、纳入和内部化这些基本原则。2006年7月底，英国皇家学会和皇家工程院的专家曾就纳米安全问题发表声明，提出在确证是否安全之前，所有纳米颗粒都应被当做危险品对待；国际知名化妆品公司本来计划用一种富勒烯纳米粒子开发抗氧化的新产品，但后来考虑到这种颗粒的健康安全性尚未确证，便中止了研发计划；欧共体已出台规定，要求口红中使用的纳米颗粒必须大于100纳米，尽管目前没有任何证据证明小于100纳米的颗粒一定有害。①

善治（good governance）则要求：参与（participation），法治（rule by law），透明（transparency），应变（responsive），共识导向（consensus oriented），公平和包容（equity and inclusiveness），有效和有效率（effectiveness and efficient），问责（accountability）。②

欧盟专家报告则强调善治的原则有：开放（openness），参与（participation），问责性（accountability），有效（effectiveness），连贯（coherence），相称（proportionality），以及辅从（subsidiarity）；并且进一步提出了伦理治理（ethical governance）的概念，报告指出20世纪80年代科学共同体内部已经关注伦理治理问题，同时新的科学发现和新兴技

---

① International Center for Technology Assessment. & Friends of the Earth, 2007, *Principles for the Oversight of Nanotechnologies and Nanomaterials*, International Center for Technology Assessment, Washington, DC.

② United Nations Economic and Social Commission on Asia and the Pacific, *What Is Good Governance?* http://www.unescap.org/sites/default/files/good-governance.pdf.

术也促使公众关注科技发展中的伦理问题。随着辅助生殖技术、胚胎干细胞研究、转基因食品、先进检测技术以及纳米技术的发展,伦理学已经成为与科学在社会中的地位有关的问题。伦理学之参与科学就是承认科学专家的局限性,承认伦理学专家参与决策的必要。随着伦理问题的突出以及伦理学家的参与,各国相继成立伦理审查委员会以及国家层面的伦理委员会,不仅对研究方案进行伦理审查,而且也对国家层面科学发展的策略和政策从伦理学的视角提出建议。①

(雷瑞鹏、邱仁宗)

【附录一】

远见卓识研究所负责任地发展纳米技术的伦理准则②
Foresight Guidelines for Responsible Nanotechnology Development

总则:

纳米技术应该用来建立一个人人的基本需要得到满足的世界。

优先考虑纳米技术创造的产品和服务在全球有效而经济的分配。

纳米技术的军事研究和应用必须限于防御和安全。

从事开发和实验研究纳米技术的科学家在生态学和公共安全方面有扎实的基础,必须对科学的故意的或不负责任的滥用负责。

所有发表的纳米技术的研究和讨论都应该尽可能准确,坚持科学方法,给出应有的功绩。

对纳米技术发表的争论,应该集中于论证的优劣,而不是个人

---

① European Commission, Global Governance of Science: Report of the Expert Group on Global Governance of Science to the Science, Economy and Society Directorate, Directorate-General for Research, (2009), https://ec.europa.eu/research/science-society/document_library/pdf_06/global-governance-020609_en.pdf；邱仁宗:《纳米伦理学浅说》,载刘俊荣、张强、翟晓梅(主编):《当代生命伦理的争鸣与探讨——第二届生命伦理学学术会议论丛》,中央编译出版社2010年版,第1—18页。

② 远见卓识研究所(Foresight Institute)成立于1986年,是对社会进行有关纳米技术受益和风险研究的第一个组织,其使命是确保纳米技术的有益使用。http://www.foresight.org/guidelines/current.html.

攻击。

企业应着眼于长期的可持续的做法，有效使用资源，回收有毒材料，关注工人的健康和利益。

工业领导人应该合作和自律，支持对公众进行科学和法律的教育，处理与纳米技术相关的法律和社会问题。

科研人员准则：

纳米技术研发者要信守专业准则，实践要合乎伦理。

纳米技术专家要努力提前和系统考虑所研究技术的环境和健康后果，要预防可能的负面后果，至少使之最小化，减少问题的范围和强度。

纳米技术的开发应考虑环境科学的原则和公共卫生的标准实践，要理解在纳米尺度开发利用纳米材料可发生物理、化学和生理性质的重要变化。

生产和开发纳米技术产品要分析产品的整个生命周期。

制造的生产性纳米系统要利用内在的安全系统设计，没有自主复制的能力。

考虑设计或开发非自主复制机的开发者应首先严肃地探究种种进路的潜在受益和风险。

在制造中避免利用自主复制机，在开发时仅利用机构委员会审查和控制机构批准的自主复制机。

公司准则：

公司的自律应主动，对纳米技术过程、材料和工具的后果的评估研究要有适当的范围，尽可能严格地迅速进行。

制造分子机器要使用无自主复制机的内在安全系统设计。

任何分子装置的设计要限制无计划的分配，并提供可追溯资料并审计追踪资料。

开发使用的复制系统应设计为不能在任何自然环境内自主复制。

政府政策准则：

种种纳米技术有不同的风险，应有不同的管理政策。

研究者、工业或政府颁布的条例和共识标准要提供具体而清晰的准则，在制造和研发时鼓励使用具有内在安全系统的设计。

政府应有专门的管理实体或机构并有足够资源保障纳米技术标准的实施，并在各机构（卫生和安全、环境、国防和情报）之间进行协调。

管理者有特定的责任和权威来鉴定不同种类的危害，审批开发，进行监督和执行。对负责任的创新、遵守准则、自律、主动接受检查者进行经济上的奖励，采取措施鼓励国际共同体和非政府组织限制故意滥用分子纳米技术。

通过法律责任来进一步限制偶然或故意滥用纳米技术，必要时进行刑事调查和起诉。

对于未能遵循合理的原则和准则的各级政府、公司和个人，应使之处于竞争不利的地位。

采取奖励办法鼓励工业、政府和非政府组织的开发者在纳米技术和风险管理中采取并改进最佳实践。

管理实体赞助保护环境和健康的研究，有利于纳米技术的风险评估和风险管理，以及建立有利于采取防范措施的理论、机制以及实验设计。

伦理治理的使命

促进纳米科学技术负责任的研究和应用；

维护研究人员、使用者（消费者）以及公众的权利、利益和福利，善待动物，避免破坏生态；

有助于纳米科学技术的健康、顺利发展。

【附录二】

"纳米：监管与创新——人文社会科学的角色"学术研讨会会议纪要

在 2008 年 12 月第二届全国生命伦理学年会上我国首次讨论纳米伦理学后一个月，2009 年 1 月 14 上午，在英国研究理事会中国代表处，来自英国达拉谟大学、剑桥大学、曼彻斯特大学等高等学校和科研机构，以及清华大学、中国科学院、中国社会科学院、中国自然辩证法研究会以及数家媒体等单位的数十名专家、学者会聚一堂，举行了为期两天的"纳米治理与创新：人文社会科学的作用"学术研讨会。生命伦理学专业委员会理事长邱仁宗以及理事胡新和、曹南燕、刘银良、胡林英等人在会上发了言。会议从公众参与、伦理挑战、法律制度问题以及管理与政策问题等几个方面，探讨了纳米科技作为一种先进的科学技术所展现出的革命性的潜质以及潜在的危险，以及在这一问题上社会科学家应该扮演的角色。

在研讨会开始之前，来自达拉谟大学的基恩斯（Matthew Kearnes）教授及英国研究理事会中国办公室主任高德文（Chris Godwin）先生致欢迎词，并重申此次会议的宗旨。基恩斯教授介绍了此次会议的日程，并针对纳米科学和纳米技术分别给出了定义。他提出，纳米技术主要面对的挑战有：技术方面的挑战、监管与治理方面的挑战、社会与伦理方面的挑战以及健康、安全、生命周期和环境等问题。而此次研讨会的目标则是在充分了解中英双方在纳米科技方面研究的同时，找出双方共同感兴趣的问题，以促进双方在该领域的合作。高德文先生则在欢迎报告中指出，在国际研究合作日益全球化的今天，中国不仅是英国发展最快的合作伙伴，更是整个欧洲最大的合作伙伴。他说，英国是世界上研究领域最多产的国家，中国是历史上研究发展最快的国家，中英两国在研究领域的合作不仅仅是双方的共赢，更将为整个世界做出巨大的贡献。

来自达拉谟大学的麦克纳藤（Phil Macnaghten）教授和来自中国社会科学院的邱仁宗教授就"纳米科技所面临的挑战和人文社会学家的作用"这一议题分别作了题为"纳米科技在社会与管理方面的挑战——英国/欧盟的视角"和"社会科学家参与科学技术与纳米科技对话的意见"的报告。麦克纳藤教授在报告中介绍：纳米涉及生活的方方面面。到2015年，纳米科技每年产生的社会产品价值估计为1万亿美元，与此同时，能够新增200万个工作岗位。目前，已经有近800种产品利用纳米技术。而在纳米科技日益渗透到人类的日常生活中的同时，社会学家应该关注的是，帮助找出纳米科技"未知"的问题并负担起回答"纳米科技是否安全"的责任。英国已经有官方报告认识到了纳米技术所带来的难题，也已经提出应该对纳米产品进行监管和早期的预警，并且应该出台关于纳米科技的法律法规。他还指出，新技术、新材料的快速发展所带来的环境、健康等方面的问题越来越多，我们无法应对。过多地依赖技术的社会需要各国之间的合作，以减轻新技术、新材料对环境和健康方面的影响。他提出了针对纳米技术的三个挑战——公众反应的特征、预先治理以及创新的方向。邱仁宗教授在报告中指出，在中国参与有关科技对话的社会科学家包括伦理学家（主要是生命伦理学家或医学伦理学家）、科技哲学家、法学家、公共管理方面的学者、社会学家以及历史学家等。他们在帮助区分什么可能与什么应该，保护病人、受试者、使用/消费者，对科技的治理，对科研方案的审查以及促进负责的研究方面起着重要作用。他认为，在中国社会科学家参与对话存在诸多障碍，如有些哲学家认为"哲学就是哲学史"或认为哲学就是结构一个体系解决世上所有问题；有些科学家认为"科学无禁区"、科技永远向前发展，伦理学永远跟在后面；担心社会科学家参与给科技施加过多束缚；科学主义认为所有的社会问题只能通过科学技术手段来解决，或认为现在还不是探讨伦理问题的时候，中国应该在发达国家注重伦理和法律问题的时候抓住机会在科学与技术方面赶上他们。邱教授指出，纳米科技的发展需要社会学家的参与，其中包括经验性问题，如纳米技术对人体健康、安全和环境究竟有何影响；规范性问题，在实验室、车间和市场哪些应该做，哪些禁止做，哪些允许做，如何保护实验人员、生产者和消费者和环境；治理问题，如制定条例以及实验室、车间和纳米产品的标准、准入和资质认定、能力建设、监督等；法律问题；有关纳米技术的信息透明和公众民主参与等。

在"公众对纳米科技的反应"这一议题中，《自然辩证法研究》的编辑费多益博士和剑桥大学的罗伯特·达博岱（Robert Doubleday）博士分别介绍了中国和英国在公众参与问题上的发展、现状，并提出各自的观点。费多益博士提出，今天纳米技术前景看似乐观，但公众的片面认识与理解也对其造成了消极的影响。她认为，近年来，公众参与在我国已经引起各方面的极大重视，并且在一些领域已经开始实践。不过，相对于其他领域，我国纳米决策领域的公众参与还有待进一步展开。对此，她首先提出了公众参与纳米技术决策的迫切性。她认为，纳米技术的发展和应用急需公众参与。首先，纳米技术发展到今天，已经成为一个高度复杂的系统，这种高度复杂性的直接后果就是人们对纳米技术发展的后果无法控制甚至无法预见。其次，纳米技术发展日益受商业化支配，损害到公众利益。最后，纳米技术的应用需要结合"本土性知识"。此外，她提出，全球化背景下的风险治理需要公众参与。在全球化趋势日益明显的今天,科学技术的扩散和流动日益频繁。而发展中国家在引进技术时,往往缺乏相应的风险评估,或是出于成本原因而无力采用配套的风险防范技术,这些都提高了发展中国家面对风险的可能性。从目前的情况来看,我国公众参与纳米技术的热情尚未充分显露出来,相关的活动比较少,效果也就不尽如人意。其原因在于我国公民科技素养水平较低、缺乏参与政治决策的传统,而缺乏有效的宣传和合理的设计也是重要的原因。调查结果和相关研究表明,我国公众参与存在的问题主要有:公众参与的目标不明确;科学家与公众互动交流的机制或平台没有形成;公众参与的程序存在许多问题;公众参与意识不强,培训不够。在报告最后,费博士提出了对我国公众参与纳米技术决策的思考。她认为,我国技术决策模式主要以政府为主导、技术专家为辅,公众在决策中几乎没有位置。这种模式在今天已经受到了严重的质疑,因为技术决策的主体力量主要涉及三方:政府、专家和公众。从我国的现实来看,政府还不能放弃决策过程中的协调和监控职责,因此公众参与技术决策的过程似乎要重于参与的结果。在我国公众参与技术决策过程中,要根据现实状态作出调整。在公众参与的最初阶段,可以考虑以政府和专家共同体的议题为中心,公众参与对提议的评估,而后由前两者来确认公众意见的可靠性和可行性。随着公众参与技术决策的不断发展,可以转变为决策权力为专家与公众所共享,同时政府保留对公众参与技术决策过程的公平性和公正性的监督,二者通过讨论与协商,最终形成技术决策。在参与模式中须注意:议题讨论包括参与—反馈—再参与的过程;参与者来自社会公众,选择人员时须考虑年龄、性别、种族、教育程度、地理位置等因素;选取公众容易理解和接受的语言;咨询对象包括专家群以及各相关利益团体;讨论内容要反映结果及冲突,少数人的意见也能够得到体现;有一个达成共识的可开展实际行动的工作框架;无论哪种模式,在操作的过程中都不能被经济和社会优势团体所控制。达博岱博士则介绍了英国公众参与的情况,重点介绍了英国纳米科技的政策是如何考虑公众参与的。在报告中,达博岱博士首先介绍了一个新的概念——负责任的发展。也就是说,在发展科技的同时要担负起社会责任。他提到美国国立科学与技术委员会的"国家纳米科技发展战略计划"中指出,其四个目标之一就是"支持负责任的纳米发展",即在伦理学、法律和社会意义上的研究以及将社会学融入纳米科技的发展中。他提到上游的公众参与——"一种纳米科技的未来的建设性和前瞻性的讨论应该被采纳"。达博岱博士指出,公众参与有四种特点:协商——强调相互学习与对话;包括一切的——涵盖广泛的意见;真实的——议题是经过筛选的,使每个参与者都能给出有意义的建设性意见;重要的——在纳米科技方面对于政府来说是重要的。此外,他还介绍了英国在公众参与方面的六个项目:英国纳米陪审团(Nano Jury UK),闲谈(Small Talk),纳米对话(Nanodialogue),纳米技术、风险与可持续性(Nanotechinologies, risk and sustainability),公民科学(Citizen Science),大众(Demos)。他认为,公众最关注的是政府对于纳米技术的风险采取"不告知"的态度。事实上,开放、透明地将相应的风险告诉公众,才更有利于纳米技术的发展。

在"伦理学在纳米科技方面提出的挑战"这一议题上,清华大学的曹南燕教授、达拉谟大学的戴维斯(Sarah Davies)博士和英国纽卡斯尔大学的韦恩罗斯(Matthias Weinroth)博士分别做了报告。曹南燕教授的报告题目为"中国如何面对纳米技术应用中带来的环境问题——工程伦理的视角"。曹教授在报告中首先介绍了科研人员如何看待纳米对环境的影响,他们认为纳米材料既是神奇的宝物又是可怕的幽灵。在曹教授与她的团队进行调研期间,发现在纳米研究的实验室中存在着相当多的不安全因素,并且这些实验室并没有对今后会对环境产生影响的纳米废料采取特别的管理措施,只是按照普通垃圾的方式处理。这些也不禁让人对纳米研究产生无尽的担忧。之后曹教授谈到了中国科技界关于纳米对环境影响的讨论。她提到,我国科学家在2001年就提出纳米生物环境效应的研究计划和安全性问题,但是由于科研经费投入较少,从事这方面研究的人员还不是很多。在报告的最后,曹教授提出了纳米技术应用中存在的环境问题,包括:纳米技术的应用对环境的影响往往是灾难性的、不可逆的,能否等问题明显、严重以后,再去解决?对纳米技术的应用可能的负面后果需要未雨绸缪,那么应该由谁来进行这项工作?为什么科研人员在理论上认为要重视对环境的影响,而实际上却还是照常做自己的研究?为什么从2001年就提出纳米生物环境效应和安全性问题,但进展缓慢?在应用纳米技术时,科技人员首先考虑的是什么？此外，曹教授还提出了纳米技术应用中的一些建议：依靠体制的力量，通过立法来保证有可能对环境产生危害的纳米新产品的投产不仅要做经济预测，还要进行环境评估和制定减灾战略；政府明文规定在设立项目研究新产品的同时，要专门立项研究其对环境的影响，这些交叉学科的研究不仅有科技人员，也要有人文社会科学和公众参与讨论；研究机构、学术团体和生产企业都要制定相关的规章制度和安全标准来约束与规范纳米材料的研究和生产；不仅是针对科技人员，而且是针对全社会加强科技伦理和工程伦理及环境教育，提高责任意识。

在"纳米科技管理局面的比较观点"这一议题上，基恩斯教授做了题为"纳米科技出现的管理局面：欧洲与国际的比较"的报告。他指出，"纳米科技在管理与社会学上主要有两方面的挑战：一是不确定性，二是时间性。不确定性主要是指知识的不确定性、战略意义上的不确定性以及公众的不确定性。而时间性则是说何时应该管理的问题。纳米管理的时间性难题是指在对纳米科技这一新兴的、发展迅速的科学技术的管理过程中既不能'太早'，也不能'太晚'"。他还介绍了英国、美国以及欧盟在针对纳米科技的管理政策方面的不断改进。关于"责任"，他提到国际上新达成的共识认为其包含了伦理学、公众参与以及管理等方面的含义。美国国家纳米科技倡议中这样界定"纳米科技的负责任的发展"——其商业应用能够使人们广泛受益；同时为这种创新科技可能带来的社会变革做好准备；还要避免新产品潜在的负面影响。由于技术创新是一个全球性的现象，通过国际合作一定会最有效地实现负责任的发展。

关于"管理与立法问题"的讨论中，北京大学的胡林英副教授、加的夫大学的罗伯特·李（Robert Lee）教授和中国政法大学的刘银良教授分别做了会议报告。胡林英副教授首先介绍了风险防范原则。《里约热内卢宣言》第 15 条中谈到，为了保护环境，各国根据各自的能力应用风险防范原则。如果存在严重的或不可挽回的损害之威胁，就不能以缺少完全的科学确定性为借口，来延迟采取防止环境受损的可行措施。她认为，纳米技术主要的问题是风险数据和知识的缺乏。而风险防范原则过于简单化，并不能为纳米技术提供可行的管理方案。如何管理未来具有不确定风险的科学技术是现代科技管理面临的崭新课题。而在政府层面上,应该通过资助和制定政策,正确引导纳米技术的发展方向和领域;鼓励公众参与纳米技术发展及应用的论证;积极参与国际交流,尊重相关的国际法律、指南,以及框架性会议决议等;以及对"纳米产品"进行严格市场管理。在报告中,胡教授还提到了广告上诸多"纳米产品",如纳米电脑、纳米内裤、纳米水、纳米助长器等等。这些所谓的"纳米产品"是否与纳米有关值得调查,这涉及虚假广告。如果真属于纳米产品,就需要考虑安全问题。李教授的题为"纳米材料——管理的缺陷在哪里?"中提到立法应考虑的因素包括——产品与介绍,健康与安全,产品成分与标准,消费者保护,环境的管理,停产要求。他认为,在纳米管理中可能存在的缺陷为:产品生命周期的分析;范围与定义;风险描述;风险评估程序;风险管理和信息;风险监测与报告等。他认为,以前对于传统材料的法律法规不适用于纳米材料,因为纳米材料具有自己的特性。但是,我们无法对每一种新产品都制定新的规定。因此,就要区分哪些要用传统的规定,哪些要用新的规定。而对于规定是否传统与新颖则应该由第三方来确定。在制定法律法规时,要考虑到未来可能出现的风险,例如煤炭工人的风险,他们可能在10年甚至更长的时间后才会有风险。因此,应该有明示的责任。刘银良教授在报告中重点谈到与纳米相关的法律问题,尤其是针对纳米发明是否可以申请专利、哪些纳米产品可以申请专利、哪些不可以,并对我国纳米产品申请专利的情况进行了详细的分析。

在这一议题上,来自苏塞克斯大学的拉法斯(Ismael Rafols)博士、中国科学院研究生院的胡新和教授/白晶博士和曼彻斯特大学的格林芬哈根(Christian Greiffenghagen)博士也分别做了报告。拉法斯博士为我们详细描述了英国纳米材料创新示意图。他将其描绘成一幅沙漏状的图形,形象地说明了纳米材料的学术研究阶段,即上游阶段主要涉及应用物理学、物理化学、药理学、材料科学及电子工程等学科,相应的科研院所则有牛津大学、剑桥大学、布里斯托尔大学、苏塞克斯大学及曼彻斯特大学等。这些科研院所借助大型企业的投资和支持,将研究结果转变为经济产品——这也就是纳米材料应用的下游阶段。这些经济产品涵盖了能源、医药、涂料、国防、安全电子以及包装业等诸多产业。而将上游阶段和下游阶段连接起来的大型企业和投资机构则为中游阶段。如何找到更好的方法来对纳米等新科技进行管理，如何针对不同的阶段来制定新的、更适合的法律法规是政府目前应该重点考虑的问题。胡新和教授/白晶博士主要介绍了中国科学院在纳米研究方面的主要进展，并重点介绍了中科院高能物理研究所的纳米生物效应与纳米安全性联合实验室。他们指出，中科院在2001年就提出纳米安全性的问题，并在此之后做了大量相关的研究。在我国2001年颁布的《国家纳米科技发展纲要》中指出，发展纳米科技要根据我国发展和国际发展态势，着眼于国家长远发展，以提高我国科技持续创新能力，发展高科技，实现产业化为指导方针，坚持"有所为，有所不为，总体跟进，重点突破"。要采用新机制，充分调动科研人员积极性，在基础研究和高技术研究方面，努力探索，开拓创新；在应用发展方面，以纳米材料及其应用为主要近期目标，以发展纳米生物和医疗技术、纳米电子学和纳米器件为主要中长期目标。在纳米尺度的材料和器件的基本性质、基本方法和纳米技术及应用三个方面统筹兼顾，协调发展，组织优势力量，突破关键技术，取得自主知识产权。2002年中国科学院建立了纳米生物实验室，并于2003年更名为纳米生物效应与纳米安全性联合实验室，主要致力于纳米毒性研究。目前，我国是纳米材料毒理学研究最多的国家之一，拥有大量的科研数据。根据纳米生物效应与纳米安全性联合实验室主任赵宇亮教授的介绍，纳米粒子的主要特征是颗粒小、极易进入细胞。利用这样的特性对纳米材料进行正面开发，可以制成纳米药物，使得很少的药量就可以达到治疗的效果，并可以针对特定的病毒进行治疗。这也是未来药物发展的方向。然而，正是由于纳米具有可以直接进入血液，甚至细胞的特点，对纳米药物的审批就更为严格。也正是由于这样的特点，纳米颗粒容易被人体吸收、进入细胞，并很难排出体外，因此，在纳米研究和生产中，纳米颗粒的排放和回收就成为重中之重。我国对于纳米毒理学的研究给予了很大的支持，积极推动这个新兴领域在我国的发展。2007年5月，赵宇亮教授于美国出版了世界上第一本纳米毒理学专著，该书开创了纳米毒理学研究的先河。格林芬哈根博士从两个研究项目出发，探讨了纳米产品。其一名为"纳米消费者"（Nano-consumer），其研究结果表明作为生活消费品，纳米产品是科学和公众的分水岭。在他看来，纳米科技依然是一个让人喜忧参半的产业，即使是生产者本人也仍然不知道如何界定"纳米科技",在谈到"纳米科技"的时候,他们也不知道具体指的是什么。另一项研究名为"纳米图"(Nanoplat),意在重新审视纳米科技在欧洲的消费品市场。其研究结论认为,针对科学与技术的公众对话为那些参与者带来了很多潜在的好处。在这一领域,对于那些未来的参与者来说,一个重要的挑战是,这样的对话分布得越广,从中得到的经验和其他利益就越小。

此次会议,双方在平等、合作的基础上,本着共同讨论、共同发展的原则,就纳米科技领域存在的问题进行了细致、深入的探讨。在会议即将结束之时,与会者总结了两天来会议中提出的问题,并就如何进行下一步探讨以促进纳米科技的发展提出了建设性意见和建议。

(白晶)

二十二 机器人是道德行动者吗?

(一)前言

机器人产业和机器人学发展迅速。比尔·盖茨说,机器人工业突飞猛进的发展正如 30 年前计算机产业一样,并预言几十年后,社会中的机器人会像今日计算机一样到处都有,无所不在。① 目前机器人在许多领域从事许多不同的工作,分配给机器人的工作也在逐步增加,按应用分为:工业机器人、家务机器人、医用机器人、服务机器人、军用机器人、娱乐机器人、空间机器人以及满足嗜好和用于比赛的机器人。其中工业机器人占大多数。2018 年 10 月 18 日国际机器人学联合会(International Federation of Robotics,IFR)② 发布消息说,全球工业机器人销量过去 5 年内翻一番,预计到 2021 年每年平均增加 14%。日本是世界上生产机器人最多的国家,欧洲是机器人使用密度最高的国家,而中国是需求最强劲、销售量最大的国家。2017 年全球提单的机器人数创新高,较 2016 年增加 30%。这意味着过去 5 年(2013—2017 年)工业机器人年销售量增加 114%。与 2016 年相比,销售额增加 21%,达到 162.2 美元的新高峰。目前制造业中新的全球机器人平均密度是每 1 万雇员 85 台机器人,2016 年为 74 台。按地区分,平均机器人密度欧洲是 106 台,美洲是 91 台,而亚洲是 75 台。

---

① Lin, P. et al., 2012, *Robot Ethics*: *The Ethical and Social Implications of Robotics*, Cambridge, Massachusetts: The MIT Press, p. 3.
② Executive Summary World Robotics, *Industrial Robots*, (2017), https://ifr.org/downloads/press/Executive_ Summary_ WR_ 2017_ Industrial_ Robots. pdf.

根据《中国机器人标准化白皮书（2017）》①，我国工业机器人市场发展迅速，约占全球市场份额的三分之一。作为全球第一大工业机器人应用市场，截至 2016 年，我国工业机器人销量同比增长 31.3%。当前，我国生产制造智能化改造升级的需求日益凸显，工业机器人的市场需求依然旺盛，预计到 2020 年，国内工业机器人市场规模将进一步扩大到 58.9 亿美元。尽管这几年我国工业机器人增长迅速，但是每万名工人的机器人保有量仅有 49 台，远低于世界平均水平。

制订"机器人伦理标准"问题的提出。为确保机器人产品的质量和安全性，各国制订了设计和制造机器人的标准。目前由于机器人的设计制造和使用出现越来越多的伦理问题，因此许多与设计和使用机器人有关的企业家、科学家与伦理学家都认为仅仅制订集中于确保安全性的标准是不够的，还需要制订有关机器人的伦理标准。值得我们注意的是以下机构或人员制订的与机器人伦理标准有关的文件。

2016 年英国标准研究院（British Standard Institute）发布的《机器人和机器人装置：机器人和机器人系统合乎伦理的设计和应用指南》（Robots and Robotic Devices: Guide to Ethical Design and Application of Robots and Robotic Systems）。②

2016 年 12 月电气和电子工程师研究院（Institute of Electric and Electronic Engineers）发布第 2 版的《合乎伦理的设计：因自动和智能系统而造福人类的愿景》（Ethically Aligned Design: A Vision for Prioritizing Human Well-being with Autonomous and Intelligent Systems）。③

2017 年在 Connection Science 发布的《机器人学原则：管控现实世界的机器人》（Principles of robotics: regulating robots in the real world），由英国 14 位教授起草。④

---

① 国家机器人标准化总体组：《中国机器人标准化白皮书（2017）》，https://wenku.baidu.com/view/cf41f1c6bb0d4a7302768e9951 e79b896802688e.html.

② The British Standard Institute, 2016, *Robots and Robotic Devices: Guide to Ethical Design and Application of Robots and Robotic Systems*, BSI Standards Limited.

③ Institute of Electric and Electronic Engineers (IEEE), Ethically Aligned Design: A Vision for Prioritizing Human Well-being with Autonomous and Intelligent Systems, 2nd edition, (2016), https://ethicsi-naction.ieee.org/.

④ Boden, M. et al., 2017, "Principles of Robotics: Regulating Robots in the Real World", *Connection Science*, 29 (2).

二十二 机器人是道德行动者吗？

2018年12月18日欧洲委员会人工智能高级专家组发布的《可信赖人工智能伦理准则草案》（Draft Ethical Guidelines for Trustworthy AI）。[①]

在我国也提出了制订机器人伦理标准问题。但我们必须首先回答：什么是机器人，什么是伦理，什么是伦理标准这些概念问题，如果大家对此理解不一致，就会影响到有关制订什么样的伦理标准以及今后伦理标准的实施问题。概念问题涉及伦理规范问题，即我们应该做什么和应该如何做的问题，而对概念问题的讨论必然会涉及一些哲学问题，如现实世界中机器人这类实体的地位问题，机器人是否是行动者或道德行动者问题，这也涉及伦理规范问题。[②]

（二）机器人是机器还是人？

制订机器人伦理标准涉及一些概念问题，对这些问题的不同回答，直接影响到制订什么样的伦理标准问题。本节要讨论的概念问题有：机器人、伦理、标准。

1. 机器人（robot）。应该怎样来理解"机器人"这个概念。"机器人"这个术语来自捷克语"robot"，这个词首先出现在捷克作家写的一部剧本里，这个词的原意以及它在这部剧本里的意义是指"人造的人"，它是机器，但与人一样具有自我意识和社会关系能力，它们受人压迫剥削，最后起来造反。显然现在中文里的"机器人"这个词不是指"人造的人"，中国目前或不远的将来制造和使用的"机器人"没有一个可称为"人"或"人造的人"。因此，我们的"机器人"不是"人"。也许未来我们会制造出"人造的人"，即有自我意识和社会关系能力的机器（即使不是生物有机体，而是电子、机械的身体）。但我们

[①] European Commission, *Draft Ethical Guidelines for Trustworthy AI*, (2018-12-18), https://ec.europa.eu/digital-single-market/en/news/draft-ethics-guidelines-trustworthy-ai.

[②] 在我国制订机器人伦理标准的过程中，涉及两个有争议的问题，其一是，我们是给机器人制订伦理标准，还是给设计、制造和使用机器人的人制订伦理标准。其二是，我们如何制订伦理标准，是自上而下地先提出一些哲学概念，然后演绎出制订伦理标准的伦理原则和具体准则，即伦理标准；还是自下而上地从我们机器人技术的实践中的伦理问题出发，通过分析这些伦理问题来制订伦理原则和具体准则。本文试图解决第一问题。第二个问题将在另一篇论文讨论。

◇◇ 第三编 新兴科技伦理学

也可能通过合成制造出拥有自我意识和社会关系能力的非人生物体（不是由碳氢氧分子为基础的生物有机体），那么它们虽然也是"人造的人"，但不是"机器人"。我们还有可能通过转基因或基因编辑使高等动物具有与人一样的自我意识和社会关系能力，那么称它们为"动物人"也许更为合适，而不称它们为"人造的人"，因为它们本来就拥有动物的身体，更不能称它们为"机器人"。

（1）"机器人"与机器之间的区别。机器是：(i) 由人制造，通过物理移动来完成某项或一组复杂的任务，尤其可编程的机器；(ii) 它是一种由用户或外部自动化控制的物理工具；(iii) 它是一种机械或电气设备，执行或协助执行人类的任务，无论是物理的或计算的、费力的或娱乐的；(iv) 它可以由动物和人驱动，也可以由自然力和化学、热力、电力驱动；(v) 它必须受到他人的监督或控制，例如汽车、家用电器等。"机器人"则是 (i) 一台不依赖外部控制的机器；(ii) 用来执行一些复杂的任务或一组任务，特别是可以编程的机器；(iii) 可以由外部控制装置引导，也可以由嵌入其中的控制装置引导；(iv) 它的所作所为使人觉得它似乎有智能或它自己的想法，例如人形机器人、无人机等。① (iv) 有点玄机：不是直接说它有智能或自我意识，只是说使人感到它有智能或它有想法。这涉及机器能否思考更为深层的问题，我们后面再讨论。如果按上面的说法，那么"机器人"不过是更为复杂的机器而已。我们可以进一步问：机器发展到哪一点开始被称为"机器人"了呢？是复杂性到一定水平，还是因为它内置有软件？例如一台台式打印机有机械、电子产品和固件，但它不是"机器人"。一台 Roomba 智能扫地机器则是"机器人"。有人认为，与机器不同，"机器人"有反馈回路，它从环境接受输入，并用它做出影响环境的决策。

（2）人与"机器人"之间的区别。人与"机器人"不难区别，但制造像真人一样或穿上人的衣服的"机器人"，容易使人混淆。"机器人"是机器，它往往或几乎始终是自动的，这是说它像人一样，能依靠自己进行活动，无需外部变数的帮助。它按照原来给它编的程序或设计的活动方式进行活动。这些活动被描述为仿佛是它有自己的"意向"

---

① *What Is the Difference between a Machine and a Robot?* Quora, https://www.quora.com/What-is-the-difference-between-a-machine-and-a-robot.

二十二 机器人是道德行动者吗？

(intent)。例如设计来打乒乓球的机器人活动起来真像一个乒乓球运动员。与之相反，人是有机的个体，是"他"或"她"，而不是"它"。当人体死亡，不会起死回生，与容易修复的"机器人"相反。虽然"机器人"可显示复杂的操作程序，但人先进得多，有机器人无可比拟的高度发达的脑，能发明创造。人又是高度社会化的个体，形成社群和家庭，形成关系，产生复杂的感情或情感，如爱情。概括起来：人是有机体，而"机器人"不是；人在各个方面比"机器人"更为复杂和优越；人是高度社会化的。

（3）"机器人"与人工智能之间的区别。机器人学和人工智能服务于完全不同的目的。然而，人们往往把它们混为一谈。机器人学与人工智能是两个不同的领域，它们重叠的地方是：人工智能机器人（artificially intelligent robots）。因此，我们可以明确地区分三个术语：(i) 机器人学（robotics）是技术（technology）中处理"机器人"的一门分支；(ii) "机器人"是可编程的机器，通常能够自动地或半自动地完成一系列动作。"机器人"的三个特点是：通过传感器和致动器与物理世界互动；可编程；通常是自动或半自动的。说"通常"，因为有些机器人不是自动的，如远程机器人（telerobotics）是完全由人类操作员控制的。这是机器人定义不十分清楚的一个例子。有些专家认为机器人必须能够"思维"和做出决策，然而，对"机器人思维"没有标准的定义。要求一个机器人能够"思维"，提示它拥有一定水平的人工智能。然而，你在定义机器人时，必须考虑到，机器人学是设计、制造物理机器人并为它们编程，仅有一小部分涉及人工智能。(iii) 人工智能（AI）是计算机科学一门分支，它研发计算机程序以完成否则要求人类智能完成的任务。AI算法能够处理学习、感知、解决问题、理解语言以及逻辑推理等。现代世界以许多方式使用AI，如AI算法用于Google搜索、亚马逊推荐引擎、卫星导航寻路仪。大多数AI程序并未用于控制机器人。即使AI用于控制机器人，AI程序仅是更大的机器人系统的一部分，机器人系统还包括传感器、致动器以及非AI编程。人工智能机器人是机器人与AI之间的桥梁，有一些机器人是由AI程序控制的，而许多机器人则不具有人工智能。直到目前为止，所有工业机器人仅能够被编程完成一系列重复性的动作，重复性动作不要求人工智能。非智能的机器人在功能上十分有限,机器人要完成更为复杂的任务往往需要AI程序。例如简单的(人—机)协作性机器人(cobot)就是非智能机器人的一例,我们可以容易地给一个协作机器人编程让它捡起一个物件然后放在另一个地方。协作机器人以完全同样的方式继续不断地捡起和放置这个物件,直到我们把它关掉为止。这是一种自动的功能,因为在机器人被编程后不要求人类的任何输入。这项任务不要求任何智能。我们可以用 AI 扩展协作机器人的能力。如果我们在协作机器人上增加一架摄影机,机器人视觉变为"感知"(perception),就要求 AI 算法。例如,如果要协作机器人探测它正在捡起的物体,并根据物体的类型放在一个不同的位置。这就涉及专门化的视觉程序训练,去辨别不同类型的物体,做到这一点的唯一方法是使用一种叫模板匹配(template matching)的 AI 算法。机器人学与人工智能是两回事:前者涉及制造机器人,而 AI 涉及编程的智能。然而,仍有一个容易使人混淆的地方,即软件机器人(software robots)这个术语。"软件机器人"是一类计算机程序,它自动地操作去完成一项虚拟任务。它们不是物理机器人,因为它们仅存在于计算机内。经典的例子是搜寻引擎(webcrawler),它在互联网漫游,对网站进行扫描,将它们分门别类以供搜寻。一些高级的软件机器人甚至可包括人工智能算法,然而,软件机器人不是机器人。[①]

根据以上讨论,我们的结论是:机器人是机器,不是人。于是就产生了一个我们的译名是否合适的问题。既然 robot 是机器,不过是可编程的机器,那就不应该译为"机器人"和"机器人学"。这些译名有误导作用:以为机器人是人。

2. 伦理:在"机器人伦理标准"这一短语中的"伦理"是"伦理学"一词的形容词:"有关伦理学的"。伦理学是探讨人的行动规范的哲学学科,即根据伦理学的理论和方法研究人应该做什么,不应该或禁止做什么,以及允许做什么,借以制订评价人的行动是非对错的标准。伦理学可分理论伦理学和实践伦理学。机器人伦理学(roboethics)是实践伦理学的一门分支。目前有一些代表性著作,如 Patrick Lin 等编著的

---

① Owen-Hill, A., *What's the Difference Between Robotics and Artificial Intelligence?* (2017-07-19), https://robotiq.com/resource-center?_ga=2.146907511.1107173877.1548853871-1535787584.1548853871.

《机器人伦理学：机器人学的伦理和社会含义》(Robot Ethics: The Ethical and Social Implications of Robotics)[①] 以及《机器人伦理学 2.0：从自动化汽车到人工智能》(Roboethics 2.0: From Autonomous Cars to Artificial Intelligence)。[②]

3. 标准：在"机器人伦理标准"这一短语中的"标准"（standard）就是规范的意思。"伦理标准"就是伦理规范，即一个评价我们行动是非对错的伦理框架，包括体现基本价值的伦理原则以及更为具体的伦理指南和伦理准则。

（三）机器人是行动者或道德行动者吗？

制订"机器人伦理标准"中的哲学问题与前面讨论的机器人概念问题有联系，并直接影响到我们给谁制订伦理标准的问题，即"机器人是否是一个行动者（agent）"或"机器人是否是一个道德行动者（moral agent）"的问题。在哲学、行为科学和社会科学中，"行动"（action）一词有其特定的意义，与行为（behavior）有区别。行为是自动的、反射性活动，而行动则是有意向的、有目的的、有意识的和对行动主体有意义的活动。例如跑步就是行动，它是涉及意向、目标以及由行动者指导的身体活动；而感冒不是一种行动，因为它是碰巧发生在一个人身上而不是一个人做的事情。行为是系统或有机体对来自内外环境的刺激的反应。按照社会学家坎贝尔（Tom Campbell）[③] 的说法，行为是一种反射，对发生的事情的应答，因此需要刺激；而行动是一种具有意向的活动，要求行动者意识的参与。韦伯（Max Weber）[④] 也认为行动与行为之间有区别。行为是纯粹机械的身体运动，没有意向，对个体没有特殊的意义。行为是对特定刺激的自动反应，而行动涉及个体的意识，由于

---

① Lin, P. et al., 2012, *Robot Ethics: The Ethical and Social Implications of Robotics*, Cambridge, Massachusetts: The MIT Press, p. 3.

② Lin, P. et al., 2017, *Roboethics 2.0: From Autonomous Cars to Artificial Intelligence*, Oxford: Oxford University Press.

③ Campbell, T., 1981, *Seven Theories of Human Society*, 1st edition, Oxford University Press, p. 173.

④ "Max Weber" 这一词条最后修改日是 2012-10-25, http://geography.ruhosting.nl/geography/index.php?title=Max_Weber.

他的动机和体验的感情,他以某种方式有目的地行动。行动哲学(philosophy of action)给我们提供了标准的行动概念和理论。前者根据意向性来解释行动,后者用行动者的精神状态来说明行动的意向性。其中最有影响的是安丝康姆(Elizabeth Anscombe)①和戴维森(Donald Davidson)②。安丝康姆和戴维森都认为,行动要根据行动的意向性来说明。行动概念的核心是两点:其一,有意向的行动概念比行动概念更为基本;其二,有意向的行动与由于某个理由而行动存在密切的联系。

意向性这个概念也应用于机器能否思维的讨论中。图灵(Allan Turing)于1950年发表的一篇题为《计算机器与智能》③论文中提出了著名的图灵测试(Turing Test),用以测试计算机器是否具有人的智能,试图解决机器能否思维的问题。其设计是,有一部计算机器和一个人分别在各自封闭的房间内,机器与人通过电传打字机用自然语言交谈。另一个人是裁判,他不知道哪个房间里是人,哪个房间里是机器。他根据在屏幕上显示的电传打字机打出的文字来判断哪个房间里是计算机器,哪个房间里是人。如果在5分钟之后,裁判不能可靠地区分出机器与人,那么机器就通过了测试,那就可以说机器能够思维。争议焦点是:思维、认知或智能是否就是计算。瑟尔(John Searle)于1980年设计了一个中文屋(Chinese Room)思想实验。瑟尔在一间屋子内,屋子外面有一个说中国话的人,他不知道瑟尔在屋子内。瑟尔不懂中文,但能说流利的英语。说中国话的人通过槽孔把卡片送入屋内,在这些卡片上有用中文写的问题。作为输出,这屋子将卡片退回给说中国话的人。瑟尔靠一本规则手册输出用中文书写的答案。屋子里的瑟尔就像一部计算机,不懂中文。瑟尔利用这个思想实验进行的论证是:计算机程序完全是由其形式的或句法的结构界定的;而人的心有心灵内容(例如人在思维时有意向)。因此,按照编程进行计算,虽然答案可以与人给出的答案一致,但只是模拟思维,而不是实际的思维。瑟尔论证的中心点是:图灵测试中的机器和中文屋中的瑟尔并不是在从事意向性行动,因此不是在

---

① Anscombe, GEM., 1957, *Intention*, Oxford: Basil Blackwell.
② Davidson, D., 2002, "Actions, Reasons, and Causes", in Davidson, D. (ed.), *Essays on Actions and Events*, Oxford: Oxford University Press, pp. 3-20.
③ Turing, A., 1950, "Computing Machinery and Intelligence", *Mind*, 49: 433-460.

二十二 机器人是道德行动者吗?

进行思维或智能活动。①

迄今为止的机器人不过是可编程的机器,它们并不具有意向和理由,因为它们没有意识,没有自主性,没有自由意志。它们的所作所为不过是按照人给它们编制的程序进行的动作,不能称之为行动(action),因此它们不是行动者(agent)。如果机器的动作不是有意向、有目的、有理由、经过思考的行动,它们怎样对自己的所作所为负责呢?

机器人不是行动者,更不是一个道德行动者(moral agent)。道德行动者是一个有能力来辨别是非并对他的行动及其后果负责的人。道德行动者负有不对他人造成得不到辩护的伤害的道德责任。道德行动者具有道德行动的能力,仅仅是那些能够对他们的行动及其后果负责的人才有这种能力。儿童和某些智障成人没有或只有一点儿成为道德行动者的能力。具有完全心智能力的成人仅在极端情况下丧失道德行动能力,如被扣为人质时。通过期望人们作为道德行动者行动,我们认为人们要对他们引起他人伤害的行动负责。那么机器人拥有道德行动能力吗?迄今为止没有。如果没有,那么如果它们的动作伤害了人,能够要求它们负责吗?②

因此,必须确立这样一条原则:是人,不是机器人是负有责任的行动者。设计和操作机器人时应该尽可能符合伦理规范和现行的法律。这项原则突出了人需要接受对机器人动作的责任。然而这项原则进一步提出了伦理和法律责任问题:(i)由人而不是机器人承担责任的理由,即认为是人而不是机器人是负有责任的行动者的理由;(ii)设计符合伦理规范和现行法律的机器人是否就足够或充分了;以及(iii)认为机器人不负有道义责任的含义。③

---

① Searle, J., 1980, "Minds, brains, and programs", *The Behavioral and Brain Sciences*, 3: 417-457; Searle, J., 1983, *Intentionality: An Essay in the Philosophy of Mind*, Cambridge University Press; Searle, J., 1990, "Is the Brain's Mind a Computer Program"? *Scientific American*, 262: 26-31.

② Parthemore, J & Whitby, B., 2013, "What Makes Any Agent a Moral Agent? Reflections on Machine Consciousness and Moral Agency", *International Journal of Machine Consciousness*, 5(2): 105-129.

③ Sharkey, A., 2017, "Can Robots Be Responsible Moral Agents? And Why Should We Care?" *Connection Science*, 29(3): 210-216.

问题（i）：认为是人而不是机器人是负有责任的行动者，可以有两个理由：其一是基于生物有机体与机械机器之间的区别以及道德的生物学基础。其二是与社会需要接受对人已经生产出的人工制品的责任。就第一个理由而言，丘奇兰（Partricia Churchland）[1]指出，道德有其生物学基础，人和其他哺乳动物对他们自己以及他们依恋的亲人的安康感到焦虑，并发展出更为复杂的社会关系，能够理解和预测其他人的行动。他们也会将社会习俗内化，体验到因分离、排斥或被指责而引起的痛苦。结果，人和非人哺乳动物拥有内在的公正意识。关心自己，并且推己及人关心他人形成在人之中发展出道德的基础。与之相对照，机器人并不关心它们自己的保护或避免痛苦，更不要说其他人的痛苦了。一台机器人的零部件可从体内摘除而不感到痛苦，更不要说去关心给一个人造成的损伤或痛苦了。当然，人们可以争辩说，我们可以给机器人编程，使它的行为仿佛它在关心自我保护或关切他人，但这只有通过人的干预才有可能。关于第二点，目前的机器人不能独立于它们的人类设计者。它们是与人拴在一起的人工制品，我们不能把责任推给人工制品，因为机器人的行为和输出必然依赖于人类设计者和研发者。例如一个人见某人携带一个包裹，他为后者开门，这是一个符合道德的行动；但如果是一台传感器，它检测到一个人走来，把门打开，人们并不认为机器开门者是做了一件符合道德的行动。与生物有机体不同，机器人的发展始终要求人的干预和介入。这里的关键是，机器人及其控制系统依赖于人的干预。机器人也许有朝一日做出不能预测的决定，但让它们这样做出决定的也是人。机器人做出的任何决定都将仍然依赖于它们的原初设计。即使机器人有朝一日经过训练能够做出决策，但也需要人的干预。因此，由人来承担责任是一项至上命令。

问题（ii）：设计机器人遵循伦理规范和现行法律之所以不足够或不充分，其理由是机器人学尚未将伦理规范和现行法律用公式表述出来，有些还没有制定相应的规范和法律。例如设计做家里陪伴的机器人有泄露隐私的风险，然而我们必须回答许多问题，例如在多大范围上机器人已经获得的信息将为其他人可及，对此几乎没有立法，仅有伦理学

---

[1] Churchland, P., 2011, *Braintrust: What Neuroscience Tells Us About Morality*, Princetown, New Jersey: Princeton University Press.

二十二 机器人是道德行动者吗？

的关切：将脆弱的老人留给机器人照护有风险。因此。现行的伦理规范和法律不足以保护人不受因使用机器人而可能遭遇的风险。另外的理由是，由于机器人不是道德行动者，我们可以给机器人编制若干组规则的程序以决定它们的行为，但这并不意味着它们能够做出符合道德的决策。当人在有些社会境遇下做出如何行动的决策，他们必须做更多的事情，而不仅仅是遵循规则。例如他们的决策基于他们对他们所做的是否有合适的理解；他们对他们决策和结局的反馈是敏感的；他们会对已经做出的决策进行反思；并且对他们未来的决策进行调整或修改。

问题（iii）：如果机器人不是负有责任的行动者，那么这是否会限制我们赋予它的角色和影响到我们对它们的部署。例如有人提出不应该让机器人做出有关生死的决策，因为它们缺乏理解社会境况的能力，同时也因为人的生死决策应该由人而不是机器人来做出，这包括不能让机器人来当警察。如果将这个论证进一步延伸，那么也不应该让机器人当教师（做出对学生进行奖惩的决策），不能让照护机器人做出与其他人分享有关老人私人信息的决策，机器人保姆不能就它的受照护儿童做出决策等等。因为所有这些决策都可能涉及道德判断，以及对社会境况的评价。机器人很难对这些决策做出好的抉择。

那么，什么时候机器人可以成为一个道德行动者呢？机器人要成为道德行动者，必须拥有道德行动能力，对此必须回答三个问题：

- 机器人是自主的吗？
- 机器人的行为是有意向的吗？
- 机器人处于负责任的地位吗？

如果回答"是"，那么机器人就是一位道德行动者。

自主。第一个问题问的是，机器人是否能不依赖机器编程者、操作者和使用者而成为自主的。这里的"自主性"也许不是在严格哲学意义上的自主性，而是工程意义上的自主性，即只是说，机器不是在其他行动者直接控制之下。机器人必须不是一台远程机器人，仍然处于离它很远的人的直接控制之下。如果机器人具有这种水平的自主性，那么我们就可以说，机器人拥有实用的独立行动能力。如果这种自主的行动在实现机器人的目标和完成它的任务中是有效的，那么我们可以说这种机器人拥有有效的自主性。机器人的自主性越有效，那么它实现目标、完成任务就越熟练,我们就可以说它拥有更多的行动能力。然而,自主性本身不足以使我们说机器人拥有道德行动能力。例如细菌、许多动物、计算机病毒或简单的自动机器人,都展示一定的自主性,但它们不是负责任的道德行动者,因为它们缺乏下面两个要求,因此我们不能要求它们拥有像有行为能力的成年人一样的道德权利和责任。

意向。第二个问题问的是,机器是否有"有意向地"行动的能力。这里我们也不要求机器具有哲学意义上的意向性,只要在实践中机器的行为很复杂,迫使机器依赖日常心理学的"意向"观念,去做给他人带来具有道德意义的好处或伤害的事情,就足以对此问题做出肯定的回答。如果机器人的程序编制与复杂环境相互作用引起机器采取具有道德意义的有害或有益于他人的行动,并且这种行动似乎是经过深思熟虑和计算好的,那么这部机器就是一个道德行动者。这里所需要的一切是,所有参与互动的行动者都拥有一定水平的意向性和自由意志。

责任。第三个问题问的是,当机器人采取某一行为时,我们是否唯有假定它对他人负有某种责任才能理解它的行为。如果机器人的行为唯有假定它在履行某种义务才能理解,那么这类机器人就拥有道德行动者的地位。同样地,我们不能要求机器人拥有在哲学意义上与人一样的意识和心(mind)。例如照护机器人是被设计来帮助照护老人的。如果照护机器人是自主的,它的行为是有意向的,并且它理解它有照护老人的义务,那么它就与人类护士一样是一位道德行动者。即使一台机器人有自主性和意向性,但没有责任心就不是一个道德行动者。[①]

满足这三个要求在逻辑上是可能的,但在近期则是不大可能的。在目前以及不远的未来,机器人仅是可编程序的机器,不是一个哲学意义上的行动者,更不是一个道德行动者。如果它做了错事,不负责任,这是设计、制造和使用机器人的人的责任,人不应该把责任推卸给机器人。因此,如果我们要制订伦理标准,那不是给机器人制订行为标准,而是应该给设计、制造和使用机器人的人的行动制订伦理标准。

(雷瑞鹏、冯君妍,原载《道德与文明》2019年第4期。)

---

① Sullins, J., 2006, "When Is a Robot a Moral Agent"? *International Review of Information Ethics*, 6 (12): 23-30.

二十三 机器人学科技的伦理治理问题探讨

我们前面的研究中曾指出：在目前以及不远的将来，机器人不是人，它们不是一个在哲学意义上的行动者，更不是一个道德行动者。因此，我们目前制订的不是规范机器人行为的伦理标准，而是规范设计、制造和使用机器人的人的行动的伦理标准或机器人学（robotics）的伦理准则。本文拟在初步探讨伦理治理含义后，着重探讨有关机器人学科技伦理治理的问题，包括设计、制造和使用机器人中的伦理问题，解决这些伦理问题的伦理原则，以及对机器人学科技的伦理治理提出若干建议。

（一）伦理治理的含义

2019年7月24日，习近平总书记主持召开的中央全面深化改革委员会第九次会议审议通过《国家科技伦理委员会组建方案》，会议指出组建国家科技伦理委员会，目的就是加强统筹规范和指导协调，推动构建覆盖全面、导向明确、规范有序、协调一致的科技伦理治理体系。十九届四中全会明确提出，改进科技评价体系，健全科技伦理治理体制。这是对我们工作提出了更高的要求。据此，由中国医学科学院/北京协和医学院生命伦理学研究中心和中国科协中国自然辩证法研究会生命伦理学专业委员会主办，由中国社会科学院应用伦理研究中心、华中科技大学生命伦理学研究中心、中国人民大学伦理学与道德建设研究中心生命伦理学研究所、上海市临床研究伦理委员会、昆明医科大学医学人文教育和研究中心及厦门大学医学院协和伦理学研究中心协办，于2019年12月15日在中国医学科学院/北京医学院新教学研究楼举行新兴科技伦理治理问题研讨会第一次会议，讨论了伦理治理的概念，取得了如下共识①：与"管理"（management）和监管（regulation）相比，"治理"（governance）具有宏观性、政策性和战略方向性。治理有善治（good governance）和恶治（bad governance）之分，"恶治"是我们社会内部万恶之源。善治的 8 个主要特征是：参与、法治、透明、反应及时、共识、公平和包容、有效和效率、问责。善治这 8 个特征确保腐败最小化，少数人的观点得到考虑，社会中最脆弱人群的声音在决策中得到听取，也对社会目前和未来的需要及时做出反应。随着我们无限制地利用不可再生能源引起气候变暖和伤害未来世代的公正问题，尤其是新兴生物技术往往冲击人的福祉、人的尊严和人的权利，从善治（良好的治理）就合乎逻辑地发展到伦理治理（ethics governance）。

如果我们同意上面的论述，那么就可以回答什么是伦理治理的问题：伦理治理就是将与科技相关的伦理原则纳入治理之中。将与科技相关的伦理原则纳入治理之中，就会丰富治理的目标以及修改或增添治理的手段。伦理学是对人的行动或其决策（每个人行动之前都先有决策）的研究，每个人都有一个对行动或其决策的是非对错的标准，但这个标准是直觉的，没有经过理性检验的。伦理学则是要对行动或其决策的是非对错标准进行理性研究的学科。经过伦理学研究制订的伦理原则都有经验的基础和经过理性的检验，它们既是受治理者或机构及治理者或机构应尽的伦理义务，也是判断行动或其决策是非对错的标准。所有科技经过创新、开发、传播到应用，都转化为对自然或人的干预。从伦理学的视角，对任何建议或计划的干预都要考查其可能引起的对人、动物和环境的伤害或风险（可能的伤害）和受益，对其可能的风险—受益比进行评估，因而需要对科研方案进行伦理审查；同时了解在干预过程中是否对有关的人表示了尊重，尊重了他们的自主性，获得了他们的知情同意，对他们的个人数据采取了保密措施，以及科技的成就能够使所有纳税人公平可及，并吸引大众参加有关科技发展的决策。伦理治理就要将上面概述的伦理要求纳入对科技的治理之中，这将导致治理的目标以及程序都要作相应的修改、补充和完善。

---

① 雷瑞鹏、邱仁宗：《新兴技术中的伦理和监管问题》，《山东科技大学学报》2019 年第 4 期。

二十三　机器人学科技的伦理治理问题探讨

伦理问题是针对我们应该做什么和我们应该如何做的规范性问题，前者为实质性（substantial）伦理问题，后者为程序性（procedural）伦理问题。唯有妥善解决这些伦理问题，我们才能做出合适的决策，然后按照这个决策采取正确的行动。对包括机器人科技在内的新兴科技[①]进行合适的伦理治理，必须建立在妥善解决这些规范性问题的基础上。一般来说，有两个方面的伦理问题会影响我们的决策。其一是，我们的决策和行动会给他人和社会带来多大的受益和风险，风险—受益二者之比是否对人和社会有利，是否可接受；其二是，在我们的决策和行动中，对除了机器人以外的人类利益攸关者（即一项决策或行动中有可能受到这一行动影响或可能影响这一行动本身的人，例如在医疗中的病人、病人家庭人员、医生、护士等都是利益攸关者）是否给予充分的尊重，包括尊重他们的自主性，坚持知情同意的伦理要求，尊重他们的尊严和他们拥有的内在价值，尊重他们的隐私，以及是否公正地、公平地和平等地对待他们。确保我们设计、制造和使用的机器人能够对他人和社会带来最佳的风险—受益比，并且最大程度地尊重人类利益攸关者，这是我们制定设计、制造和使用机器人的两大基本价值。人们制订设计、制造和使用机器人的伦理标准或伦理准则[②]，就是为了确保这两大基本价值的实现。

1. 伦理问题一：如何确保最有利的风险—受益比？

机器人给人类和社会可能带来的受益多多

工业机器人给工人和产业带来巨大受益：（1）使用机器人最明显的优点是安全性，沉重的机械、在高温下作业的机械以及锋利的物件很

[①] 雷瑞鹏、邱仁宗：《新兴技术中的伦理和监管问题》，《山东科技大学学报》2019年第4期。

[②] Chinniah, Y., 2016, "Robot Safety: Overview of Risk Assessment and Reduction", *Advances in Robotics & Automation*, 5: 139; Jiang, B. & Gainer, C., 1987, "A Cause and Effect Analysis of Robot Accidents", *Journal of Occupational Accidents*, 9: 27 – 45; Charpentier, P. & Sghaier, "A. Industrial Robotic: Accident Analysis and Human-Robot Coactivity", *The 7th International Conference on the Safety of Industrial Automated System*, https://www.irsst.qc.ca/media/documents/PubIRSST/SIAS-2012.pdf; Security Risks in Robotic Process Automation (RPA), *How You Can Prevent Them*, (2017-11-22), https://medium.com/@cigen_rpa/security-risks-in-robotic-process-automation-rpa-how-you-can-prevent-them-dc892728fc5a.

容易伤害人。在化学工厂工作，机器人不怕化学物质喷溅，保护了工人健康。由于许多产业的工作环境存在有害因素，例如车间、核设施、医院核医科，直接接触有害健康，使用机器人确保了工人的安全和健康。机器人可从事不愉快、费力或威胁健康的工作，从而可减少事故、重复性劳损和振动性白指症（是长期使用振动工具而引起的以指端神经血管损伤为主要病理改变、以指发白为主要临床症状的疾病）。（2）机器人不会分心，也不需要休息，不会请假和休假。它们不会感到筋疲力尽，动作缓慢下来；它们也不需要参加会议和接受培训；它们可以持续不断地工作，加速生产进度。有些机器运转速度快，工人跟不上，但机器人没有问题。（3）机器人比人类精准。它们不会像人的手那样颤抖或哆嗦，它们有灵巧而万能的零部件完成比人更精准的工作。（4）机器人决不会将它们的注意力分散到许多事情上，它们的工作决不会受其他人工作的影响，它们也不会发生意外。它们始终在岗位上去做要它们做的工作，而且比工人做得更可靠。（5）机器人可以有多种形状和大小，可根据工作的需要来确定。机器人可在任何环境条件下工作：在空间，水下，极端冷或热或有大风的条件下。（6）机器人的工作总是确保优质。因为它们被编程去做精准、重复的动作，它们很少发生差错。机器人实际上既是雇员又是质量控制系统。机器人没有癖好，不会像人一样发生差错，因此始终能生产出完美的产品。（7）增加产量。机器人可连续工作，不会像人一样需要休息和休假。机器人可每天24小时每周7天每年365天不分昼夜不需周末地工作，所以可增加工作产量，在到期以前满足顾客要求。它们不需要休息，没有病假，不会分心。机器人也可离线脱机工作，确保速度更快的新生产程序尽快引入。（8）机器人操作特别精确，确保生产均匀一致，因此废品极少，使损失减少。与人工相比，产品质量提高许多倍。只要编好程序，机器人按程序工作就不会发生差错。机器人的精确性和可重复性可使生产的每一件产品达到高质量。机器人消除了疲倦、分心、工作重复和单调乏味引起的问题，改进了工作质量。使用机器人也可改善员工的工作条件。他们不再在满是灰尘的、炎热的或有害的环境工作。（9）增加产品制造的灵活性，更好满足消费者需求。一旦编制程序后，它们很容易在程序之间转换，帮助改变产品设计或以顾客要求。（10）机器人能够与顾客谈话，回复电

二十三 机器人学科技的伦理治理问题探讨

子邮件和媒体评论，帮助营销和出售产品。(11) 车间使用机器人的最大优点是成本低。机器人的成本比工人低得多，而且成本还在降低。使用机器人可减少直接和间接成本。例如机器人不会疲劳，减少旷工；减少能源费用，机器人无需照明和暖气。暖气每降低1度可节约8%的费用，关掉不必要的照明可减少20%的费用。(12) 使用机器人可大大改善产品质量，满足顾客要求，减少废品以及因质量不过关而造成的浪费。由于生产水平高，投资效益就大。(13) 使用机器人可使生产线更迅速更有效，可减少因存货而引起的资本损失，也可更好地预测生产率以及确保更迅速更有效的配送服务。(14) 让机器人做人们特别不喜欢做的卑微的、重复的或危险的工作，可提高雇员对工作的满意度。他们可以集中去做那些不折磨人的工作，可以有更多的教育机会，参与增进健康的活动，或参加创新的工作计划。在工人感到难受的工作时间值班。大多数生产单位要求24小时工作，不分昼夜，没有假日，也不能休息，确保生产的增加与机械的能力相匹配。(15) 减少劳动力流动和招募困难。今日的工业要求高精准度，要求最高水平的技能和训练。雇用工人费用很贵，机器人可作为理想的替代者。(16) 减少劳资纠纷。机器人由人编程，不会说不，可以做人拒绝做的任何工作。(17) 提供就业机会。机器人其实改变了就业机会，不需要有人对它们进行检测，需要训练与机器人一起工作的雇员，需要有人来改进机器人的设计和制造。机器人不可能做所有工作，有些仍然需要人来完成。(18) 机器人的安装可以有多种造型，也可以让它们在更紧凑的空间内工作，以节省空间。

医用机器人给人类和社会带来的受益：2015年全球医用机器人产值72.4亿美元，预计2013年达200亿美元。主要在神经学、整形外科和腹腔镜手术中使用机器人进行微创手术。其受益有：(1) 远距临场(Telepresence)。医生利用机器人帮助他们诊断和治疗远在农村或偏远地区的病人，使他们在病房里"远距临场"。远在偏远地区农村的乡村医生可以打电话给北京的专家问他有关病人的问题，指导治疗。这种机器人的关键特点是拥有在急诊室内的导航能力，并装备有精致的摄像机。(2) 外科助理。这些遥控的机器人可协助外科医生完成手术，如微创手术。进一步将是外科医生坐在手术室外的工作站操纵精致的机器人手臂。机器人手术可缩短住院时间，减少疼痛和不适，使病人更快恢复和回到正常工作，切口小、感染机会少，失血和需要输血少，疤痕小。另外手术可视化范围大、敏捷度大和精准度大。（3）康复机器人。它们可在残障人的恢复中起关键作用，包括改进运动、膂力、协调性和生活质量。可给这些机器人编制程序以适合每个病人的情况，例如中风、脑外伤、脊髓损害以及神经行为或神经肌肉疾病，如多发性硬化。与虚拟现实结合的康复机器人也可改善平衡性、走路和其他运动功能。（4）医用运输机器人。供应品、药品和餐饮可通过这些机器人配送给病人和职工，从而使医生、医院职工和病人沟通最优化。这些机器人都有室内导航能力，如果采用传感融合定位技术，则将使其导航能力更完善。（5）清洁卫生和消毒机器人。随着抗生素耐药菌的增多和致命感染的爆发（如埃博拉），更多的医院使用机器人清洁和消毒表面。这些机器人只花几分钟时间就可给一个房间进行细菌和病毒的消毒。（6）机器人药方配药发放系统。机器人最大的两个优点是速度和准确，这对药方十分重要。机器人还能快速而准确地配送粉剂、液剂以及高度黏性的物质。

照护机器人（care robots）给人类和社会带来的受益：（1）举重物往往使老人受伤，机器人可提供帮助。（2）老人视力衰退或痴呆，往往无法用电话，他只要对机器人说："机器人，给我女儿打电话！"机器人就可通过 Skype 或视频通话技术使老人与他女儿联系上。（3）提醒。老人往往忘记服药、约会、饮食、锻炼以及其他许多事情，在纸上开列要做的事项，但忘了去看单子。（4）家庭监测已经证明对心脏病和糖尿病病人大有好处。机器人可随时监测许多病情，并将数据传送给护士或医生，后者可来见病人或通过机器人与病人对话。（5）大多数老人不愿意最后去护理院，许多人也不喜欢陌生人住在他家，机器人可以帮助他做零碎的家庭杂务。（6）许多老人诉说，他们最大的不安是加在家庭其他成员身上的负担。如果机器人能够帮助他，那么他的家属就可以花更多的时间在自己的工作和照料孩子上。（7）填补照护空缺。一个人需要家庭和朋友照护，但对方往往没有时间，忙于自己的工作和事情。机器人可填补这个空缺。（8）当一个人有失忆症，往往会一遍一遍地问同一个问题，5次、15次或40次。对此大多数人可能会失去耐心，但机器人不会。(9) 陪伴。这不是让机器人代替人，而是补充。如果一个社会有许多人需要照护，而同时又有许多人失业，使后者照护前者，这对经济和社会都有好处。(10) 减少孤独。减少老人的孤独感必须优先于减少其他不适。让老人从互动中得到快乐，对老人最为重要。①

机器人给人类和社会带来的风险。

首先需要澄清概念：伤害、风险、危害这些术语有无区别？区别在哪里？

伤害（harm）是对人或社会造成的损伤或损害。对人的伤害可以是身体的、心理的、社会的、经济的。例如机器人引起车间工人或家庭受照护者外伤是身体的伤害；机器人引起使用者恐惧心理或使用者对机器人上瘾就是心理的伤害；聊天机器人说出歧视妇女或少数族裔的言语就是社会的伤害；机器人损坏车间或受照护者财产就是经济的伤害。对社会造成的伤害可以是环境的、经济的、社会政治的。例如机器人的损坏零件堆积如山，尤其是其中含重金属或化学物质造成环境污染，这是环境伤害；引起失业增加就是经济的伤害；对推广使用机器人发生严重分析，引起社会分歧、分裂、动荡，就是社会政治伤害。

风险（risk）是伤害的可能，即伤害发生的概率（例如吸烟者因肺癌死亡的概率为非吸烟者的12倍），风险也有身体的、心理的、社会的、经济的风险。还有"信息风险"（information risks），即私人信息被非法泄露的可能往往引起心理的和社会的风险；某人患性传播疾病或艾滋病的信息属于私人信息，一旦泄露容易遭受歧视，很可能因此造成当事人紧张、焦虑、不安等心理伤害，以及因歧视而失业、失学、丧失医疗保险等社会伤害。

危害（hazard）则是伤害的潜在来源。危害的因素有：安全方面的危害，如滑倒、绊倒的危害，机器维护不当，设备故障等；生物方面的危害，如细菌、病毒、昆虫等；物理方面的违规，如放射性、磁场、高

---

① Executive Summary World Robotics, 2017, *Industrial Robots*, https://ifr.org/downloads/press/Executive_Summary_WR_2017_Industrial_Robots.pdf；国家机器人标准化总体组：《中国机器人标准化白皮书（2017）》，https://wenku.baidu.com/view/cf41f1c6bb0d4a7302768e9951e79b896802688e.html.

压或真空、噪音等；化学方面的危害，取决于化学物质的物理、化学和毒性性质。

危害、风险、伤害的关系可以结核病为例说明：结核杆菌是危害，结核病是对人健康的伤害，如果一个人与结核病病人接触后发现痰内存在结核杆菌，他就有一个有多大可能或概率患结核病的风险问题。以一个车间为例。车间的危害可有多种来源，例如物质、材料、程序、做法等，都能引起对一个人或财产的伤害或不良效应。在机器人的情境中，人对机器人产生迷恋或上瘾就是一种危害，就有可能引起人不愿意与其他人交往，丧失与人沟通能力，遇事依赖机器人的风险，如不采取措施就会给该人造成心理伤害和社会伤害。又如未能对使用者做好知情同意工作也是一种危害，就有可能使使用者在操作机器人时发生意外，如不加以补救，就有可能造成对使用者的身体伤害。

在BSI的《指南》中使用了"伦理伤害"（ethical harm）、"伦理风险"（ethical risk）和"伦理危害"（ethical hazard）这些术语①，即在前面加上"伦理"这个修饰语，这对于我们制定伦理标准是不必要的，也容易引起混乱。对人和社会的任何伤害、风险、危害都有伦理学的规范性含义，这是我们考虑某一项决策是否应该做出或某一项行动是否应该采取的重要因素之一；再者，在这些术语上加上修饰词"伦理"，那么哪些伤害、风险和危害是"非伦理"的呢？②

确保制造和使用机器人的有利风险—受益比

首先要分析制造和使用机器人可能带来的风险：

（1）安全（safety）。在干预过程（例如维修、排除障碍和安装）中，机器人可能引起工人严重甚至致命的损伤。有人根据32起事故进行的分析显示，受到种种损伤的有机器人操作员（72%）、维修员（19%）、程序员（9%）。损伤的例子有：夹伤（56%），机器人将工人夹在它与物件之间；撞伤（44%），当机器人与工人相撞时人会受伤。造成工人损伤的原因有：意料之外的机器人行为，工人的差错（例如在

---

① Chinniah, Y., 2016, "Robot Safety: Overview of Risk Assessment and Reduction", *Advances in Robotics & Automation*, 5: 139.

② The British Standard Institute, 2016, *Robots and Robotic Devices: Guide to Ethical Design and Application of Robots and Robotic Systems*, BSI Standards Limited.

二十三　机器人学科技的伦理治理问题探讨

撞伤案例中一个工人误启动了机器人，撞伤了旁边的工人）以及出乎意料的软件问题。伤害可从轻伤（不影响工作）到致命的伤害。安全性是指对人的身体伤害或风险，包括生产机器人的工人和使用机器人的使用者等所有与机器人有关的人类利益攸关者（stakeholders）。机器人的安全性具有重要的伦理含义，安全是福祉（wellbeing）的一个重要要素（其他要素有：健康、尊重、理性、情感等）。如何改善安全性是一个必须解决的重要的伦理问题。

（2）安保（security）。安保与安全（safety）的不同在于：后者是意外的损伤或伤害，而前者是有意引起的损伤或伤害。与机器人有关的特殊的安保风险是数据安保。机器人（例如机器人工序自动化，Robotic Process Automation，RPA）存在诸多安保风险：根据企业的类型，种种工序都可以有效地自动化，例如档案传递、订货单处理、工资流水等，所有这些要求自动化平台接触到保密信息，如公司雇员、顾客和供应商的盘存清单、信用卡号码、地址、财务信息、密码等。因此，研发机器人工序自动化（RPA）优先要解决的问题就是安保风险的管理。最大的问题是要确保保密的信息不因分配给软件机器人权限的特权或制订机器人工作流程的人而被误用。数据安保的目的是数据完全保密和使用合适。与机器人一起工作的企业领导自然关切隐私，即精心保护个人和公司的数据。除了数据安保以外，还有可及安保（access security），其目的是消除未经授权的使用者有可能接触和操作由机器人处理的私人信息。这也防止自动化平台功能的误用，也需要可及安保来防范 RPA 企业不发生雇员无意的差错以及骇客的攻击。

失业。虽然在工厂部署机器人会创造一些工作机会，但就总体而言，会造成工人失去工作机会。人们所称的"机器人革命"，即在陆地、海洋和空中；在家、企业和社区，都将充斥着机器人。国际机器人联合会（International Federation of Robotics）报告说，2019 年有 3100 万个家务机器人在服务，已经使用的工业机器人有数百万个，2018 年一年就售出 25 万台机器人以及数百万架无人机。2018 年以巴黎为基地的经济合作和发展组织（OECD）发表一份研究报告称，如果该组织 32 个成员国没有采取措施为因"机器人革命"而失去工作的工人做好准备，可能会使 6600 万人（1/7 工人）在未来几年面临其工作被机器人替代的风险。该报告称,在发达国家14%的工作已经高度自动化了,接着32%的工作也将自动化。自动化最可能影响制造业和农业的工作,虽然许多服务部门,例如邮政和快递服务、陆上运输和食品服务也非常容易受影响。该报告估计,美国将丧失1300万份工作,对一些地方的影响要远比底特律汽车工业衰落的影响还要大。低技能的人和青年失业风险最大,低技能的部门包括食品加工、保洁和需要体力的工作。OECD强调需要帮助年轻人一边学习一边获得工作经验。①

伦理学要求我们选择的决策或行动,具有有利的风险—受益比,即在种种选项中选择风险最小和受益最大,且风险—受益比对人和社会有利的决策和行动;并且在执行中力求受益最大化,风险最小化。为此,我们需要鉴定风险(包括危害,即风险的来源),评估风险的概率及其严重程度,以及采取风险最小化的措施。②

2. 伦理问题二:确保对人类利益攸关者的尊重。

上面讨论的安全和安保问题,有时被列为物理性伦理问题,而与尊重人的义务有关的问题则被列为非物理性伦理问题。这里我们讨论知情同意、隐私保护、反对歧视,以及公平可及问题。

---

① Editorial, *The Guardian View on Automation: Put Human Needs First*, (2018-04-02), https://www.theguardian.com/commentisfree/2018/apr/02/the-guardian-view-on-automation-put-human-needs-first.

② Tzafestas, S., 2018, "Ethics in Robotics and Automation: a General View", *International Robotics & Automation Journal*, 4 (3): 229-234; Chinniah, Y., 2016, "Robot Safety: Overview of Risk Assessment and Reduction", *Advances in Robotics & Automation*, 5: 139; Jiang, B. & Gainer, C., 1987, "A Cause and Effect Analysis of Robot Accidents", *Journal of Occupational Accidents*, 9: 27-45; Charpentier, P. & Sghaier, "A. Industrial Robotic: Accident Analysis and Human-Robot Coactivity", *The 7th International Conference on the Safety of Industrial Automated System*, https://www.irsst.qc.ca/media/documents/PubIRSST/SIAS-2012.pdf; Security Risks in Robotic Process Automation (RPA), *How You Can Prevent Them*, (2017-11-22), https://medium.com/@cigen_rpa/security-risks-in-robotic-process-automation-rpa-how-you-can-prevent-them-dc892728fc5a; Marc, PM., *Five Cybersecurity Risks That Can Affect Your Collaborative Robots*, (2017-11-21), https://blog.robotiq.com/five-cybersecurity-risks-that-can-affect-your-collaborative-robots; Mark, B., "Realities and Risks of the Robot Revolution", *World Risk Management*, (2017-04-19), https://wrmllc.com/realities-and-risks-of-the-robot-revolution/; Elliott, L., "Workers at Risk as Robots Set to Replace 66m jobs", *Warns OECD*, (2018-04), https://www.theguardian.com/business/2018/apr/03/robots-could-take-over-more-than-65m-jobs-warns-oecd-report.

二十三 机器人学科技的伦理治理问题探讨

（1）知情同意。知情同意的伦理要求源于承认人有自主性，因此有关一个人自己的事情，例如是否参加制造机器人或购买机器人在家照护自己，应该由他自己做出决策。而在他做出理性决策前，应该向他提供相关的信息，并帮助他理解这些信息。从事机器人事业的专业人员有义务尊重相关人员或利益攸关者的自主性，履行知情同意的伦理要求。在机器人学中，参加机器人制造、维护的工作者以及购买机器人的消费者都有知情同意或知情选择的权利。但知情同意问题较多地发生在医用机器人领域，尤其是利用机器人的外科手术中。例如有人建议在机器人手术中需要做出三项安排，才可以使知情同意更为完善：其一，将知情同意中已经存在的信息（疾病的原因、不治疾病的后果，重点放在建议所采用的技术、治疗的可能后果以及对相关后果再次干预的风险）与外科医生在机器人手术中的经验数据结合起来；其二，将机器人手术中设置的两位监督人员——一位是指导者，另一位是监督者，以及其他助手等人员以及他们所起的作用和责任的信息告知病人；其三，应该要求外科学会制订机器人手术的准则，并将此准则告知病人。这方面的文献尚不充分，说明在这方面的研究还很不够。①

（2）隐私。尊重人的一个重要方面是尊重人的隐私，尊重一个人的隐私既是保护他，也是尊重他自主性的表现。隐私包括两方面：一个是人身体的隐私部位；再一个是一个人的个人信息，重点在于保护一个人的个人信息（personal information）或私人信息（私人数据），即指能够显示其身份的信息。机器人提出隐私问题不难想象。其一，实际上，根据定义，机器人具有感觉、处理和记录周围世界的能力。机器人可以去人类不能去的地方，看到人类看不到的东西。机器人首先是人类的工具。除了工业制造，我们所使用的机器人的主要用途是监视。机器人对隐私的影响可分为三类：直接监视、增加可及、社会意义。如前所述，机器人涉及隐私的最明显方式是，它们极大地促进了直接监视。各种形状和大小的机器人，配备了一系列复杂的传感器和处理器，极大地扩大了人类的观察能力。军方和执法部门已经开始加大对机器人技术的依赖，以便更好地监控国内外人群。但机器人也为企业和个人在安全、窥

---

① Ferrarese, A. et al., 2016, "Informed Consent in Robotic Surgery: Quality of Information and Patient Perceptio", *Open Medicine* 11 (1): 279-285.

阴癖和市场营销等不同领域提供了新的观察工具。这种广泛的可得性本身就存在问题，因为它可能通过改变公民的期望来削弱宪法对隐私的保障。其二，机器人涉及隐私的第二种方式是，它们为历史上受保护的空间引入了新的可及口，特别是家用机器人为政府、私人诉讼当事人和黑客提供了一个获取生活空间内部信息的新机会。最近的一项研究表明，一些受欢迎的机器人产品容易受到技术攻击——更危险的是，它们让黑客能够接触物体和房间，而不是文件夹和文件。社会可以通过更好的法律和工程实践来对付那些监视和不受欢迎的可及。其三，机器人对人的隐私还有一种更微妙的伤害———种不太容易防止的伤害。机器人在设计上越来越像人，也越来越具有社交互动能力，这使得它们有越来越多的机会参与最终用户和更大社区的活动。许多研究表明，人们天生就会对高度拟人化的技术（如机器人）做出反应，就好像一个人真的存在一样，包括被观察和评价的感觉方面。机器人具有这种社交维度，就有可能被引入人更多的生活空间和其他传统上为独处预留的空间，可能会减少人的独处机会；可能处于从人获取信息的独特位置；机器人的社会性质可能会产生新型的高度敏感的个人信息，也就是我们所说的"设置隐私"（setting privacy），它会说出很多它的用户使用"陪伴程序"（companionship program）的信息。机器人对隐私的影响也不完全是负面的——脆弱的人群如家庭暴力的受害者，可能有一天会使用机器人来召唤警察防止虐待。由于对隐私的伤害难以鉴定、测量和抗拒，目前的基本办法只能是，社交机器人的设计、生产和使用者都要小心。[①]

（3）歧视。最近的报告显示，有学习能力的机器人正在接受人类工程师灌输给它们的语言模式中的种族主义和性别歧视。但这不奇怪。"机器学习"是"在数据中寻找模式"，而这些数据都是在过去收集的，其中有反映过去的模式。如果这些模式含有我们不可接受的歧视，只要设计和制造机器人的人是种族主义者和性别歧视者，机器人就一直是种族主义者和性别歧视者，因为机器只能根据提供给它们的信息工作，这些信息通常是由主导技术和机器人领域的白人、异性恋男性提供的。2016年微软开发了一款聊天机器人（chatbot）Tay，它可以在社交媒体上与用

---

① Calo, R., 2012, "Robots and Privacy", in Lin, P. et al. (eds.), *Robot Ethics: The Ethical and Social Implications of Robotic*, Cambridge: MIT Press, pp. 187-202.

二十三 机器人学科技的伦理治理问题探讨

户互动时进行"学习"和开发,几个小时后,它就宣誓效忠希特勒;谷歌的一项使用"训练有素"的技术进行影像搜索,根据白种人的图像识别人脸,搜索大猩猩的结果却是非洲裔美国人。然而这些只是最令人震惊的例子。随着越来越多的影响我们日常生活的决策都交给机器人,人类社会生活中的种族主义和性别偏见也就传递给了机器人,除非我们采取措施来改变这一趋势。机器通过吸收和消化网上所有的作品来学习语言。这意味着主导文学和出版的几个世纪以来的世界声音是白种人、西方人、男人的声音,它们已经固定在影响我们世界的语言模式之中。这并不意味着机器人是种族主义者而是意味着人类是种族主义者,我们训练机器人来反映我们自己的偏见。毕竟,人类以一种非常相似的方式来学得我们自己的偏见。我们在成长过程中通过语言和前人的故事了解世界。我们知道"男人"可以意味着"所有的人",但"女人"从来就不是——所以我们知道成为女人就是成为别人——成为人的一个子类。白人的孩子得知,当他们的领导和父母谈论一个人是他们"自己人"时,他们有时指的是"同种族的人"——因此他们开始明白,肤色不同的人不是"我们"的一部分。在英语中,人被赋予两个代词中的一个——他或她——所以人们知道性别是一个人的定义特征,因此使用这些单词就已经将他们创造的世界分开了。语言本身是一种预测人类经验的模式。它不仅描述我们的世界,而且也塑造世界。机器学习系统的编码偏见给了我们一个机会来看看它在实践中是如何工作的。但与机器不同,人类有道德能力——我们可以改写自己的偏见和特权模式,也应该这样做。有时我们不能做到我们想要的公平和公正,并不是因为我们一开始就固执己见、恃强凌弱,而是因为我们的工作是基于已经内化的关于种族、性别和社会差异的假定。我们学习的行为模式是基于糟糕的、过时的信息。这并不使我们成为坏人,但也不能免除我们对自己行为的责任。算法要基于新的更好的信息来更新,如果我们拒绝这样做,就会发生道德沦丧之事。[①]

(4)公平可及。在当代,凡是一项新技术被发明出来,使人们受

---

① Penny, L., "Robots Are Racist and Sexist, Just Like the People Who Created Them", (2017-04-20), https://www.theguardian.com/commentisfree/2017/apr/20/robots-racist-sexist-people-machines-ai-language.

益时，就会提出这样的问题：科学技术发展的成果能够为全社会的人造福，还是仅仅是一小部分有钱或有权的人的专利品？这就涉及社会公正问题。用伦理学术语来说，这是一个公平可及（equitable access）问题。机器人也有公平可及问题。也许情况有所不同：对于工业机器人，由企业主自己来考虑是否使用或使用多少机器人，他们要考虑成本、风险、受益、利润、对股东的回报等，还有产品或服务在多大程度上可以自动化。但对于照护机器人，就有一个公平可及问题：同是老人，为什么他能有机器人来照护，而我不能呢？这是否公平？目前研究机器人公平可及的文献还不多，基于我们研究遗传伦理学和信息通信伦理学的经验，在这些领域分别提出了"基因裂沟"（genetic divide）"数字裂沟"（digital divide）问题，"机器人裂沟"（robot divide）问题迟早也会提出来。英国标准研究院的《指南》中提出了可及的公平性这一危害因素。①

（二）建立制订评价设计、制造和使用机器人决策的伦理框架

妥善解决上述伦理问题需要建立制订评价设计、制造和使用机器人决策的伦理框架，即制订评价我们在机器人方面决策和行动的伦理标准，其核心就是伦理原则。有关机器人伦理标准或原则，首先是由阿西莫夫（Isaac Asimov）提出的三法则，从2016年起分别提出有关机器人的伦理原则、指南、准则的意见。② 我们先讨论阿西莫夫为机器人制订的三法则（阿西莫夫用的是 law，如果翻译为法律，那么阿西莫夫无权制订法律，因此译为"法则"较妥）：

---

① Chinniah, Y., 2016, "Robot Safety: Overview of Risk Assessment and Reduction", *Advances in Robotics & Automation*, 5: 139.

② 雷瑞鹏、邱仁宗：《新兴技术中的伦理和监管问题》，《山东科技大学学报》2019年第4期；Chinniah, Y., 2016, "Robot Safety: Overview of Risk Assessment and Reduction", *Advances in Robotics & Automation*, 5: 139; Jiang, B. & Gainer, C., 1987, "A Cause and Effect Analysis of Robot Accidents", *Journal of Occupational Accidents*, 9: 27–45; Charpentier, P. & Sghaier, A., "Industrial Robotic: Accident Analysis and Human-Robot Coactivity", *The 7th International Conference on the Safety of Industrial Automated System*, https://www.irsst.qc.ca/media/documents/PubIRSST/SIAS-2012.pdf.

二十三 机器人学科技的伦理治理问题探讨

法则1：不允许机器人去做将伤害一个人的事情；

法则2：一个机器人应该永远服从一个人；

法则3：一个机器人应该维护自己，只要不违反前两条法则。

三法则可用作讨论出发点，但它们是不现实、不实际、不可行的。例如一个机器人怎么能知道可能伤害人的各种方式呢？一个机器人怎么能理解和服从所有人的命令呢，尤其是连人也搞不清楚指令是什么意思时？阿西莫夫法则最不合适的是：它们设法坚持认为，机器人的行为像人，但在实际生活中，设计和利用机器人的是人，而怎能拿机器人当法则的实际主体呢？当我们考虑到在我们的社会中拥有机器人的伦理含义时，很明显机器人本身并不是责任所在。目前绝大多数机器人是可编程序的机器，只不过是各种各样的工具，尽管是非常特殊的工具，而确保为它们的行为负责必须永远由人类承担。①

自2016年制订的指南（guidance）、原则（principle）和准则（guideline）中，有许多我们可以吸收的要素，然而存在着概念不清楚之处。要解决上述的伦理问题，使得我们在设计、制造和使用机器人的决策和行动合乎伦理，使得机器人学能够为人民和社会造福，给他们带来越来越多益处、越来越少的风险或伤害，使得在此过程中所有的人类利益攸关者都得到应有的尊重，我们必须首先建立一个评价我们的决策和行动是非对错的伦理框架。伦理框架由若干基本的伦理原则组成，这些原则既是评价决策和行动是非对错的标准，也是机器人学工作者应尽的义务和价值取向。然而，这些原则都是初始（prima facie）义务，即指当条件不变时，我们在实践中要履行的实际义务。但如果它与另一项

---

① Chinniah, Y., 2016, "Robot Safety: Overview of Risk Assessment and Reduction", *Advances in Robotics & Automation*, 5: 139; Institute of Electric and Electronic Engineers (IEEE), *Ethically Aligned Design: A Vision for Prioritizing Human Well-being with Autonomous and Intelligent Systems*, 2nd edition, (2016), https://ethicsinaction.ieee.org/; Boden, M. et al., 2017, "Principles of Robotics: Regulating Robots in the Real World", *Connection Science*, 29 (2); European Commission, *Draft Ethical Guidelines for Trustworthy AI*, (2018-12-18), https://ec.europa.eu/digital-single-market/en/news/draft-ethics-guidelines-trustworthy-ai; European Group on Ethics in Science and New Technologies, *Artificial Intelligence, Robotics and 'Autonomous' Systems*, (2018-03), http://ec.europa.eu/research/ege/pdf/ege_ai_statement_2018.pdf; Winfield, A. et al., *Ethical Issues for Robotics and Autonomous Systems*, (2019-07-01), https://www.ukras.org/uproads/2019/0/UK_RAS_AI_ethics_web_72.

原则即另一项义务发生冲突，而我们经过价值权衡认为另一项义务更重要，可以将这项初始义务不称为在实践中要履行的实际义务。但作为伦理标准，仅仅列出基本的伦理原则是不够的，存在着在运用基本原则时需要说明的情况，因此在基本伦理原则之后，我们要制订一些更为具体的、更可操作的准则。由于篇幅关系，下面我们仅讨论一些基本的伦理原则。

原则1：增进人的福祉（Principle 1: Promoting human wellbeing）

我们发展机器人学技术，根本目的是造福于人，增进人的福祉，而且我们也相信机器人的发展，将有利于人，有利于社会，这不排除制造机器人的企业要营利或军事部门利用机器人保卫我们的边界不受侵犯。然而企业营利和保卫国家也是为了人的福祉，而且企业如何营利、边界如何保卫也要受伦理规范的制约。这里的人是广义的，包括与机器人学技术有关的各类利益攸关者，例如消费者、使用者、工人、设计制造维修工程师、科研人员、工厂主、供应商、销售商、相关的人文和社会科学研究人员，以及相关部门的管理人员等，其中核心人员是广大消费者和使用者，即终端使用者（用户）以及所有一切可能受影响的人。他们的福祉应该置于第一位，所谓的福祉就是使人在身体上、精神上、智力上、情感上、社会上、经济上、环境上处于良好的状态，我们发展机器人就是为了增进人在所有这些方面的良好状态。如果其他人员的利益与他们发生冲突，则应让位于他们。增进人的福祉一词的意义就是使这一切有关的人（利益攸关者）受益，我们上面已经讨论了机器人对人、企业和社会有哪些受益。

这项原则要求我们在设计制造使用机器人时防止、降低风险，使风险最小化，使受益最大化，扩大有利的风险—受益比。为此，我们设计和制造的机器人应该是安全的、安保的、可靠的，使人可以放心使用。对终端使用者的安全和安保，以及对制造和维修机器人的人员的安全和安保，永远应该置于首位。这项原则也指示机器人学科技研究的方向，例如既要降低机器人本身可能对使用者造成的风险，也要降低他人利用机器人造成对使用者和他人的风险。其中包括这样一个要求，即机器人不应该被设计来仅仅是或主要是为了杀人或伤人，除非为了国家安保的利益。这一要求对降低风险，增加安全性和安保性至关重要。这项原则也包括要求我们在制造和使用机器人的过程中不要污染环境，污染环境最终还是危害人的健康和安全。

因此，我们要认真考虑使用机器人后人对生活的满足度如何，生活条件改善度如何，以及要在正面效应与负面效应之间保持合适的平衡。对我们设计和制造机器人一个至关重要的伦理要求是，将机器人引入社会后，是否改善和提高了人民的生活质量。将机器人技术的伦理出发点局限于合法、可赢利和使用安全过于狭隘，必须要求包括在身体、精神和社会上增进人的福祉，提高生活质量，并且要有办法测量我们的工作是否以及在多大程度上做到这一点。如果我们将成功仅限于安全和利润，不考虑个人和社会的福利，在成功的测量中不包括人的、环境的或社会的因素，那么就会对我们的人民和地球催生出负面的和不可逆的伤害的危险。这些要素都应纳入原则1之中。

机器人的设计和部署必须根据风险—受益比是有利的正确判断。为此我们需要采取合适的风险管理方法，主要包括：（1）风险的鉴定。风险（包括危害，即风险来源）的鉴定是第一步。风险鉴定是判定有可能伤及人类、妨害企业计划和目的的风险。在机器人的生命周期存在着种种风险的来源。防止、避免和减少风险的重要一步是鉴定风险的来源，即风险因素、风险境遇、风险事件以及可能造成的伤害。有不同的风险因素，即机械的、电的、热的、噪音的、振动的、放射的、材料或物质的、人体工程的，以及使用的机器人所在环境的风险因素。风险境遇是一个人接触至少一种风险的条件，并且往往是在机器人上完成一项任务的后果。风险事件是指对工人和企业有负面影响的事件，可有许多原因，这些原因往往是技术性质的或者由人的行动引起。例如风险因素是机器人的臂朝工人的方向运动；风险境遇是，工人离机器人太近；风险事件是，工人受到机器人的臂打击；可能的伤害是，工人骨折甚至死亡。（2）风险的评估（Risk Assessment）。风险评估有两个阶段：风险分析和风险评价。风险分析包括：确定机器的极限；危害因素鉴定；以及对风险进行估计。风险估计（risk estimation）是要对已被鉴定出的每一个危害因素和危害境遇进行估计，这一步很重要，因为其结果将决定风险大小，从而对风险的轻重缓急进行排序，并选择风险降低方法。风险境遇引起的风险取决于下列两个主要要素：伤害的严重性；伤害发生的概率。伤害的概率依赖于：人对危害因素的接触；风险事件的发生率；以及避免和限制该伤害在技术和人的方面的可能性。（3）风险最小化。要求机器人设计者既要进行风险评估，又要设法将风险降低或最小化，即采取保护措施。

原则2：尊重人（Principle 2：Respect for Person）

我们尊重人，因为人是世界上唯一有理性、有情感、有建立和维持人际/社会关系能力、有目的、有内在价值、有信念的实体。"天地之性，人为贵"；"天生万物，唯人为贵"。人是世界上最宝贵的。尊重人也包括尊重人或人类生命的尊严。尊严基于人或人类生命的内在价值及对其的认同。人是可以各种不同形式得到尊重的客体或受者。过去的尊重往往依据人的地位、官职、功勋等特征而有不同的形式或程度。但在现今的伦理学文献中，尊重人的概念往往是指所有人都应该享有的那种尊重，因为他们是人，而与社会地位、个体特征、成就或功绩无关。这种理念是，人本身具有独特的道德地位，鉴于此，我们有特殊的绝对义务以某种不可违反的限定方式看待和对待他们。这一点有时用权利的语言表达，即人拥有得到尊重的基本权利，只是因为他们是人。在中国的日常语言中可以找到这种道德直觉，例如说"不当人看待""你利用我"等，就是责备人们不尊重人。如今已经形成了常识：人应有或拥有受到尊重的基本道德权利，只是因为他们是人。

尊重人的什么？尊重人的自主性，即尊重人就他自身的问题做出决策的能力。在机器人学的情境中，不管是一个人愿意投身于设计、制造、维护、研究机器人的事业，还是他决定要使用和购买一台机器人，这都是他自己经过理性考虑的决定，我们要尊重他自己做出的理性决定。我们要防止用户对机器人成瘾，因为成瘾后用户就会丧失自主性。当他们要做出一个理性决定，必须拥有必要的、充分的信息。一个人的自主决定与他人提供信息和建议并不矛盾。如果他在理解提供给他的信息后接受他人的建议，我们就称之为"知情同意"（informed consent）。在英语中"consent"（"同意"）有这样的结构：行动者 A 同意 B 在 A 身上做 φ。知情同意是知情的、自愿的和有决策能力的同意的简称。知情同意是一个有行为能力的人在理解了向他提供的全面的和充分的信息后做出的自愿同意（参加某项工作，购买某种类型的机器人）的决定。

知情同意是对实施某些行动的正当要求,否则这些行动就是不允许的。给予信息不充分,没有自愿同意是不被允许的,即使他人的动机是为了帮助他。但在实践中知情同意往往走形式,因此我们进一步要强调"有效的"(valid)同意,即对于有充分决策能力的人,是否向他告知了准确的和完整的信息,没有欺骗、隐瞒、歪曲;他者是否真正理解了告知给他的信息;以及他表示同意参加或购买是自由的,没有强迫和不正当的引诱。所以知情同意有4个要素:给他提供的信息是否真实和充分;他是否理解了向他提供的信息;他是否拥有决策能力;以及他的同意是否是自由地做出的。

尊重人包括对个人信息的保密和对隐私的保护。医用机器人和照护机器人可能会得到一般情况下不可能获得的个人信息,我们在设计和使用这类机器人时要特别注意使用者个人信息的保护问题。例如要规定他们的个人信息唯有谁可及,什么情况下可以为他人可及(如发病的信息应该使医务人员可及,当事人有犯罪行为则应该使公安人员可及),一旦信息泄露如何弥补等等。

尊重人也包括公正地对待人,避免和防止歧视。人在道德上和法律上应该是平等的,但人一生下来在事实上就是不平等的,这种不平等有两个方面:自然方面的不平等和社会方面的不平等。自然方面的不平等是从父母那里继承的基因组的可能缺陷,使之对某些疾病具有易感性。社会方面的不平等则包括他出生在什么样的家庭,属于什么样的社群,涉及种族、民族、阶层、种姓、经济地位、社会地位、原住民或移民、难民等等,以及社会的政治或意识形态倾向,例如是否存在种族歧视、性别歧视。自然和社会方面的不平等就会影响到个体或其家庭其他成员分配到的资源、物品、服务与他人不平等;但分配的不平等不一定就是不公平。如果造成这种不平等的是自然的、不可避免的因素,那么这种不平等就不是不公平,例如妇女的预期寿命比男人长;但如果这种不平等是社会因素造成的,包括政策、制度、法律、社会安排等方面的问题,那么这种不平等就是不公平,例如形形色色的歧视。在这种情况下我们就应该进行政策、法律、制度、规划方面的改革,以纠正这些不公平,实现分配的公正。因此我们在设计机器人时,对机器人通过大数据获得信息表露出的种族主义或性别歧视要有敏感性,设法防止将大数据中的种族主义和性别歧视感染给机器人。为此，我们机器人学工作者应该努力设计机器人按规则活动，而这些规则含有价值取向，甚至一些基本的伦理规范，例如平等地对待人，不因性别和种族差异而歧视人。同时我们要努力做到人人有平等机会享有科学技术的成果，一边努力降低成本，一边采取例如我们目前鼓励大家使用电动车那样的鼓励公民可及的措施。

因此，机器人的设计、制造和操作方式都不应该侵犯人的尊严（例如，可以设置一个开关使用户暂时关闭机器人，使其看不到用户的隐私活动——由用户决定是否需要保护隐私）；机器人应该促进人的尊严（例如使用户保持独立性，力求自给自足，不造成对机器人的过分依赖，甚至成瘾），尊重文化多样性和多元性；机器人的应用应该考虑到不同的文化规范，包括与这些群体代表互动时尊重不同的语言、宗教、年龄和性别；防止人与机器人关系的非人性化，机器人和机器人系统的设计应避免不适当地控制人的选择，例如在生产线上强制执行重复性工作的速度，最终的权力应该属于人。

尊重人的原则产生知情同意的伦理要求。对于医用和家用的具有自主性的机器人，应该告知用户或其他监护人/相应的法律实体有关的风险、受益和使用约束/限制，并应该获得知情同意，这对儿童和其他易受伤害的人尤其重要。在接收到命令后，机器人应该能够将其设想为合适的命令，并检查其与内部约束（包括任何道德约束）的一致性和相容性，如果命令不适合，机器人应该被编程来暂停执行命令并对命令提出质疑。

尊重人的原则也包括对个人信息保密和保护隐私。机器人获取和存储个人信息，这有利于联系，如联系医院、社会保障部门、家庭成员和机器人制造商。然而围绕收集和使用有关机器人用户的信息、第三方控制数据的存储和信息的使用存在一些问题，解决这些问题就要靠设计来允许机器人记录的信息类型，谁应该获取这些信息，谁打算利用这些信息，储存的数据保持多久，是否有必要获得用户的知情同意。对人隐私的保护应遵循"隐私设计"（privacy by design）原则，即设计制造机器人时就要把保护隐私考虑在内。

原则3：负责和问责（Principle 3：Responsibility & Accountability）

我们现在提倡的负责的科学是指在科学技术的创新、研发和应用

二十三 机器人学科技的伦理治理问题探讨

中，一是要坚持科研诚信，反对不端行为；二是要尊重相关的人，防止对人的生命健康产生伤害。因此，这种负责就要求机器人设计者设法具有内在的伦理设计（inherently ethical design）能力。内在的伦理设计是降低伦理风险的第一步，也是最重要的一步，因为内在于机器人的保护性措施可能一直保持有效。内在伦理设计不可行时，应该考虑使用防范性和保护性措施，以保护机器人用户免受显著的风险和伤害。

这一原则最根本的一点是：不是机器人，而是人，是负有责任的行动者。因此是人应该将机器人设计得使它们在实践中的运作符合伦理规范和已有的法律。虽然有人表示怀疑，但不少机器人学家认为，我们能够将机器人的行为设计得服从伦理规范和法律。我们不会故意设计出违法乱纪的机器人，但设计者不是伦理学家或律师，而机器人做好它们的工作有时需要在不同价值之间进行权衡。例如设计照护儿童或老人的机器人，需要它们每周7天每天24小时搜集受照护人的信息，为了治病要将这些信息传递到医院。但这方面的受益必须与受照护人的隐私权利加以平衡。数据搜集应该在有限的时间内进行，还要制订一些防范的规则，包括提供关闭键。再者规则要设计得大家都清楚，机器人只是工具，设计来完成人规定的目标。但使用者和拥有者与设计者和制造者一样有责任。有时设计者事先想到了，因为机器人可以有学习和调节它行为的能力。但使用者也可能使机器人做一些设计者事先没有想到的事情，有时拥有者有责任监督使用者，例如家长购买一台机器人与孩子玩耍；但是如果机器人的行为结果违反了规范或法律，那么这始终是人的责任，而不是机器人的责任。因此这项原则要求我们，一旦机器人行为出错，那是人的责任，是设计者、制造者、拥有者或使用者的责任，不是机器人的责任。关键是，设计机器人时就要设法在其算法中植入不违反伦理规范和法律的规则，并使机器人始终遵循这些规则而行动。

这项规则也要求我们，一旦机器人的行为出错，我们应该有可能找出对此负责的人，对此负责的人也许是设计者和制造者，也许是拥有者和使用者。上面已经说过，机器人是工具，对任何事情不负道义或法律的责任。如果机器人发生障碍，引起伤害，要负责的是人，不是机器人。然而，发现要负责的人并不那么容易。也许购买机器人的人需要登记注册，一旦发生事故不仅需要终止其行为引起伤害的机器人，而且受害人也许要从负责的人那里寻求经济赔偿。在实践中问责可以有多种办法：需要一份执照，写明谁负责这台机器人；或者所有机器人出厂时都有一个在线执照可以被搜寻到，上面写有设计者/制造者以及购买者的名字。这样便于人们发现，一旦机器人出错应该谁负责。

在机器人生命周期的所有阶段，应该清楚鉴定角色、道义责任和法律责任；应该始终能够容易地发现人对机器人及其行为的法律责任，包括个体用户、部署机器人的组织以及制造机器人的机构的责任。

原则4：透明性（Principle 4：Transparency）

机器人是人制造的人造物，它们应该是透明的，这样才能更好保护用户的利益，使其不受可能的欺骗和剥削。所有的机器人都应该有可见的条形码或类似的东西，用户或所有者（例如为孩子购买机器人的父母）总是能够在规定机器人功能的地方查找数据库或注册信息。由于利益攸关者不同，机器人运作的透明度会随不同的理由而不同。简单地说，透明的机器人是指能够发现它们如何以及为什么以它们的方式行事。这里的术语透明性是指可追溯性、可说明性（explicability）和可诠释性（interpretability）。机器人将执行比前几代技术更为复杂和对我们的世界产生更大影响的任务，从而提高了这种系统可能造成的潜在伤害水平。例如对于手术机器人和自动驾驶汽车，安全是非常关键的。与此同时，机器人系统技术的复杂性将使这些系统的用户难以理解他们使用的或与之互动的系统的功能和局限性。缺乏透明性既增加了风险和伤害的程度（因为用户不了解他们使用的系统），也增加了确定谁来负责的难度。透明性对每个利益相关者群体都很重要，原因如下：（1）对于用户来说，透明性很重要，因为它为他们提供了一种简单的方式来理解系统在做什么以及为什么要这样做。（2）对于机器人的核查（verification）和校验（validation），透明性很重要，因为它将系统的流程和输入数据公开供人详细审查。（3）如果发生事故，机器人需要对事故调查员透明，这样才能了解导致事故的内部过程。（4）在事故发生后，参与审判过程的法官、陪审团、律师和专家证人要求提供证据和决策的透明度。（5）对于无人驾驶汽车等颠覆性技术，需要向更广泛的社会公开一定程度的透明度，以建立公众对该技术的信心，促进更安全的做法，并促进更广泛的社会采用。

原则5：公众参与（Principle 5：Public Engagement）

我们在这里说的"公众"是多义的，既包括非科学家或技术专家的人文和社会科学专家，也包括媒体和一般大众。我们过去在科技工作上往往是科学家立项，科技部或企业给钱，政府批准，大众不明不白受影响，人文和社会科学专家收拾残局。弄不好，就会发生科学家与公众的对立，如转基因食品那样。（1）首先需要吸收人文和社会科学专家在上游就参加决策过程，为了了解我们研究的背景和结果，我们应该与来自社会科学、法律、哲学/伦理学等其他学科的专家合作。我们应该理解他人如何看待我们的工作，以及我们的工作可能带来的伦理、法律和社会后果。我们必须弄清楚如何最好地将机器人融入社会、伦理、法律和文化框架。（2）我们要积极与媒体沟通，如实报道机器人产品的优缺点，作为实现透明性的一种手段，而不是当作广告手段。当我们在媒体上看到错误的报道时，要花时间联系的记者。（3）我们要积极与大众沟通，提供给大众真实的信息，要重视大众的关切。如果我们的所作所为不负责任，不但伤害大众也伤害我们自己。这样，不管我们在媒体上说什么，大众都不会相信。

原则6：制度化（Principle 6：Institutionalization）

制度化是生命伦理学之所以成功的一个至关重要的要素。我们的研究成果不仅是发表几篇论文或几本书，而是要转化为积极的建议。制度化有三个内容：（1）要将我们有关伦理规范的研究成果转化为政府的条例或部门的规章，使它们具有法律的和行政的力量；（2）在工信部一级建立伦理委员会就发展和使用机器人的规范性（伦理）问题和治理问题进行研究，设计和制造机器人的企业成立伦理审查委员会，根据上述伦理原则对机器人的创新设计和研究的方案进行伦理审查；（3）建立检查、评估、监督系统，对根据上述伦理原则制定的规则的执行进行监督、检查和评估，根据监督、检查和评估结果做出相应的修改，补充先前的制度、规则或法律法规。

（雷瑞鹏、冯君妍、欧亚昆）

二十四　新兴技术中的伦理和监管问题

（一）前言

贺建奎事件虽然已经过去了半年，但对这一事件的反思仍在进行之中。所谓"痛定思痛"，要等"痛"定之后再来反思这个"痛"是怎么来的，怎样才能防止这个"痛"再次发生。从致力于监管前沿科技和某些部门与人员而言，一是他们将监管的注意力，仅仅集中于科研诚信和科研不端行为，而没有关切科研对人和社会以致人类可能产生的负面作用；二是对于像基因编辑那样的新兴技术，没有注意其伦理问题的特殊性，因而也没有建立专门针对它们的监管机制。虽然近几年来我们对科研的监管和治理比以前有很大的进步，例如在国家卫生健康委员会系统内，已经建立有法律效力的研究伦理法规或规章体系，对科研项目和研究方案的伦理审查体系，对科研人员、伦理审查人员以及监管人员的研究伦理能力建设以及对机构伦理审查委员会的检查和考评工作也正在努力进行，但就总体而言对科研的监管和治理仍处于初级阶段。在一定程度上存在"无法可依""有法不依"的情况。对新兴技术的创新、研发和应用缺乏基于扎实伦理研究的监管规则和制度，已有的机制则存在监管失灵的现象。一部分决策者和科学家存在着摆脱伦理约束，赶上先进国家科技水平的错误思想，在20世纪制订有关人类基因与疾病关系的"863计划"时，本来有一个预算为150万人民币的子课题，即基因组研究中的伦理、法律和社会问题，其中有25个研究课题，但被当时的部门领导以"现在不是讨论伦理问题的时候"为由砍掉了。有些科研人员错误地认为，国外科学家受到的伦理和法律约束严，我们可以不受这些约束，实现赶超。他们不了解伦理的约束与科学的发展是相辅相成、相互促进的。因为科学与伦理的共同目的是一方面使科学健康发展,另一方面要为人民造福。现在我们所说的负责的科学既包括坚持科学诚信,也包括保护人类受试者的健康、生命、尊严和权利以及实验动物的福利。若是幻想摆脱伦理学,那么结果将是:越想摆脱伦理学,科技越无法发展,因为丧失了人民和国际科学界的公信。这正是贺建奎事件的教训,也是过去大量使用未经证明的所谓"干细胞疗法"、黄金大米试验以及头颅移植试验的教训。本章是我们从 2019 年起,参加深圳国家基因库伦理会议、中国科学院道德建设委员会主办的 21 世纪科技伦理挑战会议以及中国人民大学伦理学及道德建设研究中心全国生命伦理学学术会议,逐渐提出和发展的"伦理先行"论点,希望在发展新兴技术方面伦理学走在科学前面:科学家要做什么,先制订暂时性的伦理规范,也就是先要立"规矩",尽管这些规矩是暂时的,随时要准备修改补充的。而这些临时性"规矩"必须建立在对其伦理问题深入探讨的基础之上。

(二) 新兴技术及其特点

对于哪些算是新兴技术,莫衷一是。我们认为,在我国新兴技术应该包括例如基因技术和基因编辑、人工智能技术、机器人学、合成生物学、神经技术、微电机系统(mini-robots)、纳米技术、增强现实技术(augmented reality)、3D 打印技术、异种移植等。这也是初步的意见,可随着我们对新兴技术的进一步认识和技术本身进一步发展而有所改变。但我们首先要澄清的是:"新兴"和"新兴技术"这两个术语或概念的意义。

新兴技术的"新兴"是什么意思?新兴技术的英语是 emerging technologies,我们在科学哲学中讨论过 emerge 或 emergence,曾译为"突现"。这里让我们先来看看波普尔(Karl Popper)的突现(emergence)理论。[①] 波普尔认为科学提供给我们一幅宇宙的图景,表明宇宙

[①] Popper, K., *Natural Selection and the Emergence of Mind Delivered at Darwin College*, (1977-11-08), http://www.informationphilosopher.com/solutions/philosophers/popper/natural_selection_and_the_emergence_of_mind.html.

是有发明性和创造性的,在宇宙中会在新的层次突现新的事物。例如巨大恒星中心的重原子核、有机分子、生命、意识、人类精神产品(如艺术、科学)都是不同层次的突现。突现不是一般的出现,它有如下的特点:(1) 突现出来的是新事物,与现有的事物有质的不同,所以波普尔强烈反对《旧约》中说的"太阳底下没有新事物";① (2) 新事物的出现是突然的,仿佛从它隐藏的地方显露出来;(3) 新事物的出现往往是不可预测的,可能是引起它产生的因素太复杂,存在着许多不确定性,或者这些因素相互之间的依赖关系过于复杂、难以把握;(4) 新事物的出现往往对宇宙的演化或自然和社会的发展有非常重要的影响。就生命起源而言,生命在宇宙中的突现(emergence)是依赖于当时许多复杂的、至少目前不可模拟的条件及其相互作用。

具备哪些特点可称为"新兴技术"?Rotolo 等人②指出,(1) 新兴技术在概念、技术、方法方面具有非常的新颖性,而不是一般的新颖,它们具有革新性和创新性;(2) 它们发展的速度要比常规技术快得多;(3) 新兴技术相互之间具有连贯性和凝聚力,它们之间相互促进,相互影响;(4) 拥有十分突出的影响,有时可能起颠覆性作用,可能会使社会大大受益(解决长期以来存在的社会问题和全球性问题),同时可能引起的风险或伤害也非常大,以至于有些人认为可能威胁人类的生存;(4) 具有不确定性和歧义性,不确定性是它们自身的发展及其对人和社会的影响难以预测,而歧义性是指人们对新兴技术做出决策时难以对其前景、做法或产物取得一致的理解或评价。他们的意见是值得我们考虑的,但我们认为,从伦理学以及监管和治理角度看,新兴技术有以下四个主要特点③值得我们深思。

新兴技术的主要特点之一是,它们有可能对人和社会带来巨大受益,同时又有可能带来巨大风险,以至于威胁到人类未来世代的健康以

---

① Popper, K. & Eccles, J., 1977, *Self and Its Brain: An Argument for Interactionism*, New York: Springer Verlag, p. 15.

② Rotolo, D. et al., *What Is an Emerging Technology?* (2016), https://a singularity rxiv.org/abs/1503.00673.

③ 雷瑞鹏、邱仁宗:《应对新兴技术的伦理挑战:伦理先行》,https://www.toutiao.com/i6689682363405828612/;邱仁宗:《应对新兴科技带来的伦理挑战》,《人民日报》2019 年 5 月 27 日第 9 版。

二十四 新兴技术中的伦理和监管问题

及人类的生存。例如人工智能可使人类从一般的智能活动摆脱出来，集中精力于创新发现发明。然而，同人类一样聪明甚至超越人类的人工智能系统一旦失去控制，可能对人类在地球的存在带来威胁。最早提出技术奇点（technological singularity）或奇点（singularity）这一概念的是匈牙利—美国大物理学家冯诺依曼。[①] 技术奇点或奇点是指未来的一个时间点，此时技术的增长已变得不可控制和不可逆转，人类文明将发生难以预测的变化。关于这种奇点最为流行的版本则是"智能爆炸"（intelligence explosion），可不断给自己升级的人工智能行动者发生失控反应，产生强有力的超智能，远远超越所有人类智能，从而威胁到人类的生存。瑞典哲学家波斯特罗姆（Nick Bostrom）则提出"存在风险"（existential risk）概念，意指人类不慎使用核技术、纳米技术、基因工程技术以及人工智能技术等而导致永远毁灭起源于地球的智能生命，即人类永遭毁灭。[②] 而英国大科学家霍金（Steve Hawkins）不止一次警告说，人工智能有可能毁灭人类。[③] 又如合成生物学的研究和广泛应用可帮助人类用多快好省的方法解决困扰人们已久的粮食、营养、燃料、药物和疫苗的生产问题，然而如果合成出传染力强、引起的疾病严重、传播迅速，且对疫苗有免疫力的病毒，则可能使数千万人丧失生命。

新兴技术特点之二是它们的不确定性。风险是对我们所采取的干预措施（或不采取干预措施）可能发生的消极后果的严重程度与发生概率可以大致预测的状态。当风险的严重程度及其发生的概率可以预测时，我们可采取风险评估和风险管理方法加以应对。与风险不同的是，不确定性是我们对采取何种干预措施或不采取干预措施后的未来事态的决定因素缺乏知识，因而难以预测其可能的风险的一种状态。我们对所采取的干预措施可能引起的后果难以预测，影响后果的因素可能太多、太复杂、相互依赖性太强而不能把握。例如用于管理电网、核电站等重要设施的人工智能软件可能发生难以预测的差错。贺建奎所做的生殖系基因组编辑是典型的不确定性例子。我们将卵、精子、受精卵或胚胎中

---

① Shanahan, M., 2015, *The Technological Singularity*, MIT Press, p. 233.
② Bostrom, N., 2002, "Existential Risks: Analyzing Human Extinction Scenarios and Related Hazards", *Journal of Evolution and Technology*, 9 (1).
③ Cellan-Jones, R., *Stephen Hawking warns artificial intelligence could end mankind*, (2014-02-12), https://www.bbc.com/news/technology-30290540.

的基因组进行编辑后,难以精确发现基因组编辑是否损害了正常基因,被敲掉的被认为致病的基因是否还有更强有力的免疫能力,更不能把握基因组经过修饰的胚胎发育成人后是否能预防艾滋病病毒感染,即使终身没有感染艾滋病病毒是否是基因组编辑的后果,对其他疾病尤其是传染病是否有易感性,整体的身体状况比没有经过编辑的孩子是好还是糟,她们未来孩子的身体状况以及未来孩子的后代的身体状况怎样?对这些问题我们都无法回答,因为缺乏必要的信息。在这种情况下我们无法对生殖系基因组编辑进行必要的风险——受益比评估,也不能对提供胚胎的遗传病患者(即未来孩子的父母)提供必要和充分的信息,使他们作出有效的知情同意。

这个例子还说明,与风险相对照,不确定性可包括"不知道的事情未知"(unknown unknowns)的情况,即我们不知道还有哪些应该知道而目前不知道的情况。风险与不确定性的区别具有规范性意义。规范性的决策理论要求我们面临的是风险还是不确定性时区分不同的合乎理性的决策策略,例如面临不确定性时对于确定什么样的目标必须小心谨慎。新兴技术之不确定性,可以有多种原因。例如我们不知道什么时候科学家在实验室制造出对人和社会有危险的技术或产品;在什么时刻容易获得自然产生的危险有机体;我们也不知道他们生产出危险的技术和产品需要何种资源,包括技能、设备和金钱;由于新兴技术的新颖性,连科学家也不能预测他们生产的产品如何影响生物多样性和自然环境(例如我们没有类似的经验可用来预测合成有机体的环境影响,即我们不可能预测所有潜在环境伤害的性质、概率和严重程度);科学家和监管机构均处于"无知"状况之中,不能确定其产品影响人的健康和破坏环境的概率及其性质,因而无法采取有效措施加以应对。[①]

新兴技术主要特点之三是它们往往具有双重用途的特性,即一方面可被善意使用,为人类造福;另一方面也可被恶意使用,给人类带来祸害。例如合成流感病毒可用来研制疫苗,也可用来制造武器。这是大多数常规技术不可能有的特点。例如制造电视机,很难说它的技术本身有双重用途。一门新兴技术越发达,其被恶意利用的可能就越大。在人工

[①] Mclennan, A., 2018, *Regulation of Synthetic Biology: BioBricks, Biopunks and Bioentrepreneurs*, Edward Edgar, Cheltenham UK, pp. 129-171.

智能软件开发之中，技术越先进，其被利用作为恶意软件、敲诈软件的可能也就越大，恶意使用者施行攻击的成本降低，攻击的成效提高，影响的规模增大。双重用途的特性增加了不确定性，例如我们难以完全掌握恐怖主义利用新兴技术进行袭击的概率，因为不可能获得所有必要的情报信息。①

新兴技术主要特点之四，是它们会产生出一些我们从来没有遇见过的新的伦理问题。例如人工智能软件对于人类做出涉及未来的决策能够起很大的积极作用，可是人工智能的决策是根据大数据利用算法做出的，算法能在大数据中找出人们行为的模式，然后根据这种模式预测某一群人未来会采取何种行动，包括消费者会购买何种商品，搜索何种人可担任企业的高级执行官，某种疾病在某一地区或全国发生的概率，或在某一地区犯过罪的人有没有可能再犯等等，然后根据这种预测制订相应的干预策略。然而，模式是根据数据识别出来的，而数据是人们过去的行为留下的信息，根据从过去行为的数据识别出的行为模式来预测人们未来的行为，就有可能发生偏差或偏见。例如在美国多次发现算法中的偏差，结果显示种族主义和性别歧视偏见。安保机构往往根据算法来确定黑人容易重新犯罪，尽管实际上白人罪犯更容易重新犯罪。由于在大数据中往往将"编程""技术"等词与男性联在一起，"管家"等词则与女性联在一起，因此人工智能的搜索软件往往推荐男性做企业高级执行官等等。再则，人有自由意志，一个人过去犯过罪，但可以选择今后不再犯罪。②

（三）新兴技术的伦理问题

新兴技术的伦理问题，亦即在有关新兴技术的创新、研发和应用方面我们应该做什么和应该如何做的规范性问题。我们如何在许多因素不

---

① Brundage, M. et al., *The Malicious Use of Artificial Intelligence: Forecasting, Prevention, and Mitigation*, (2018-02), https://arxiv.org/ftp/arxiv/papers/1802/1802.07228.pdf.

② House of Commons Science and Technology Committee, "Algorithms in decision-making", *Fourth Report of Session*, 2017-2019, (2018-05-15), https://publications.parliament.uk/pa/cm201719/cmselect/cmsctech/351/351.pdf; Spielkamp, M., *Inspecting Algorithms for Bias*, (2017-06-12), https://www.technologyreview.com/s/607955/inspecting-algorithms-for-bias/.

◈ 第三编 新兴科技伦理学

确定的情况下对新兴技术的创新、研发和应用方面的风险—受益比做出合适的评估,以及尊重作为利益攸关者的人,维护他们作为人的权利和尊严,这是新兴技术的两个基本伦理问题。根据新兴技术的特点,我们将着重讨论为人民造福、伦理先行、公平可及、消除歧视四方面的问题。

1. 为人民造福

贺建奎事件的一个教训就是,科学家本身以及监管人员应教育科学家,科学是为人民造福,不能仅仅把它视为为自己追逐名利的手段。"为人民造福"是一个非学术性术语,我们的想法是想用以强调从事新兴技术的创新、研发和应该活动的目的,是为人民造福,因此科学家和监管人员必须使参与活动或受此活动影响的作为人的利益攸关者(包括病人、受试者、科研人员、资助者、公众)可能获得的受益最大化,而风险最小化。

生命伦理学基本原则往往列为不伤害、受益、尊重和公正原则。其中"受益"原则有时用"行善""向善""仁慈"等词代替,这是大谬不然。"受益"源自英语 beneficence,作为一般用语,它有"怜悯""仁慈""慷慨""慈善"等意,也提示"利他""爱人""人道"和"行善"。但在伦理学中作为一项伦理学的原则是指一个人的行动使他人受益的道德义务,促进他们重要的和正当的利益。这种使人"受益"是一项必须做的义务。因此,在这种情况下,使人受益是一项道德义务。使人受益的行动也可以是非义务性的,是超越了义务使人受益的行动,虽然不一定达到道德圣人和道德英雄的理想(例如雷锋那样的高度)。在伦理学中,"受益"这一术语最早用于《纽伦堡法典》之后发展起来的研究伦理学,是说研究人员的干预应有利于受试者的福利,使社会受益,后来用于临床伦理学,是说医务人员的干预必须使病人受益。因此,在研究和临床情境下受益是科学家和医生等专业人员的道德至上命令,不是一项可允许做或可允许不做的行善行动。[1] 例如救病治人使病人受益是医生的专业义务,医生替病人付费则不是医生的义务,

---

[1] Kinsinge, F., 2009, "Beneficence and the professional's moral imperative", *J. Chiropr Humanit*, 16 (1): 44–46.

二十四 新兴技术中的伦理和监管问题

但如果医生做了，那位医生就做了一件超出义务的行善好事，值得表扬。但没有替病人付费的医生并不会因此而被谴责没有尽其作为一个医生的专业义务。

然而，在通常的诠释中将不伤害原则列为一项独立的原则，有一些不合适。因为不论是在临床、研究还是公共卫生情境下，任何干预都有可能产生伤害，即风险。不存在没有任何风险的干预。即使不存在身体（刺伤、割伤）、精神（焦虑）、经济（病人负担不起医疗费用）、社会（遭受歧视）的可能伤害，而信息风险则是始终存在的，干预过程产生的与病人或受试者有关的私人信息，始终存在被泄露的风险。尤其是新兴技术，可能会给社会带来大受益和大风险，所以我们建议将新兴技术的利益攸关者作为单元来考虑。例如公众中一部分人也许并没有从新兴技术的研发应用中受益，可是如果管理电网或核电站的软件出差错，他们却成为受害者。然而我们也不能仅仅以这部分公众的风险—受益来考虑，需要将利益攸关者作为整体来考虑。因此，（1）我们不将不伤害原则和受益原则分别作为单独的原则来考虑，而是将其作为整体的利益攸关者的风险—受益来考虑；（2）享有有利的风险—受益比的权利主体也不仅是单个病人、受试者或某个目标群体，而是作为一个整体的利益攸关者，但在具体案例中构成利益攸关者整体的各组成部分（例如病人或受试者或其他公众）享有的权利则按照每个案例的具体情况而做出加权的决定；（3）承担确保风险—受益比有利的义务的主体，也不仅仅是相关科学家、企业或主管部门，而是一个参与治理该新兴技术的总体，但科学家、企业、主管部门在每个具体案例中负多大责任，也应视具体情况而定。这一点与美国生命伦理学问题总统理事会的报告有类似之处。[①] 该报告提出评估新兴技术基本伦理原则时第一项就是公众受益，并解释所采取的行动要使公众受益最大化和公众伤害最小化。这项原则包括社会及其政府有义务促进个人和机构尽其可能改善公众福祉（well-being）的实践（包括科学和生物医学研究）。这里明确指出，发展新兴技术的根本目的是促进公众的福祉。将 wellbeing 引入伦理原则之

---

① Presidential Commission for the Study of Bioethical Issues, New Directions: Ethics of Synthetic Biology and Emerging Technologies (2010-12-01), https://www.genome.gov/27542921/the-ethics-of-synthetic-biology-and-emerging-technologies.

◇◇ 第三编 新兴科技伦理学

中是一个值得考虑的问题，从一般的字义来说，wellbeing 是指良好的状态，可以说是一种"善存"的状态。在翟晓梅和邱仁宗的《公共卫生伦理学》① 中将 wellbeing 译为"安康"，包括健康、人身安全、推理、依恋、自决和体面的生活水准若干层面，而公共卫生的伦理基础就在于健康是维护人的安康或福祉最为重要的层面。

　　但要确保为人民造福或使公众受益最大化和伤害最小化就必须确保利益攸关者的安全（biosafety）和安保（biosecurity）。例如作为一门新兴技术的合成生物学的产品可能对人的健康和环境有风险，如合成的病毒或细菌对人有致病性，或其产品严重伤害某些种类的动物或植物，破坏了食物链，扰乱了生态平衡；合成微生物与环境或其他有机体可能产生始料不及的相互作用，从而对环境和公共卫生造成风险；合成微生物释放入环境可能引起基因水平转移和影响生态平衡，或发生演变产生异常功能，对环境和其他有机体产生前所未有的副作用。合成生物学的安保问题是指，因使用合成的致死的和有毒的病原体进行恐怖主义袭击，或个人为私仇进行报复等种种恶意使用，尤其是当生产这些病原体的知识和技能唾手可得时。例如媒体广为报道的美国某实验室工作人员将炭疽杆菌装在信封内通过邮寄发送给许多单位和个人就是一例。合成生物学这种目的的使用包括生产生物武器，例如新的或改变了的致病病毒或细菌以及制造产生毒素的合成有机体。这引起了哪些研究应被允许以及哪些研究成果允许发表的争论，例如科学家对抗疫苗的鼠痘的基因工程和小儿麻痹病毒的人工合成的研究成果应不应该发表的问题就有不同意见。②

2. 伦理先行

　　贺建奎事件的一个教训是，在例如目的是增强人体免疫力这类可遗传基因组编辑的新兴技术采取了技术先行的径路。尽管他和他的助手也制订了一些规则，但这些规则既不完善，更没有实际执行，只是他肆意

---

① 翟晓梅，邱仁宗：《公共卫生伦理学》，中国社会科学出版社 2016 年版，第 24—39 页。
② 翟晓梅：《合成生物学的伦理和管治问题》，中国科协学会学术部（编）：《合成生物学的伦理问题与生物安全》，中国科学技术出版社 2011 年版，第 87—91 页。

二十四　新兴技术中的伦理和监管问题

妄为的一块遮羞布。技术先行的径路也可译为占先行动径路（proactionary approach），就是"干了再说"。我国发展纳米技术就是走这条径路，那么多纳米实验室和纳米材料车间，却不首先开展纳米粒子的毒理学研究，至今也没有制订安全标准，直到一车间7名女工肺部患病，其中2人死亡也仍然无动于衷。[①] 而该文的结论明确地说："这些病例提请大家注意，长期接触纳米粒子而无任何保护措施可能与人肺脏严重损害有关。将已经侵入细胞并位于细胞质和肺上皮细胞核质内或已经聚合在红细胞膜周围的纳米粒子消除是不可能的。为了保护接触的工人不患纳米粒子引起的疾病，有效的保护措施是极为重要的。"技术先行背后的错误理念是：趁现在没有伦理规范，赶紧把纳米技术发展起来，赶上技术先进国家；使国家占领这个技术高地，这比遵守伦理规范更重要。所以科技工作的某些领导人会说："现在不是谈论伦理问题的时候！"当然，纳米技术的发展技术先行的这种径路不仅存在于我国，也存在于其他国家。因为其他国家的科学家和主管部门领导也有同样的错误理念。同样，类似贺建奎的想法在国外也有，但国外对生物医学的监管总的来说比较严格，因此对于那些在本国被禁止的试验，这些科学家就设法到伦理和法规约束不严格的国家去做。在我国前有"黄金大米试验"[②]，后有头颅移植[③]，国外将这种把不合伦理的研究转移到不发达国家的行为称为"伦理倾销"（ethics dumping）[④]。我们建议专门对国外科学家将不符合伦理研究倾销到我国来的案例作一系统的调查研究。

我们建议的伦理先行包含如下一些要素：（1）前提是认为监管或治理常规技术的办法没有考虑到新兴技术的特殊性，例如特殊的产品、用途或影响，及其可能引起特殊的以前没有遇到的重要伦理问题，因此不能认为我们有了药品质量管理规范，有了生物医学研究伦理审查办法，就不需要为每一项新兴技术另订管理办法。（2）在每一项新兴技

[①] Song, Y. et al., 2009, "Exposure to nanoparticles is related to pleural effusion, pulmonary fibrosis and granuloma", *European Respiratory Journal*, 34: 559-567.
[②] 《"黄金大米"试验违规，相关责任人被撤职》，《中国青年报》2012年12月7日。
[③] 雷瑞鹏，邱仁宗：《人类头颅移植不可克服障碍：科学的、伦理学的和法律的障碍》，《中国医学伦理学》2018年第5期。
[④] Schroeder, D. et al., 2018, *Ethics Dumping: Case Studies from North-South ResearchCollaborations*, Springer.

术的创新、研发和应用的研究项目立项（此时科学家尚未启动研究活动）时，对其可能的风险和受益、恶意利用的可能、不确定性、对其他科学技术和社会可能产生的影响（例如引起种族、性别歧视）、公平可及、知识产权、问责和追责、透明性、公众参与等伦理问题尽可能进行前瞻性伦理分析，这种伦理分析的形式化表达可以是：

· 技术 X 可能导致伤害甚至杀害无辜的人方面的应用。因此，为了防止这种应用，对 X 进行强有力的监管是必要的。

· 技术 X 很可能导致侵犯隐私的应用和使用。因此，对它的引入和研发应该设法加强隐私保护措施，使这种伤害最小化。

· 技术 X 将产生加强社会经济不平等的产品，因此引入和研发它应该考虑采取能够实现公平可及的种种办法。如此等等。

（3）在此分析基础上提出一套对该新兴技术的暂行管理办法。（4）依照一定的程序，在科学家、生命伦理学家、法学家、公众代表以及监管人员经过讨论达成一致意见后，这套办法就是该新兴技术科学或医学共同体的伦理规范，并经过主管部门批准形成具有法律效力的暂行管理办法。（5）这一暂行管理办法是试验性或实验性的，将随着我们对该项技术的知识和信息增多、经验的丰富，而"与时俱进"，随时修改、补充、完善。这里关键的是要随时紧盯该技术在国内外的进展，不要使我们暂行的管理办法与科技的发展脱节。（6）对新兴技术前瞻性伦理分析和研讨以及暂行办法的制订都应该在与国际科学共同体保持交流的情况下进行。

伦理先行径路的优点是，它是唯一能够对新兴技术进行详细而全面的前瞻性伦理分析的径路；而其缺点是，它依靠的有关未来的信息在一定程度上是不确定和推测性的。因此，在向前看新兴技术未来发展、使用和后果时，难以做出完全可靠的预测。然而即使预测不完备，不完全可靠，总比没有要好，而且上面我们已经说过，暂行管理办法不能僵化不变，要随着这门技术的发展和知识的增多而及时调整、修正、完善。

3. 公平可及

新兴技术过去存在一个比较大的伦理问题是，当一项新的产品研发出来后，迫不及待地投入市场，不考虑怎样使利用纳税人的钱发展科技的新成果能够让更多的人享用。当然这个问题不仅存在于我国，例如欧

二十四　新兴技术中的伦理和监管问题

美等国研发肿瘤免疫疗法，一次治疗就要 50 万—100 万美元或欧元，结果仅能为极少数有钱人享用，加剧了社会上本来已经存在的不平等、不公平，也影响产品本身的推广。荷兰一个生产这种产品的企业因无人订货只好关门息业。

造成无法实现新的安全而有效的产品公平可及一个原因是，专利制度的缺陷。许多年来，博格（Thomas Pogge）[①]等著名哲学教授曾多次指出，专利制度虽然保护发明家的利益，在一定程度上促进科学发明事业；但也有越来越多的事实揭示，专利制度阻碍了新的发明。这里有几种情况：其一，给予的专利过分广泛，甚至包括一些基础知识、技术和工具。有人论证说，基础性工具或技术不属于专利题材的范围，对这些基础性工具的垄断阻碍而不是促进发明。近 10 年来，一直有人认为，人的基因序列专利对基因研究有损害影响，如对 BRCA1 和 BRCA2 赋予专利，这种专利影响了对病人的治疗，阻碍了对这些癌症检验方法的改善。因而，对病人、研究人员和生物技术企业的代价太高。其二，专利诉求的范围过宽，连 DNA 一些短的片段也可申请专利，如 BRCA 突变基因，它们是自然现象，不应包括在可专利的范围之内。其三，一些专利持有者被称为专利囤积者，他们不利用他们的发明，或使发明商业化，而是用作勒索赎金收取高额费用。还有人担心专利使得科学家越来越不愿意与他人分享他们的研究。这样一些情况就会造成一些学者所说的专利丛林（patent thickets）和反公共品（anticommons），即知识产权在上游扩散可窒息研究和产品研发过程中下游挽救生命的创新，过分多的专利被称为专利丛林，由于许多人类基因组内的序列为专利持有者获得专利，变成了他们的私人占有品，因而成为反公共品。过多的专利使得下游产品价格昂贵，需要用它们进行研究发明的科学家买不起，使本来可能有的新发明不能实现；而如果以昂贵的价格购买这些基础性技术和方法，就使得新发明的终极产品价格昂贵，唯有富人才买得起，大多数消费者只能望洋兴叹。

这里需要研究的伦理问题有：（1）如何对专利制度采取相应的补充办法，减少专利制度的消极作用。质量差的坏专利可阻碍创新，过分

[①] Hoffman, S. & Pogge, T., 2011, "Revitalizing pharmaceutical innovation for global health", *Health Affairs*, 30 (2): 367.

限制性的许可和太宽泛的专利诠释可拖延新兴技术的发展，宽泛的基础性专利和专利丛林都可能阻碍创新。然而我们也不应该取消专利，因为专利给发明家提供重要的激励。但我们需要考虑两个重要方面，即专利的质量以及专利持有者的许可行为，高质量的专利可满足专利性的伦理和法律要求，促进创新和科学技术的发展。对专利持有者也应该有道德要求和伦理规范。尤其值得注意的是，在专利之外，我们可以像在合成生物学共同体已经做到的那样，科学家自愿自动建立一个公共空间，大家在其中分享各自发明的技术、工具和方法，而不去申请专利。这是一个值得科学家以及主管部门支持的创举。（2）可专利的题材。发现自然律不可专利，应用自然律发明的程序可以专利，因为其中有发明，在自然律上增添了许多新东西。例如在合成生物学之中，利用自然过程例如细胞内基因重组的自然过程时必定要添加足够多的东西，才能发明这些程序，那么这些程序就可以申请专利。这就是要区分自然律、自然过程和抽象观念与可获得专利的应用。在颁发专利时一要考虑是否在前者上面增添了什么，二要考虑增添了多少。确定抗癌药物有效性的方法不能申请专利，但筛查潜在癌症药物的方法可申请专利，因为让细胞生长和判断其生长率的步骤具有转化性（transformative）。如果方法包含一些可用来创造新的、具有转化性的东西的步骤，那么这种方法可获得专利。通过装配较小的 DNA 片段或标准的组件，或通过安装这样一种合成 DNA 来合成一个细胞的方法可能就是可获得专利的题材。把现存的物质转化为某种自然界不存在的东西这种方法已经超出了自然过程。专利有效性（patent validity）的标准还有：明显性、新颖性、可实施性、充分的书面描述。然而，对哪些东西是可申请专利的题材仍有不同意见。如美国有些法院判定，孤立的 DNA 和 cDNA 序列不是可专利的题材，但有的法院认为 cDNA 分子可申请专利，因为它们与自然中的 DNA 有不同的结构和基因序列。美国最高法院对"人的基因是否可获得专利？"这一问题的回答是：自然产生的 DNA 片段是自然的产物，不能获得专利，因为它仅仅是被分离出来，但 cDNA 是可专利的，因为它不是自然产生的。那么，合成 DNA 是否可申请专利？合成 DNA 的可专利性很重要，因为在未来 DNA 合成很可能越来越成为用来产生人设计的 DNA 建构物（constructs）例如标准生物学零件的方法。DNA 合成的费用在降低，有效性在增加。合成 DNA 的可专利性要考虑合成的 DNA 与自然产生的 DNA 有多大差异。DNA 是一类独特的分子，它有物理结构和形态，在 DNA 基因序列上还带有编码的信息。美国有的法院判决时重点置于 DNA 中包含的基因序列信息上，而不是它的化学结构上，也置于创造一个非自然产生的分子上。合成 DNA 片段与自然产生的 DNA 片段的基因序列相同则不能申请专利。这里有两个问题：一是是否有显著不同特征；二是是否有重要的用途。总的来说，很可能是，合成的、计算机设计的 DNA 要比初期的生物学家更容易满足自然排他产物（product of nature exclusion）的检验，因为基因序列是由人写的。作为结果的产物不是在自然之中产生的，而显然是人干预生产出来的。(3) 专利有效性的标准。我们是否可以将专利有效性的标准定为：

一项发明必须是新的和有用的"程序、机器、制造物或物质的组件"，当这项发明是新颖的、不是平淡无奇的，且含有一份书写的描述足以使在有关领域有技能的人使用这项发明。

为了是新颖的，这项发明必定不是已经在任何现存的专利、专利申请或出版物中找到的，或公共使用的、出售的或以其他方式为公众可得的。

平淡无奇的检验是，所声称的发明与以前的技艺（art）之间的差异，使得对一个有平常技能的人来说，作为整体的所声称的发明是平淡无奇的。

为了成为"有用的"，发明必须以目前的形式具有现实世界的用途。该发明的用途必须是实质性的和具体的，显示对公众有显著的和目前可得的受益。

满足书面描述和实施性（enablement）要求。前者要求申请人证明他们拥有发明；后者要求申请人提供充分的信息，使得一个在该领域具有平常技能的人能利用该项发明。

4. 消除歧视

可遗传基因组编辑的目的是生出一个不患其父母所有遗传病的孩子。因此，在纳菲尔德生命伦理学理事会的意见中将基因编辑用于人类生殖的原则是：为了未来的人的利益。这个原则要求我们的医生/科学家应该将接受基因组编辑操作的配子或胚胎仅仅用于这样的目的：确保一个可能出生的人的利益。这一原则要求我们充分考虑如何维护一个可能要出生的人的利益。我们对未来父母的配子或胚胎进行基因编辑，其唯一的目的是生出一个没有遗传病的孩子，我们不是为了赚钱（当然要进行成本核算），也不是为了优生学（eugenics），即目的是让所谓"优生"的个人或种族得以繁衍，限制所谓"劣生"的个人或种族生殖。[①]因此，消除歧视，社会上不存在对遗传病患者的歧视，是允许进行可遗传基因组编辑的条件。

（四）新兴技术的监管问题

治理（governance）的概念要比监管（regulation）宽泛。监管是治理的重要部分。治理的主体是领导机构，例如政治局、国务院等党政领导机构、地方政府的党政领导机构，各个部门的领导机构，公司的董事会，学校的校务委员会等，其任务是就大政方针做出决定，为决定的实施进行规划、分配资源（人力、财务），对决定的实施进行监督，对实施的结果机构进行评估，其决定涉及领导机构所管实体的使命、价值取向、愿景和结构。治理的事情一般是比较大的事，有关未来的事，涉及使命核心和价值取向的事，高层次的决策，布置下去的事情是否在执行，监督机构是否在监督等。而监管是根据一组规则对某一事业、活动进行监督、管理、控制，尤其是政府根据一组规则进行管控。需要监管往往是由于市场失灵、社会集体的愿望、专业发展的需要、利益的调整等。这里主要讨论政府对新兴技术的监管问题。新兴技术的监管问题主要有三个方面：监管的概念、作用和衡量标准以及监督失灵。

监管是监管机构（授权从事监管活动的政府机构）采取的干预措施，以良好的方式控制和引导有关人等的行动。由企业或科学家或其共同体采取的这种干预措施是"自我监管"。外部监管则包括来自政府的

[①] Nuffield Council on Bioethics. Genome editing and human reproduction，（2018）.58-68，https://www.nuffieldbioethics.org；雷瑞鹏、冯君妍、邱仁宗：《对优生学和优生实践的批判性分析》，《医学与哲学》2019年第1期。

二十四 新兴技术中的伦理和监管问题

监管或公众的监管。监管环境（regulatory environment）包括以上所说的干预措施，包括法律、法规或规章的体系、政府监管制度、不同层次的伦理审查机构和制度，包括机构、省市一级和部一级的伦理审查委员会及其审查机制，能力建设机制和考查、评估机制等。

监管在新兴技术中的作用是什么？（1）监管机构和监管既要将新兴技术对公众的受益最大化，又要将其潜在的伤害最小化。监管的作用包括管理与新技术相关的风险问题，但也促进对社会有益的创新。（2）设定技术创新的限度、协调风险评估和管理、设计公众参与的程序以及设定赔偿责任的条款，都将落在政界人士和监管机构的肩上，最终要通过制定法律实施。（3）监管对技术的研发和使用既有约束作用，又有促进作用。这就需要法律与技术一起合作改善人类社会存在的基本条件。为此我们需要一个促进有益的创新，使得大家能分享这些技术的受益，又让我们管理风险的监管环境。

根据什么标准来衡量一个监管体制？（1）正当性（legitimacy）：监管目的、手段和程序的可辩护性，即根据什么理由需要对这项技术进行监管；（2）有效性（effectiveness）：监管的制度和措施应达到预期目的，尽可能避免监管失灵；（3）审慎性（prudence）：由于不确定性，监管措施应该慎之又慎，因缺乏必要而充分的信息，决策是暂行的，应该与时俱进，随时因技术或社会情况的发展而修改；（4）连接性（connection）：监管切不可脱离科学的发展，应该密切注视科学和技术的前进步伐，适时对监管措施做出调整；（5）国际性（cosmopolitanism）：亦即要与国际接轨，决不可坐井观天，必须参与制订国际框架，分享各国经验，与不同价值、不同文化的各国代表一起解决共同面对的问题。[①]

监管失灵的因素有：（1）监管腐败。监管者与被监管者有利益关系，因此监管如同摆设，不起任何作用。（2）监管能力不足。前面我们已经讨论过黄金大米试验事件，该事件表明我国机构伦理审查委员会能力不足。目前各国纳米技术的监管很差，监管者没有采取积极措施来应对纳米材料的风险，以为目前已有的监管规定已经足够，不了

---

① Mclennan, A., 2018, *Regulation of Synthetic Biology: BioBricks, Biopunks and Bioentrepreneurs*, Edward Edgar, Cheltenham UK, pp.9-22.

解纳米材料的特异性质。这说明对于每一特定的新兴技术，都需要特定的监管措施。(3) 监管产生意外后果。例如知识产权制度，特别是专利制度，旨在激励创新，然而在某些新兴技术领域专利制度实际上可能阻碍创新，需要改革专利制度。(4) 监管阻力。当被监管者抵制监管干预时，监管失灵也会出现。贺建奎事件说明当事人对相关监管措施是了如指掌的，但出于追求名利的原因（如企图一鸣惊人获得诺贝尔奖，或设法推销他所谓的"第三代测序仪"为其公司谋取利润），故意采取欺骗、逃避措施抵制监管。因此有人提出"反应性监管"（responsive regulation）或"巧监管"（smart regulation），一是如不依从逐渐增加监管强度，二是采取多种办法实施监管，如监管机构寻求与利益攸关者（例如资助者）合作，达成共识，让他们也参与监管。由于这种种监管失灵的情况，许多人坚决反对自我监管，自我监管往往变成有利于监管对象的监管。①

其二，自我监督与外部监督。不少科学家和科学共同体愿意进行自我监管，这是非常积极的现象。但科学家和科学共同体必须理解，自我监管是不够的。因为：第一，科学家往往需要集中精力和时间解决创新、研发和应用中的科学技术问题，这是很自然的和可以理解的，可是这样他们就没有充分的精力和时间来关注伦理、法律和社会问题。第二，现今科学技术的伦理问题要比例如哥白尼、伽利略甚至牛顿时复杂得多，而伦理学，尤其是科学技术伦理学或生命伦理学也已经发展为一门理性规范学科，它们有专门的概念、理论、原则和方法，不经过系统的训练是难以把握的。第三，现今的科技创新、研发和应用都是在市场情境下进行，这样科学家就会产生利益冲突，没有外部监管，只有自我监管，就会出现"既当运动员，又当裁判员"的情况。外部监管有两类：政府对新兴科技自上而下的监管，是最为重要的，这就要建立一套监管的制度，自上而下的监管也包括人民代表机构和政治协商机构的监管，这是我们缺少的；自上而下的监管就要对违规者问责、追责、惩罚，再也不能让违规者不必付出违规成本。利益攸关方自下而上的监管，利益攸关方包括人文社科诸学科相关研究人员、有关的民间组织和

---

① Mclennan, A., 2018, *Regulation of Synthetic Biology: BioBricks, Biopunks and Bioentrepreneurs*, Edward Edgar, Cheltenham UK, pp. 15–19.

公众代表。我国的监管人员必须了解到,对于新兴技术,政府、科学家、企业三驾马车是不充分的,必须有公众参与,即人文社科专家和公众代表在上游就应该参与决策。

其三,对新兴技术不确定性的监管。应对不确定性办法之一是防范原则(precautionary principle)。防范原则于20世纪70年代在德国国内法首先被引用,后被国际法采用。防范原则指导监管者应对潜在伤害的科学不确定性,人们说防范原则是一个"确保安全比说对不起"(better to be safe than sorry)要好的原则。防范原则不适宜应用于:(1)当伤害的类型已知,概率可定量时;(2)当伤害仅是假设性的或想象中的风险时。但在二者之间防范原则可适用:(1)潜在伤害类型已知,但因果关系未知或不确定,因此不能估计概率;(2)影响范围已知,但其严重程度不能定性估计。在应用防范原则时要考虑可得的科学证据,应用防范原则前先对问题进行科学方面的考查。防范原则被解释为:只要对健康、安全或环境有风险,即使证据是推测性的,即使监管成本很高也要进行监管。这是一种强的说法,容易遭到反对。这里的问题是:为监管辩护,要求什么样的证据,以及是否也要考虑其他方面的风险(例如不能把资源都用于预防新兴技术的风险)?

对于防范原则存在着一些误解,把它诠释为"防止"(preventive)原则。我们发展科学技术可以有三种径路:一是促进径路;二是防止径路,要求直到一切可能的风险已知和得到消除时才能发展该技术;三是防范径路,处于促进与防止之间。采取防范原则的前提是:对科学技术风险的评估具有不确定性以及有必要采取行动。根据新兴技术的具体情况实施防范原则是为在不确定情况下采取限制性措施进行辩护。防范原则并不要求采取行动应对任何程度的潜在伤害,要采取行动对付的伤害应该是"严重的""重要的",而不是纯粹假设性的,或仅仅是推测性的,这时我们有义务采取行动对该技术进行监管。实施防范原则要考虑采取行动的成本,如应该是成本—有效的(cost-effective),这是要求我们的投入能够为防治疾病、增进健康、延长寿命、改善生活质量做出贡献,而不是问"经济效益""创收多少"。有人建议应该在应对不确定性的监管制度中建立一个计划适应(planned adaption)机制,目的是获得与政策及其影响有关的新知识,允许修改政策和规则以便与这些知识相适应。在有不确定性的地方,监管政策和措施应该被看作实验性的,即要在收集到的相关信息基础上更新监管政策和措施。计划适应要求改变人们的思维,从将政策决定看作"最后的"(这是我国常有的情况)改变为将制定公共政策视为"开放的"。[①]

(雷瑞鹏、邱仁宗,原载《山东科技大学学报》2019 年第 21 期。)

[①] Mclennan, A., 2018, *Regulation of Synthetic Biology: BioBricks, Biopunks and Bioentrepreneurs*, Edward Edgar, Cheltenham UK, pp. 133-162.

二十五　科技伦理治理的基本原则

2019年5月9日，雷瑞鹏、翟晓梅、朱伟以及邱仁宗四位生命伦理学家在总结贺建奎事件教训的基础上在权威性科学杂志《自然》上发表了题为"重建中国伦理治理"的文章，在国内外引起了积极的反应。7月24日，习近平总书记主持召开的中央全面深化改革委员会第九次会议审议通过了《国家科技伦理委员会组建方案》，会议指出组建国家科技伦理委员会，目的就是加强统筹规范和指导协调，推动构建覆盖全面、导向明确、规范有序、协调一致的科技伦理治理体系。10月31日发布的中共中央第十九届四中全会《关于坚持和完善中国特色社会主义制度　推进国家治理体系和治理能力现代化若干重大问题的决定》明确提出，改进科技评价体系，健全科技伦理治理体制。如何健全科技伦理治理体制地成为我们面临的一项重要任务。

由中国医学科学院/北京协和医学院生命伦理学研究中心、中国科协中国自然辩证法研究会生命伦理学专业委员会主办，中国社会科学院应用伦理研究中心、华中科技大学生命伦理学研究中心、中国人民大学伦理学与道德建设研究中心生命伦理学研究所、上海市临床研究伦理委员会、昆明医科大学医学人文教育和研究中心、厦门大学医学院生命伦理学研究中心协办的新兴科技伦理治理问题研讨会第一次会议2019年12月15日在北京举行，就新兴科技伦理治理基本原则取得了共识。本文是作者对共识的认识和阐述。

治理（governance）一词在希腊语里意指操纵或驾驶一只船。在罗马帝国时期拉丁语为gubernare，意指指挥、统治和指导。人是群居或社会性动物，在有众人之处，就要实行管理。在古代，统治者就是收税，给臣民提供军事训练，守卫边境，对内维持秩序，处理违法案件。资本主义兴起后，人们重视企业的管理。这种管理在英语里就是management。例如一家企业的管理会关注产品的质量，生产的效率，成本—效益比，人员的素质和培养，资金的借贷、利息支付和偿还，资金在内部的分配，收支的平衡和盈亏，与投资者、原料供应商和销售商的关系，广告的投入，顾客的反应等。对企业的管理强调效率、有序、成本效益等具体方面。普林斯顿大学教授史蒂芬·马赛多（Stephen Macedo）2008年在中国社会科学院哲学研究所举办的北京国际善治学术研讨会上指出，"管理"这个词"表示在特定的行政机构内一些在组织、预算和行政方面的具体技巧"，它不涉及企业或机构的一些根本性和政策性问题。但在企业管理过程中人们发现纯粹技巧性的管理不足以管理好一家企业，于是提出了企业治理（corporate governance）的概念。企业治理这个概念是指董事会用来确保在公司与其所有利益攸关者（stakeholders，包括投资者、顾客、管理人员、雇员、政府和社区）的关系中的问责性、公平性和透明性而采取的规则和做法的框架，其目的是促进有效的、创业型的和审慎的管理，以确保公司的长期成功。

　　管理的概念推广到其他领域，例如行政管理（administrative management），在百科的行政管理条目中行政管理的定义是"是运用国家权力对社会事务以及自身内部的一种管理活动……随着社会的发展，行政管理的对象日益广泛，包括经济建设、文化教育、市政建设、社会秩序、公共卫生、环境保护等各个方面。现代行政管理多应用系统工程思想和方法，以减少人力、物力、财力和时间的支出和浪费，提高行政管理的效能和效率"。在百度百科的科技管理条目中科技管理的定义是："科技管理是指通过对管理科学的运用，对人力、物力、财力、资源进行优化整合的管理行为。"这两个定义都显示出，行政和科技管理的着重点是对人力、物力、财力、资源进行优化整合，我们看不出其整体性、宏观性和政策性的内容。无论是在行政上还是在科技上，这种方式的管理难以对付新出现的社会问题，这种新出现的社会问题有时被称为"难办的问题"（wicked problem）。例如艾滋病的全球流行或在一个国家流行就是一个难办的问题。艾滋病的检测、治疗、监测、预防和控制，单靠中央政府是无法顺利完成的。艾滋病传播迅速，病毒很快流窜各地，中央政府与各级地方政府必须密切配合；对艾滋病的治疗和预防需要运用

二十五　科技伦理治理的基本原则

高科技，必须将研究、检测、治疗、监测、预防各机构建立起来，并与政府主管部门密切配合；艾滋病高危人群中有些属于违法者，有些在监狱或劳教场所，卫生部必须与公安部和民政部等有关部门发生横向密切联系；许多艾滋病病人或病毒感染者在地下，疾病控制中心人员无法找到他们，必须依靠民间组织。艾滋病是全球流行的烈性传染病，我们还必须与其他国家以及国际组织进行合作，如此等等。这样，预防和控制艾滋病的工作就要将有关政府各部门、研究治疗预防部门、民间组织的力量，再加上国际组织整合起来，在这个整体中所有部门、机构和组织都要进行很好的治理，并在总体上也要进行很好的治理（如我国建立的国务院艾滋病防治工作委员会），这就是治理的整体性。这种整体性是治理的第一个特点。第二个特点是，治理具有宏观性，例如上文提及的艾滋病，我们必须有一个全国性的研究、检测、治疗、监测、预防艾滋病的短期和长期的宏观规划。第三个特点是治理具有政策性。我们仍以艾滋病为例，必须制订如何对待艾滋病人、艾滋病病毒感染者、高危人群（如同性恋、非法药品使用者、性工作者）以及收取费用等的政策，并将这种政策用政府条例的形式规定下来。正如以色列公共政策专家戴维·列维-法尔（David Levi-Faur）在《牛津治理手册》（2011年）一书所说："作为一种机构，治理指的是正式和非正式的机构；作为一个过程，治理指的是在制定政策过程中发挥的主导作用；作为一种机制，治理指的是决策、遵守决策和控制的体制性程序；作为一种战略，治理指的是运用体制和机制的设计来影响人们的选择和偏好。"

但不同组织对治理有不同的定义。世界银行定义治理是，一个国家行使权力去管理经济与社会资源的方式。联合国发展规划署（UNDP）定义治理是，行使经济的、政治的和行政的权威去管理一个国家所有层次的事务，包括公民和群体通过一些机制、程序和机构表达他们的利益，行使他们的法律权利，履行他们的义务以及调解他们的分歧。经济合作与发展组织（OECD）定义治理为：治理是一个国家为管理其国家必须行使的政治、经济和行政的权威，包括决定制订和实施的程序，在政府之内治理是公共机构借以从事公共事务和管理公共资源的过程。有了"治理"概念以后，人们接着提出了善治（good governance）和恶治（bad governance）这两个相对的概念。越来越多的人认为，"恶治"是

◇ 第三编　新兴科技伦理学

社会内部万恶之源。在国际上主要的捐助者和国际财务机构逐渐将他们的援助和贷款给予为确保"善治"而采取的改革措施。2009 年联合国亚太经济和社会理事会（United Nations Economic and Social Commission for Asia and Pacific，UNESCAP）指出，善治有八个主要特征：参与、法治、透明、应对及时、共识、公平和包容、有效和效率、问责。善治这八个特征确保腐败最小化，少数人的观点得到考虑，社会中最脆弱人群的声音在决策中得到听取，也对社会目前和未来的需要及时做出反应。随着我们无限制地利用不可再生能源引起气候变暖和伤害未来世代的公正问题，尤其是新兴生物技术往往冲击人的福祉、人的尊严和人的权利，从善治（良好的治理）到伦理治理就是合乎逻辑的一步之遥了。而科技从一般的治理走向伦理治理则受到两大问题的推动，一是违反科研诚信、发生不端行为的案例越来越多；二是在与人的健康相关的研究中发生的伤害研究参与者和违反知情同意伦理要求的案例也越来越多，一直到发生可能影响到我们人类未来世代健康和福祉的贺建奎事件。将经过伦理学研究后可以得到伦理学辩护的伦理原则和要求纳入科技治理之中就成为一件合乎逻辑的事情了。

　　科技的伦理治理就是将与科技相关的伦理原则纳入治理之中。将与科技相关的伦理原则纳入治理之中，就会丰富治理的目标以及修改或增加治理的手段。伦理学是对人的行动或其决策（每个人行动之前都先有决策）的研究，每个人都有一个对行动或其决策的是非对错的标准，但这个标准是直觉的，没有经过理性检验。伦理学则是要对行动或其决策的是非对错标准进行理性研究的学科。经过伦理学研究制订的伦理原则都有经验的基础和经过理性的检验，它们既是受治理者或机构及治理者或机构应尽的伦理义务，也是判断行动或其决策是非对错的标准。所有科技经过创新、开发、传播到应用，都转化为对自然或人的干预。从伦理学的视角，对任何建议或计划的干预都要考查其可能引起的对人、动物和环境的伤害或风险（可能的伤害）和受益，对其可能的风险—受益比进行评估，因而需要对科研方案进行伦理审查；同时在干预过程中是否对有关的人表示了尊重，尊重了他们的自主性，获得了他们的知情同意，对他们的个人数据采取了保密措施，以及科技的成就能够使所有纳税人公平可及，并吸引大众参加有关科技发展的决策。伦理治理就要

二十五 科技伦理治理的基本原则

将上面概述的伦理要求纳入对科技的治理之中，这将导致治理的目标以及程序都要作相应的修改、补充和完善。

我们可以将对科技的伦理治理的伦理原则规定如下：

人的福祉（human wellbeing）

我们将这一伦理原则置于首位，就是要指出发展科技的根本目的是增进人的福祉，而不是赢利或增加 GDP。这并非意味着我们可以不考虑节约成本节省开支，不考虑增加 GDP，而是指我们不能因追求利润或追求增加 GDP（实际上增进人的福祉就能增加 GDP）而损害人的福祉。以人的福祉为首位原则与我国"以民为本"的基本理念相一致，强调所做一切为改善和增加民生。如果能够做到负责地合乎伦理地进行科技创新、研发、传播和应用，对此做出贡献的科学家、医生、专业机构和企业就可以得到相应的甚至丰裕的回报和奖励，也可以增加 GDP，但赢利、增加 GDP 不是"本"，"人的福祉"或"民"才是"本"。

生命伦理学或医学伦理学常用的"有益"（beneficence）原则要比"福祉"原则窄一些，"有益"这一伦理原则要求临床、研究和公共卫生专业人员所采取的干预措施给病人或人群带来身体上的（如治愈身体疾病、缓解症状、延长寿命）、精神上的（如治愈或缓解精神疾患，消除焦虑不安）、社会上的（如消除歧视）和经济上的（如避免因病破产或返贫）受益（benefits），有时我们称"医疗受益"（medical benefits）或健康受益（health benefits）。这是临床、研究和公共卫生专业人员的义务（obligation），即应该做的事情。

有人将"有益"原则改为"行善"原则是不合适的：因为行善是做了超越义务的（supererogatory）好事，例如医生为病人支付医疗费用。但这不是我们这些专业人员的义务，而是可做可不做的事情。我们的干预措施使病人在健康相关方面受益要比"利益"（interest）窄一些，因为病人或目标人群除了与健康相关的受益或利益外还有其他方面的诸多利益，这不是我们有义务提供的。将"受益"译为"收益"也是不合适的。"收益"往往用于企业，其着眼点我们能从我们的行动中得到什么好处，而"受益"的着眼点是我们服务的对象，他们能从我们的行动中得到什么好处。

现在我们在为所有新兴科技制订基本伦理原则，因此目标应该比健康受益宽泛一些。Wellbeing 原意是处于良好的状态，简言之是人在身体上、精神上、智力上、情感上、社会上、经济上、环境上处于良好的状态。发展新兴科技有助于促进人在所有这些方面的良好状态。"人的福祉"原则体现了"以人为本"的理念。

"人的福祉"这一基本原则既包含原来的受益原则，也包含原来的不伤害原则。带来受益的干预行动，也往往潜在地引致风险（risks，可能的伤害），包括身体的、心理的、经济的和社会的风险。没有潜在风险的干预措施是不存在的。认为没有风险的人，往往将风险限定为身体风险，而忽视信息风险，例如任何干预行动必定会产生个人信息，我们不可能绝对地保证不会将个人信息泄露出去。但专业人员绝不可故意引致伤害（对此要负法律责任），应尽力避免严重伤害，努力使风险最小化。由于在干预措施中受益与风险并存，"人的福祉"这一基本原则要求科研人员以及对科研方案的伦理审查人员认真细致地对风险—受益之比作出评估，以决定是否采纳和实施这一科研方案。

"人的福祉"这一基本原则中的人既包含现在世代的人，也包含未来世代的人，因而包含代际公正问题；而福祉要求人在社会和环境上都处于良好状态之中，因此也包含保护环境，促进社会发展等内容。

尊重人（respect for person）

尊重人原来就是生命伦理学的基本原则，尊重人的原则主要是尊重人的自主性，尊重人的自主性就要求将知情同意作为我们的伦理规范，并进一步成为法律规范。知情同意的形式可随干预或科研的情况及其引致的风险大小而异，与科研发展的需求相平衡。尊重人也包括尊重人的尊严，将人看作目的自身，而不把人看作仅仅是手段或工具。尊重人也包括承认人的内在价值，即每一个人的存在本身就是有价值的，反对一些人将人视为仅有外在价值或工具性价值，当一个人对他人和社会没有价值时就应该接受"义务安乐死"或强迫绝育，这是非常危险的与纳粹近似的歧视残障人的观念。

尊重人也包括保护个人信息，不管是原来记录在案，或个人最近提供，或在干预过程产生的数据。隐私是一个人不容许他人随意侵入的领域。任何人都有一定范围的领域不容别人侵入，尊重人也包括尊重和保护人的隐私。

二十五　科技伦理治理的基本原则

公正（justice）

公正包括分配的公正、程序的公正、回报的公正和修复的公正。虽然在许多情况下公正与公平这两个术语可以交叉使用，但"公正"（justice）是一个比较宏观的概念，具有超验的性质。例如我们讨论社会的公正或制度的公正，往往使用"社会正义""制度正义"等术语。公平（fairness）用于微观领域，例如我们讲科研、教育、市场或体育领域的"公平竞争"（fair competition 或 fair play）或"公平机会"（fair opportunity），也说分配给每个人的受益或负担都应该是公平份额（fair share）。因此当公正应用于具体情境时，我们往往用"公平"（fair）这个术语。当我们讨论"平等"（equality）时，往往要分析这种不平等（inequality）是否已经构成不公平（inequity）。Equity 一词原来指英国的一种法律制度，当已有的法律不能令人满意时，法官可以通过判例法来加以纠正，从而达到公平的判决，这种法律制度称为衡平法（equity），其中有弥补不公平之意。因此，在一般情况下，equity 与 fair 的意义都是"公平"，类似同义语，例如《剑桥在线词典》就将 equity 解释为 fairness，定义 equity 为"当公平地（fairly）和平等地对待每一个人时"。公正原则也包括公平可及（equitable access）这一伦理要求。在贫富之间存在不平等而且市场正在扩大贫富鸿沟时，用纳税人的公共资金发展的科技成果却往往为少数富人享有，这是一个不但是政府而且是人民代表大会需要过问的不公平、不公正问题。

负责（responsibility）

这里的"负责"具有多种意义。一种意义是应负责地发展新兴科技，我们在创新和研发时必须坚持科研诚信，反对不端行为；同时在涉及人时要保护受试者和其他利益攸关者，在涉及有感受能力的动物时要关心动物的福利，在可能影响环境时要保护环境不受污染、破坏和侵蚀。另一种意义是，当发生伤害人和破坏环境事件时，能够追查到何人负责，即能够"问责"（accountability）、追责，一直到可根据相应法律规定追究责任人的法律责任（legal liability）。在 10 年干细胞乱象期间，没有一例治疗成功，医生、医院和生物技术公司赚足亿万利润，而病人却遭受身体和经济上的重大损失，至今没有问责，这种情况决不能重演。

◇ 第三编 新兴科技伦理学

透明性（transparency）

透明性是防止科研人员违反科研诚信、损害受试者和消费者等不端行为的最好办法，也是进行伦理和法律治理，预防违犯伦理规范和法规规定的有效办法。例如一些学者建议的建立全国注册处，将可能发生重大违反伦理规范和法规规定的科研项目或课题注册登记，便于治理者或监管者以及大众监督。

公众参与（public participation）

贺建奎事件说明一点：有可能决定人类命运的事情（例如未来世代的人的健康）却让贺建奎之流少数人在实验室悄悄决定，而不顾科学共识和社会共识；而在市场的诱惑力下，科学原来固有的自我校正机制已经失效。在干细胞乱象的 10 年中，几百家医学会中唯有中华糖尿病学会发表声明，干细胞疗法必须经过临床试验证明其安全和有效才能应用于临床。因此，应该改变"科学家立项、企业出资、政府批准"而让人文社科学者收拾残局、消费者品尝苦果的三驾马车决策径路，让有专业知识的人文社科学者和公众代表以及关注新兴科技创新的民间组织在上游就参加决策过程。有些对社会和人类有重大影响的研究项目与课题不仅需要科学共识，而且需要达成社会共识。[①]

（雷瑞鹏，原载《国家治理杂志》2020 年第 3 期。）

[①] 2019 年 12 月 15 日由中国医学科学院/北京协和医学院生命伦理学研究中心、中国科协中国自然辩证法研究会生命伦理学专业委员会主办，中国社会科学院应用伦理研究中心、华中科技大学生命伦理学研究中心、中国人民大学伦理学与道德建设研究中心生命伦理学研究所、上海市临床研究伦理委员会、昆明医科大学医学人文教育和研究中心、厦门大学医学院生命伦理学研究中心协办的新兴科技伦理治理问题研讨会第一次会议纪要。